21 世纪高等职业教育通用教材

化学实验技术基础

主　编　朱　云

副主编　刘明娣

编　委　张召军　庞宏建

主　审　卞进发

上海交通大学出版社

内 容 提 要

本教材是依据"高等职业学校重点建设专业化工类专业主干课程教学大纲"的高职高专教育改革思想出发点编写的。主要内容包括：化学实验室基本知识、化学实验基本操作技术、化学实验基本测量技术、混合物的分离与提纯技术、物质的定性鉴定技术、物质的制备技术、物质的定量分析技术、化学和物理变化参数的测定技术等。

本书可供高职高专院校的化工、轻工、材料、冶金、环保等类专业使用,也可作为厂矿企业相关人员及其他中等专业学校、技工学校等相关专业的参考书。

图书在版编目（CIP）数据

化学实验技术基础 / 朱云主编.—上海：上海交通大学出版社，2006（2018 重印）

21世纪高等职业教育通用教材

ISBN 978-7-313-04229-3

Ⅰ.化⋯ Ⅱ.朱⋯ Ⅲ.化学实验 – 高等学校：技术学校 – 教材 Ⅳ.06 – 3

中国版本图书馆 CIP 数据核字（2006）第 006465 号

化学实验技术基础

朱 云 主编

上海交通大学出版社出版发行

（上海市番禺路 951 号 邮政编码 200030）

电话：64071208 出版人：谈 毅

昆山市亭林印刷有限责任公司 印刷 全国新华书店经销

开本：787mm ×1092mm 1/16 印张：21.5 字数：527 千字

2006 年 3 月第 1 版 2018 年 1 月第 4 次印刷

ISBN 978-7-313-04229-3/O·198 定价：38.00 元

前　言

本教材是以"高等职业学校重点建设专业化工类专业主干课程教学大纲"的高职高专教育改革思想为出发点编写的。

本书内容首先突出了高等职业教育的职业性、实践性、素养与技能复合性、学生主体性的特点,即职业特色,教材内容的取材从职业需要出发,突破了以学科为中心的传统体系。其次,本书将无机化学、有机化学、物理化学的大部分实验和化工分析的基本内容构筑成一个以技术技能训练为中心的新教材体系,较为彻底地改革了重理论轻技术、重讲授轻训练、重教师主导轻学生主体的传统教材模式,突出了学生职业能力和职业素质的培养,增强了学生解决问题的能力,从而在教学中促进了学生主观能动性的发挥,使其从"教会"转变成"学会";将教学重点从"学科学"向"用科学"转移,使职业特点、高职特色在教材中得到定位。

本课程与传统的教学实验截然不同,对教师、仪器设备以及实验室的安排重新进行配置和布局,自始至终以技术技能训练为中心进行教学安排和运作。

本书由徐州工业职业技术学院的朱云和刘明娣分别担任主、副主编。各章执笔者是:黄河水利职业技术学院庞宏建(第七章)、三门峡职业技术学院刘明娣(第三、四、五章)和张绍军(第六章)、徐州工业职业技术学院赵晓波(第一、二章)、徐州工业职业技术学院朱云(第八章及附录等)。全书由朱云统稿。

本书由南京化工职业技术学院卞进发担任主审,他不辞劳苦,精心审稿,并提出大量宝贵意见。在编写过程中,徐州工业职业技术学院的老师和领导给予了极大的关心、支持和指导,对全书的顺利完稿起到了重要作用,在此深表谢忱。我们在编写时,参阅了国内诸多专家和学者的大量文献和书籍,在此一并感谢。参考文献列于书末尾。

由于编者水平有限,加上编写时间仓促,书中难免有错误和不足之处,敬请读者和同行们批评指正,以便修改。

编者

2005 年 12 月

目　　录

第一章　化学实验室基本知识

【知识目标】
1. 了解化学实验技术的任务、目的和学习方法；
2. 了解化学实验室规则、安全与防护常识；
3. 熟悉实验室用水、试纸及化学试剂的一般知识。

【技能目标】
1. 台秤称量、量筒读数；
2. 试剂取样、滴管和试纸的使用。

第一节　化学实验技术的任务、目的和学习方法

一、化学实验技术的任务、目的和学习方法

高质量的化工技术员和化工生产第一线的工作人员必须能够了解化学实验的类型，具备化学实验常识；正确选择和使用常见的实验仪器设备，了解它们的构造、性能；熟悉实验的原理和操作；比较全面地观察实验现象，正确测量、记录和处理实验数据；培养实事求是的科学态度和科学的思维方法，养成细致、准确、节约、整洁的良好的工作习惯，具备敬业和一丝不苟的工作精神；学会使用有关的工具书并查阅有关的文献资料用以指导实践。也就是说，化学工艺类专业的学生必须具备较高的化学实验素养、操作技能和初步进行化工产品小试的能力，为将来从事生产、科研奠定基础。

《化学实验技术基础》突出了化工高等职业教育的职业性、实践性、素养与技能复合性、学生主体性的特点，即职业特色。教材内容的取材从职业需要出发，突破了以学科为中心的传统体系，将无机化学、有机化学、物理化学的大部分实验和化工分析的基本内容构筑成以技术技能训练为中心的新教材体系，较为彻底地改革了重理论轻技术、重讲授轻训练、重教师主导轻学生主体的传统教材模式，从而促进在教学中突出学生的主观能动性，使学生从"教会"转变成"学会"，将教学重点从"学科学"向"用科学"转移，使职业特点、高职特色在教材中得到定位。

二、化学实验技术的分类

(1) 化学实验室基本知识、操作技术、测量技术。
(2) 混合物的分离与提纯技术、物质的定性鉴定技术。
(3) 物质的制备技术、物质的定量分析技术。
(4) 化学和物理中变化参数的测定技术。

三、化学实验技术的学习方法指导

本课程与传统的实验教学截然不同，对教师、仪器设备、实验室的安排重新进行了配置和

布局,自始至终以技术技能训练为中心进行教学安排和运作。学习本课程时,为了达到预期的目的,除了要有正确的学习态度、刻苦勤奋的学习精神外,还要有正确的学习方法。学习本课程大致可按下列步骤进行。

（一）预习

为了获得实验的预期效果,学生必须在实验前认真预习,阅读实验教材和教科书中的有关内容,明确实验的目的、要求,必须训练的技术技能、方法和过程,了解所用仪器设备的工作原理、性能和操作注意事项。在预习的基础上,学生应能简要列出操作训练的程序和要点,若遇到疑难问题,应力求在课前解决,然后写好实验预习笔记,做到心中有数,有计划地进行实验。预习笔记中每一实验内容的下面,要留足空位,以便作实验记录,待上课时根据教师必要的讲解,修正自己的准备工作。

（二）实验

（1）进实验室后要先擦净桌子、洗净手,然后拿出需用仪器,根据实验教材所写明的内容、方法、步骤,按照预习笔记,独立进行实验操作。

（2）操作训练根据教材的要求,认真操作,细心观察,如实做好必要的记录。对待实验和操作要持科学态度,严肃认真,严守规程,一丝不苟。如果发现实验现象和结果与理论不符,应该认真检查和分析原因,而后重做实验。

（3）要勤于思考,仔细分析,力争学会自己解决问题,遇到自己难以解决的疑难问题应及时请教师指导。

（4）在实验中应保持肃静,爱护仪器设备,严格遵守实验室各项工作守则。遇有不安全事故发生,应沉着冷静,妥善处理,并及时报告教师。

（5）为了获得准确的实验结果,每次实验前后要将所用玻璃仪器洗涤干净,尤其是其中盛有不易洗掉的实验残渣和对玻璃仪器有腐蚀作用的废液的器皿,一定要在实验后立即清洗干净。

（三）记录

对每一实验的开始、中间过程及最后结果的现象或数据,都应细心观察、用心记录,要养成一边观察一边记录的良好习惯,以便了解实验的全过程。如果发现做错或记错,应用一条细线清楚地划掉,再将重做的或改正的结果写在旁边或下面,切勿在原记录上涂改,更不能弄虚作假,要养成实事求是的优良品德。

（四）实验报告

根据实验记录认真写出实验报告,处理实验数据,对实验现象进行解释,对实验进行讨论,根据需要对数据进行处理、计算、绘图,最后写出书面报告,交指导教师审阅。若不符合要求应重做实验或重写报告。

第二节　化学实验室常识

一、实验室规则

实验室规则是人们从长期实验工作中归纳总结出来的。遵守规则可有效地防止意外事故,保证正常的实验环境和工作秩序。为做好实验,每个实验者都必须严格遵守。

（1）实验前要认真预习，明确实验目的，了解实验原理、方法和步骤。

（2）进入实验室首先检查所需的药品、仪器是否齐全。若要做规定外的实验，必须预先准备并事先报告教师，得到教师同意。

（3）在实验室中遵守纪律，不大声谈笑，不到处乱走。保持实验室安静有序，不许嬉闹恶作剧。不得无故缺席，因故缺席未做的实验应该补做。

（4）实验中要遵守操作规程，执行一切安全措施。

（5）实验中要集中精力、认真操作、仔细观察、积极思考、如实详细地做好记录。

（6）爱护国家财产，小心使用仪器和设备，注意节约药品、水、电、煤气。不得随便动用他人的实验仪器、公用仪器和非常用仪器，使用仪器后应立即洗净并送回原处。发现仪器损坏要追查原因，填写仪器损坏单后登记补领。

（7）按规定量取所用药品，称取药品后及时盖好原瓶盖。放在指定地方的药品不得擅自拿走。

（8）对于精密贵重仪器要特别爱护，细心操作，避免粗枝大叶而损坏仪器。如发现仪器有故障，应立即停止使用，报告教师以便及时排除故障。

（9）随时注意工作环境的整洁。废纸、火柴梗、碎玻璃等倒入垃圾箱内；废液倒入废液缸中，必要时经过处理后再倒至指定地方，切不可随便倒入水槽。

（10）实验结束应洗净仪器放回原处，清整实验台面，要求仪器药品摆放整齐、桌面清洁。检查水、煤气、门窗是否关闭并断开电源。每次实验后由同学轮流值日，负责打扫和整理实验室。

（11）在实验室中严禁饮食、喝水和抽烟。若出现意外事故应保持镇静，及时报告老师并听从指挥，积极进行处理。

二、实验室的安全和环保常识

化学实验是在一个十分复杂的环境中进行的科学实验。为了本人和周围人们的安全和健康，为了国家财产免受损失，为了实验和训练顺利进行，每个实验者都必须高度重视安全工作，严格遵守实验室安全守则；必须熟悉实验室中水、电、煤气的正确使用方法，熟知各种仪器设备的性能和化学药品的性质，防止意外事故的发生；必须了解一些救护措施，以便一旦发生事故能及时进行处理；必须懂得一些环境保护措施，学会对废气、废液和废料进行适当处理，以保持实验室环境不受污染。

（一）化学实验室安全守则

（1）严禁在实验室饮食、吸烟或存放饮食用具。实验完毕，必须洗净双手。

（2）绝对不允许随意混合各种化学药品，以免发生意外事故。

（3）熟悉实验室中水、电、煤气的开关以及消防器材、安全用具、急救药箱的位置。万一遇到意外事故时可及时关闭水、电、煤气的阀门，采取相应措施。

（4）不能用湿的手、物接触电源。水、电、煤气、高压气瓶一经使用完毕须立即关闭。点燃的火柴杆用后应立即熄灭。纸屑等废弃物品不得随意乱扔，必须放到指定的地方。

（5）煤气、高压气瓶、电器设备、精密仪器等使用前必须熟悉其使用说明和要求，严格按要求使用。

（6）对强腐蚀性、易燃易爆、有刺激性、有毒物质的使用要严格遵守使用要求，防止出现意外。

（7）加热试管时，管口不要指向自己和他人。倾注试剂或开启浓氨水等试剂瓶和加热液体时,不要俯视容器口,以防液体溅出或气体冲出伤人。

（8）实验室内严禁嬉闹喧哗。

（9）化学试剂使用完毕放回原处,剩余有毒物质必须交给老师。实验室中药品或器材不得带出室外。

（二）安全用电常识

实验室中加热、通风、使用电源仪器设备、自动控制等都要用电,用电不当极易引起火灾或造成对人体的伤害。为了保证安全用电,必须注意下列事项:

（1）在使用电器设备前,应先阅读产品使用说明书,熟悉设备电源接口标记和电流、电压等指标,核对是否与电源规格相符合,只有在完全吻合的情况下才可正常安装使用。

（2）要求接地或接零的电器,应做到可靠的保护接地或保护接零,并定期检查是否正常良好。一切电器线路均应有良好的绝缘装置。

（3）有些电器设备或仪器,要求加装"保险丝"或各种各样的熔断器,他们大都由铅、锡、锌等材料制成,必须按要求选用。严禁用铁、铜、铝等金属丝代替。

（4）初次使用或长期使用的电器设备,必须检查线路、开关、地线是否安全妥当。必须先用试电笔试验是否漏电,只有在不漏电时才能正常使用。为防止人体触电,电器应安装"漏电保护器"。不使用电器时,要及时拔掉插头使之与电源脱离。不用电时要拉闸,修理检查电器要切断电源,严禁带电操作。电器发生故障后,在原因不明之前,切忌随便打开仪器外壳,以免发生危险和损坏电器。

（5）不得将湿物放在电器上,更不能将水洒在电器设备或线路上。严禁用铁柄毛刷或湿抹布清刷电器设备和开关。电器设备附近严禁放置食物和其他食品,以免导电燃烧。

（6）电压波动大的地区,电器设备等仪器应加装稳压器,以保证仪器安全和实验在稳定状态下进行。

（7）使用直流电源的设备,千万不要把电源正负极接反。

（8）设备、仪器以及电线的线头都不能裸露,以免造成短路,在不可避免裸露的地方用绝缘胶带包好。

（三）易燃、强腐蚀性和有毒化学品的使用

熟悉化学品的性质是正确使用和处理药品的前提。

1. 易燃易爆化学品的使用

燃烧和爆炸在本质上都是可燃性物质在空气中的氧化反应。易燃易爆化学品注意的核心就是防止燃烧和爆炸。

爆炸的危险性主要是针对易燃的气体和蒸气而言。可燃性气体或蒸气在空气中刚足以使火焰蔓延的最低浓度称该气体爆炸下限（或着火下限）;同样,刚足以使火焰蔓延的最高浓度称为爆炸上限（或着火上限）。可燃性物质的浓度在下限以下及上限以上与空气的混合物都不会着火或爆炸。化学物质易爆的危险程度用爆炸危险度表示:

$$爆炸危险度 = \frac{爆炸上限浓度 - 爆炸下限浓度}{爆炸下限浓度}$$

典型气体的爆炸危险度见表 1-1。

燃烧的危险性是针对易燃液体和固体来说的。闪点是液体易燃性分级的标准,如表 1-2。固体的燃烧危险度一般以燃点高低来区分。一级易燃固体有红磷、五硫化二磷、硝化纤维素、二硝基化合物等；二级易燃固体有硫磺、镁粉、铝粉、萘、樟脑等。有些液体、固体在低温下能自燃，危险性更大。可燃性物质在没有明火作用的情况下发生燃烧叫自燃，发生自燃的最低温度叫自燃温度，如黄（白）磷为 $34\sim35℃$、三硫化四磷为 $100℃$、二硫化碳为 $102℃$、乙醚为 $170℃$等。

表 1-1　典型气体的爆炸危险度

序　号	名　称	爆炸危险度	序　号	名　称	爆炸危险度
1	氨	0.87	6	汽油	5.00
2	甲烷	1.83	7	乙烯	9.6
3	乙醇	3.30	8	氢	17.78
4	甲苯	4.8	9	苯	5.7
5	一氧化碳	4.92	10	二硫化碳	59.00

表 1-2　易燃和可燃性液体易燃性分级表

类　别	级别	闪点/℃	举　例
易燃液体	一级	低于 28	汽油、苯、酒精
	二级	28～45	煤油、松香油
可燃液体	三级	45～120	柴油、硝基苯
	四级	高于 120	润滑油、甘油

使用易燃易爆化学品要十分注意下列事项：

（1）实验室内不要存放大量易燃易爆物质。即使需要少量存放，也要密闭存放在阴凉背光和通风处，并远离火源、电源及暖气等。

（2）实验室中可燃气体浓度较大时，严禁明火和出现电火花。实验必须在远离火源的地方或通风橱中进行。对易燃液体加热不能直接用明火，必须用水浴、油浴或可调节电压的加热包。

（3）蒸馏回流可燃液体，须防止局部过热产生暴沸，为此可加入少许沸石、毛细管等，但必在加热前而不能在加热途中加入，以免暴沸冲出着火。加热可燃液体量不得超过容器容积的 2/3。冷凝管中的水流须预先通入并保持畅通。使用的干燥管必须畅通，仪器各连接处必须保证密闭不泄漏，以免蒸气逸出着火。

（4）比空气重的气体和蒸气如乙醚等常聚集在工作台面流动，危险性更大，用量较大时须在通风橱中进行。用过和用剩的易燃品不得倒入下水道，必须设法回收。

（5）金属钠、钾、钙等易遇水起火爆炸，故须保存在煤油或液体石蜡中。黄磷保存在玻璃瓶盛的水中。银氨溶液久置后会产生爆炸物质，故不能长期存放。

（6）强氧化剂和过氧化物与有机物接触，极易引起爆炸起火，所以严禁将它们随意混合或放置在一起。混合危险一般发生在强氧化剂和还原剂间。例如，黑色炸药是由硝酸钾、硫磺、木炭粉组成，高氯酸炸药含有高氯酸铵、硅铁粉、木炭粉和重油，礼花是硝酸钾、硫磺、硫化砷的混合物。浓硫酸与氯酸盐、高氯酸盐、高锰酸盐等混合产生游离酸或无水的 Cl_2O_5、Cl_2O_7、Mn_2O_7，一旦接触到有机物（包括纸、布、木材）都会着火或爆炸。液氯和液氨接触生成易爆炸的 NCl_3，可能引起大爆炸。

2. 强腐蚀药品的使用

高浓度的硫酸、盐酸、硝酸、强碱、溴、苯酚、三氯化磷、硫化钠、无水三氯化铝、氟化氢、氨水、浓有机酸等都有极强的腐蚀性,溅到人体皮肤上会造成严重伤害,对一些金属材料也会产生破坏作用。在使用时应注意以下几点。

（1）使用强腐蚀性药品须戴防护眼镜和防护手套。用吸管取液时不能用口吸。

（2）强腐蚀性药品溅到桌面或地上时,可用砂土吸收,然后甩大量水冲洗,切不可用纸片、木屑、干草、抹布去清除。

（3）熟悉药品性质,严格按要求操作和使用。如氢氟酸不能用玻璃容器;苛性碱溶于水大量放热,所以配制碱溶液须在烧杯中,决不能在小口瓶或量筒中进行,以防止容器受热破裂造成事故;开启浓氨水瓶前,必须冷却,瓶口朝无人处;对橡皮有腐蚀作用的溶剂不用橡皮塞;稀释硫酸时必须慢且充分搅拌,应将浓硫酸注入水中等。

3．有毒化学品的使用

化学品毒性的分级,习惯上以 LD_{50} 或 LC_{50} 作为衡量各种毒物急性毒性大小的指标,如表 1-3。

表 1-3　急性毒性分级表

毒性分级	小鼠一次口服 $LD_{50}/mg \cdot kg^{-1}$	小鼠吸入染毒 2h $LC_{50} \times 10^{-6}$	兔经皮肤染毒 $LD_{50}/mg \cdot kg^{-1}$
剧毒	<10	<50	<10
高毒	$11 \sim 100$	$51 \sim 500$	$11 \sim 50$
中等毒	$101 \sim 1\,000$	$501 \sim 5\,000$	$51 \sim 500$
低毒	$1\,001 \sim 10\,000$	$5\,001 \sim 50\,000$	$501 \sim 5\,000$
微毒	$>10\,000$	$>50\,000$	$>5\,000$

1985 年我国颁布了职业性接触毒物危害程度的国家标准 GB 5044—1985,考虑了毒物的各种因素,如表 1-4。

表 1-4　职业性接触毒物危害程度分级表

指　　标	分　级			
	I 极度危害	II 高度危害	III 中度危害	IV 轻度危害
急性中毒 吸入 $LD_{50}/mg \cdot kg^{-1}$ 经皮 $LD_{50}/mg \cdot kg^{-1}$ 经口 $LD_{50}/mg \cdot kg^{-1}$	<200 <100 <25	$200 \sim <2\,000$ $100 \sim <500$ $25 \sim <500$	$2\,000 \sim <20\,000$ $500 \sim <2\,500$ $500 \sim$	$>20\,000$ $>2\,500$
急性中毒状况	易发生中毒,后果严重	可发生中毒,愈后良好	偶发中毒	未见中毒,但有影响
慢性中毒状况	患病率高>5%	患病率较高<5%和症状发生率>20%	偶发中毒或症状发生率>10%	未见慢性中毒,但有影响
中毒后果	脱离接触后继续进展或不能治愈	脱离接触后可基本治愈	脱离接触后,可恢复,无严重后果	脱离接触后能自行恢复,无不良后果
致癌性	人体致癌物	可使人体致癌	实验动物致癌	无致癌性
$MAC^{①}/mg \cdot m^{-3}$	<0.1	$0.1 \sim <1.0$	$1.0 \sim <10.0$	>10.0

① MAC——英文字头,最高容许浓度。

按表 1-4 的项目从国标 GB 5044-1985 中摘出实验室中较易遇到的 25 种毒物的定级资料列入表 1-5。

表 1-5 常见毒物毒性分级表

毒物名称	急性中毒指标		高容许浓度	慢性危害指标定级			定级	特殊依据
	毒性	中毒状况		发病状况	中毒后果	致癌性		
汞及其无机化合物	2	2	1	1	1	4	I	
苯	2	3	4	1	1	1	I	
砷及其无机化合物	1	2	2	1	2	1	I	
氯乙烯(单体)	4	3	4	1	1	1	I	
铬酸盐及重铬酸盐	3	3	1	2	2	1	I	致癌
铍及其化合物	2	2	1	2	1	2	I	
羰基镍	1	1	1	2	1	1	I	致癌
氰化物	1	2	2	4	4	4	I	急性
氯甲醚	2	4	1	3	1	1	I	致癌
铅及其无机化合物	2	2	1	2	1	4	II	
光气	1	2	2	4	2	4	II	
二硫化碳	3	3	3	3	2	4	II	
氯气	2	2	3	2	2	4	II	
丙烯腈	2	2	3	2	2	2	II	
四氯化碳	3	3	3	2	2	2	II	
硫化氢	2	2	3	3	3	4	II	
一氧化碳	3	2	4	3	3	4	II	急性
镉及其化合物	2	2	2	2	2	2	II	
硫酸二甲酯	1	1	2	4	2	2	II	
金属镍	2	4	2	2	2	1	II	致癌
环氧氯丙烷	2	2	2	2	1	2	II	
甲醇	3	3	4	3	3	4	III	
甲苯	3	3	4	3	3	4	III	
丙酮	4	4	4	4	4	4	IV	
氨	4	4	4	3	4	4	IV	

有毒化学品的使用要特别注意:

(1)剧毒药品应指定专人收发保管。

(2)取用剧毒药品必须完善个人防护。穿防护服、戴防护眼镜、防护手套、防毒面具或防毒口罩、长胶鞋等。严防毒物从口、呼吸道、皮肤特别是伤口侵入人体。

(3)制取、使用有毒气体必须在通风橱中进行。多余的有毒气体应先化学吸收后再排空。

(4)有毒的废液残渣不得乱丢乱放,必须进行妥善处理。

(5)设备装置尽可能密闭,防止实验中冲、溢、跑、冒事故的发生。尽量避免危险操作。应尽量用最小剂量完成实验。毒物量较大时,应按照工业生产要求采取各种安全防护措施。

(四)实验室废弃物处理

1. 废气的处理

实验室的废气的特点,一是量少,二是多变。废气处理应满足两点要求:一是保证在实验环境的有害气体不超过规定的空气中有害物质的最高容许浓度;二是排出气不超过居民大气中有害物最高容许浓度。为此,必须有通风、排毒装置。

实验室排出的少量有害气体,可容许直接放空,使其被空气稀释,根据安全要求放空管不应低于附近房顶 3m。废气量较多或毒性大的废气一般应通过化学处理后再放空。例如 CO_2、NO_2、SO_2、Cl_2、H_2S、HF 等废气应先用碱溶液吸收;NH_3 用酸吸收;CO 可先点燃转变成 CO_2 等。对个别毒性很大或者数量多的废气,可参考工业废气处理方法,用吸附、吸收、氧化、分解等方法进行处理。

2. 废液和废渣处理

对污染环境的废液废渣不应直接倒入垃圾堆,必须先经过处理使其成为无害物,最好是埋入地下。例如,氰化物可用 $Na_2S_2O_3$ 溶液处理使其生成毒性较低的硫氰酸盐,也可用 $FeSO_4$、$KMnO_4$、NaClO 代替 $Na_2S_2O_3$ 来处理;含硫、磷的有机剧毒农药可用 CaO 继而用碱液处理,使其迅速分解,失去毒性;酸碱废物可先中和为中性废物再排放;硫酸二甲酯可先用氨水,继而用漂白粉处理;苯胺可用盐酸或硫酸处理;汞可用硫磺处理生成无毒的 HgS;废铬酸洗液可用 $KMnO_4$ 再生;少量废铬液可加入碱或石灰使其生成 $Cr(OH)_3$ 沉淀,再将其埋入地下。含汞盐或其他重金属离子的废液加 Na_2S 使其生成难溶的氢氧化物、硫化物、氧化物等,将其埋入地下。

(五)实验室中一般伤害的救护

(1)玻璃割伤。先清理出伤口里的玻璃碎片,抹些红药水或紫药水,必要时撒些消炎粉并包扎。

(2)烫伤。切勿用水冲洗,须在伤处用 $KMnO_4$ 喷洗或抹上黄色的苦味酸溶液、烫伤膏或万花油。

(3)酸蚀。立即用大量水冲洗,然后用饱和碳酸氢钠溶液冲洗,再用水冲净。若酸溅入眼内,先用大量水冲洗,再送医院治疗。

(4)碱蚀。立即用大量水冲洗,再用约 2% 的醋酸溶液或饱和硼酸溶液冲洗,最后用水冲洗。若碱液溅入眼内,则先用硼酸溶液洗,再用水洗。

(5)溴蚀。先用甘油或苯洗,再用水洗。

(6)苯酚蚀。用 4 份 20% 的酒精和 1 份 $0.4mol \cdot L^{-1}$ 的 $FeCl_3$ 溶液的混合液洗,再用水洗。

(7)白磷灼伤。用 1% 的 $AgNO_3$ 溶液、1% 的 $CuSO_4$ 溶液或浓 $KMnO_4$ 溶液洗后包扎。

(8)吸入刺激性或有毒气体。吸入 Cl_2、HCl 时,可吸入少量酒精和乙醚的混合蒸气解毒;吸入 H_2S 而感到不适,则应立即到室外呼吸新鲜空气。

(9)毒物误入口内。将浓度近似 5% 的 $CuSO_4$ 溶液 5~10mL 加入到一杯温水中,内服后,用手指伸入咽喉部,促使呕吐,然后立即送医院治疗。

(10)触电。首先切断电源,必要时进行人工呼吸。

(11)起火。既要灭火、又要迅速切断电源,移走旁边的易燃品阻止火势蔓延。一般小火,用湿布、石棉布或砂子覆盖,即可灭火。火势较大要用各种灭火器来灭火,灭火器要根据现场情况及起火原因正确选用,如有电器设备在现场只能用二氧化碳灭火器或四氯化碳灭火器,而不能用泡沫灭火器,以免触电。衣服着火切勿惊乱,赶快脱下衣服或用石棉布覆盖着火处。

对中毒、火灾受伤人员,伤势较重者,应立即送往医院。火情很大,应立即报告火警。

（六）灭火常识

目前国际上根据燃烧物质的性质,统一将火灾分为 A、B、C、D 四类。

A 类:木材、纸张、棉布等物质着火。

B 类:可燃性液体着火。

C 类:可燃性气体着火。

D 类:可燃性金属 K、Na、Ca、Mg、Al、Ti 等固体与水反应生成可燃性气体着火。

灭火的一切手段基本上是围绕破坏形成燃烧三个条件中的任何一个来进行。

（1）隔离法。将火源处或周围的可燃物质撤离或隔开,这是釜底抽薪的办法。所以一旦起火,要将火源附近的可燃、易燃、助燃物搬走,关闭可燃气、液体管道的阀门,切断电源。

（2）冷却法。将水或二氧化碳灭火剂直接喷射到燃烧物或附近可燃物质上,使温度降到燃烧物质燃点以下,燃烧也就停止了。A 类物质着火用隔离法和用水扑灭,既有效,又方便。

（3）窒息法。阻止助燃物质如 O_2 流入燃烧区或者冲淡空气,使燃烧物质没有足够的氧气而熄灭。如用石棉毯、湿麻袋、湿棉被、泡沫、黄沙等覆盖在燃烧物上,有时用水蒸气、CO_2 或惰性气体等覆盖燃区,阻止新鲜空气进入。窒息法对付一般小火灾和 D 类火灾比较有效。

（4）化学中断法。使灭火剂参与燃烧反应,在高温下分解产生游离基与反应中的 H· 或 ·OH 活性基团结合生成稳定分子或活性低的游离基,从而使燃烧的连锁反应中断。例如,1211 灭火器中的灭火剂为二氟一氯一溴甲烷 CF_2ClBr,1211 就是用元素原子个数构成的代号,其工作原理是:$CF_2ClBr \rightarrow ·CF_2Cl + Br·$;$Br· + H· \rightarrow HBr$;$HBr + ·OH \rightarrow H_2O + Br·$。这类卤代烃类灭火剂,卤素原子量愈大抑制效果愈好,对付 B、C 类火灾这类灭火器很有效。

对于用水灭火人们习以为常,因为这种方法既廉价又方便。但是,D 类火灾,比水轻的 B 类火灾,酸、碱类火灾现场,未切断电源的电器火灾以及精密仪器贵重文献档案等失火都不能用水扑救。近年来出现了一种所谓"轻水"灭火剂,它实际上是在水中加一种表面活性剂氟化物,实际密度比水重,但由于表面张力低,所以在灭火时能迅速覆盖在液面,故名"轻水"。它有特殊灭火功能:速度快、效率高、不怕冷、不怕热、保存时间长等。

灭火器是实验室的常备设备,它们有多种类型,在火势的初起阶段用灭火器是特别有效的。火势到了猛烈阶段,必须由专业消防队来扑救。为了正确使用各种灭火器,现将几种常见的灭火器列于表 1-6。

表 1-6 常见灭火器的使用

灭火器种类	内装药剂	用　　途	性　　能	用　　法
泡沫灭火器	$NaHCO_3$ $Al_2(SO_4)_3$	扑灭油类火灾。电器火灾不适用	10kg 灭火器射程 8m,喷射时间 60s	倒过来摇动或打开开关。1.5 年更换一次药剂。用后 15min 内打开盖子
酸碱灭火器	H_2SO_4,$NaHCO_3$	非油类和电器火灾之外的其他一般火灾	10kg 射程 10m,喷射时间 50s	倒过来。1.5 年换一次药剂

（续表）

灭火器种类	内装药剂	用　途	性　能	用　法
二氧化碳灭火器	压缩液体二氧化碳	扑灭贵重仪器、电器火灾，不能用于扑灭 D 类火灾	喷射距离 1.5～3m，接近着火点。液态 CO_2 的沸点约为 $-70℃$，注意冻伤	拿好喇叭筒，打开开关。三月检查一次 CO_2 量
四氯化碳灭火器	液体 CCl_4	扑灭电器失火。不能扑灭 D 类、乙炔、乙烯、CS_2 等火灾	3kg 射程 3m，时间 3s。有毒	打开开关
干粉灭火器	$NaHCO_3$ 粉、少量润滑剂、防潮剂。高压 CO_2 或 N_2	扑灭 B 类、电器火灾、C 类、D 类火灾。不能防止复燃	射程 5m，时间 20s 左右	拉动钢瓶开关。贮备时不要受潮
1211 灭火器	液体 CF_2ClBr	除 D 类火灾外的火灾	可燃气体中混进 6%～9.3% 的 1211 便不能燃烧。射程 3～5m，时间 10～14s	握紧压把开关。一年检查一次 1211 量

三、化学试剂的一般知识

广义的化学试剂指实现化学反应而使用的化学药品；狭义的化学试剂指化学分析中为测定物质的成分或组成而使用的纯粹化学药品。

（一）化学试剂的等级

化学实验室中有各种各样的试剂，根据用途可分为专用试剂和通用试剂。专用试剂大都只有一个级别，如生物试剂、生化试剂、指示剂等。通用试剂按我国国家标准 GB 15346—1994 分为三级，如表 1-7。

表 1-7　化学试剂纯度级别

名　称	优级纯	分析纯	化学纯
标签颜色	深绿	金光红	中蓝

一些高纯试剂常常还有专门的名称，如光谱试剂、色谱纯试剂、基准试剂等。每种常用试剂都有具体的标准，例如，GB 642—1986 对重铬酸钾规定如表 1-8。

试剂纯度愈高其价格愈高，因此，应该按实验的目的要求选用不同规格的试剂。技术配套、经济合理、满足要求是实验取用试剂的基本原则。

表 1-8　重铬酸钾标准(w)

级别		优级纯	分析纯	化学纯
$K_2Cr_2O_7$ 含最不小于/%		99.8	99.8	99.5
杂质最高含量	水不溶物/%	0.003	0.005	0.01
	干燥失重/%	0.06	0.05	
	氯化物(Cl)/%	0.001	0.002	0.005
	硫酸盐(SO_4)/%	0.005	0.01	0.02
	钠(Na)/%	0.02	0.05	0.1
	钙(Ca)/%	0.002	0.002	0.01
	铁(Fe)/%	0.001	0.002	0.005
	铜(Cu)/%	0.001		
	铅(Pb)/%	0.05		

(二) 化学试剂的保管

实验室内应根据药品的性质、周围环境和实验室设备条件确定药品的存放和保管方式,既要保证不发生火灾、爆炸、中毒、泄漏等事故,又要防止试剂变质失效、标签脱落使试剂混淆等,从而达到保质、保量、保安全的要求,使实验能够顺利进行。一般原则是根据试剂性质和特点分类保管,如表 1-9。

表 1-9　化学试剂分类和贮存条件

类别	特点	贮存条件	试剂举例
易燃类	①可燃气体:凡遇火、受热、与氧化剂接触能引起燃烧或爆炸的气体。 ②可燃液体:易燃烧且在常温下呈液态的物质。闪点①小于 45℃的称易燃液体,闪点大于 45℃的称可燃液体。 ③可燃性固体物质:凡是遇火、受热、撞击、摩擦或与氧化剂接触能着火的固体物质。燃点②小于 300℃的称易燃物质,燃点高于 300℃的称可燃物质	气体贮存于专门的钢瓶中。阴凉通风,温度不超过 30℃;与其他易发生火花的器物和可燃物质隔开存放;特殊标志,闪点在 25℃以下的理想存放温度为-4~4℃	①氢气、甲烷、乙炔、乙烯、煤气、液化石油气等。 氧气、空气、氯气、氟气、氧化亚氮、氧化氮、二氧化氮等。 ②乙醚、丙酮、汽油、苯、乙醇、正戊醇、乙二醇、甘油等。 ③赤磷、黄磷、三硫化二磷、五硫化二磷等
剧毒类	通过皮肤、消化道和呼吸道侵入人体内,破坏人体正常生理机能的物质称毒物。毒物的毒性指标常用半致死量 LD_{50}($mg \cdot kg^{-1}$)或半致死浓度 LC_{50}(10^{-6})表示。 $LD_{50}<10$ 剧毒 LD_{50} 11~100 高毒 LD_{50} 101~1000 中等毒,实验室习惯将 $LD_{50}<50$ 者归入此类	固、液状物与酸类隔开,阴凉干燥,专柜加锁,特殊标记	氰化物、三氧化二砷及其他剧毒砷化物、汞及其他剧毒汞盐、硫酸二甲酯、铬酸盐、苯、一氧化碳、氯气等

（续表）

类别	特　点	贮存条件	试剂举例
强腐蚀类	对人体皮肤、粘膜、眼、呼吸器官及金属有极强腐蚀性的液体和固体	阴凉通风，与其他药品隔离放置。选用抗腐蚀材料做存放架，存放架不宜过高以保证存取搬动安全。温度30℃以下	发烟硫酸、浓硫酸、浓盐酸、硝酸、氢氟酸、苛性碱、醋酐、氯乙酸、浓醋酸、三氯化磷、溴苯酚、溴、硫化钠、氨水等
燃烧爆炸类	①本身是炸药或易爆物。②遇水反应猛烈，发生燃烧爆炸。③与空气接触氧化燃烧。④受热、冲击、摩擦、与氧化剂接触燃烧爆炸	①温度在30℃以下，最好在20℃以下保存。与易燃物、氧化剂隔开。用防爆架放置，在放置槽内放砂为垫并加木盖。特殊标记。②与第五类放在一起贮存	①硝化纤维、苦味酸、三硝基甲苯、叠氮和重氮化合物、乙炔银、高氯酸盐、氯酸钾等②钠、钾、钙、电石、氢化锂、硼化合物等③白磷等④硫化磷、红磷、镁粉、锌粉、铝粉、萘、樟脑等
强氧化剂类	过氧化物或强氧化能力的含氧酸盐	阴凉、通风、干燥，室温不超过30℃。与酸类、木屑、炭粉、糖类、硫化物等还原性物质隔开。包装不要过大，注意通风散热	硝酸盐、高氯酸及其盐、重铬酸盐、高锰酸盐、氯酸盐、过硫酸盐、过氧化物等
放射类	具有放射性的物质	远离易燃易爆物，装在磨口玻璃瓶中放入铅罐或塑料罐中保存	醋酸、铀酰、硝酸钍、氧化钍、钴一60等
低温类	低温才不致聚合变质或发生事故	温度在10℃以下	苯乙烯、丙烯腈、乙烯基乙炔，其他易聚合单体、过氧化氢、浓氨水
贵材类	价格昂贵及特纯的试剂，稀有元素及其化合物，	小包装，单独存放	钯黑、铂及其化合物、锗、四氯化钛等
易潮解类	易吸收空气中水分潮解变质的物质	30℃以下和湿度在80%以下。干燥阴凉。通风良好。或密闭封存	三氯化铝、醋酸钠、氧化钙、漂白粉、绿矾等
其他类	除上述10类之外的有机、无机药品	阴凉通风、在25～30℃保存。可按酸、碱、盐分类保管	

① 液体表面上的蒸气刚足以与空气发生闪燃的最低温度叫闪点。

② 可燃物质开始持续燃烧所需的最低温度称该物质的着火点或燃点。

四、化学实验用水

水是一种使用最广泛的化学试剂,经常被作为最廉价的溶剂和洗涤液,人们的生活、生产、科学研究都离不开它。水质的好坏直接影响化工产品的质量和实验结果。各种天然水由于长期和土壤、空气、矿物质等接触,都不同程度地溶有无机盐、气体和某些有机物等杂质。无机盐主要是钙和镁的酸式碳酸盐、硫酸盐、氯化物等;气体主要是氧气、二氧化碳和低沸点易挥发的有机物等。一般来说,水中离子性杂质含量是盐碱地水＞井水(或泉水)＞自来水＞河水＞塘水＞雨水;有机物杂质含量是塘水＞河水＞井水＞泉水＞自来水。因此,天然水、自来水都不宜直接用来做化学实验。我国实验室用水已经有了国家标准,GB 6682－1992 规定了实验用水的技术指标,如表 1-10。

表 1-10　实验室用水级别及主要指标

指标名称	一级	二级	三级
pH 值范围(25℃)[①]	—	—	5.0～7.5
电导率/(25℃)mS·m⁻¹≤	0.01	0.10	0.50
吸光度(254nm,1cm 光程)≤	0.001	0.01	
二氧化硅密度 mg·L⁻¹≤	0.02	0.05	
可氧化物限度试验[②]	—	符合	符合

①高纯水的 pH 值难于测定,故一、二级水没有规定 pH 值要求。

②取样 100mL,加 10.0mL 密度为 98g·L⁻¹ 硫酸溶液和 1.0mL 浓度为 0.01mol·L⁻¹ 的高锰酸钾溶液,加盖煮沸 5min,与加热对照水样比较,所呈淡黄色未完全消失则符合规定。说明该水中易氧化的有机物杂质没有超标。

天然水要达到上述技术标准,必须进行净化处理。常用的制备方法有蒸馏法、离子交换法和电渗析法。

(一)蒸馏水的制备

经蒸馏器蒸馏而得的水为蒸馏水。天然水汽化后冷凝就可得到蒸馏水,水中的大部无机盐杂质因不能挥发而被除去。蒸馏器多种多样,一般由玻璃、镀锡铜皮、铝、石英等材料制成。蒸馏水较为洁净,但仍然含有少量杂质:有蒸馏器材料带入的离子,有随水蒸气带入的二氧化碳及某些低沸点易挥发物,有成雾状飞出直接进入蒸馏水中的少量液态水,也有带入蒸馏水中的微量的冷凝管材料成分。故蒸馏水只能作为一般化学实验之用。

二次蒸馏水又叫重蒸馏水。在蒸馏水中加入少量高锰酸钾的碱性溶液(破坏水中的有机物),用硬质玻璃或石英蒸馏器重新蒸馏,弃掉最初馏出的四分之一,收集中段就得到重蒸馏水。如果重蒸馏水仍不符合要求,还可再蒸一次得三次蒸馏水,用于要求较高的实验。实践证明,更多次的重复蒸馏无助于水质的进一步提高。

高纯度的蒸馏水要用石英、银、铂、聚四氟乙烯蒸馏器,同时采用各种特殊措施来制备。如近年来出现的石英亚沸蒸馏器,它的特点是在液面上加热,使液面始终处于亚沸状态,蒸馏速度较慢,可将水蒸气带出的杂质量减至最低。又如,蒸馏时头和尾都弃 1/4,只收中间段的办法也是很有效的。还可根据具体要求在二次蒸馏中加入适当试剂以达到目的,如加入甘露醇可抑制硼的挥发;加碱性高锰酸钾可破坏有机物和抑制 CO_2 逸出,煮沸半小时除 CO_2,煮沸 12小时可除 O_2;一次蒸馏加 NaOH 和 $KMnO_4$,二次蒸馏加 H_3PO_4 除 NH_3,三次蒸馏用石英蒸馏器除痕量碱金属杂质,在整个蒸馏过程中避免与大气接触可制得 pH≈7 的高纯水。

（二）去离子水的制备

用离子交换法制得的纯水叫去离子水。天然水经过离子交换树脂处理后除去了绝大部分阴、阳离子，但却不能除去大部分有机杂质。

离子交换树脂是由苯酚、甲醛、苯乙烯、二乙烯苯等各种原料合成的高分子聚合物。通常呈半透明和不透明球状物，颜色有浅黄、黄、棕色等。离子交换树脂不溶于水，对酸、碱、氧化剂、还原剂、有机溶剂具有一定的稳定性。在离子交换树脂的网状结构的骨架上有许多可以与溶液中离子起交换作用的活性基团。根据活性基团不同，阳离子交换树脂又分为强酸性和弱酸性两种，阴离子交换树脂也可分为强碱性和弱碱性树脂。市场上出售的阳离子树脂一般为强酸性的钠型和强碱性的氯型，可用来净化水。

钠型树脂可用稀盐酸浸泡转变成氢型。

阳离子在树脂中的交换顺序为：$Fe^{3+} > Al^{3+} > Ca^{2+} > Mg^{2+} > K^+ > Na^+ > H^+ > Li^+$。

氯型树脂可用稀 NaOH 溶液浸泡转变成氢氧型。

阴离子在树脂中的交换顺序为：$PO_4^{3-} > SO_4^{2-} > NO_3^- > Cl^- > HCO_3^- > HSiO_3^- > H_2PO_4^- > HCOO^- > OH^- > F^- > CH_3COO^-$。

通过阴、阳离子树脂交换出来的 H^+ 和 OH^- 结合成水，而水中绝大部分其他阴、阳离子都吸附在树脂上，从而使水得到纯化。交换后的树脂用稀盐酸、稀氢氧化钠处理使其恢复原型的过程叫做树脂再生。再生的树脂可继续使用。

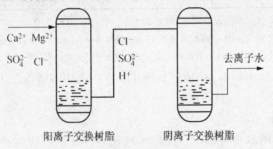

图 1-1 离子交换树脂净化水示意图

离子交换树脂净化水一般在离子交换柱中进行。实验室中柱材料一般用有机玻璃，内装树脂，净化过程示意如图 1-14。它描述了自来水经过阳离子柱除去阳离子再通过阴离子交换柱除去阴离子的流程。

（三）电渗析法制纯水

电渗析法是指把树脂制作成阴、阳离子交换膜，置于外加电场中，利用膜对溶液中的离子的选择性使杂质分离的方法。

五、试纸

试纸是用滤纸浸渍了指示剂或液体试剂制成的。用来定性检验一些溶液的性质或某些物质是否存在，操作简单，使用方便。本节介绍几种实验室常用的试纸。

（一）检验溶液酸碱性的试纸

1. pH 试纸

国产 pH 试纸分为广泛 pH 试纸和精密 pH 试纸两种。广泛 pH 试纸按变色范围分为 1～10、1～12、1～14、9～14 四种，最常用的是 1～14 的 pH 试纸。精密 pH 试纸按变色范围分类更多,如变色范围在 pH 值为 2.7～4.7、3.8～5.4、5.4～7.0、6.8～8.4、8.2～10.0、9.5～13.0 等。精密 pH 试纸测定的 pH 值变化值小于 1,很易受空气中酸碱性气体干扰,不易保存。

2. 石蕊试纸

分红色和蓝色两种。酸性溶液使蓝色试纸变红。碱性溶液使红色试纸变蓝。

3. 其他酸碱试纸

酚酞试纸,白色。遇碱性介质变红。苯胺黄试纸,黄色。遇酸性介质变红。

中性红试纸,有黄色和红色两种。黄色遇碱性介质变成红色,遇强酸变蓝;红色的试纸遇碱变黄,在强酸中变蓝。

(二) 特性试纸

1. 淀粉碘化钾试纸

将 3g 可溶性淀粉加 25mL 水搅匀,倾入 225mL 沸水中,再加 1g KI 和 1g Na_2CO_3,用水稀释成 500mL。将滤纸浸入浸渍,取出在阴凉处晾干成白色,剪成条状贮存于棕色瓶中备用。

淀粉碘化钾试纸用来检验 Cl_2、Br_2、NO_2、O_2、$HClO$、H_2O_2 等氧化剂,若反应呈阳性则试纸变蓝。例如 Cl_2 和试纸上的 I^- 作用

$$2I^- + Cl_2 === I_2 + 2Cl^-$$

I_2 立即与淀粉作用呈蓝紫色。如果氧化剂氧化性强,浓度又大,可进一步反应

$$I_2 + 5Cl_2 + 6H_2O === 2HIO_3 + 10HCl$$

使 I_2 变成了 IO_3^-,结果最初出现的蓝色又会褪去。

2. 醋酸铅试纸

将滤纸用 3% 的 $Pb(Ac)_2$ 溶液浸泡后,在无 H_2S 的环境中晾干而成。无色,用来检验痕量 H_2S 是否存在。H_2S 气体与湿的试纸上的 $Pb(Ac)_2$ 反应生成 PbS 沉淀,反应如下:

$$Pb(Ac)_2 + H_2S === PbS\downarrow + 2HAc$$

沉淀呈黑褐色并有金属光泽。有时颜色较浅但定有金属光泽为特征。若溶液中 S^{2-} 的浓度较小,加酸酸化逸出 H_2S 太少,用此试纸就不易检出。

3. 硝酸银试纸

将滤纸放入 2.5% 的 $AgNO_3$ 溶液中浸泡后,取出晾干即成,保存在棕色瓶中备用。试纸为黄色,遇 AsH_3 有黑斑形成。

$$AsH_3 + 6AgNO_3 + 3H_2O === 6\,Ag + 6HNO_3 + H_3AsO_3$$
$$\text{黑斑}$$

4. 电极试纸

1g 酚酞溶于 100mL 乙醇中,5gNaCl 溶于 100mL 水中,将两溶液等体积混合。取滤纸浸入混合溶液中浸泡后,取出干燥即成。将这种试纸用水润湿,接到电池的两个电极上,电解一段时间,与电池负极相接的地方呈现酚酞与 NaOH 作用的红色。

$$2NaCl + 2H_2O === 2NaOH + H_2\uparrow + Cl_2\uparrow$$

(三) 试纸的使用

1. 石蕊试纸和酚酞试纸的使用

用镊子取一小块试纸放在干净的表面皿边缘上或滴板上。用玻璃棒将待测溶液搅拌均匀,然后用棒端沾少量溶液点在试纸块中部,观察试纸颜色的变化,确定溶液的酸碱性。切勿

将试纸投入溶液中,以免弄脏溶液。

2. pH 试纸的使用

用法同石蕊试纸。待试纸变色后与色阶板的标准色阶比较,确定溶液的 pH 值。

3. 淀粉碘化钾试纸的使用

将一小块试纸用蒸馏水润湿后,放在盛待测溶液的试管口上,如有待测气体逸出,则试纸会变色。必须注意不要使试纸直接接触待测物。

醋酸铅和硝酸银试纸用法与淀粉碘化钾试纸基本相同,区别是湿润后的试纸盖在放有反应溶液试管的口上。

使用试纸时,每次用一小块即可。取用时不要直接用手,以免手上不慎沾污的化学品污染试纸。从容器取出所需试纸后要立即盖严容器,使余留下的试纸不受空气中气体的污染。用过的试纸投入废物缸中。

六、常用压缩气体钢瓶

在化学实验中,经常要使用一些气体,例如,燃烧热的测定实验中要使用氧气,合成氨反应平衡常数的测定实验中要使用氢气和氮气。为了便于运输、贮藏和使用,通常将气体压缩成为压缩气体(如氢气、氮气和氧气等)或液化气体(如液氨和液氯等),灌入耐压钢瓶内。当钢瓶受到撞击或高温时就会有发生爆炸的危险。另外有一些压缩气体或液化气体则具有剧毒,一旦泄漏,将造成严重后果,因而在化学实验中,正确和安全地使用各种压缩气体或液化气体钢瓶是十分重要的。

使用钢瓶时,必须注意下列事项:

(1) 在气体钢瓶使用前,要按照钢瓶外表油漆颜色、字样等正确识别气体种类,切勿误用,以免造成事故。

据我国有关部门规定,各种钢瓶必须按照规定进行漆色、标注气体名称和涂刷横条,其规格如表 1-11。

表 1-11 常见气体钢瓶的规格

钢瓶名称	外表颜色	字 样	字样颜色	横条颜色
氧气瓶	天蓝	氧	黑	
氢气瓶	深绿	氢	红	
氮气瓶	黑	氮	黄	红
纯氩气瓶	灰	纯氩	绿	棕
二氧化碳气瓶	黑	二氧化碳	黄	
氨气瓶	黄	氨	黑	黄
氯气瓶	草绿	氯	白	
氟氯烷瓶	铝白	氟氯烷	黑	白

注:如钢瓶因使用日久后色标脱落,应及时按以上规定进行漆色、标注气体名称和涂刷横条。

(2) 气体钢瓶在运输、贮存和使用时,注意勿使气体钢瓶与其它坚硬物体撞击或曝晒在烈日下以及靠近高温处,以免引起钢瓶爆炸。钢瓶应定期进行安全检查,如进行水压试验,气密性试验和壁厚测定等。

(3) 严禁油脂等有机物沾污氧气钢瓶,因为油脂遇到逸出的氧气就可能燃烧,如已有油脂沾污,则应立即用四氯化碳洗净。氢气、氧气或可燃气体钢瓶严禁靠近明火。

（4）存放氢气钢瓶或其它可燃性气体钢瓶的房间应注意通风,以免漏出的氢气或可燃性气体与空气混合后遇到火种发生爆炸,室内的照明灯及电气通风装置均应防爆。

（5）原则上有毒气体(如液氯等)钢瓶应单独存放,严防有毒气体逸出,注意室内通风。最好在存放有毒气体钢瓶的室内设置毒气鉴定装置。

（6）若两种钢瓶中的气体接触后可能引起燃烧或爆炸,则这两种钢瓶不能存放在一起。如氢气瓶和氧气瓶、氢气瓶和氯气瓶等。氧、液氯、压缩空气等助燃气体钢瓶严禁与易燃物品放置在一起。

（7）气体钢瓶存放或使用时要固定好,防止滚动或翻倒。为确保安全,最好在钢瓶外面装置橡胶防震圈。液化气体钢瓶使用时要直立放置,禁止倒置使用。

（8）使用钢瓶时,应缓缓打开钢瓶上端之阀门,不能猛开阀门,也不能将钢瓶内的气体全部用完,要留下一些气体,以防止外界空气进入钢瓶。

七、实验报告格式要求

根据实验记录认真书写实验报告,处理实验数据,对实验现象进行解释,对实验进行讨论并作出结论等。

实验报告格式事例:

例1　测定实验

化学实验报告

实验名称：_____

系 _____　专业 _____　班级 _____　姓名 _____　同组人 _____　日期 _____

一、实验目的
二、实验原理(简述)
三、实验数据记录
四、实验结果(实验数据处理)
五、问题和讨论

指导教师_____

例2　验证性实验

化学实验报告

实验名称：＿＿＿＿＿＿＿＿＿＿＿

系 ＿＿＿＿　专业 ＿＿＿＿　班级 ＿＿＿＿　姓名＿＿＿＿　同组人＿＿＿＿＿日期＿＿＿＿＿

实验目的		
实验提要		
实验内容、步骤	现象记录	解释或结论、反应式
问题和讨论		

指导教师＿＿＿＿＿＿＿

例3　提纯、制备实验

化学实验报告

实验名称：＿＿＿＿＿＿＿＿＿＿＿

系 ＿＿＿＿　专业 ＿＿＿＿　班级＿＿＿＿　姓名＿＿＿＿　同组人＿＿＿＿＿日期＿＿＿＿＿

实验目的
基本原理
简要步骤（流程）
实验过程中主要现象
实验结果 产品外观 产量 产率 纯度
问题和讨论

指导教师＿＿＿＿＿＿＿

例4　综合性实验

化学实验报告

实验名称：＿＿＿＿＿＿＿＿＿＿

系 ＿＿＿＿　专业 ＿＿＿＿　班级＿＿＿＿　姓名＿＿＿＿　同组人＿＿＿＿日期 ＿＿＿＿

实验目的
基本原理
实验方案、操作流程设计及其依据(参考文献)
实验过程中的难点及主要现象
实验结果、数据处理和结论
问题与讨论

指导教师＿＿＿＿＿＿

例5　实验报告示例

实验　硫酸亚铁铵的制备

系 ＿＿＿＿　专业 ＿＿＿＿　班级＿＿＿＿　姓名＿＿＿＿　同组人＿＿＿＿　日期 ＿＿＿＿

一、实验目的

二、实验原理

三、实验步骤

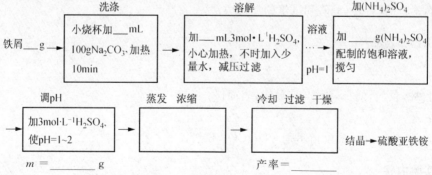

四、产品检验

检验项目	检验步骤	现　　象	方程式与结论
NH_4^+			
Fe^{2+}			
SO_4^{2-}			
Fe^{3+}			

五、讨论(根据产率、纯度和本人在操作中遇到的问题,简单谈谈实验后的体会)

- 思考题

1. 怎样用浓硫酸来配制稀硫酸才能保证安全?
2. 制备 Cl_2 应当如何进行?
3. 使用剧毒的氰化钠应注意些什么?
4. 不慎将酒精灯中的酒精洒出着火,应怎样扑灭?
5. 做 Na 和水反应实验时,从煤油中取出的钠块溅水起火爆炸,怎么处理?
6. 有学生将铬酸洗液碰倒洒出,如何妥善处理?
7. 从用电安全的角度看,使用烘箱应注意哪些事项?
8. 化学试剂的标签上包含哪些内容?
9. 分别写出 3~5 种实验室中常用的易燃易爆、强腐蚀性、剧毒的化学药品的名称。
10. 自来水为什么不能用来做定性和定量的化学实验?
11. 将自来水制备成实验室用水有哪些方法? 有人说,连续下雪天第三天的雪水可用来做化学试验,这种说法是否科学?

实验 1-1　参观和练习

一、实验目的

(1) 了解实验室的布置和设施。
(2) 认识常见仪器和药品。
(3) 熟悉量筒、台秤、滴管和试纸的使用方法。

二、仪器和药品

仪器:
　　台秤,量筒,烧杯,滴管,玻璃棒,表面皿;
药品:
　　广泛 pH 试纸,酚酞指示剂,$NaHCO_3$,试管。

三、实验内容

1. 参观实验室
(1) 观察并记住电源闸、煤气开关、水开关的位置。
(2) 了解常用仪器和药品的存放位置。
(3) 记录一种化学试剂的标签(外观、格式和内容)。
(4) 记录常用量具的名称和规格。
(5) 记录可直接加热的常用玻璃仪器的名称和规格。
2. 台秤称量练习
用表面皿作容器在台秤上称取 1g $NaHCO_3$ 放入烧杯中。

3. 量筒读数练习

用量筒量取 100mL 水倒入放有 1gNaHCO₃ 的烧杯中。用玻璃棒搅拌溶解完全。将溶液定量地转入 100mL 的试剂瓶中。并自写一个标签贴上。

4. 液体试剂取样练习和滴管使用练习

（1）用 10mL 的小量筒从试剂瓶中取出 10mL，最后几滴用滴管滴加。

（2）用小量筒和滴管测试 1mL 大约相当于多少滴。

（3）取支试管从试剂瓶中取约 5mL 试液，滴入几滴酚酞指示剂，观察试液呈现的颜色。

5. 试纸的使用

用广泛 pH 试纸测试所配溶液的 pH 值，测三次，看看读数是否相同。再自选一种精密 pH 试纸再测一次，观察与前三次数值是否相同。

6. 倾注法取液体试剂

将试剂瓶中的试液用倾注法倒回烧杯中。

第二章　化学实验基本操作技术

【知识目标】
1. 了解化学实验室常用仪器的名称、规格、用途；
2. 掌握用化学方法提纯氯化钠的原理；
3. 了解皂化反应原理及肥皂的制备方法；
4. 了解煤气灯和酒精喷灯的构造；
5. 了解联合制碱的反应原理和方法。

【技能目标】
1. 掌握常用玻璃仪器的洗涤和干燥方法；
2. 掌握固体、液体的取用方法；
3. 掌握托盘天平、量筒(杯)的正确使用方法；
4. 初步掌握溶解和搅拌的基本操作技术，并学会正确使用密度计；
5. 学会容量瓶的使用方法；
6. 了解温度和压力的测量方法；
7. 掌握 NaCl 饱和溶液、$1+1$ H_2SO_4 溶液、$0.1mol \cdot L^{-1}$ HCl 溶液、$0.1mol \cdot L^{-1}CuSO_4$ 溶液的配制方法；
8. 掌握用化学方法提纯氯化钠的方法；
9. 掌握无机制备中的一些基本操作及对比检查；
10. 了解中间控制检验和氯化钠纯度检验的方法；
11. 熟悉盐析原理，掌握水浴加热、沉淀的洗涤以及减压过滤等操作技术；
12. 学会正确使用煤气灯和酒精喷灯；
13. 掌握玻璃管、玻璃棒和安瓿球的"截"、"拉"、"吹"等基本操作技术；
14. 掌握塞子钻孔及装配操作；
15. 掌握玻璃温度计的使用；
16. 熟练称量、加热、溶解、过滤、蒸发、结晶、检验等基本操作；
17. 练习目视比色法测定离子的浓度；
18. 学习沉淀的洗涤、固体物质的干燥；
19. 熟悉控制 pH 值进行沉淀分离——除杂质的方法；
20. 掌握共沉淀法合成无机粉体物质的方法；
21. 了解马福炉的结构及使用方法。

第一节　化学实验常用玻璃器皿的洗涤和干燥

化学实验常用的仪器设备种类繁多,本节仅介绍常用的玻璃仪器及其他简单的器皿和用具。

一、化学实验常用仪器

实验室常用玻璃仪器的规格、用途、使用注意事项列于表 2 - 1 中。其他器皿、用具列于表 2 - 2 中。

表 2 - 1 常用玻璃仪器

仪器图示	规格及表示方法	一般用途	使用注意事项
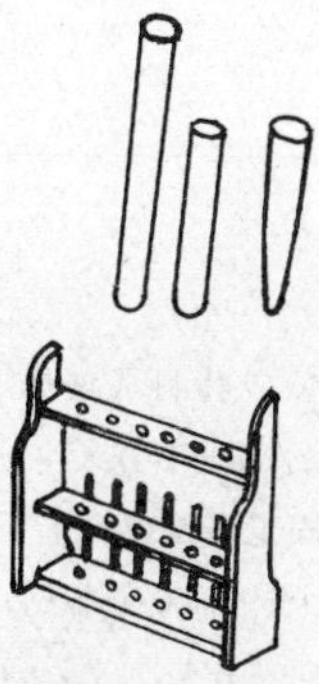 试管与试管架	按质料分硬质、软质试管；此外又有普通试管和离心试管之分；普通试管又可分为有平口、翻口；有刻度、无刻度；有支管、无支管；具塞、无塞等几种（离心试管也有具刻度和无刻度的）；无刻度试管以直径×长度(mm)表示其大小规格。有刻度的试管规格以容积(mL)表示；试管架有木质和金属制品两类	用作少量试剂的反应容器，便于操作和观察；用于收集少量气体；离心试管用于沉淀分离；试管架用于承放试管	①普通试管可直接用火加热，硬质的可加热至高温，但不能骤冷；②离心试管不能用火直接加热，只能用水浴加热；③反应液体不超过容积的 1/2，加热液体不超过容积的 1/3；④加热前试管外壁要擦干，要用试管夹。加热时管口不要对人，要不断振荡，使试管下部受热均匀；⑤加热液体时，试管与桌面成 45°，加热固体时管口略向下倾斜
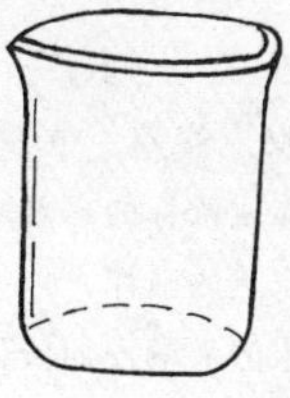 烧杯	有一般型和高型、有刻度和无刻度等几种；规格以容积(mL)表示，还有容积为 1、5、10mL 的微烧杯	反应物量较多的反应容器；配制溶液和溶解固体等；还可作简易水浴	①加热时先将外壁水擦干，放在石棉网上；②反应液体不超过容积的 2/3，加热时不超过 1/3
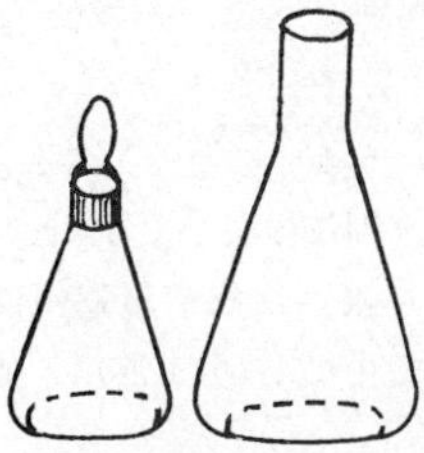 具塞三角瓶　锥形瓶	有具塞、无塞等种类；规格以容积(mL)表示	作反应容器，可避免液体大量蒸发；用于滴定的容器，方便振荡	①滴定时所盛溶液不超过容积的 1/3；②其他同烧杯

仪器图示	规格及表示方法	一般用途	使用注意事项
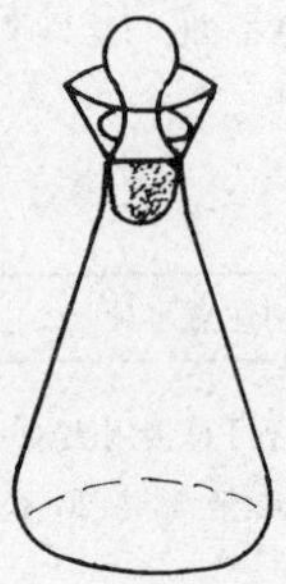 碘量瓶	具有配套的磨口塞； 规格以容积(mL)表示	与锥形瓶相同,可用于防止液体挥发和固体升华的实验	同锥形瓶
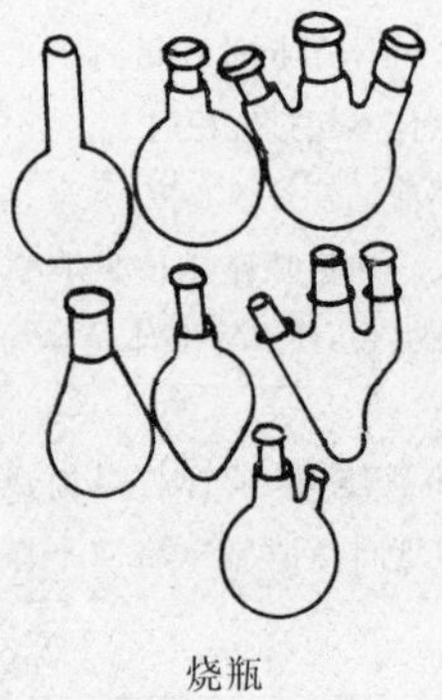 烧瓶	有平底、圆底、长颈、短颈；细口、磨口,圆形、茄形、梨形；二口、三口等种类； 规格以容积(mL)表示。还有微量烧瓶	在常温和加热条件下作反应容器； 作液体蒸馏容器,受热面积大； 圆底的耐压。平底的不耐压,不能作减压蒸馏； 多口的可装配温度计、搅拌器、加料管,与冷凝器连接	①盛放的反应物料或液体不超过容积的2/3,也不宜太少； ②加热要固定在铁架台上,预先将外壁擦干、下面垫石棉网； ③圆底烧瓶放在桌面上,下面要有木环或石棉环,以免翻滚损坏
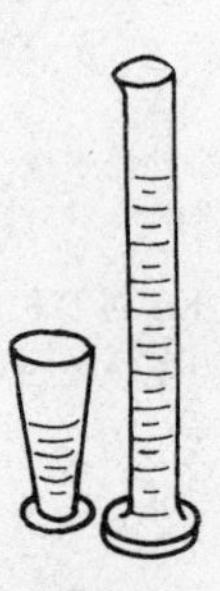 量筒和量杯	上口大下部小的叫量杯。有具塞、无塞等种； 规格以所能量度的最大容积(mL)表示	量取一定体积的液体	①不能加热； ②不能作反应容器。也不能用作混合液体或稀释的容器； ③不能量取热的液体； ④量度亲水溶液的浸润液体,视线与液面水平、读取与弯月面最低点相切刻度
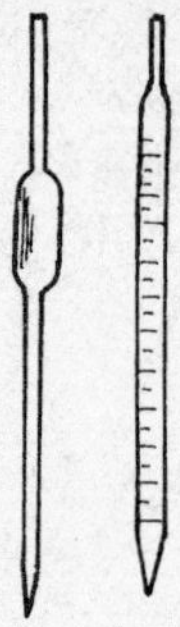 吸管	吸管又叫吸量管,有分刻度线直管型和单刻度线大肚型两种,还分成完全流出式和不完全流出式,此外还有自动移液管； 规格以所能量取的最大容积(mL)表示	准确量取一定体积的液体或溶液	①用后立即洗净； ②具有准确刻度线的量器不能放在烘箱中烘干,更不能用火加热烘干； ③读数方法同量筒

（续表）

仪器图示	规格及表示方法	一般用途	使用注意事项
 容量瓶	塞子是磨口塞,现在也有用塑料塞的。有量入式和量出式之分;规格以刻线所示的容积(mL)表示	用于配制准确浓度的溶液	①塞子配套,不能互换;②其他同吸管
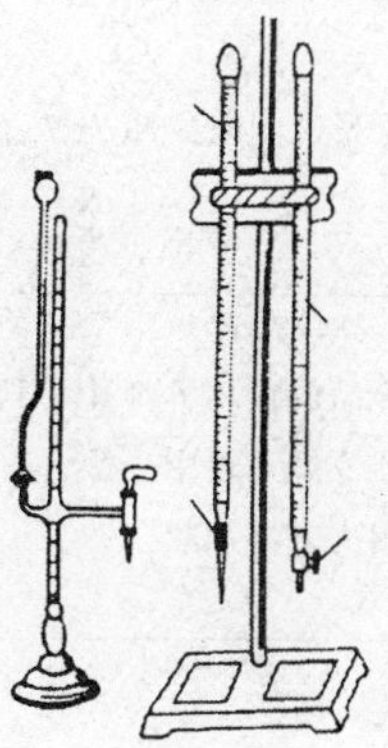 滴定管	具有玻璃活塞的为酸式滴定管,具有橡皮滴头的为碱式滴定管,用聚四氟乙烯制成的则无酸碱式之分;规格以刻度线所示最大容积(mL)表示,还有微量滴定管	用于准确测量液体或溶液的体积;容量分析中的滴定仪器	①酸式滴定管的活塞不能互换。不能装碱溶液;②其他同吸管
比色管	用无色优质玻璃制成;规格以环线刻度指示容量(mL)表示	盛溶液来比较溶液颜色的深浅	①比色时必须选用质量、口径、厚薄、形状完全相同的;②不能用毛刷擦洗,不能加热;③比色时最好放在白色背景的平面上
 试剂瓶	有广口、细口;磨口、非磨口;无色、棕色等种类;规格以容积(mL)表示	广口瓶盛放固体试剂细口瓶盛放液体试剂或溶液;棕色瓶用于盛放见光易分解和不太稳定的试剂	①不能加热;②盛碱溶液要用胶塞或软木塞;③使用中不要弄乱、弄脏塞子;④试剂瓶上必须保持标签完好,取液体试剂倾倒时标签要对着手心
 滴瓶 　滴管	有无色、棕色两种,滴管上配有橡皮的胶帽;规格以容积(mL)表示	盛放液体或溶液	①滴管不能吸得太满,也不能倒置,保证液体不进入胶帽;②滴管专用,不得弄乱、弄脏;③滴管要保持垂直,不能使管端接触容器内壁,更不能插入其他试剂瓶中

（续表）

仪器图示	规格及表示方法	一般用途	使用注意事项
 称量瓶	分扁形、高形两种； 规格以外径×高(cm)表示	用于称量、测定物质的水分	①不能加热； ②盖子是磨口配套的，不能互换； ③不用时洗净，在磨口处垫上纸条
 表面皿	规格以直径(cm)表示	用来盖在蒸发皿上或烧杯上，防止液体溅出或落入灰尘。也可用作称取固体药品的容器	①不能用火直接加热； ②作盖用时直径要比容器口直径大些； ③用于称量试剂时要事先洗净、干燥
 培养皿	规格以玻璃底盖外径(cm)表示	存放固体药品；作菌种培养繁殖用	①固体样品放在培养皿中，可放在干燥器或烘干箱中干燥； ②不能用火直接加热
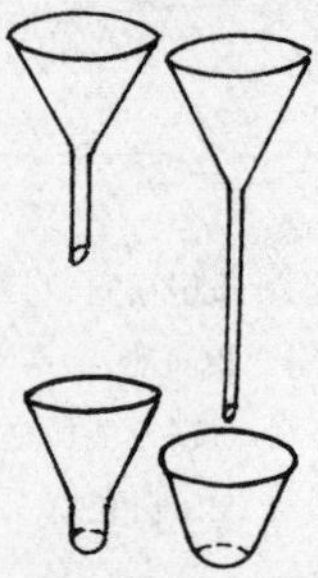 漏斗	有短颈、长颈、粗颈、无颈等种类； 规格以斗径(mm)表示	用于过滤、倾注液体导入小口容器中；粗颈漏斗可用来转移固体试剂； 长颈漏斗常用于装配气体发生器，作加液用	①不能用火加热，过滤的液体也不能太热； ②过滤时漏斗颈尖端要紧贴承接容器的内壁； ③长颈漏斗在气体发生器中作加液用时，颈尖端应插入液面之下
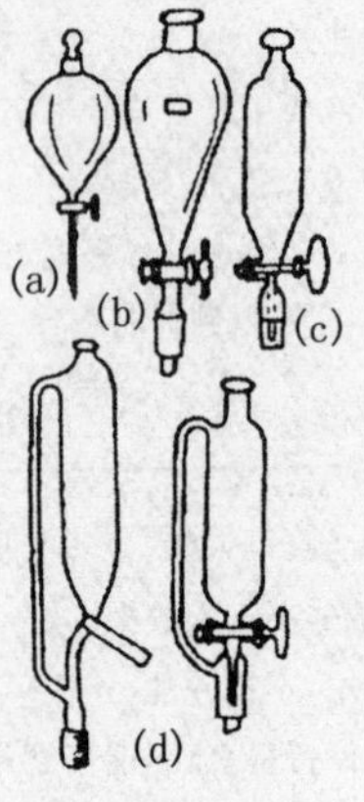 (a) (b) (c) (d) 分液、滴液漏斗	有球形、梨形、筒形、锥形等； 规格以容积(mL)表示	互不相溶的液—液分离；在气体发生器中作加液用；对液体的洗涤和进行萃取，作反应器的加液装置	①不能用火直接加热； ②漏斗活塞不能互换； ③进行萃取时。振荡初期应放气数次； ④作滴液加料到反应器中时，下尖端应在反应液下面

（续表）

仪器图示	规格及表示方法	一般用途	使用注意事项
 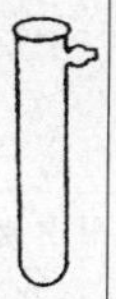 布氏漏斗　抽滤管	布氏漏斗有瓷制或玻璃制品,规格以直径(cm)表示；吸滤瓶以容积(mL)表示大小；抽滤管以直径×管长(mm)表示规格。磨口的以容积(mL)表示大小	连接到水冲泵或真空系统中进行晶体或沉淀的减压过滤	①不能直接用火加热；②漏斗和吸滤瓶大小要配套,滤纸直径要略小于漏斗内径；③过滤前,先抽气。结束时,先断开抽气管与滤瓶连接处再停抽气,以防止液体倒吸
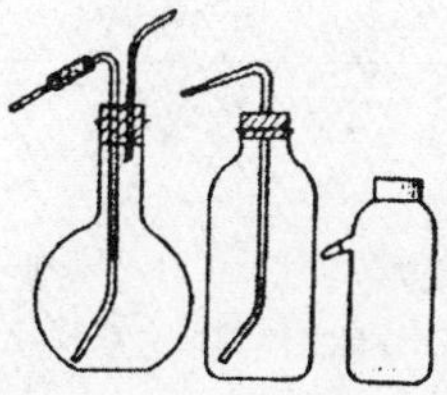 洗瓶	有玻璃和塑料的两种,大小以容积(mL)表示	洗涤沉淀和容器	①不能装自来水；②塑料的不能加热
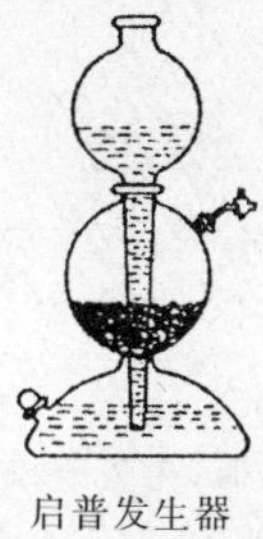 启普发生器	规格以容积(mL)表示	用于常温下固体与液体反应制取气体。通常固体应是块状或颗粒,且不溶于水,生成的气体难溶于水	①不能用来加热或加入热的液体；②使用前必须检查气密性
 洗气瓶	规格以容积(mL)表示	内装适当试剂用于除去气体中的杂质	①根据气体性质选择洗涤剂。洗涤剂应为容积的约 1/2；②进气管和出气管不能接反
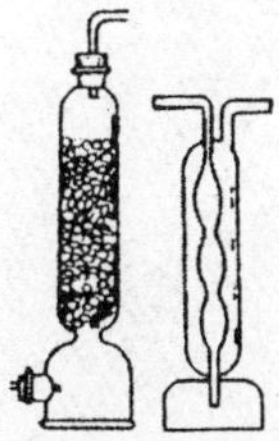 干燥塔	以容积(mL)表示	净化和干燥气体	①塔体上室底部放少许玻璃棉,上面放固体干燥剂；②下口进气,上口出气,球形干燥塔内管进气

（续表）

仪器图示	规格及表示方法	一般用途	使用注意事项
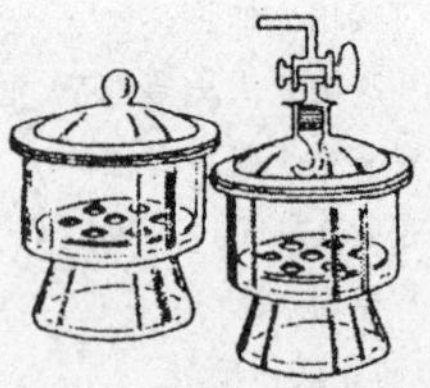 干燥器、真空干燥器	分普通干燥器和真空干燥器两种。以内径(cm)表示大小	存放试剂防止吸潮。在定量分析中将灼烧过的坩埚放在其中冷却	①放入干燥器的物品温度不能过高； ②下室的干燥剂要及时更换； ③使用中要注意防止盖子滑动打碎； ④真空干燥器接真空系统抽去空气,干燥效果更好
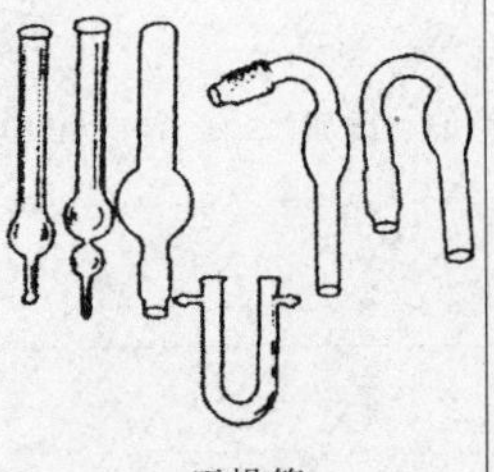 干燥管	有直形、弯形、U形等形状,规格按大小区分	盛干燥剂干燥气体	①干燥剂置于球形部分,U形的置于管中,在干燥剂面上放棉花填充； ②两端大小不同的大头进气,小头出气
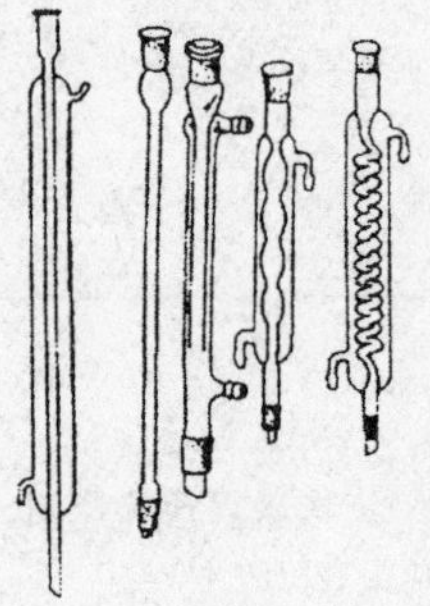 冷凝管	有直形、球形、蛇形、空气冷凝管等种,大小以外套管长(cm)表示。还有标准磨口的冷凝管	在蒸馏中作冷凝装置； 球形的冷却面积大,加热回流最适用； 沸点高于140℃的液体蒸馏可用空气冷凝管	①装配仪器时,先装冷却水胶管。再装仪器； ②通常从下支管进水从上支管出水,开始进水须缓慢,水流不能太大
 水分离器	多为磨口玻璃制品	用于分离不相混溶的液体,在酯化反应中分离微量水	

（续表）

仪器图示	规格及表示方法	一般用途	使用注意事项
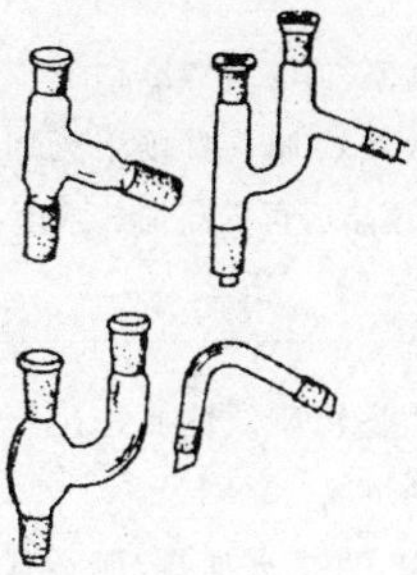 蒸馏头和加料管	标准磨口仪器	用于蒸馏，与温度计、蒸馏瓶、冷凝管连结	①磨口处必须洁净，不得有脏物，一般无须涂润滑剂。但接触强碱溶液应涂润滑剂； ②安装时，要对准连接磨口，以免受歪斜应力而损坏； ③用后立即洗净，注意不要使磨口连接粘结而无法拆开
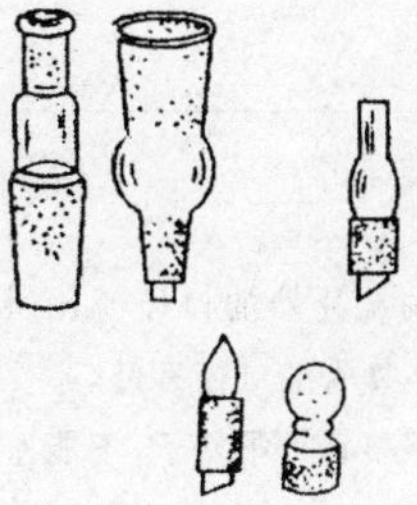 接头和塞子	标准磨口仪器	连接不同规格的磨口和用作塞子	同蒸馏头
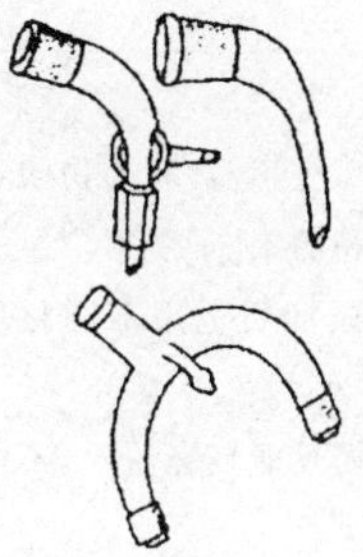 应接管	标准磨口仪器，也有非磨口的，分单尾和双尾两种	承接蒸馏出来的冷凝液体	同蒸馏头
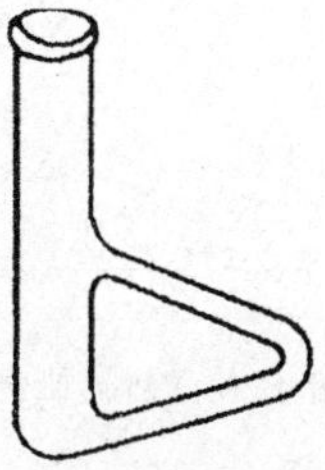 齐列熔点测定管	非磨口仪器	用于微量法测量固体物质的熔点，又称提勒（Thiele）管、b形管	①管口处装有开口软木塞，温度计插入其中； ②b形管中装入加热液体（浴液），高度达叉管处即可

表 2-2　常用的其他器皿和用具

器皿用具图示	规格及表示方法	一般用途	使用注意事项
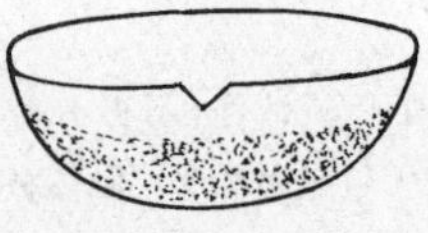 蒸发皿	有瓷、石英、铂等制品。以上口直径(mm)或容积(mL)表示大小	蒸发或浓缩溶液,也可作反应器,还可用于灼烧固体	①能耐高温,但不宜骤冷;②一般放在铁环上直接用火加热,但要预热后再提高加热强度
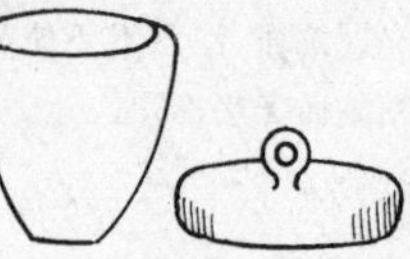 有盖坩埚	有瓷、石墨、铁、镍、铂等材质制品。以容积(mL)表示大小	熔融和灼烧固体	①根据灼烧物质的性质选用不同材质的坩埚;②耐高温,直接火加热,但不宜骤冷;③铂制品使用要遵守专门的说明
 钻孔器	一组直径不同的金属管	给塞子钻孔的工具	①选择的钻孔器的口径要比所插入的玻璃管的口径略粗;②钻孔器要垂直于塞子,不能左右摆动,更不能倾斜
 研钵	有玻璃、瓷、铁、玛瑙等材质的,以口径(mm)表示	混合、研磨固体物质	①不能作反应容器,放入物质量不超过容积的1/3;②根据物质性质选用不同材质的研钵;③易爆物质只能轻轻压碎,不能研磨
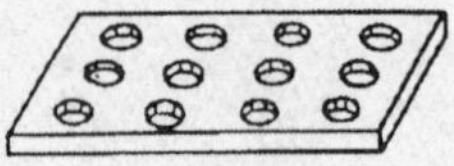 点滴板	上釉瓷板,分黑、白两种	在上面进行点滴反应,观察沉淀生成或颜色	
 水浴锅	有铜、铝等材料制品	用作水浴加热	①选择好圈环,使受热器皿浸入锅中2/3;②注意补充水,防止烧干;③使用完毕,倒出剩余的水,擦干

（续表）

器皿用具图示	规格及表示方法	一般用途	使用注意事项
 三角架	铁制品,有大、小、高、低之分	放置加热器	①必须受热均匀的受热器先垫上石棉网; ②保持平稳
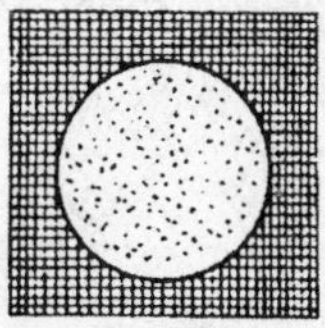 石棉网	由铁丝编成,涂上石棉层。有大小之分	承放受热容器使加热均匀	①不要浸水或扭拉,损坏石棉; ②石棉致癌,已逐渐用高温陶瓷代替
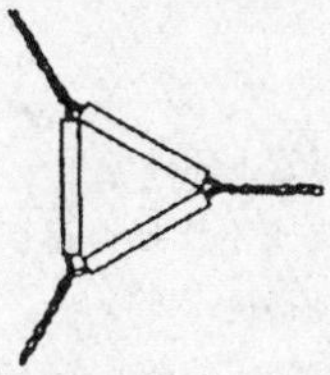 泥三角	由铁丝编成上套耐热瓷管,有大小之分	坩埚或小蒸发皿直接加热的承放者	①灼烧后不要滴上冷水,保护瓷管; ②选择泥三角的大小要使放在上面的坩埚露在上面的部分不超过本身高度的1/3
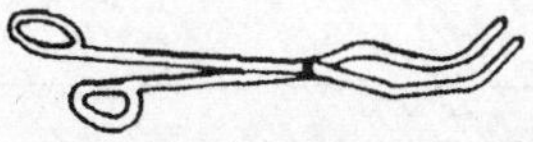 坩埚钳	铁或铜合金制成,表面镀铬	夹取高温下的坩埚或坩埚盖	必须先预热再夹取
 药匙	由骨、塑料、不锈钢等材料制成	取固体试剂	根据实际选用大小合适的药匙,取量很少时用小端。用完洗净擦干,才能取另外一种药品
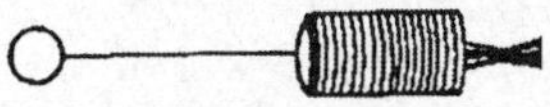 毛刷	规格以大小和用途表示,如试管刷、滴定管刷、烧杯刷等	洗刷仪器	刷毛不耐碱,不能浸在碱溶液中; 洗刷仪器时小心顶端戳破仪器
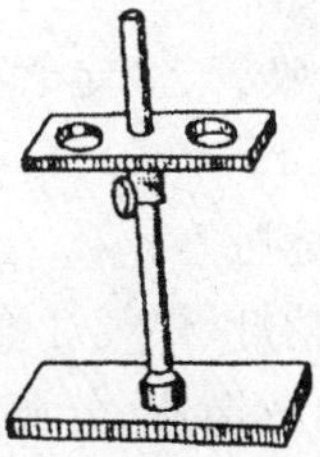 漏斗架	木制,由螺丝可调节固定上板的位置	过滤时上面承放漏斗,下面放置滤液承接容器	

（续表）

器皿用具图示	规格及表示方法	一般用途	使用注意事项
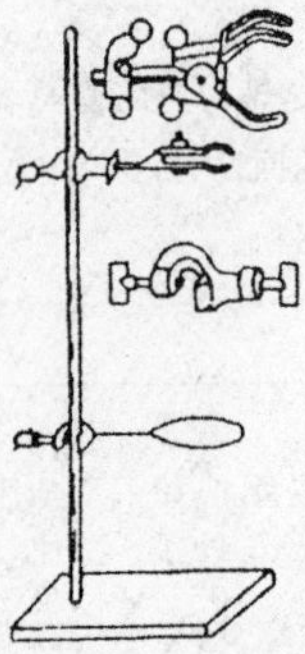 铁架台、铁圈及铁夹	铁架台用高(cm)表示。铁圈以直径(cm)表示。铁夹又称自由夹,有十字夹、双钳、三钳、四钳等类型,也有用铝、铜制的制品	固定仪器或放容器,铁环可代替漏斗架使用	①固定仪器应使装置重心落在铁架台底座中部,保证稳定;②夹持仪器不宜过紧或过松,以仪器不转动为宜
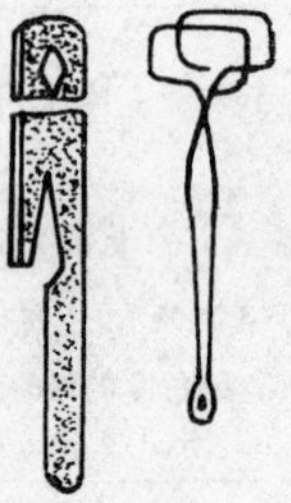 试管夹	用木、钢丝制成	夹持试管加热	①夹在试管上部;②手持夹子不要把拇指按在管夹的活动部位;⑧要从试管底部套上或取下
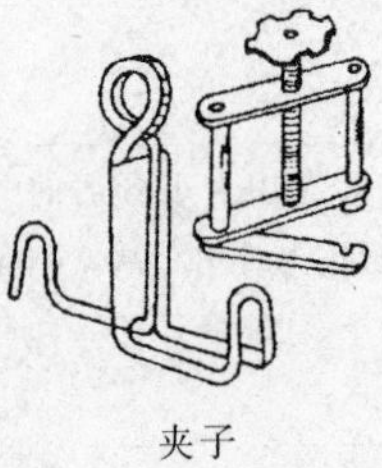 夹子	有铁、铜制品,常用的有弹簧夹和螺旋夹两种	夹在胶管上开通、关闭流体通路,或控制调节流量	

二、常用仪器分类

为了正确地选取和使用仪器和用具,将实验室中常用仪器按用途分类如下:

(1) 计量类　用来测量物质某种特定性质的仪器。如天平、温度计、吸管、滴定管、容量瓶、量筒(杯)等。

(2) 反应类　用来进行化学反应的仪器。如试管、烧杯、锥形瓶、多口烧瓶等。

(3) 加热类　能产生热源来加热的器具。如电炉、高温炉、烘干箱、酒精灯、煤气灯等。

(4) 分离类　用于过滤、分馏、蒸发、结晶等物质分离提纯的仪器。如蒸馏瓶、分液漏斗、过滤用的布氏漏斗或普通漏斗等。

(5) 容器类　盛装药品、试剂的器皿。如试剂瓶、滴瓶、培养皿等。

(6) 干燥类　用于干燥固体、气体的器皿。如干燥器、干燥塔等。

(7) 固定夹持类　固定、夹持各种仪器的器具。如各种夹子,铁架台、漏斗架等。

(8) 配套类　在组装仪器时用来连接的器具。如各种塞子、磨口接头、玻璃管、T形管等。

（9）电器类 干电池、蓄电池、开关、导线、电极等。

（10）其他类。

• 思考题

1. 实验室中用来量取液体体积的仪器有哪些？

2. 实验室中可用酒精灯加热的仪器有哪些？

3. 烧杯有哪些用处？

三、常用玻璃仪器的洗涤

（一）洗涤液的类型

水是最普通、最廉价、最方便的洗涤液。除此之外实验室还常用一些其他的洗涤液。

1. 酸性洗涤液

（1）铬酸洗涤液 将重铬酸钾研细成末，放置于烧杯中。每 20g $K_2Cr_2O_7$ 加 40mL 蒸馏水，加热溶解，冷却后在充分搅拌下缓缓加入 360mL 浓 H_2SO_4 至溶液呈深褐色，置于密闭容器中备用。

铬酸洗涤液具有强酸性和强氧化性，适用于洗涤无机物沾污的玻璃器皿和器壁残留的少量油污。用洗液浸泡沾污器皿一段时间，效果更好。洗涤液失效后呈绿色，可用 $KMnO_4$ 再生。

（2）工业盐酸和草酸洗涤液 工业浓盐酸或 1＋1 盐酸溶液主要用于洗去碱性物质以及大多数无机物残渣。草酸洗液是将 5～10g $H_2C_2O_4$ 溶于 100mL 水中。再加少量浓盐酸配成。主要用来洗涤 MnO_2 和三价铁的沾污。

（3）硝酸溶液 浓度为 $6mol·L^{-1}$ 的 HNO_3 溶液也经常用来洗涤某些还原性物质的沾污。玻璃砂芯漏斗耐强酸和强氧化性，故在使用后，常用硝酸溶液浸泡一段时间，再用蒸馏水涤净，抽干。

2. 碱性洗涤液

（1）热肥皂液和合成洗涤剂 将肥皂削成小片用热水溶解配成约 10％左右的溶液，也可用洗衣粉等合成洗涤剂配制成热溶液，洗涤油脂类污垢效果良好。

（2）碱溶液 一般为 20％左右的碳酸钠溶液，也可用效力相似的 10％左右的 NaOH 溶液。适用于洗涤油脂沾污的器皿。

（3）碱-乙醇洗涤液 在 120mL 水中溶解 120g 固体 NaOH，用 95％的乙醇稀释成 1L。用于铬酸洗液无效的各种油污。但凡浓度大的碱液都能浸蚀玻璃，故不要加热和长期与玻璃器皿接触。通常贮存于塑料瓶中。

（4）碱性 $KMnO_4$ 溶液 4g $KMnO_4$ 溶于少量水中，再加入 10g NaOH 溶解并稀释至 100mL。使用时倒入被清洗器皿浸泡 5～10min 后倒出，油污和其他有机污垢均能除去，但会留下褐色 MnO_2 痕迹，须用盐酸或草酸洗涤液洗去。

3. 有机溶剂

乙醇、苯、乙醚、丙酮、汽油、石油醚等有机溶剂均可用来洗各种油污。将酒精和乙醚等体积混合液洗溶油腻的有机物很有效。用过的废液经蒸馏回收还可再用。有机溶剂易着火，有的还有毒，使用时应注意安全。将 2 份煤油和 1 份油酸的混合液与等体积混合的浓氨水和变性酒精的混合液搅拌混合均匀，用来清洗油漆特别有效，如将油漆刷子浸入洗液过夜，再用温水充分洗涤即可。

4. 特殊洗涤液

这类洗涤液对某些特定污垢,特别是一些难溶污垢十分有效。

(1) 碘-碘化钾溶液 1gI_2和2g KI溶于少量水中,再稀释至100mL。用来洗去 $AgNO_3$的黑褐色沾污。

(2) 乙醇-浓硝酸溶液 用一般方法很难洗净的有机沾污,先用乙醇润湿后倒去过多的乙醇,留下不到2mL,向其中加入10mL浓 HNO_3静止片刻,立即发生激烈反应并放出大量热和红棕色气体 NO_2(小心!),反应停止后用水冲洗。这个过程必须在通风条件下完成,还应特别注意,绝不可事先将乙醇和浓硝酸混合。

5. 其他洗涤液

一些沾污用通常洗涤液还不能除去,就应当根据附着物的性质,采用适当的药品处理。例如,器壁上沾有硫化物可用王水溶解;沾有硫磺时可用 Na_2S 处理;AgCl 沉淀沾污用氨水或$Na_2S_2O_3$处理;MnO_2棕色斑痕可用 $FeSO_4$ 和稀 H_2SO_4 溶液洗涤。

(二) 洗涤方法

玻璃仪器的洗涤应根据实验的目的要求、污物的性质及沾污程度,有针对性地选用洗涤液,分别采用下列洗涤方法。

1. 振荡洗涤

振荡洗涤又叫冲洗法,对于可溶性污物可用此法清洗,利用水把可溶性污物溶解而除去。为了加速溶解,必须振荡。往仪器中加不超过容积1/3的自来水,稍用力振荡后倒掉,反复冲洗数次。试管和烧瓶的振荡如图2-1和图2-2所示。

2. 刷洗法

内壁有不易冲洗掉的污垢,可用毛刷刷洗。准备一些适用于各种容量仪器的毛刷,如试管刷、烧瓶刷、烧杯刷、滴定管刷等。用毛刷蘸水或洗涤液对容器进行刷洗,利用毛刷对器壁的摩擦使污物去掉。例如用毛刷洗涤试管的步骤如图2-3、图2-4、图2-5、图2-6。

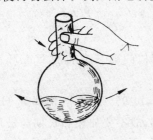
图2-1 烧瓶振荡

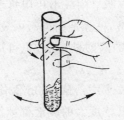
图2-2 试管振荡

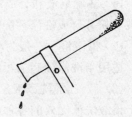
图2-3 倒废液

图2-4 注入一半水

图2-5 选好毛刷,确定手拿部位

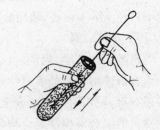
图2-6 来回柔力刷洗

3. 浸泡洗涤

又叫药剂洗涤法,利用药剂与污垢溶解和反应转化成可溶性物质而除去。对于不溶性的,用水刷洗也不能去掉的污物,就要考虑用药剂或洗涤剂来洗涤。例如,用洗液洗涤,先把仪器中的水倒尽,再倒入少量铬酸洗液,使仪器倾斜并慢慢转动,让仪器内壁全部被洗液湿润,转几圈后将洗液倒回原处。用热洗液或浸泡一段时间效果更好。又如砂芯玻璃漏斗,对滤斗上的沉淀物选用适当的洗涤液浸泡 $4 \sim 5h$,再用水冲洗,抽干。

（三）洗涤中的注意事项

（1）刷洗时所选用的毛刷,通常根据所洗仪器的口径大小来选取,过大、过小都不适合;不能使用无直立竖毛(端毛)的试管刷和瓶刷,刷洗不能用力过猛,以免击破仪器底部;手握毛刷的位置不宜太高,以免毛刷柄抖动和弯曲及毛刷端头铁器撞击仪器底部。

（2）用肥皂液或合成洗涤剂等刷洗不净,或者仪器因口小、管细,不便用毛刷刷洗时,一般选用洗液洗涤。使用洗液时仪器中不宜有水,以免稀释使洗液失效;贮存洗液要密闭,以防吸水失效;洗液中如有浓硫酸,在倒入被洗仪器中时要先少量,以免发生反应过分激烈,溶液溅出伤人;洗液中如含有毒 Cr^{3+} 要注意安全;切忌将毛刷放入洗液中。

（3）洗涤时通常是先用自来水,不能奏效再用肥皂液、合成洗涤剂等刷洗,仍不能除去的污垢采用洗液或其他特殊洗涤液。洗完后都要用自来水冲洗干净,必要时再用蒸馏水洗。

有时也用去污粉洗涤仪器,去污粉是由碳酸钠、白土、细砂等混合而成。先把仪器用水润湿后,撒入少许去污粉,用毛刷擦洗,再用自来水冲洗至器壁无白色粉末为止。去污粉会磨损玻璃、钙类物质且粘附在器壁上不易冲掉,所以比较适宜洗刷容器外壁,对内壁不太适用,特别是对精确量器的内壁严禁使用去污粉。

（4）洗涤中蒸馏水的使用目的在于冲洗经自来水冲洗后留下的某些可溶性物质,所以只是为了洗去自来水才用蒸馏水。使用时应尽量少用,采用少量多次(一般三次)的方法。

（5）仪器洗净的标志是把仪器倒转过来,水顺着器壁流下只留下匀薄的一层水膜,不挂水珠,则证明仪器已洗洁净。

各种实验对仪器洁净度的要求不尽相同,定性和定量分析实验,由于杂质的引进会影响实验的准确性,对仪器的洗净度要求比较高。一般的无机制备、性质实验、有机制备,或者药品本身纯度不高,副产物较多的反应实验,对仪器清洗要求不太高,如大多数有机实验除特殊要求外,对仪器一般都不要求用蒸馏水荡洗,也不一定要不挂水珠。

（6）已洗净的仪器不能再用布或纸擦拭,因为布和纸的纤维或上面的污物会沾污仪器。

四、玻璃仪器的干燥

有的实验要求无水,这就要求把洗净的仪器进行干燥。干燥除水可采用下列方法。

（1）晾干或风干法。将洗净的仪器倒置于沥水木架上或放在干燥的柜中过夜,让其自然干燥。自然干燥最简单也最方便,但要防尘。

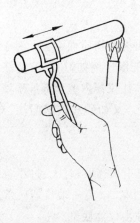

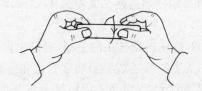

图 2-7　试管烤干　　　　　　　　　　图 2-8　快干(有机溶剂法)

（2）烤干法。利用加热能使水分迅速蒸发,使仪器干燥的方法。此法常用于可加热或耐高温的仪器,如试管、烧杯、烧瓶等。加热前先将仪器外壁擦干,然后用小火烤。烧杯等放在石棉网上加热。试管用试管夹夹住,在火焰上来回移动保持试管口低于管底,直至不见水珠后再将管口向上赶尽水气,如图 2-7。

（3）有机溶剂干燥法,又叫快干法。对一些不能加热的厚壁仪器如试剂瓶、比色皿、称量瓶等,或有精密刻度的仪器如容量瓶、滴定管、吸管等,可加入 3~5mL 易挥发且与水互溶的有机溶剂,转动仪器使溶剂将内壁湿润后,回收溶剂。借残余溶剂的挥发把水分带走,如图 2-8。如同时用电吹风往仪器中吹入热风,更可加速干燥,如图 2-9。

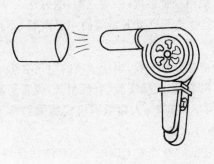

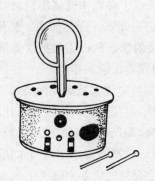

图 2-9　吹干　　　　　　　　　　图 2-10　气流烘干器

（4）吹干法。使用电吹风对小型和局部干燥的仪器比较适用,它常与有机溶剂法并用。使用方法是,一般先用热风吹,后用冷风吹。近年来实验室已普遍使用气流烘干器,干燥某些玻璃仪器非常方便,如图 2-10。

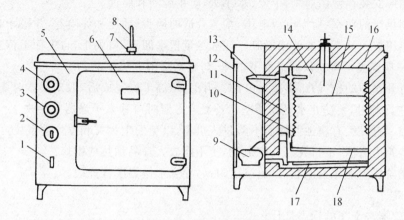

图 2 - 11　电势恒温干燥箱

1—鼓风开关；2—加热开关；3—指示灯；4—控温器旋钮；5—箱体；6—箱门；7—排气阀；8—温度计；
9—鼓风电动机；10—隔板支架；11—风道；12—侧门；13—温度控制器；14—工作室；
15—隔板；16—保温层；17—电热器；18—散热板

（5）烘干法。烘箱又叫电热鼓风干燥箱，是干燥玻璃仪器的常用设备，也用来干燥化学药品。烘箱适用于需要干燥较多的仪器时使用。一般是将洗净的仪器倒置控水后，放入箱内的隔板上，关好门，将箱内温度控制在 105～110℃，恒温约半小时即可。

五、电热恒温干燥箱的使用

电热恒温干燥箱又叫电热鼓风干燥箱，简称烘箱。如图 2 - 11 所示，箱的外壳是由薄钢板制成的方形隔热箱。内腔叫工作室，室内有几层孔状或网状隔板又叫搁板，用来搁放被干燥物品。箱底有进气孔，箱顶有可调节孔径的排气孔达到换气目的。排气孔中央插入温度计以指示箱内温度。箱门有两道，里道是高温而不易破碎的钢化玻璃，外道是具有绝热层的金属隔热门。箱侧装有温度控制器、指示灯、鼓风用的电动机、电热开关及电器线路等部件。

烘箱的热源是外露式电热丝。装在瓷盘中或绕在瓷管上，固定在箱底夹层中。大型烘箱电热丝分两大组，一组为恒温电热丝。由温度控制器控制，是烘箱的主发热体；另一组为辅助电热丝，直接与电源相连，是辅助发热体，用来短时间升温到 120℃ 以上的辅助加热。两组热丝合并在转换开关旋钮上。常见的是四档旋钮开关，旋钮指"零"干燥箱断电不工作；指"1"档和"2"档时恒温加热系统工作；指"3"和"4"时恒温系统和辅助系统都在加热工作。有的烘箱只分成"预热"和"恒温"两档，还有的分 3 档。

烘箱常用温度是 100～150 ℃。在 50～300℃ 可任意选定温度。烘箱的型号不同，升温、恒温的操作方法及指示灯的颜色亦有差异。使用前要熟读随箱所带的说明书，按说明书要求进行操作。图 2 - 11 所示的电热鼓风干燥箱使用时，应先接上电源，然后开启两组加热开关，将控温器旋钮由"0"位顺时针旋至适当指数（不表示温度）处，箱内开始升温，指示灯发亮，同时开动鼓风机。当温度升至所需工作温度（从箱顶温度计上观察）时，将控温器旋钮逆时针慢慢旋回至指示灯熄灭，再仔细微调至指示灯复亮，指示灯明暗交替处即为所需温度的恒定点。此时再微调至指示灯熄灭，令其恒温。

恒温时可关闭一组加热开关。以免加热功率过大，影响温度控制的灵敏度。

烘箱使用时注意：

（1）烘箱应安装在室内通风、干燥、水平处,防止震动和腐蚀。

（2）根据烘箱的功率、所需电源电压,配置合适的插头、插座和保险丝,并接好地线。

（3）往烘箱放入欲干燥的玻璃器皿。应先尽量把水沥干,口朝下,自上而下依次放入。在烘箱下层放一搪瓷盘承接从仪器上滴下的水,防止水滴到电热丝上。

（4）先打开箱顶的排气孔,再接上电源。升温、恒温干燥完成后,取出仪器时要防止烫伤,仪器在空气中冷却时,要防止水气在器壁上冷凝。必要时可移入干燥器中存放。

（5）易燃、易挥发、有腐蚀性物质不能进入烘箱,以免发生火灾和爆炸的事故。

（6）保持箱内清洁,不得放入其他杂物,更不能放入食品加热或烘烤。

（7）升温阶段不能无人照看,以免温度过高,导致水银温度计炸裂。

• 思考题

1. 玻璃仪器洗干净的标志是什么?

2. 一只沾结了黑色 MnO_2 的锥形瓶,若用来做滴定分析,则怎样将它洗干净?

3. 一只被油污粘污了的烧瓶,怎样将它洗干净,以便用来蒸馏粗乙醇?

4. 使用烘箱要注意哪些事项?

实验 2-1　化学实验仪器的认领和洗涤

一、目的要求

（1）认识化学实验中的常用仪器。

（2）了解各种玻璃仪器的规格和性能。

（3）掌握常用玻璃仪器的洗涤和干燥方法。

二、仪器与药品

仪器:

　　普通试管;离心试管;一个烧杯;一个锥形瓶;毛刷;洗瓶;滴定管;吸量管;

药品:

　　铬酸洗液;无水乙醇

三、实验步骤

1. 检查仪器

根据实验室提供的仪器登记表对照检查实验仪器的完好性,认识各种仪器的名称和规格,然后分类摆放整齐。

2. 玻璃仪器的洗涤

（1）按下列步骤分别洗涤一个普通试管、离心试管、烧杯和锥形瓶。

洗涤时先外后里。先用自来水冲洗,选用适当的毛刷,蘸取洗涤液(肥皂水、洗衣粉或去污粉)刷洗,用自来水冲洗干净后再用蒸馏水冲洗 2～3 次,然后检查是否洗净,加少量蒸馏水振荡几下倒出,将仪器倒置,如果仪器透明不挂水珠,而是附着一层均匀的水膜,就说明仪器已经洗净。

（2）选择一个带有重污垢的烧瓶用自来水冲洗后,用适量的铬酸洗液浸泡 5～10min(铬酸洗液回收),再用自来水冲洗干净,最后用少量蒸馏水冲洗 2～3 次。

(3) 洗一支滴定管,先用自来水冲洗后,左手持酸式滴定管上端,使滴定管自然垂直,用右手倒入洗涤液约 10mL,然后换手,右手持滴定管上端左手持下端稍倾斜,两手手心向上,拇指向上,食指向下旋转滴定管,使滴定管边倾斜边慢慢转动,将滴定管内壁全部被洗涤液润湿后,再转动几圈,放出洗涤液,用自来水把滴定管中的残液冲洗干净,再用少量蒸馏水冲洗 2～3 次。如果未洗干净也可选用铬酸洗液浸泡洗涤。

碱式滴定管的洗涤方法基本同上,但应该注意铬酸洗液不能直接接触乳胶管,否则会使乳胶管氧化变硬或破裂。洗涤时可先取下胶管部分,倒置,用吸耳球吸入铬酸洗液进行浸洗。

(4) 洗一支吸量管,洗涤时通常用右手的大拇指和中指拿住管颈标线以上近管口处,把吸管插入洗涤液液面以下 15～20mm 深度(用烧杯盛洗涤液),不要插入过深也不要插入过浅,以免吸管外壁带液过多或液面下降时吸空。左手拿吸耳球,先把球内空气排出,把球尖端按住吸量管管口,慢慢松开手指,此时洗涤液逐渐吸入管内,注意观察,当洗涤液吸入管内容积的 1/3 左右时,迅速移离吸耳球,右手食指快速按住管口,将吸量管横持,左手扶住管下端,右手食指慢慢松开管口,边转动边降低管口端,使吸量管内壁全部被洗涤液润湿,然后从吸量管下口把洗涤液放出,再以同样的操作用自来水把吸量管中的残留液冲洗干净。

洗净后的玻璃仪器,稍静置待水流尽后,器壁上应不挂水珠为宜。至此再用蒸馏水洗涤 2～3次,除去自来水中带入的杂质。

3. 玻璃仪器的干燥

(1) 将洗净的离心试管、烧瓶、锥形瓶,放入烘箱中,温度控制在 105℃左右,恒温半小时即可。也可倒插在气流干燥器上干燥。

(2) 将洗好的滴定管倒夹在滴定台上自然晾干。

(3) 将洗净的普通试管用酒精灯焰烤干。

(4) 将洗净的烧杯用电吹风机吹干,必要时可事先注入 5～10mL 无水乙醇后转动烧杯,使溶剂沿内壁流动,待烧杯内壁全部被乙醇润湿后倒出(回收),再吹干。

四、注意事项

(1) 用毛刷刷洗玻璃仪器时用力不要过猛,以免损坏仪器扎伤皮肤。

(2) 准确量度溶液体积的仪器如滴定管、容量瓶、吸量管等不能用毛刷和去污粉刷洗,以免降低其准确度。

(3) 铬酸洗液具有强酸性和强氧化性,毒性较大,对皮肤、衣物等都有较强的腐蚀性,使用时应格外仔细,小心操作以免溅出造成损伤。使用前应先倾干仪器中的水分,使用后应倒回原瓶保存。

• 思考题

1. 使用铬酸洗液应注意哪些问题?

2. 如何使用烘箱干燥玻璃仪器?

3. 精密玻璃量具能否用去污粉和毛刷刷洗,为什么?

第二节　化学试剂的取用

固体试剂装在广口瓶中。液体试剂和配制的溶液则盛在细口瓶中或带有滴管的滴瓶中。见光易分解的试剂如硝酸银、高锰酸钾等盛放在棕色瓶中。每一瓶试剂瓶上都必须保持标签完好,注明试剂名称、规格、制备日期、浓度等,可以在标签外面涂上一层薄蜡来保护。

取用药品应先核对标签上说明,看其与欲取试剂是否一致。打开瓶塞将它反放在桌面上,如果瓶塞顶不是平顶而是扁平的则用食指和中指夹住瓶塞(或放在清洁的表面皿上),绝不可将它横置桌上受到沾污。不得用手直接接触化学试剂。取量要合适,确保既能节约药品又能得到良好的实验结果。取完药品后一定要把瓶塞及时盖好,将试剂瓶放回原处,标签朝外。

一、固体试剂的取用

(1)取固体试剂要用洁净干燥的药匙,它的两端分别是大小两个匙,取较多试剂用大匙,取少量试剂或所取试剂要加入到小口径试管中时,则用小匙。应专匙专用,用过的药匙必须洗净擦干后才能再使用,以免沾污试剂,最好每种试剂专用一个药勺。

(2)不要超过指定用量取药,多取的不能倒回原瓶,可以放到指定的容器中供他人用。

(3)取用一定质量的试剂时,把固体试剂放在称量纸上称量。具有腐蚀性或易潮解的固体应放在表面皿上或玻璃容器内称量。

(4)往试管特别是湿试管中加入固体试剂,用药匙或将药品放在由干净光滑的纸对折成的纸槽中,伸进试管约 2/3 处,如图 2-12、图 2-13。

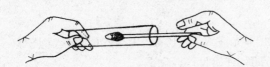
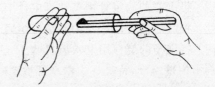

图 2-12　用钥匙往试管里送入固体试剂　　　图 2-13　用纸槽往试管里送入固体试剂

加入块状固体应将试管倾斜,使其沿管壁慢慢滑下,如图 2-14,以免碰破管底。

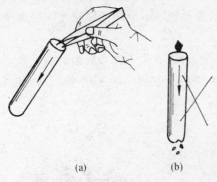

(a)　　　　　　　(b)

图 2-14　块状固体加入法　　　　　　　　图 2-15　块状固体研磨
(a)沿壁滑下,正确;(b)垂直悬空投入,错误

（5）固体颗粒较大需要粉碎时，应放入洁净而干燥的研钵中研磨，放入的固体量不得超过钵容量的1/3，如图2－15。

（6）有毒药品要在教师指导下取用。

二、液体试剂的取用

（1）从滴瓶中取用液体试剂。滴管不能充有试剂放置在滴瓶中，也不能盛液倒置或管口向上倾斜放置，避免试液被胶帽污染，如图2－16、图2－17、图2－18。

图2－16　滴管充有试液放置　　图2－17　滴管盛液倒置　　图2－18　滴加试剂

取用试液时，提取滴管使管口离开液面。用手指紧捏胶帽排出管中空气，然后插入试液中，放松手指吸入试液。再提取滴管垂直地放在试管口或承接容器上方将试剂逐滴滴下，如图2－18。切不可将滴管伸入试管中，如图2－19。用毕将滴管中剩余试液挤回原滴瓶，随即放回原处。滴管只能专用。

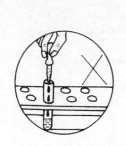 

图2－19　滴管伸入试管　　　　　图2－20　倾注法

有些实验试剂用量不必十分准确，要学会估计液体量，一般滴管20～25滴约1mL。10mL试管中试液约占1/5，则试液约为2mL。

（2）从细口瓶中取用试剂，用倾注法，将塞子取下反放在桌面上或用食指与中指夹住，手心握持贴有标签的一面，逐渐倾斜瓶子让试剂沿着洁净的试管内壁流下，或者沿着洁净的玻璃棒注入烧杯中，如图2－20。取出所需量后，应将试剂瓶口在容器口边或玻棒上靠一下，再逐渐竖起瓶子以免遗留在瓶口的液滴流到瓶的外壁，如图2－21。悬空而倒和瓶塞底部沾桌都是错误的，如图2－22。若用滴管从细口瓶中取用液体，滴管一定要洁净、干燥。

图 2-21　最后瓶口靠一下

图 2-22　悬空而倒,塞底沾桌

（3）在试管中进行某些实验时,取试剂一般不要求准确计量,只要学会估计取用量即可。例如用滴管取用液体,应了解 1mL 相当于多少滴,2 mL 液体占一个试管的几分之几等。加入试管中溶液的总量一般不超过其容积的 1/3。

（4）用量筒（杯）定量取用试剂。选用容量适当的量筒（杯）,按图 2-23、图 2-24 所示要求量取。量筒用于量度一定体积的液体。可根据需要选用不同容积的量筒。

对于浸润玻璃的透明液体（如水溶液）视线与量筒（杯）内液体凹液面最低点水平相切;对浸润玻璃的有色不透明液体或不浸润玻璃的液体如水银则要看凹液面上部或凸液面的上部。

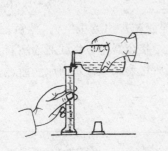

图 2-23　用量筒倾注法量取液体

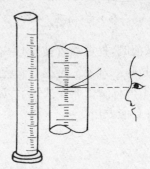

图 2-24　量筒内液体的读数

第三节　托盘天平(台秤)的使用

一、托盘天平

托盘天平又称台秤,是化学实验室中常用的称量仪器。用于精度不高的称量,一般能精确至 0.1g,也有能精确到 0.01g 的托盘天平。托盘天平形状和规格种类很多,常用的按最大称量分为四种,如表 2-3。

表 2-3　托盘天平的种类

种类	最大称量/g	能精确至最小量/g	种类	最大称量/g	能精确至最小量/g
1	1000	1	3	200	0.2
2	500	0.5	4	100	0.1

常用的各种托盘天平构造是类似的。一根横梁架在底座上,横梁的左右各有一个称盘构成杠杆。横梁的中部有指针与刻度盘相对,根据指针在刻度盘左右摆动情况可以看出托盘天平是否处于平衡状态,如图 2-25 所示。

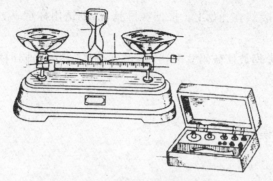

图 2-25 游码托盘天平

1—横梁;2—秤盘;3—指针;4—刻度盘;5—游码标尺;6—游码;7—调零螺丝;8—砝码盒

二、托盘天平的使用方法

(一)调整零点

将游码拨到游码标 R 的"0"位处,检查天平的指针是否停在刻度盘的中间位置。如果不在中间位置,调节托盘下侧的平衡调节螺母,使指针在离刻度盘的中间位置左右摆动大致相等时,则天平处于平衡状态。此时指针停指刻度盘的中间位置就称天平的零点。

(二)称量

左盘放称量物,右盘放砝码。砝码用镊子夹取,先加大砝码,后加小砝码,最后用游码调节,使指针在刻度盘左右两边摇摆的距离几乎相等为止,当台秤处于平衡状态时指针所停指的位置称为停点。停点与零点相符时(停点与零点之间允许偏差 1 小格以内),砝码值和游码在标尺上刻度数值之和即为所称量物的质量(见图 2-26)。

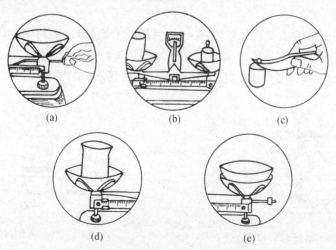

图 2-26 托盘天平称量的操作步骤

(a)调零点;(b)左盘放称物,右盘放砝码;(c)用镊子夹取砝码;
(d)用容器或称量纸称量物品;(e)完毕,将双盘放在一起

三、称量注意事项

（1）不能称量热的物品。

（2）称量物不能直接放在托盘上。根据实际情况，酌情用称量纸、洁净干燥的表面皿或烧杯等容器来承容药品。

（3）称量完毕，将砝码放回砝码盒中，游码退到刻度"0"处。同时将托盘放在一侧或用橡皮圈架起，以免台秤摆动。

（4）保持台秤整洁。

四、常见称量时错误操作

常见称量时错误操作见图2-27。

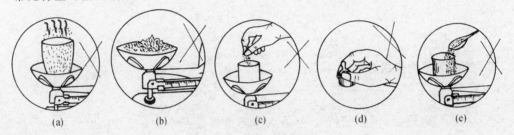

（a）　　　　　（b）　　　　　（c）　　　　　（d）　　　　　（e）

图2-27　常见错误操作

（a）称热的物品；（b）盘上直接放药品；（c）手拿药品；（d）手拿砝码；（e）药品撒落托盘上；

第四节　加热和冷却

一、热源

（一）灯焰热源

实验中说的明火指的主要就是灯焰，实验室常用的有酒精灯、酒精喷灯、煤气灯等。

1. 酒精灯

酒精灯构造简单，如图2-28。灯焰可分为焰心、内焰、外焰，如图2-29。

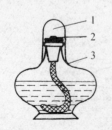

图2-28　酒精灯的构造

1—灯帽；2—灯芯；3—灯壶

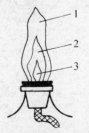

图2-29　酒精灯的灯焰

1—外焰；2—内焰，3—焰心

酒精灯同学们已经熟悉，使用注意事项如图2-30～图2-32所示。

2. 酒精喷灯

常见的有座式和挂式两种,如图2-33、图2-34。

使用挂式酒精喷灯时,在酒精贮罐中加入适量工业酒精,挂到距喷灯约1.5m左右的上方。在预热盆中注入少量酒精,点燃以加热灯管。待盆内酒精接近烧完时,小心开启开关,使酒精进入灯管后受热汽化上升,用火柴在管口上方点燃。调节酒精进入量和空气孔的大小,即可得到理想的火焰。座式喷灯酒精贮在壶中,用法与挂式相似,但是座式喷灯因酒精贮量少,连续使用不能超过半小时。如需较长时间使用,应先熄灭、冷却、添加酒精后再用。

挂式喷灯用毕,必须立即先将酒精贮罐的下口关闭。当灯管没有充分预热好,或室温低且火焰小时,酒精在灯管内不能完全汽化,会有液体酒精从灯管口喷出形成"火雨",此时最易引起火灾,必须立即关闭,重新预热成为正常状态方可使用。

图2-30 添加酒精

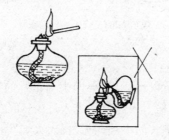

图2-31 点燃

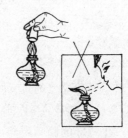

图2-32 熄灭

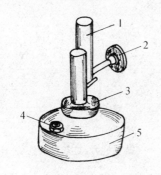

图2-33 座式酒精喷灯
1—灯管;2—空气调节器;3—预热盘;
4—铜帽;5—酒精壶

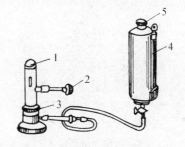

图2-34 挂式酒精喷灯
1—灯管;2—空气调节器;3—预热盘;
4—酒精贮罐;5—盖子

3. 煤气灯

煤气灯式样很多,但构造原理基本相同,最常见的煤气灯如图2-35所示。它由灯座和金属管两部分组成。金属灯管的下部有螺旋与灯座相接。灯管下部有几个圆孔是空气的进口,旋动灯管可以调节空气的进入量。灯座侧面有煤气的进口,另一侧(或下方)有一螺旋针,用来调节煤气的进入量。使用煤气灯时先旋转金属灯管将灯上的空气入口关闭,用橡皮管连结灯的煤气进口和煤气管道上的出口,开启煤气灯旋塞并将灯点燃,如图2-36和图2-37所示。

刚点燃的火焰温度不高,呈黄色。旋转金属灯管逐渐加大空气的进入量,煤气的燃烧逐渐完全。产生出正常的火焰,如图2-38。正常火焰是无光的,可分成三个锥形区域。内层焰心,煤气与空气混合黑色,温度约300℃;中层为还原焰,煤气没有完全燃烧,部分分解为含碳产物,故这区域的火焰具有还原性,火焰呈淡蓝色,温度较高、外层是氧化焰,过剩的空气使这部分火焰具有氧化性,火焰呈紫色,温度最高达900~1000℃。实验中都用氧化焰加热。

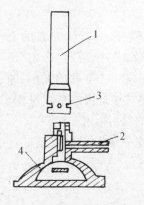
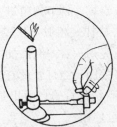
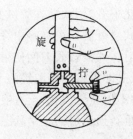
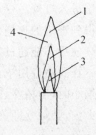

图 2-35　煤气灯的构造　　图 2-36　煤气灯的　　图 2-37　煤气灯的　　图 2-38　煤气灯的正常灯焰
　1—灯管;2—煤气入口;　　　　　点燃　　　　　　　　点燃调节　　　　1—氧化焰;2—还原焰;
　3—空气入口 ;4—螺旋形针阀　　　　　　　　　　　　　　　　　　　　　3—焰心;4—最高温度处

　　当空气和煤气的进入量调节得不适当,会产生不正常的火焰。当煤气和空气进入量都过大,就会临空燃烧,产生"临空火焰";当煤气量进入过少,而空气量很大,煤气就在灯管内燃烧,还会产生特殊的嘶嘶声和一根细长的火焰叫做"侵入火焰"。如图 2-39、图 2-40 所示。有时在使用过程中,煤气量因某种原因而减少,这时就会产生侵入火焰,这种现象叫"回火"。当遇到临空火焰和侵入火焰时,应关闭煤气开关,重新点燃和调节。

图 2-39　临空火焰　　　　　　　　　　图 2-40　侵入火焰
　（煤气、空气量都过大）　　　　　　　（煤气量大,空气量少）

　　一般煤气中都含有 CO 等有毒成分,在使用过程中绝不可把煤气逸到室内。煤气中一般都含有带特殊臭味的杂质。漏气时容易发现,一旦觉察漏气,应立即停止实验,及时查清漏气原因并排除。煤气灯是 1855 年德国化学家本生发明的,故过去一些书上又叫它"本生灯"。

　　(二)电设备热源

　　1. 电炉、电热板、电热包

　　(1) 电炉。电炉是能将电能转变成热能的设备,是实验室最常用的热源之一。电炉由电阻丝、炉盘、金属盘座组成。电阻丝电阻越大产生的热量就越大,按发热量不同有 500W、800W、1000W、1500W、2000W 等规格,瓦数(W 表示)大小代表了电炉功率。

　　电炉按结构不同,又有暗式电炉、球形电炉、加热套(包)等,最简单的盘式电炉如图 2-41 所示。

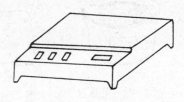

图 2-41　盘式电炉　　　　图 2-42　调压变压器　　　　图 2-43　电热板

使用电炉时最好与自耦变压器配套使用,自耦变压器也叫调压器,如图 2-42。它输入电压 220V,输出电压可在 0~240V 间任意调节,将电炉接到输出端,调节输出电压,就可控制电炉的温度。调压器常见的规格有 0.5、1、1.5、2kW 等,选用功率必须大于用电器功率。

使用电炉时,加热的金属容器不能触及炉丝,否则会造成短路,烧坏炉丝甚至发生触电事故。电炉的耐火砖炉盘不耐碱性物质,切勿把碱类物质散落其上,要及时清除炉盘面上的灼烧焦糊物质,保护炉丝传热良好,延长使用寿命。电炉的连续使用时间不应过长,以免缩短使用寿命。在受热容器与电炉间应有石棉网,使受热均匀,又能避免炉丝受到化学品的侵蚀。

(2)电热板。电热板本质是封闭型的电炉,如图 2-43。外壳用薄钢板和铸铁制成,表面涂有高温皱纹漆,以防止氧化。外壳具有夹层,内装绝热材料。发热体装在壳体内部,由镍铬合金电炉丝制成。由于发热体底部和四周都充有玻璃纤维等绝热材料,故热量全部由铸铁平板热面向上散发,加上电炉丝排列均匀,更能较好的达到均匀加热的目的。电热板特别适用于烧杯、锥形瓶等平底容器加热。

(3)电加热套(电热包)。电加热套(电热包)是专为加热圆底容器而设计的,本质上也是封闭型电炉,如图 2-44。电热面为凹的半球面。按容积大小有 50、100、250mL 等规格,用来代替油浴、沙浴对圆底容器加热。使用时,受热容器悬置在加热套的中央,不得接触内壁,形成一个均匀加热的空气浴,适当保温,温度可达 450~500℃。切勿将液体注入或溅入套内,也不能加热空容器。

2. 管式电炉和箱式电炉

管式电炉和箱式电炉都是高温热源。高温炉的型号规格很多,但结构基本相似,一般由炉体、温度控制器、电阻或热电偶三部分组成。

(1)管式炉炉膛为管状,内插一根瓷管或石英管,瓷管中可放盛有反应物的瓷反应舟。面上可通过空气或其他气流,造成反应要求的气氛,从而实现某些高温固相反应。炉内的发热体可以是电热丝或硅碳棒,如图 2-45,图 2-46。温度控制一般为电子温度自动控制器,亦可用调压器通过调节输入电压来控制。

(2)箱式高温炉　又叫马弗炉,其外型如图 2-47。炉膛用传热好,耐高温而膨胀系数小的碳化硅材料制成。热源为炉膛内镍铬电阻丝(Ni 75%~80%,Cr 20%~25%),耐温达 1100℃,为安全起见,通常限于 950~1000℃下使用。炉膛外围包厚层绝热砖及石棉纤维。外壳包上带角铁的骨架和铁皮。

图 2-44　电热包

图 2-45　管式炉(电热丝加热)

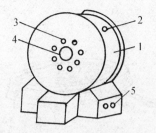
图 2-46　管式炉(硅碳棒加热)
1—炉体；2—插热电偶孔；3—安装硅碳棒孔；
4—炉膛；5—电源接线柱

3. 高温炉使用注意事项

(1) 高温炉安装在平整、稳固的水泥台上。温度控制器的位置与高温炉不宜太近,防止过热使电子元件工作不正常。

(2) 按高温炉的额定电压,配置功率合适的插头、插座、保险丝等。外壳和控制器都应接好地线。地面上最好垫一块厚橡皮板,以确保安全。

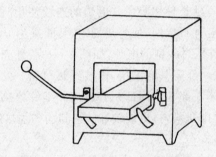
图 2-47　高温炉外形示意图

(3) 高温炉第一次使用或长期停用后再使用必须烘炉,不同规格型号的高温炉烘炉温度和时间不同,须按说明书要求进行。

(4) 使用前核对电源电压、热电偶与测量温度是否相符。热电偶正负极不要接反。

(5) 使用时先合上电源开关,温度控制器上指示灯亮,调节温控器旋钮。使指针指到所需温度,开始升温。升温阶段不要一次调到最大,逐步从低、中温到高温分段进行,每段大约15～30min。待炉温升到所需温度,控制器另一指示灯亮,可进行实验样品的灼烧和熔融。

(6) 炉周围不要存放易燃易爆物品。炉内不宜放入含酸、碱性的化学品或强氧化剂,防止损坏炉膛和发生事故。

(7) 放入或取出灼烧物时,最好先切断电源,以防触电。取出灼烧物应先开一个缝而不要立即打开炉门,以免炉膛骤然受冷碎裂。取灼烧物品用长柄坩埚钳,先放到石棉板上,待温度降低后,再移入干燥器中。

(8) 水分大的物质应先烘干后,再放入炉内灼烧。

(9) 勿使电炉激烈震动,因为电炉丝一经红热后就会被氧化,极易碎断。同时也要避免电炉受潮,以免漏电。

(10) 停止使用后,立即切断电源。

二、实验室常见热源的最高温度

酒精灯	400~500℃	电热丝	900℃左右
酒精喷灯	800~1 000℃	硅碳棒	1 300~1 350℃
煤气灯	700~1 200℃	镍铬丝	900℃
电炉	900℃左右	铂丝	1 300℃
电热包	450~500℃		

实验室常用电加热按形成热的方式可以分成电阻加热法、感应加热法、电弧加热法,后者可获得3 000℃以上的温度。上述仪器的最高温度仅供在加热选择热源时参考。具体要以设备的说明书为准,因为随着材料、条件等的差异可达最高温度也有差别。

三、加热方法

(一)直接加热

在实验室中,烧杯、试管、瓷蒸发皿等常作为加热的容器,它们可以承受一定的温度,但不能骤热和骤冷。因此,加热前必须将器皿外壁的水擦干。加热后,不能突然与水或潮湿物局部接触。

只有热稳定性好的液体或固体才可加热。加热液体一般不宜超过容量的1/3~1/2。

1. 加热烧杯、烧瓶中的液体

盛液玻璃器皿必须放在石棉网上加热,否则容易因受热不均匀而破裂,如图2-48表示。

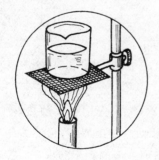

图2-48 加热烧杯中的液体

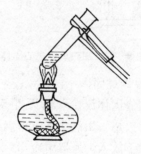

图2-49 加热试管中的液体

2. 加热试管中的液体

试管加热是最普通、最基本、最常用的操作,如图2-49。一些不规范和错误的操作如图2-50。

试管加热,受热液体量不得超过试管高度的1/3,用试管夹夹持在中上部大约距试管口的1/4处。加热时试管不能直立应稍微倾斜,管口不要对着自己和别人。为使其受热均匀,先加热液体的中上部,再慢慢往下移动、并不时地移动和振荡,以防止局部过热产生的蒸气带液冲出。

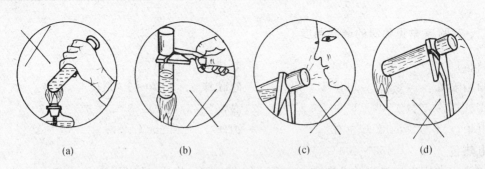

图 2-50　加热试管中的液体错误操作

(a)手拿试管加热；(b)夹持中部并直立加热；(c)试管口朝人加热；(d)局部过热使液体冲出

3. 加热试管中的固体

将固体在试管底部铺匀,这是因为,若药品集中于底部容易形成硬壳阻止内部药品反应,若同时有气体生成则会带药品冲出。块状或大颗粒一般应先研细。加热和夹持位置与加热液体相同。试管要固定在铁架台上,试管口稍微向下倾斜,如图 2-51 所示。常见的不规范和错误的操作如图 2-52。

图 2-51　加热试管中的固体

图 2-52　加热试管中的固体常见错误操作

(a)药品堆集；(b)管口向上

4. 高温灼烧固体

将欲灼烧固体放在坩埚中,坩埚用泥三角支承,如图 2-53。先用小火预热,受热均匀后再慢慢加大火焰。用氧化焰将坩埚灼烧至红热,再维持片刻后,停止加热,稍冷后用预热的坩埚钳夹持取下放入干燥器中冷却。也可先在电炉上干燥后放入高温炉中灼烧。

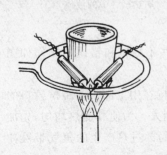

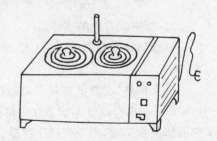

图 2-53　坩埚的灼烧　　　　图 2-54　水浴加热　　　　图 2-55　电热恒温水浴锅

(二)间接加热

为了避免直接火加热的缺点,在实验室中常用水浴、油浴等方法加热,这种间接加热的方法不仅使被加热容器和物质受热均匀,而且也是恒温加热和蒸发的基本方法。

1. 水浴

常用铜质水浴锅，也可以用大烧杯作水浴容器来进行某些试管实验。锅内盛放约 2/3 容积的水，选择大小适当的水浴锅铜圈来支承被加热器皿，如图 2-54。受热的水或产生的蒸汽对受热器皿和物质进行加热。

电热恒温的水浴锅有两孔、四孔及六孔等式样。一般每孔有四圈一盖，孔最大直径为 120mm。加热器位于水浴锅的底部。正面板上装有自动恒温控制器。水箱后上方插有温度计以指示水浴的温度。后下方或左下方装有放水阀。外形示意如图 2-55。使用时必须先加好水后再通电，可在 37~100℃ 范围内选择恒定温度，温差 ±1℃。箱内水位应保持在 2/3 高度处，严禁水位低于电热管。

2. 油浴

油浴所用油有花生油、豆油、菜籽油、亚麻油、甘油、硅油等。加热时必须将受热容器浸入油中。使用植物油的缺点是温度升高有油烟逸出，容易引起火灾。植物油使用后易老化、变粘、变黑。所用硅油是一种硅的有机化合物，一般是无色、无味、无毒、难挥发的液体，但价格昂贵。

除水浴、油浴外，尚有砂浴、金属（合金）浴、空气浴等。加热浴的使用温度等资料见表 2-4。

表 2-4 常见加热浴一览表

类 别	内 容 物	容器材质	使用温度/℃	备 注
水 浴	水	铜、铝等	~95	用无机盐饱和沸点升高
水蒸气浴	水	铜、铝等	~95	
油 浴	各种植物油	铜、铝等	~250	加热到 250℃ 以上冒烟易着火。油中勿溅水。高温被氧化
砂 浴	砂	铁盘	~400	
盐 浴	如 KNO_3 和 $NaNO_3$ 等质量混合	铁锅	220~680	浴中切勿溅水，盐要干燥
金属浴	各种低熔点金属、合金等	铁锅	因金属不同而异	300℃ 以上渐渐被氧化
其 他	甘油、液体石蜡、硅油等	铁、铝、烧杯等	因物而异	

四、冷却方法

有些反应，其中间体在室温下是不稳定的，必须在低温下进行，如重氮化反应等；有的放热反应，常产生大量的热，使反应难以控制，并引起易挥发化合物的损失，或导致化合物的分解或增加等副反应。所以在化学实验中，有时需采用一定的冷却剂进行冷却操作。

将反应物冷却的最简单的方法，就是把盛有反应物的容器浸入冷水中冷却。有些反应必须在室温以下的低温进行，这时最常用的冷却剂是冰-水混合物。

如需要更低的温度（0℃以下），则可采用冰-盐混合物。不同的盐和水，按一定比例可制成制冷范围不同的冷却剂，见表 2-5。

表 2 - 5　常用冰—盐冷却剂及其冷浴的最低温度

冷却剂	盐的质量分数/%	冷浴的最低温度/℃	冷却剂	盐的质量分数/%	冷浴的最低温度/℃
NaCl＋冰	10	−6.56	CaCl₂＋冰	22.5	−7.8
	15	−10.89		29.8	−55
	23	−21.13	KCl＋冰	19.75	−11.1
K₂CO₃＋冰		−36.5	NH₄Cl＋冰	18.6	−15.8

- 思考题
1. 以煤气灯为例,说明正常火焰的三个区域的性质?
2. 怎样控制和调节电炉的温度?
3. 什么情况下使用电热包? 有什么优点?
4. 使用高温炉要注意些什么?
5. 直接加热必须满足什么条件才能采用?
6. 怎样使用恒温水浴?

第五节　干燥与干燥剂

有的化学品必须除去水分,有的化学反应必须在无水条件下进行,有的化学品必须在干燥条件下贮存,有些精密仪器如分析天平要求防潮,所以干燥也就常见于化学实验中。干燥是除去固体、气体或液体中含有的少量水分或少量有机溶剂的物理化学过程。

干燥的方法大致可分为两类:一类是物理方法,通常用吸附、分馏、恒沸蒸馏、冷冻、加热等方法脱水,达到干燥的目的;另一类是化学方法,所选用的是能与水可逆地结合成水合物的干燥剂,或是与水起化学反应生成新化合物的干燥剂。

一、干燥剂

能吸收水分脱除气态和液态物质中游离水分的物质称干燥剂。化学实验室中常用的干燥剂列于表 2 - 6。

表 2 - 6　常用干燥剂

干燥剂	酸碱性	与水作用的产物	适用范围	备　　注
CaCl₂	中性	CaCl₂ · nH₂O $n=1$、2、6。30℃ 以上失水	烃、卤代烃、烯、酮、醚、硝基化合物、中性气体、氯化氢	①吸水量大、作用快、效力不高; ②含有碱性杂质 CaO; ③不适用于醇、胺、氨、酚、酸等
Na₂SO₄	中性	Na₂SO₄ · nH₂O $n=7$,10 33℃以上失水	同 CaCl₂,CaCl₂ 不适用的也适用	吸水量大、作用慢、效力低
MgSO₄	中性	MgSO₄ · nH₂O $n=1$,7 48℃以上失水	同 Na₂SO₄	较 Na₂SO₄ 作用快、效力高

（续表）

干燥剂	酸碱性	与水作用的产物	适用范围	备　注
$CaSO_4$	中性	$CaSO_4+1/2\ H_2O$ 加热 $2\sim3h$ 失水	烷、醇、醚、醛、酮、芳香烃等	吸水量小，作用快，效力高
K_2CO_3	强碱性	$K_2CO_3 \cdot nH_2O$ $n=0,5,2$	醇、酮、酯、胺、杂环等碱性物质	不适用于酚、酸类化合物
NaOH KOH	强碱性	吸收溶解	胺、杂环等碱性物质	①快速有效； ②不适用于酸性物质
CaO BaO	碱性	$Ca(OH)_2$ $Ba(OH)_2$	低级醇、胺	效力高、作用慢、干燥后液体需蒸馏
金属 Na	强碱性	反应产物 H_2+NaOH	醚、三级胺、烃中痕量水	①快速有效； ②不适用于醇、卤代烃等对碱敏感物
CaH_2	碱性	反应产物 $H_2+Ca(OH)_2$	碱性、中性、弱酸性化合物	①效力高、作用慢、干燥后液体需蒸馏； ②不适用于对碱敏感物质
浓 H_2SO_4	强酸性	$H_2SO_4 \cdot H_2O$	脂肪烃、烷基卤代物	①效力高； ②不适用于烯、醚、醇及碱性化合物
P_2O_5	酸性	HPO_3 $H_4P_2O_7$ H_3PO_4	醚、烃、卤代烃、腈中痕量水。酸性物质、CO_2等	①效力高，吸收后需蒸馏分离； ②不适用于醇、酮、碱性化合物、HCl、HF 等
0.3nm 分子筛 0.4nm 分子筛		物理吸附	有机物	快速、高效，可再生使用
硅胶		物理吸附	吸潮保干	不适用于 HF

二、气、固、液体的干燥

（一）气体的干燥

实验室制备的气体常常带有酸雾和水气，通常用洗气瓶、干燥塔、U 形管、干燥管等仪器进行净化和干燥，如图 2-56。例如洗气瓶中盛浓硫酸，气体经过，大部分水分被吸收；再经过内装氯化钙、硅胶、分子筛等干燥剂的干燥塔。在实际操作中要根据被干燥气体的具体条件，来选择适当的干燥剂和干燥流程。

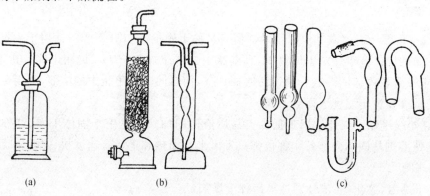

图 2-56　气体干燥器皿
(a)洗气瓶；(b)干燥塔；(c)干燥管

（二）有机液体干燥

有机液体中的水分均可用合适的干燥剂干燥。干燥剂选择首先考虑是否与被干燥物在性质上相近，即不反应、不互溶、无催化作用；其次要从含水量及需要干燥的程度出发。对含水量大、干燥要求高的情况，应先用吸水量大、价格低廉的干燥剂作初步干燥。一般情况下，根据经验，1g 干燥剂约可干燥 25mL 液体。当出现浑浊液体变澄清、干燥剂不再粘附在容器壁上，摇振容器时液体可自由飘移等现象时，可判断干燥已基本完成。然后过滤分离，干燥后的液体无论是进行蒸馏分离或其他处理，都应按无水操作要求进行。

液体干燥，实验室中通常是将其与干燥剂放在一起，配上塞子，不时地振摇，摇振后长时间放置后分离。若干燥剂与水发生反应生成气体，还应配装出口干燥管（见图 2-57）。

（三）固体的干燥

（1）自然干燥。遇热易分解或含有易燃易挥发溶剂的固体须置于空气中自然干燥。

（2）用烘箱烘干。将欲烘干固体或结晶体放在表面皿中，放入烘箱中烘干。有时把含水固体放在蒸发皿中，在水浴中或石棉网上先直接加热干燥后，再送入烘箱中烘干。

（3）在干燥器中干燥。含水量极小的固体可置于培养皿或表面皿中，然后放在干燥器的上室中，靠下室干燥剂吸收湿气而干燥。这种方法对于痕迹量水或干燥保存化学品很有效。干燥器的操作如图 2-58，干燥器是磨口的厚玻璃器皿，磨口上涂有凡士林，使其更好的密合，底部放适量的干燥剂，其中有一带孔的瓷板。真空干燥器与普通干燥器基本相同，仅在盖上有一玻璃活塞，可用来接在水冲泵上抽气减压，从而使干燥效果更好，速度更快。

无水氧化钙
脱脂棉

图 2-57　液体干燥　　　　图 2-58　干燥器的开启与挪动　　　图 2-59　真空恒温干燥器
　（干燥枪）

（4）真空恒温干燥。真空恒温干燥器俗名又称干燥枪。如图 2-59，适用于少量物质的干燥，将欲干燥的固体置于夹层干燥筒中，吸湿瓶中放置干燥剂 P_2O_5，烧瓶中置有机溶剂，它的沸点要低于被干燥固体的熔点。通过活塞抽真空，加热回流三角瓶中的溶剂，利用蒸气加热夹套，从而使试样在恒定温度下得到干燥。

（5）红外线干燥。红外灯用于低沸点易燃液体的加热。也用于固体干燥，红外线穿透能力很强，能使溶剂从固体内部各个部位都蒸发出来。加热和干燥有速度快、安全等优点。

● 思考题

1. 要干燥氨、氯化氢、苯分别选择何种干燥剂？

2. 用干燥剂干燥有机液体中的水分，完成干燥的标志是什么？

3. 天平中为什么要放置干燥剂？

4. 有些化工产品要测定水分含量,要完成这项任务,要用到些什么仪器和器皿?要有些什么操作或手续?

第六节 溶解与搅拌技术

一、固体的溶解

溶解是溶质在溶剂中分散形成溶液的过程。其中溶剂对液体的溶解过程最为重要。溶解过程是一个物理化学过程,既有溶质分子在溶剂分子间的扩散过程,又有溶质粒子(分子或离子)与溶剂分子结合的溶剂化过程,对于水为溶剂的又称水化过程。前者是需要能量的吸热过程,后者是释放热量的放热过程。所以溶解过程总是伴随着热效应。有的情况更为复杂,如 HCl 气体溶于水还有电离过程;CO_2 溶于水还有化学反应和电离过程;$CuSO_4$ 溶于水会结晶生成 $CuSO_4 \cdot 5H_2O$,也说明发生了 H_2O 配合 Cu^{2+} 的配合物生成反应。

物质的溶解是一个笼统的概念,溶解量的多少用溶解度来具体表示。溶解度大小跟溶质和溶剂的性质有关,至今还没有找到一个普遍适用的规律,只是从大量实验事实中粗略地归纳出一个经验规律:相似相溶,即物质在同它结构相似的溶剂中较易溶解。极性化合物一般易溶于水、醇、酮、液氨等极性溶剂中,而在苯、四氯化碳等非极性溶剂中则溶解很少。$NaCl$ 溶于水而不溶于苯,但苯和水都溶于乙醇,而苯和水又互相溶解很少。

溶解度指在一定温度和压力下,物质在一定量溶剂中溶解的最高限量(即饱和溶液)。固体和液体溶质一般用每 100g 溶剂中所能溶解的最多克数表示。难溶物质用 1L 溶剂中所能溶解的溶质的克数、物质的量表示。气体溶质一般用 1 体积溶剂里可溶解的气体标准体积数表示。溶解吸热的,溶解度随温度升高而增大;溶解放热的,溶解度随温度升高而减小(不含溶解有化学反应的)。

固体溶解操作的一般步骤是:先用研钵将固体研细成为粉末,放入烧杯等容器中,再选择加入适当的溶剂(如水),加入的数量可根据固体的量及该温度下的溶解度进行计算或估算。然后可进行加热或搅拌,以加速溶解。

二、溶剂的选择

根据溶解的目的选用适当溶剂。对于大多数情况下无机物多数选用水,有机物可选用有机溶剂。一些难溶的物质还可用酸、碱或混合溶剂。

(1)水 一般可作可溶性盐类如硝酸盐、醋酸盐、铵盐,绝大部分碱金属化合物,大部分氯化物及硫酸盐等的溶剂。

(2)酸溶剂 利用酸性物质的酸性、氧化还原性或所形成配合物溶解钢铁、合金、部分金属的硫化物、氧化物、碳酸盐、磷酸盐等。经常使用的有盐酸、硝酸、硫酸、磷酸、高氯酸、氢氟酸、混合酸(如王水)等。

(3)碱溶剂 用 $NaOH$ 或 KOH 来溶解两性金属铝、锌及它们的合金或它们的氧化物、氢氧化物等。

对一些难溶于水的物质,实验室还常常先在高温下熔融使其转化成可溶于水的物质后再溶解。如用 $K_2S_2O_7$ 与 TiO_2 熔融转化成可溶性的 $Ti(SO_4)_2$。用 K_2CO_3 和 Na_2CO_3 等熔融长石

$(Al_2O_3 \cdot 2SiO_2)$、重晶石$(BaSO_4)$、锡石(SnO_2)等。

三、搅拌器的种类和使用

搅拌方法除用于物质溶解外,也常用于物质加热、冷却、化学反应等场合,可使溶液的温度均匀。常用的几种搅拌方式如下。

(一)用玻璃棒搅拌

搅拌液体时,应手持玻璃棒并转动手腕,用微力使玻璃棒在容器中部的液体中均匀转动,使溶质与溶剂充分混合并逐渐溶解,如图2-60。用玻璃棒搅拌液体不能将玻璃棒沿器壁划动,不能将液体乱搅溅出,也不要用力过猛,以防碰破器壁。

用重玻璃棒在烧杯或烧瓶中搅拌溶液时,容易碰破器壁,可用两端封死的玻璃管代替,或在被搅拌溶液的性质允许的条件下,在玻璃棒的下端套上一段短的胶管。

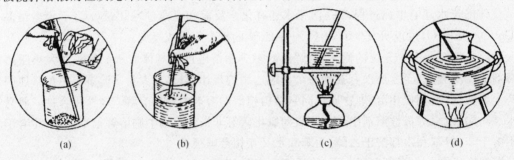

(a)　　　　　　(b)　　　　　　(c)　　　　　　(d)

图2-60　搅拌溶解
(a)加入溶剂;(b)搅拌;(c)加热;(d)水浴加热

(二)用电动搅拌器搅拌

快速或长时间的搅拌一般都使用电动搅拌器,如图2-61。它是由微型电动机、搅拌器扎

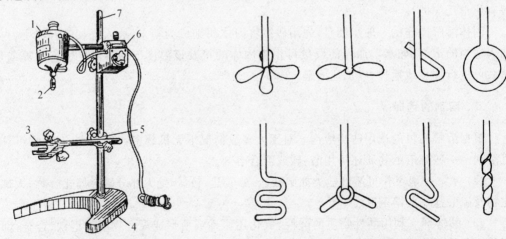

图2-61　电动搅拌器
1—微型电动机;2—搅拌器扎头;3—大烧瓶夹;
4—底座;5—十字双凹夹;6—转速调节器;7—支柱

图2-62　常用的几种搅拌叶

头、大烧瓶夹、底座、十字双凹夹、转速调节器和支柱组成。所用的搅拌叶由玻璃棒或金属加工而成。搅拌叶有各种不同形状,如图2-62,供在搅拌不同物料或在不同容器进行时的选择。

搅拌叶与搅拌扎头连接时,先在扎头中插入一段 3～4cm 长的玻璃棒或金属棒,然后再用合适的胶管与搅拌叶相连,如图 2－63 所示。为了控制和调节搅拌速度,搅拌器的电源由调压变压器提供,通过调节电压来控制搅拌速度。

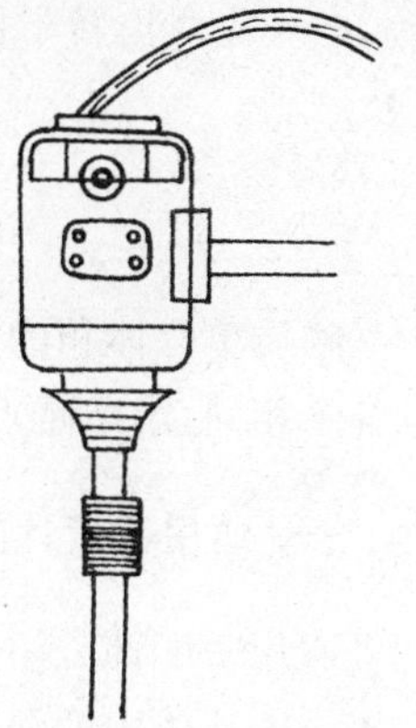

使用电动搅拌器应注意:

(1) 搅拌烧瓶中的物料时,需要在瓶中装一个能插进长 3～5cm 的玻璃管的胶塞。搅拌叶穿过玻璃孔与扎头相连。搅拌烧杯中的物料时,插玻璃管的胶塞夹在大烧瓶夹上,使搅拌稳定。

(2) 搅拌叶要装正,装结实,不应与容器壁接触。起动前,用手转动搅拌叶,观察是否符合安装要求。

(3) 使用时,慢速起动,然后再调至正常转速。搅拌速度不要太快,以免液体飞溅。停用时,也应逐步减速。

图 2－63 搅拌叶的连接

(4) 电动搅拌器运转中,实验人员不得远离,以防电压不稳或其他原因造成仪器损坏。

(5) 不能超负荷运转,搅拌器长时间转动会使电机发热,一般电机工作温度不能超过 50～60℃(烫手感觉)。必要时可停歇一段时间再用或用电风扇吹以达到良好散热。

(三) 电磁搅拌(磁力搅拌器)

当液体或溶液体积小、粘度低时,用电磁搅拌最为方便,特别适用于在滴定分析中代替手摇振锥形瓶。在盛有液体的容器内放入密封在玻璃或合成树脂内的强磁性铁片作为转子。通电后,底座中电动机使磁铁转动,这个转动磁场使转子跟着转动,从而完成搅拌作用,如图 2－64。有的电磁搅拌器内部还装有加热装置,这种磁力加热搅拌器,既可加热又能搅拌,使用方便,如图 2－65。加热温度可达 80℃,磁子有大、中、小三种规格,可根据器皿大小、溶液多少选择。

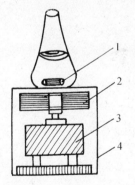

图 2－64 电磁搅拌装置

1—转子;2—磁铁;3—电动机;4—外壳

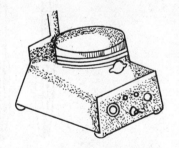

图 2－65 磁力加热搅拌器

使用电磁搅拌应注意:

(1) 电磁搅拌器工作时必须接地。

(2) 转子要轻轻地沿器壁放入。

(3) 搅拌时缓慢调节调速旋钮,速度过快会使转子脱离磁铁的吸引。如转子不停跳动时,应迅速将旋钮旋到停位,待转子停止跳动后再逐步加速。

（4）先取出转子再倒出溶液，及时洗净转子。

第七节　密度计简介

物质单位体积的质量称为该物质的密度。测量物质密度的方法有多种，使用的测量仪器也各不相同，本节重点介绍用玻璃密度计测定液体密度的方法。

一、通用密度计的使用

通用密度计是用于测量液体密度的通用浮计。浮计是一种在液体中能垂直自由漂浮，由它浸没于液体中的深度来直接测量液体密度或溶液浓度的仪器（本术语仅指质量固定式玻璃浮计，简称为"浮计"）。

玻璃浮计由躯体、压载物、干管组成（见图2-66）。

躯体：为浮计主体部分，是底部圆锥形或半球形（以免附着气泡）的圆柱体。

压载物：为调节浮计质量及其垂直稳定漂浮而装在躯体最底部的材料（水银或铅粒）。

干管：熔接于躯体的上部，顶端密封的细长圆管。

固定在干管内一组有序的指示不同量值的刻线标记，称为浮计的刻度。浮计的刻度值自上而下增大，一般可读准小数点后面第三位数。

使用浮计时应注意：

（1）待测液体深度要够。

（2）放平稳后再放手，否则易碰器壁而损坏浮计。

（3）不要甩动浮计，用后洗净擦干放好。

（4）根据液体密度不同，选用不同量程的密度计。每支密度计只能测定一定范围的密度。

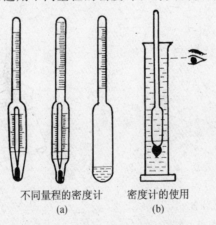

不同量程的密度计　　密度计的使用
(a)　　　　　　　(b)

图2-66　液体密度的测定

(a)通用密度计；(b)液体密度的测定

二、浓硫酸和浓盐酸密度的测定

取100mL量筒，注入浓硫酸，选择合适的干燥的浮计，慢慢放入液体中，用手扶住浮计的上端，等它完全稳定时再放手。从液体凹面处的水平方向，读出浮计的读数，即相当于硫酸的密度。

另取 100mL 量筒,注入浓盐酸,按上法测定浓盐酸的密度。

实验 2-2　溶液的配制

一、目的要求

(1) 掌握固体、液体的取用方法。

(2) 掌握托盘天平、量筒(杯)的正确使用方法。

(3) 初步掌握溶解和搅拌的基本操作技术,并学会正确使用密度计。

(4) 学会容量瓶的使用方法。

(5) 掌握 NaCl 饱和溶液、1+1 H_2SO_4 溶液、0.1mol·L^{-1} HCl 溶液、0.1mol·L^{-1} $CuSO_4$ 溶液的配制方法。

二、仪器与药品

仪器:

　　玻璃密度计;托盘天平;量筒(10mL,50mL,250mL);

　　试剂瓶(500mL);烧杯(250mL);容量瓶;玻璃棒。

药品:

　　固体 NaCl;乙醇;浓 H_2SO_4;浓 HCl。

三、实验步骤

1. 浓硫酸和乙醇密度的测定

取 250mL 的量筒,注入浓硫酸溶液,左手扶住量筒底座,用右手的拇指和食指拿住密度计上端,慢慢插入硫酸溶液中,试探至密度计完全漂浮稳定后,将手松开,然后从流体凹面处的水平方向读出密度计上的数据,即浓硫酸的密度值。查表也可知道浓硫酸浓度。

另取一个 250mL 的量筒,注入乙醇,按同样操作方法测定其密度值。

2. 溶液的配制

(1) NaCl 饱和溶液的配制。用托盘天平称取固体 NaCl36g,置于 250mL 的洁净烧杯中,用量筒量取蒸馏水 100mL 加入,加热并用玻璃棒不断搅拌,使固体 NaCl 全部溶解后,冷却至室温,倒入试剂瓶中保存。

(2) 1+1 H_2SO_4 溶液的配制。先将盛有 40mL 蒸馏水的烧杯放在冷水浴中,用较干燥的量筒量取浓 $H_2SO_4$50mL,沿玻璃棒慢慢倒入盛有 40mL 蒸馏水的烧杯中,并不时用玻璃棒搅拌,如果烧杯中溶液的温度过高,浓 H_2SO_4 可间断加入,待浓 H_2SO_4 加完后,再用 10mL 蒸馏水涮洗量筒两次,涮洗液并入烧杯中,搅匀、冷却至室温,倒入试剂瓶中保存。

(3) 0.1mol·L^{-1} HCl 溶液的配制。

① 容量瓶的使用。容量瓶是用来配制一定体积和一定浓度的溶液的量具。它的颈部有一刻度线。在一定的温度时,瓶内达到刻度线的液体的体积是一定的:一般容量瓶都注有 20℃ 的刻度线。使用时,根据需要选用不同体积的容量瓶。

先将容量瓶洗净,将一定量的固体溶质放在烧杯中,加少量蒸馏水溶解。将此溶液沿玻璃

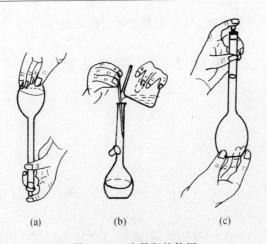

图 2-67 容量瓶的使用

(a)试漏;(b)将溶液沿玻璃棒注入容量瓶中;(c)摇匀

棒小心注入容量瓶中(图 2-67),再用少量蒸馏水洗涤烧杯和玻璃棒数次,洗液也注入容量瓶中,然后继续加水,当液面接近刻度时,应用滴管小心地逐滴将蒸馏水加到刻度处,塞紧瓶塞,右手食指按住瓶塞,左手手指托住瓶底,将容量瓶反复倒置数次,并加以振荡,以保证溶液的浓度完全均匀。

② 计算配制 $0.1mol \cdot L^{-1}$ HCl 溶液 100mL,需量取浓 HCl 溶液多少毫升(浓 HCl 按 $12mol \cdot L^{-1}$ 计算)。

根据计算结果,量取浓盐酸,注入含有 20~30mL 蒸馏水的烧杯中,用少量蒸馏水洗涤量筒 2~3 次,洗液也倒入烧杯中。然后将溶液移入 100mL 的容量瓶中,加少量蒸馏水洗涤烧杯 2~3 次,洗液也倒入容量瓶中。再加蒸馏水稀释至刻度,把容量瓶塞盖紧,摇匀,即得到 $0.1mol \cdot L^{-1}$ HCl 溶液。

③ 配制 100mL $0.1 mol \cdot L^{-1}$ $CuSO_4$ 溶液。

a、计算配制 100mL $0.1 mol \cdot L^{-1}$ $CuSO_4$ 溶液所需 $CuSO_4 \cdot 5H_2O$ 的克数。

b、在台秤上用表面皿称取所需的 $CuSO_4 \cdot 5H_2O$ 放入烧杯中。

c、往盛有 $CuSO_4 \cdot 5H_2O$ 的烧杯中,加入 50mL 蒸馏水,用玻璃棒搅动,使其溶解。移入 100mL 容量瓶中,用少量蒸馏水洗涤烧杯 2~3 次,洗液也注入容量瓶中,再用蒸馏水稀释到刻度,摇匀即可。

四、注意事项

(1) 正确使用密度计。

(2) 浓硫酸在稀释时,应先将盛有蒸馏水的烧杯放在冷水浴中,用较干燥的量筒量取浓 H_2SO_4,沿玻璃棒慢慢倒入盛有蒸馏水的烧杯中,并不时用玻璃棒搅拌。

• 思考题

1. 使用玻璃密度计时,应注意哪些问题?

2. 配制 H_2SO_4 溶液时,能否将蒸馏水倒入浓 H_2SO_4 中? 试说明原因。

3. 根据测得浓 H_2SO_4 的密度值,计算出浓 H_2SO_4 的物质的量浓度。

第八节　蒸发和结晶

一、溶液的蒸发

含不挥发溶质的溶液,其溶剂在液体表面发生的汽化现象叫蒸发。从现象上看,就是用加热方法使溶液中一部分溶剂汽化,从而提高溶液浓度或析出固体溶质的过程。溶液的表面积越大、温度越高、溶剂的蒸气压力越大,则越易蒸发。所以蒸发通常都在敞口容器中进行。

加热方式可根据溶质对热的稳定性和溶剂的性质来选择。对热稳定的水溶液可直接用明火加热蒸发;易分解或可燃的溶质及溶剂,要在水浴上加热蒸发或让其在室温下蒸发。

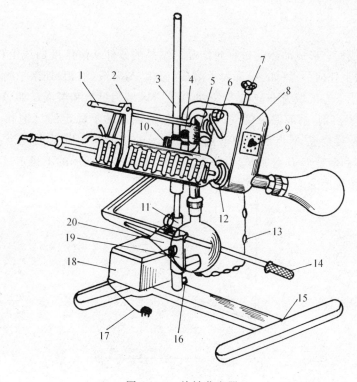

图 2-68　旋转蒸发器

1—夹子杆;2—夹子;3—座杆;4—转动部分固定旋钮;5—连接支架;6—夹子杆调正旋钮;
7—转动部分角度调节旋钮;8—转动部分;9—调速旋钮;10—水平旋转旋钮;11—升降固定套

在实验室中,水溶液的蒸发浓缩通常在蒸发皿中进行。它的表面积大、蒸发速度快。蒸发的液体量不得超过蒸发皿容积的 2/3,以防液体溅出。液体过多,一次容纳不下,可随水分的不断的蒸发而不断续加,或改用大烧杯来完成。溶液很稀时,可先放在石棉网或泥三角上直接用明火或电炉蒸发(溶液沸腾后改用小火),然后再放在水(蒸汽)浴上蒸发。

蒸发有机溶剂常在锥形瓶或烧杯中进行。视溶剂的沸点、易燃性选用合适的热浴加热,最常用的是水浴。有机溶剂蒸发浓缩要在通风橱中进行,并要加入沸石等,防止暴沸。大量有机液体蒸发应考虑使用蒸馏方法。

在蒸发液体表面缓缓地导入空气流或其他惰性气流,除去与溶液平衡的蒸气可加快蒸发速度。也可用水泵或真空泵抽吸液体表面蒸气,进行减压蒸发,既能降低蒸发温度又能达到快速蒸发目的。

蒸发程度取决于溶质的溶解度以及结晶对浓度的要求。当溶质的溶解度较大时,应蒸发至溶液表面出现晶膜;若溶解度较小或随温度的变化较大时,则蒸发到一定程度即可停止。如希望得到较大晶体,则不宜蒸发到浓度过大。强碱的蒸发浓缩不宜用陶瓷、玻璃等制品,应选用耐碱的容器。

用旋转蒸发器(又叫薄膜蒸发器)进行蒸发浓缩,方便、快速,其构造如图 2 - 68 所示。烧瓶在减压下一边旋转,一边受热。由于溶液的蒸发过程主要在烧瓶内壁的液膜上进行,因而大大增加了溶剂蒸发面积。提高了蒸发效率。又因为溶液不断旋转,不会产生暴沸现象,不必装沸石或毛细管。使得在实验室中进行浓缩、干燥、回收溶剂等操作极为简单。

二、结晶

物质从液态或气态形成晶体的过程叫结晶。结晶的条件从溶解度曲线上(图 2 - 69)分析可知,溶解度曲线上任何一点(如 A)都表示溶质(固相)与溶液(液相)处于平衡状态,这时溶液是饱和溶液。曲线下方区域为不饱和溶液,曲线上方区域为过饱和溶液。如 A_0 代表的不饱和溶液,恒温(t_1)蒸发溶剂,溶液的浓度变大,成为 A_1 所表示的不稳定的过饱和状态,即可自发析出晶体使溶液浓度变成 A_0 点所示的溶液。A 所示的溶液从 t_1 降低温度至 t_2,因溶解度减小,使溶液成为饱和溶液如 B 点所示,再降温至 t_3 溶液成为 B_1 所示的不稳定过饱和状态,自发析出晶体使溶液浓度成为 C 所示的饱和状态。

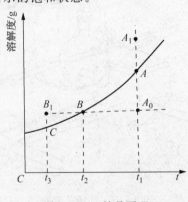

图 2 - 69　结晶原理

以上就是结晶的两种方法,一种是恒温或加热蒸发,减少溶剂,使溶液达到过饱和而析出结晶。一般适用于溶解度随温度变化不大的物质如 NaCl、KCl 等结晶。另一种是通过降低温度使溶液达到过饱和而析出晶体,这种方法主要用于溶解度随温度下降而显著减小的物质,如 KNO_3、$NaNO_3$ 等。如果溶液中同时含有几种物质,原则上可利用不同物质溶解度的差异,通过分步结晶将其分离,NaCl 和 KNO_3 混合物的分离就是一例。

从溶液中析出晶体的纯度与结晶颗粒大小有直接关系。结晶生长快速,晶体中不易裹入母液或其他杂质,有利于提高结晶的纯度。大晶体慢速生成,则不利于纯度提高。但是,颗粒过细或参差不齐的晶体能形成稠厚的糊状物,不易过滤和洗涤,也会影响产品纯度。因此通常要求结晶颗粒大小要适宜和均匀。

结晶颗粒大小与结晶条件有关。溶液浓度高、溶质溶解度小、冷却速度快、某些诱导因素

（如搅拌、投放晶体）等，容易析出细小的结晶，反之可得较大的晶体。有时，某些物质的溶液已达到一定的过饱和程度，仍不析出晶体，此时可用搅拌、摩擦器壁、投入"晶种"等方法促使结晶。

为了得到纯度较高的结晶，将第一次所得的粗晶体，重新加溶剂加热溶解后再结晶，这就是重结晶。重结晶是固体纯制的重要技巧之一，为了得到纯粹的预期产品，一般重结晶的原料物中的杂质含量不得高于 5%，溶解粗晶体的溶剂量一般是先加入计算量加热至沸，再添加已加入量的 20% 左右。

对有机化合物来说，冷却温度与结晶速度有一个经验规律：体系温度大约比待结晶物质的熔点低 100℃ 时，晶核形成最多；体系温度低于待结晶物质的熔点 50℃ 时，结晶速度最快。

第九节　沉淀与过滤

一、沉淀

沉淀是指利用化学反应生成难溶性物质的过程。生成的难溶性沉淀物质通常也简称沉淀。沉淀有时是所需要的产品，有时是欲除去的杂质。在化学分析中，可利用沉淀反应，使待测组分生成难溶化合物沉淀析出，以进行定量测量。在物质的制备中，可通过选用适当的沉淀剂将可溶性杂质转变成难溶性物质再加以除去的方法来精制粗产物。

无论出于何种目的产生的沉淀，都需与母液分离开来，并加以洗涤。

根据沉淀过程的目的和生成物的性质不同，可采用不同的沉淀条件和操作方式。例如，有些沉淀反应要求在热溶液中进行；为使沉淀完全，多数沉淀反应需要加入过量的沉淀剂等等。

沉淀操作通常在烧杯中进行，为了得到颗粒较大、便于分离的沉淀，应在不断搅拌下慢慢滴加沉淀剂。操作时，一手持玻璃棒充分搅拌，另一手用滴管滴加沉淀剂，滴管口要接近溶液的液面滴下，以免溶液溅出。

检查是否沉淀完全时，须将溶液静置，待沉淀下沉后，沿杯壁向上层清液中滴加 1 滴沉淀剂，观察滴落处是否出现混浊。如不出现混浊即表示沉淀完全，否则应补加沉淀剂至检查沉淀完全为止。

二、过滤与过滤方法

过滤是分离沉淀物和溶液的最常用操作。当溶液和沉淀的混合物通过滤器（如滤纸）时，沉淀物留在滤器上，溶液则通过滤器，所得溶液称为滤液。溶液过滤速度快慢与溶液温度、粘度、过滤时的压力以及滤器孔隙大小、沉淀物的性质有关。一般来说，热溶液比冷溶液易过滤，溶液粘度愈大过滤愈难。抽滤或减压比常压过滤快。滤器的孔隙愈大过滤愈快。沉淀的颗粒细小容易通过滤器，但滤器孔隙过小，易在滤器表面形成一层密实滤层，堵塞孔隙使过滤难于进行。胶状沉淀的颗粒很小，能够穿过滤器，一般都要设法事先破坏胶体的生成。在进行过滤时必须考虑到上述因素。

滤纸是实验室中最常用的滤器，它有各种规格和类型。国产滤纸从用途上分定性滤纸和定量滤纸。定量滤纸已经用盐酸、氢氟酸、蒸馏水洗涤处理过，它的灰分很少，故又称无灰滤纸，用于精密的定量分析中。定性滤纸的灰分较多，只能用于定性分析和分离之用。滤纸按孔隙大小分为"快速"、"中速"、"慢速"三种,按直径大小又有 7、9、11cm 等几种。国产滤纸的规格列于表 2-7 中。

表 2-7　国产滤纸的规格

编　号	102	103	105	120	127	209	211	214
类　别	定　量　滤　纸				定　性　滤　纸			
灰　分	0.02mg/张				0.2 mg/张			
滤速(s/100mL)	60～100	100～160	160～200	200～240	60～100	100～160	160～200	200～240
滤速区别	快速	中速	慢速	慢速	快速	中速	慢速	慢速
盒上色带标志色	白	蓝	红	橙	白	蓝	红	橙

(一) 固液分离方法

固液分离应用十分广泛,在化工生产中占有重要地位。实验室中固液分离有三种方法。

1. 倾析法分离沉淀

当沉淀的颗粒或密度大,静置后能沉降至容器底时,可以利用倾析方法将沉淀与溶液进行快速分离。具体说就是先将溶液与沉淀的混合物静置,不要搅动,使沉淀沉降完全后,将沉淀上层的清液小心地沿玻璃棒倾出,而让沉淀留在容器内。如图 2-70。

图 2-70　倾泻法分离沉淀

2. 离心分离沉淀

在离心试管中进行反应时,生成的沉淀量很少,用离心分离方法最为方便。离心分离使用离心机,如图 2-71。电动离心机在使用时,把盛有混合物的离心管(或小试管)放入离心机的套管内,对面放一支同样大小的试管,试管内装有与混合物等体积的水,以保持平衡。然后慢慢启动离心机,逐渐加速。离心时间根据沉淀性状而定,结晶形沉淀大约用 1000r/min,离心时间 1～2min;无定形沉淀约为 2000r/min,离心时间 3～4min。

由于离心作用,沉淀紧密地聚集于离心试管的尖端,上面的溶液是澄清的,可用滴管小心地吸出上方清液,如图 2-72,也可将其倾出。如果沉淀需要洗涤可加入少量洗涤剂,用玻璃棒充分搅动,再进行离心分离,如此反复操作两三遍即可。

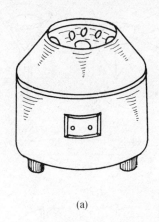

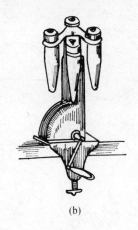

(a)　　　　　　　　　　　　　　　　　　　(b)

图 2-71　离心机

(a) 电动离心机；(b) 手摇离心机

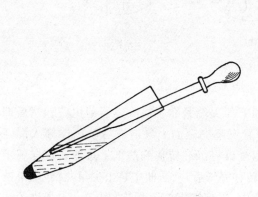

图 2-72　用滴管吸取上层清夜

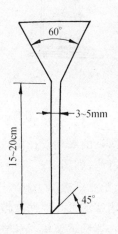

图 2-73　长颈漏斗

使用离心机必须注意：

（1）为了防止旋转中碰破离心试管，离心机的套管底部应垫棉花或海绵。

（2）保持旋转中对称和平衡。

（3）启动要慢，关闭离心机电源开关，使离心机自然停止。在任何情况下，不得用外力强制停止。

（4）电动离心机转速很高，应注意安全。

（二）过滤方法

过滤一般分为常压过滤、减压过滤、热过滤。

1. 常压过滤

实验室常压过滤使用玻璃漏斗。图 2-73 所示的是标准的长颈漏斗。过滤前选取一张滤纸对折两次（如滤纸是正方形的，此时将它剪成扇形），拨开一层即成内角为 60° 的圆锥体（与漏斗吻合），并在三层的一边撕去一个小角，使其与漏斗紧密贴合，如图 2-74 所示。放入漏斗的滤纸的边缘应低于漏斗边沿 0.3~0.5cm。然后左手拿漏斗并用食指按住滤纸，右手拿塑料洗瓶，挤出少量蒸馏水将滤纸润湿，并用洁净的手指轻压，挤尽漏斗与滤纸间的气泡，以便过滤通畅。

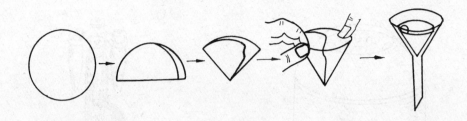

图 2-74 滤纸的折叠与装入漏斗

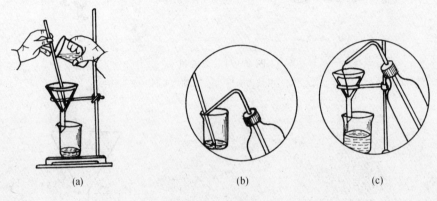

图 2-75 常压过滤

(a)倾入待滤液;(b)洗涤烧杯与玻璃棒;(c)洗涤沉淀

　　将贴好滤纸的漏斗放在漏斗架上,并使漏斗颈下部尖端紧靠于接收容器的内壁。然后即可用倾析法过滤,如图 2-75 所示。过滤时,将静置沉降完全的上层清液沿玻璃棒倾入漏斗中,使液面低于滤纸边缘 1cm。待溶液滤至接近完全再将沉淀转移到滤纸上过滤。这样就不会因沉淀物堵塞滤纸孔隙而减慢过滤速度。沉淀转移完毕后,从洗瓶中挤出少量蒸馏水,淋洗盛放沉淀的容器和玻璃棒,把洗涤液全部转入漏斗中,以保证沉淀不损失,图 2-76 列出了一些常见的错误操作。

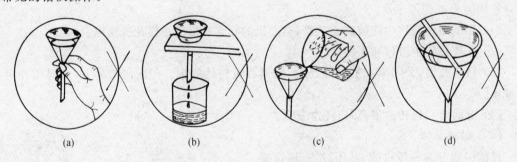

图 2-76 一些常见的错误操作

(a)手拿漏斗;(b)漏斗高旋;(c)直接倒入;(d)玻璃棒位错

　　滤纸的选择使用:在称量分析中选用定量滤纸,一般固液分离用定性滤纸。根据沉淀的性质选择滤纸类型,如 $Fe_2O_3 \cdot nH_2O$ 为胶状沉淀需选用"快速"滤纸;$MgNH_4PO_4$ 粗晶形沉淀,选用"中速"滤纸;$BaSO_4$ 细晶形沉淀选用"慢速"滤纸。在大小的选择上,对于圆形滤纸,选取半径比漏斗边高度小 0.5~1cm 的恰好合适;对方形滤纸应取边长比漏斗边高度的二倍小 1~

2cm 的。一般要求沉淀的总体积不得超过滤纸锥体高度的 1/3。

2. 减压过滤

减压过滤是抽走过滤介质上面的气体,形成负压,借大气压力来加快过滤速度的一种方法。减压过滤装置由布氏漏斗、吸滤瓶、安全缓冲瓶、真空抽气泵(或抽水泵)组成。如图 2-77 所示。布氏(Buchner)漏斗是中间具有许多小孔的瓷质滤器。漏斗颈上配装与吸滤瓶口径相匹配的橡皮塞子,塞子塞入吸滤瓶的部分,一般不得超过其自身高度的 1/2。吸滤瓶是上部带有支管的锥形瓶,能承受一定压力,可用来接受滤液。吸滤瓶的支管用橡皮管与安全瓶短管相连。安全瓶用来防止出现压力差使自来水倒吸进吸滤瓶,使滤液受到污染。如果滤液不回收,也可不用安全瓶。减压系统就是真空抽气泵,最常用的是水泵,又叫水冲泵,有玻璃或金属制品两种,如图 2-78。泵内有一窄口,当水流急剧流经窄口时,水将被胶管连接的吸滤瓶中的空气带走,使吸滤瓶内的压力减小。

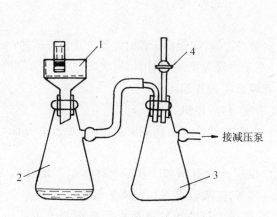

图 2-77　减压过滤装置
1—布氏漏斗;2—吸滤瓶;3—安全瓶;4—减压阀

接减压泵 →

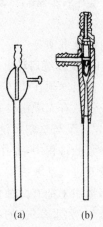

图 2-78　水泵
(a)玻璃制品;(b)金属制品

减压过滤的操作是将滤纸剪得比布氏漏斗直径略小,但又能把全部瓷孔都盖住。把滤纸平放入漏斗,用少量蒸馏水或所用溶剂润湿滤纸,微开水龙头,关闭安全瓶活塞,滤纸便紧吸在漏斗上。同样可用倾泻法将滤液和沉淀转移到漏斗内,开大水龙头进行抽滤,注意沉淀和溶液加入量不得超过漏斗总容量的 2/3。一直抽至滤饼比较干燥为止。必要时可用干净的瓶塞、玻璃钉等紧压沉淀,尽可能除去溶剂。过滤完毕,先打开安全瓶活塞,再关水龙头。

减压过滤装置不用水泵,直接与真空水阀连接,更为方便。在某些实验中,要求有较高的真空度,通常用真空泵来抽取气体,使装置减压或成真空状态。真空泵的种类很多,实验室多用比较简单的机械真空泵,它是旋片式油泵,如图 2-79 所示。整个机件浸没在饱和蒸气压很低的真空泵油中,真空泵油起封闭和润滑作用。

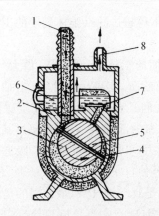

图 2-79　旋片式机械泵结构示意图

1—进气管;2—泵体;3—转子;4—旋片;5—弹簧;6—真空油;7—排气阀门;8—排气管

真空泵使用注意事项:

①开始抽气时,要断续启动电机,观察转动方向是否正确,在明确无误时才能正式连续运转;

②泵正常工作温度须在 75℃以下,超过 75℃要采取降温措施,如用风扇吹风;

③运转中应注意有无噪声。正常情况下,应有轻微的阀片起闭声;

④停泵时,先将泵与真空系统断开,打开进气活塞,然后停机。

⑤使用真空泵的过程中,操作人员不能离开。如泵突然停止工作或突然停电,要迅速将真空系统封闭并打开进气活塞。

⑥机械泵不能用于抽有腐蚀性、与泵油起化学反应或含有颗粒尘埃的气体。也不能直接抽含有可凝性蒸气(如水蒸气)的气体,若要抽出这些气体,要在泵进口前安装吸收瓶。

减压过滤速度较快,沉淀抽吸得比较干。但不宜用于过滤胶状沉淀或颗粒很细的沉淀。具有强氧化性、强酸性、强碱性的溶液,会与滤纸作用而破坏滤纸,因此常用石棉纤维、玻璃布、的确凉布等代替滤纸过滤。对于非强碱性溶液也可用玻璃坩埚或砂芯漏斗过滤。玻璃坩埚(又称砂芯坩埚)和砂芯漏斗的滤片都是用玻璃砂在 600℃左右烧结成的多孔玻璃片。如图 2-80。根据孔径大小有 1、2、3、4、5、6 等六种规格,号码愈大,孔径愈小。

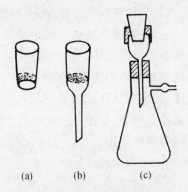

(a)　　　　　　(b)　　　　　　(c)

图 2-80　几种抽滤用仪器

(a)砂芯坩埚;(b)砂芯漏斗;(c)吸滤瓶

减压过滤常见的错误操作见图 2-81。

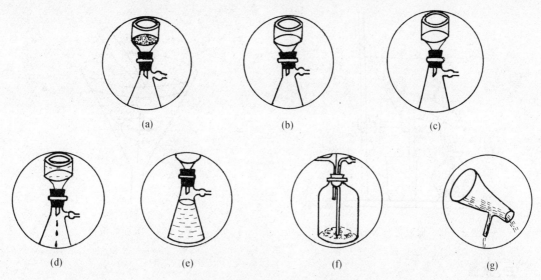

图 2-81　减压过滤错误操作

(a) 漏斗颈口方向不对；(b) 滤纸太小；(c) 滤纸太大；(d) 溶液太多；

(e) 滤液太多；(f) 反吸；(g) 支口倒滤液

3. 热过滤

当需要除去热浓溶液中的不溶性杂质，而在过滤时又不致析出溶质晶体时，常采用热过滤法。这种情况一般选用短颈或无颈漏斗，先将漏斗放在热水、热溶剂或烘箱中预热后，再倾入溶液进行过滤。为了达到最大的过滤速度常采用褶纹滤纸，折叠方法如图 2-82 所示。

如图 2-82 从(a)折到(c)，将已折成半圆形的滤纸分成八个等份，再如(d)将每份的中线处来回对折（注意折痕不要集中在顶端的一个点上）。

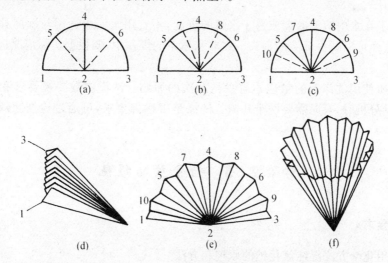

图 2-82　褶纹滤纸的折叠方法

如果过滤的溶液量较多，或溶质的溶解度对温度极为敏感易析出结晶时，可用保温（热滤）漏斗过滤，其装置如图 2-83 所示。它是把玻璃漏斗放在金属制成的外套中，底部用橡皮塞连接并密封，也有用钢制的夹套热漏斗。使用时夹套内充水约 2/3。水若太多，加热后可能溢出。

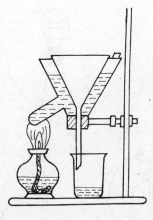

图 2-83　保温过滤装置图

2-84　沉淀的洗涤

三、洗涤

晶体或沉淀过滤后,为了除去固体颗粒表面的母液和杂质,就必须洗涤。

洗涤一般都是结晶和沉淀的后续操作,颗粒大或密度大的沉淀或结晶容易沉降,一般用倾析法洗涤。具体做法是将沉降好的沉淀和溶液用倾泻法将溶液倾入过滤器之后,向沉淀加入少量洗涤液(一般是蒸馏水),用玻璃棒充分搅拌,然后静置,待沉降完全后,将清液用倾析法倾出(视需要或倾入过滤器中,或弃之),沉淀仍留在烧杯内,重复以上操作 3～4 次,即可将沉淀洗净。

有时也可直接在过滤漏斗中洗涤。当用玻璃漏斗过滤时,从滤纸边缘稍下部位开始,作螺旋形向下移动,用洗涤液将附着在滤纸的沉淀冲洗下来集中在滤纸的锥体底部,反复多次直至将沉淀洗净,如图 2-84。

洗涤时对于在水中溶解度大或易于水解的沉淀,不宜用水而应选用与沉淀具有相同离子的溶液洗涤,这样可以减少沉淀的损失。在非水体系的操作中,要根据实际情况选择恰当的洗涤液。

沉淀洗涤所使用洗涤剂的量应本着少量多次的原则。洗涤次数要视要求和沉淀性质而定,在进行定量分析时,有时需要洗十几遍。洗涤是否达到要求,可通过检查滤液中有无杂质离子为依据。

实验 2-3　粗食盐的提纯

一、目的要求

(1) 掌握用化学方法提纯氯化钠的原理和方法。

(2) 初步学会无机制备的某些基本操作。

(3) 了解中间控制检验和氯化钠纯度检验的方法。

二、实验原理

粗盐中常含有不溶性杂质(如泥沙等)和可溶性杂质(主要是 Ca^{2+}、Mg^{2+} 和 SO_4^{2-} 等的盐）。不溶性杂质可用溶解、过滤的方法除去；可溶性杂质可用化学方法除去，其中对于 SO_4^{2-} 离子，可加入稍过量的 $BaCl_2$ 溶液，生成 $BaSO_4$ 沉淀，再用过滤法除去。

由于 $BaSO_4$ 不易形成晶形沉淀，所以要加热食盐溶液并在不断搅拌下缓慢滴加 $BaCl_2$ 的稀溶液，沉淀出现后，继续加热并放置一段时间，进行陈化，以利于晶体的生成和长大。

食盐中的 Mg^{2+}、Ca^{2+} 以及为沉淀 SO_4^{2-} 而带入的 Ba^{2+}，在加入 $NaOH$ 溶液和 Na_2CO_3 溶液后，可生成沉淀再过滤除去。

$$Mg^{2+} + 2OH^- \longrightarrow Mg(OH)_2 \downarrow$$
$$Ba^{2+} + CO_3^{2-} \longrightarrow BaCO_3 \downarrow$$
$$Ca^{2+} + CO_3^{2-} \longrightarrow CaCO_3 \downarrow$$

过量的 $NaOH$ 和 Na_2CO_3 可通过加 HCl 除去。

对于很少量的可溶性杂质如氯化钾等，在后面的蒸发、浓缩、结晶过程中，绝大部分会仍然留在母液之中，从而可与氯化钠分离。

生产上，在物质提纯过程中，为了检查某种杂质是否除尽，常常需要取少量溶液（称为取样），在其中加入适当的试剂，从反应现象来判断某种杂质存在的情况，这种步骤通常称为"中间控制检验"，而对产品纯度和含量的测定，则称为"成品检验"。

三、仪器与药品

仪器：

　　台秤；烧杯；普通漏斗；漏斗架；布氏漏斗；吸滤瓶；真空泵；蒸发皿（100 mL）；石棉网；酒精灯。

药品：

　　固体粗食盐；HCl（2 mol·L^{-1}）；碱 $NaOH$（1 mol·L^{-1}，2 mol·L^{-1}）；$BaCl_2$（1 mol·L^{-1}）；Na_2CO_3（1 mol·L^{-1}）；Na_2SO_4（2 mol·L^{-1}）；$(NH_4)_2C_2O_4$（0.5 mol·L^{-1}）；镁试剂；pH 试纸；滤纸。

四、实验步骤

1. 粗食盐的提纯

（1）在台秤上称取 8 g 粗食盐，放入小烧杯中，加入 30mL 蒸馏水，用玻璃棒搅拌，并加热使其溶解。继续加热至沸腾，在不断搅拌下缓慢逐滴加入 1 mol·L^{-1} 的 $BaCl_2$ 溶液至沉淀完全（约 2 mL），陈化半小时。

为了检测沉淀是否彻底，可取上层清液少许，加入 1～2 滴 $BaCl_2$ 溶液，观察是否有浑浊现象。若没有浑浊，说明 SO_4^{2-} 已沉淀完全。反之，则说明 SO_4^{2-} 还存在于溶液中，需再滴加 $BaCl_2$ 溶液，直到沉淀完全。继续加热保温 5～10 min，放置一会儿后用普通漏斗过滤。

（2）在上述滤液中加入 1 mL 2 mol·L^{-1} 的 $NaOH$ 溶液和 3 mL 1mol·L^{-1} 的 Na_2CO_3 溶液，加热至沸腾。待沉淀稍沉降后，吸取上层清液约 1 mL 进行离心分离，取分离出的清液加入 2 mol·L^{-1} Na_2SO_4 溶液 1～2 滴，振荡试管，观察有无浑浊产生。若无白色浑浊，表明上面所加过量的 Ba^{2+} 已沉淀完全，弃去试液（为什么不能倒回烧杯中？），若有白色浑浊现象，则在溶液中再加 0.5～1 mL Na_2CO_3 溶液（视浑浊程度而定），加热至沸，然后再取样检验，直至 Ba^{2+} 沉淀完全。静置片刻，用普通漏斗过滤。

（3）在滤液中逐滴加入 2 mol·L^{-1}HCl，并使滤液呈微酸性（pH＝3～4）。

（4）将调好酸度的滤液置于蒸发皿中，用小火加热蒸发，浓缩至稀糊状，但切不可将溶液蒸干。

（5）适当冷却后，用布氏漏斗抽滤，要使结晶尽量抽干，并用少许水洗涤两次，每次洗涤也应尽量抽干。

（6）将结晶重新置于干净的蒸发皿中，在石棉网上用小火加热烘干。

（7）称产品质量，并计算产率。

2. 产品纯度的检验

各取少量（1g）提纯前后的粗食盐和精食盐，分别用 5 mL 蒸馏水溶解，然后各分装于三支试管中，形成三个对照组。

（1）SO$_4^{2-}$ 的检验

在第一组的两溶液中分别加入 2 滴 1 mol·L^{-1}BaCl$_2$溶液，比较二者沉淀产生的情况。

（2）Ca^{2+} 的检验

在第二组的两溶液中各加入 2 滴 0.5 mol·L^{-1}的(NH$_4$)$_2$C$_2$O$_4$溶液，分别观察有无白色沉淀产生。

（3）Mg^{2+} 的检验

在第三组两溶液中，各加入 2～3 滴 1mol·L^{-1}NaOH 溶液，使溶液呈微碱性（用 pH 试纸试验），再加入 2～3 滴"镁试剂"，比较两溶液产生蓝色沉淀的情况。

镁试剂是一种有机染料，它在酸性溶液中呈黄色，在碱性溶液中呈红色或紫色。但被 Mg(OH)$_2$沉淀吸附后，则呈蓝色，因此可以用来检验 Mg^{2+}的存在。

• 思考题

1. 中和过量的 NaOH 和 Na$_2$CO$_3$为什么只选 HCl 溶液，取其他酸是否可以？

2. 提纯后的食盐溶液在浓缩时为什么不能蒸干？且在浓缩时为什么不能采用高温？

3. 如何除去粗食盐中 SO$_4^{2-}$、Ca^{2+}、Mg^{2+}和 K$^+$等杂质离子？哪种离子的除去是采用化学法？

4. 怎样检查杂质离子是否沉淀完全？

5. "陈化"过程是化学法提纯 NaCl 所必需的，为什么？

实验 2-4　肥皂的制备

一、目的要求

（1）了解皂化反应原理及肥皂的制备方法。

（2）熟悉盐析原理，掌握水浴加热、沉淀的洗涤以及减压过滤等操作技术。

二、实验原理

动物脂肪的主要成分是高级脂肪酸甘油酯。将其与氢氧化钠溶液共热，就会发生碱性水解（皂化反应），生成高级脂肪酸钠（即肥皂）和甘油。在反应混合液中加入溶解度较大的无机盐，以降低水对有机酸盐（肥皂）的溶解作用，可使肥皂较为完全地从溶液中析出。这一过程叫做盐析。利用盐析的原理，可将肥皂和甘油较好地分离开。

本实验以猪油为原料制取肥皂。反应式如下：

$$
\begin{array}{c}
\text{R}_1\text{—C—O—CH}_2 \\
\text{O} \\
\text{R}_2\text{—C—O—CH} \xrightarrow[\triangle]{\text{NaOH/H}_2\text{O}} \begin{array}{c} \text{R}_1\text{COOH} \\ \text{R}_2\text{COOH} \\ \text{R}_3\text{COOH} \end{array} + \begin{array}{c} \text{CH}_2\text{—CH—CH}_2 \\ \text{OH}\quad\text{OH}\quad\text{OH} \end{array} \\
\text{O} \\
\text{R}_3\text{—C—O—CH}_2
\end{array}
$$

甘油三羧酸酯　　　　　　　肥皂　　　　甘油

（三种羧酸钠盐的混合物）

三、仪器与药品

仪器：

　　锥形瓶（250mL）；烧杯（500、250mL）；减压过滤装置1套；电炉和调压器1套。

药品：

　　猪油；乙醇（95％）；氢氧化钠溶液（40％）；饱和食盐水。

四、实验步骤

1. 加入物料

在250mL锥形瓶中加入10g新制的猪油、30mL 95％的乙醇（加入乙醇是为了使猪油、碱液和乙醇互溶，成为均相溶液，便于反应进行）和30mL 40％的氢氧化钠溶液。

2. 安装仪器

用铁夹将锥形瓶固定在铁架台上，在500mL烧杯中加入约为其容积1/2的水，将锥形瓶浸入水浴中，烧杯可直接置于电炉上（见图2-85）。电炉的温度通过调压变压器进行调控。

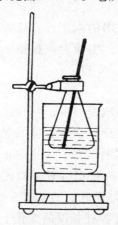

图2-85　皂化反应装置

3. 皂化

检查装置后，接通电源，调节供电电压，缓慢加热，使锥形瓶内液体沸腾。再调至适当电压使溶液保持微沸并持续搅拌40min，此时，若瓶内产生大量泡沫，可向其中滴加少量1∶1乙醇

(95％)和氢氧化钠(40％)的混合液,以防泡沫溢出瓶外。

皂化反应结束(可用玻璃棒蘸取几滴反应液,放入盛有少量热水的试管中,振荡观察,若无油珠出现,说明已皂化完全。否则,需补加碱液,继续加热皂化)后,先停止加热,稍冷后再拆除实验装置,取下锥形瓶。

4. 盐析分离

在搅拌条件下,趁热将反应混合液倒入盛有 150mL 饱和食盐水的烧杯中,静置冷却,使肥皂析出完全。

5. 减压过滤

安装减压过滤装置,将充分冷却后的皂化液倒入布氏漏斗中,减压过滤。用冷水洗涤沉淀两次,抽干。

6. 干燥称量

滤饼取出后,随意压制成型,自然晾干,称量质量并计算产率(猪油的化学式可表示为:$(C_{17}H_{35}COO)_3C_3H_5$。计算产率时,可由此式算出其摩尔质量)。

• 思考题

1. 肥皂是根据什么原理制备的? 除猪油外,还有哪些物质可以用来制备肥皂? 试列举两例。

2. 皂化反应后,为什么要进行盐析分离?

3. 本实验为什么要采用水浴加热?

4. 废液中含有副产物甘油,试设计其回收方法。

第十节　温度的测量与控制

温度是表示物体冷热程度的物理量,是确定物质状态的一个基本参量,物质的许多特征参数与温度有着密切关系。在化学实验中,准确测量和控制温度是一项十分重要的技能。

一、测温计(温度计)

温度计的种类、型号多种多样,常用的温度计有玻璃液体温度计、热电偶温度计、热电阻温度计等。实验时可根据不同的需要选用不同的温度计。

(一)玻璃液体温度计

1. 玻璃液体温度计的构造及测温原理

玻璃液体温度计是将液体装入一根下端带有玻璃泡的均匀毛细管中,液体上方抽成真空或充以某种气体。为了防止温度过高时液体胀裂玻璃管,在毛细管顶部一般都留有一膨胀室如图2-86所示。由于液体的膨胀系数远大于玻璃的膨胀系数,毛细管又是均匀的,故温度的变化可反映在液柱长度的变化上。根据玻璃管外部的分度标尺,可直接读出被测液体的温度。

玻璃液体温度计中所充液体不同,测温范围也不同,如:

充水银称水银温度计,测温范围−30～750℃;

充酒精称酒精温度计,测温范围−65～165 ℃。

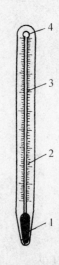

图 2−86　玻璃液体温度计
1—感温泡;2—毛细管;
3—刻度标尺;4—膨胀室

2. 水银玻璃温度计的校正及使用

玻璃水银温度计是最常用的一种玻璃液体温度计,尽管水银膨胀系数小于其他感温液体的膨胀系数,但他有许多优点:易提纯、热导率大、膨胀均匀、不易氧化、不沾玻璃、不透明、便于读数等。普通水银温度计的测量范围在-30～300℃之间,如果在水银柱上的空间充以一定的保护气体(常用氮气、氩气或氢气,防止水银氧化和蒸发),并采用石英玻璃管,可使测量上限达750℃。若在水银中加入8.5%的铊,可测到-601℃的低温。

(1) 水银温度计的校正。水银温度计分全浸式和局浸式两种。前者是将温度计全部浸入恒定温度的介质中与标准温度计比较来进行分度的,后者在分度时只浸到水银球上某一位置,其余部分暴露在规定温度的环境之中进行分度。如果全浸式做局浸式温度计使用,或局浸式使用时与制做时的露茎温度不同,都会使温度示值产生误差。另外,温度计毛细管内径不均匀、毛细管现象、视差、温度计与介质间是否达到热平衡等许多因素都会引起温度计读数误差。

① 零点校正(冰点校正)。玻璃是一种过冷液体,属于热力学不稳定体系,体系随时间有所改变;此外,玻璃受到暂时加热后,玻璃球不能立即回到原来的体积。这两种因素都会引起零点的改变。检定零点的恒温槽称为冰点器,如图2-87所示。容器为真空杜瓦瓶,起绝热保温作用,在容器中盛以冰(纯净的冰)水(纯水)混合物。最简单的冰点仪是颈部接一橡皮管的漏斗,如图2-88所示。漏斗内盛有纯水制成的冰与少量纯水,冰要经粉碎、压紧,被纯水淹没,并从橡皮管放出多余的水。检定时,将事先预冷到-2～-3℃的待测温度计,垂直插入冰中,使零线高出冰表面5mm,10min后开始读数,每隔1～2min读一次,直到温度计水银柱的可见移动停止为止。由三次顺序读数的相同数据得出零点校正值±Δt。

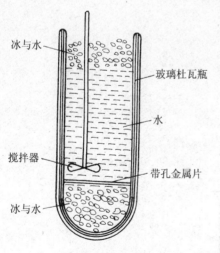

冰与水

玻璃杜瓦瓶

水

搅拌器

带孔金属片

冰与水

图2-87　冰点器图

2-88　水银温度计的零点校正

② 示值校正。水银温度计的刻度是按定点(水的冰点及正常沸点)将毛细管等分刻度的。由于毛细管内径、截面不可能绝对均匀及水银和玻璃膨胀系数的非线性关系,可能造成水银温度计的刻度与国际实用温标存在差异。所以必须进行示值校正。校正的方法是用一支同样量程的标准温度计与待校正温度计同置于恒温槽中进行比较,得出相应的校正值,调节恒温槽使之处于一系列恒定温度,得出一系列相应的校正值,作出校正曲线,如图2-89所示。

其余没有检定到的温度示值可由相邻两个检定点的校正值线性内插而得。也可以用纯物

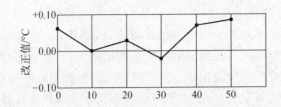

图 2-89　水银温度计示值校正曲线

质的熔点或沸点作为标准。

③ 露茎校正。利用全浸式水银温度计进行测温时,如其不能全部浸没在被测体系(介质)中,则因露出部分与被测体系温度不同,必然存在读数误差。因为温度不同导致了水银和玻璃的膨胀情况也不同,对露出部分引起的误差进行的校正称为露茎校正,校正方法如图 2-89 所示。校正值按下式计算:

$$\Delta t = kl(t_{观} - t_{环}) \tag{2-1}$$

式中:Δt——温度校正值;

$\quad$ k——水银对玻璃的相对膨胀系数,$k = 0.000157$;

$\quad$ l——测量温度计水银柱露在空气中的长度(以刻度数表示);

$\quad$ $t_{观}$——测量温度计上的读数(指示被测介质的温度);

$\quad$ $t_{环}$——附在测量温度计上辅助温度计的读数。

露茎校正后的温度为:

$$t_{校} = t_{观} + \Delta t \tag{2-2}$$

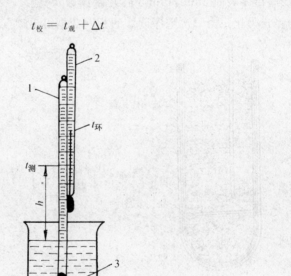

图 2-90　水银温度计的露茎校正

1—测量温度计;2—辅助温度计;3—被测系统

(2)水银温度计使用注意事项。

① 根据实验需要对温度计进行零点校正,示值校正及露茎校正。

② 先将温度计冲洗干净,将温度计尽可能垂直浸在被测体系内(玻璃泡全部浸没),禁止倒装或倾斜安装。

③ 水银温度计应安装在震动不大，不易碰的地方，注意感温包应离开容器壁一定距离。

④ 为防止水银在毛细管上附着，读数前应用手指轻轻弹动温度计。

⑤ 读数时视线应与水银柱凸面位于同一水平面上。

⑥ 防止骤冷骤热，以免引起温度计破裂和变形；防止强光、辐射和直接照射水银球。

⑦ 水银温度计是易碎玻璃仪器，且毛细管中的水银有毒，所以绝不允许作搅拌、支柱等其它用途，要避免与硬物相碰。如温度计需插在塞孔中，孔的大小要合适，以防脱落或折断。

⑧ 温度计用完后，冲洗干净，保存好。

（二）接点温度计

接点温度计也是一种玻璃水银温度计，其构造与普通水银温度计不同，如图2-91所示。在毛细管水银上面悬有一根可上下移动的铂丝（触针），并利用磁铁的旋转来调节触针的位置。另外，接点温度计上下两段均有刻度，上段由标铁指示温度，它焊接上一根铂丝，铂丝下段所指的位置与上段标铁所指的温度相同。它依靠顶端上部的一块磁铁来调节铂丝的上下位置。当旋转磁铁时，就带动内部螺旋杆转动，使标铁上下移动，下面水银槽和上面螺旋杆引出两根线作为导电与断电用。当恒温槽温度未达到上端标铁所指示的温度时，水银柱与触针不接触；当温度上升达到标铁所指示的温度时，铂丝与水银柱接触，并使两根导线导通。

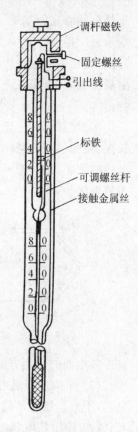

调杆磁铁

固定螺丝

引出线

标铁

可调螺丝杆

接触金属丝

图2-91 接点温度计

接点温度计是实验中使用最广泛的一种感温元件。它常和继电器、加热器组成一个完整的控温恒温系统。在这个系统中接点温度计的主要作用是探测恒温介质的温度，并能随时把温度信息送给继电器，从而控制加热开关的通断。它是恒温槽的感觉中枢，是提高恒温槽精度的关键所在。接点温度计的使用方法如下：

（1）将接点温度计垂直插入恒温槽中，并将两根导线接在继电器接线柱上。

（2）旋松接点温度计调节帽上的固定螺丝，旋转调节帽，将标铁调到稍低于欲恒定的温度。

（3）接通电源，恒温槽指示灯亮（表示开始加热），打开搅拌器中速搅拌。当加热到水银与铂丝接触时，指示灯灭（表示停止加热），读取温度计上的读数。如低于欲恒定温度，则慢慢调节使标铁上升，直至达到欲定温度为止。然后固定调节螺帽。

使用注意事项：

（1）接点温度计只能作为温度的触感器，不能作为温度的指示器（因接点温度计的温度刻度很粗糙）。恒温槽的温度必须由1/10℃温度计指示。

（2）接点温度计不用时应将温度调至常温以上保管。

（3）避免骤冷骤热，以防破裂。

（三）热电偶温度计

由A、B两种不同材料的金属导体组成的闭合回路中，如果使两个接点Ⅰ和Ⅱ处在不同温度（如图2-92），回路里就产生接触电动势，这叫热电势，这一现象称为热电现象。热电现象是热电偶测温的基础。接点 I 是焊接的,放置在被测温度为 f 的介质中,称为工作端(或热端);另一接点 II 称为参比端,在使用时这端不焊接,而是接入测量仪表(直流毫伏计或高温计)。参比端的温度为 t_0,通常就是室温或某个恒定温度(0℃),故参比端又常称为冷端。接连测量仪表处,有第三种金属导线 C 的引入(如图 2-93 所示),但这对整个线路的热电势没有影响。

实验指出,在一定温度范围内,热电势的大小只与两端的温差$(t-t_0)$成正比,而与导线的长短、粗细、导线本身的温度分布无关。由于冷端温度是恒定的,因此只要知道热端温度与热电势的依赖关系,便可由测得的热电势推算出热端温度。利用这种原理设计而成的温度计称为热电偶。

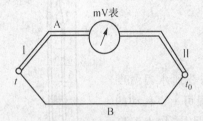
图 2-92　热电现象示意图

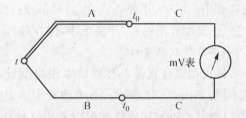
图 2-93　热电偶回路

热电偶的使用方法及注意事项:

(1) 正确选择热电偶:根据体系的具体情况来选择热电偶。例如:易被还原的铂—铂铑热电偶,不应在还原环境中使用;在测量温度高的体系时,不能使用低量程的热电偶。

(2) 使用热电偶保护管:为了避免热电偶遭受被测介质的侵蚀和便于安装,使用保护管是必要的。根据温度要求,可选用石英、刚玉、耐火陶瓷作保护管。低于 600℃ 可用硬质玻璃管。

(3) 冷端要进行补偿:表明热电偶的热电势与温度的关系的分度表,是在冷端温度保持0℃时得到的,因此在使用时最好能保持这种条件,即直接把热电偶冷端,或用补偿导线把冷端延引出来,放在冰水浴中。

(4) 温度的测量:要使热端温度与被测介质完全一致,首先要求有良好的热接触,使二者很快建立热平衡;其次要求热端不向介质以外传递热量,以免热端与介质永远达不到平衡而存在一定误差。

(5) 热电偶经过一段时间使用后可能有变质现象,故每一副热电偶在实际使用前,都要进行校正,可用比较检定法,也可用已知熔点的物质进行校正,作出工作曲线。

二、温度的控制

在某些实验中不仅要测量温度,而且需要精确地控制温度。常用的控温装置是恒温槽,而在无控温装置的情况下,可以用相变点恒温介质浴来获得恒温条件。

(一) 相变点恒温介质浴

恒温介质浴是利用物质在相变时温度恒定这一原理来达到恒温目的。常用的恒温介质有:液氮($-196℃$)、干冰—丙酮($-78.5℃$)、冰—水($0℃$)、沸点丙酮($56.5℃$)、沸点水($100℃$)、沸点萘($218.0℃$)、熔融态铅($327.5℃$)等。

相变点介质浴是一种最简单的恒温器。它的优点是控温稳定,操作方便。缺点是恒温温度不能随意调节,从而限制了使用范围;使用时必须始终保持相平衡状态,若其中一相消失,介质浴温度会发生变化,因此介质浴不能保持长时间温度恒定。

(二)恒温槽及其使用

恒温槽由浴槽、加热器、搅拌器、接点温度计、继电器和温度计等部件组成。如图2-94所示。

1. 浴槽和恒温介质

通常选用10~20L的玻璃槽(市售超级恒温槽浴槽为金属筒,并用玻璃纤维保温)。恒温温度在100℃以下大多采用水浴。恒温在50℃以上的水浴面上可加一层石蜡油,超过100℃的恒温用甘油、液体石蜡等作恒温介质。

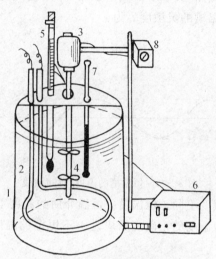

图2-94 恒温槽示意图

1—浴槽;2—加热器;3—马达;4—搅拌器;5—接点温度计;
6—电子继电器;7—精密温度计;8—调速变压器

2. 温度计

通常用1/10℃的温度计测量恒温槽内的实际温度。

3. 加热器

常用的是电阻丝加热圈其功率一般在1kW左右。为改善控温、恒温的灵敏度,组装的恒温槽可用调压变压器改变炉丝的加热功率(501型超级恒温槽有两组不同功率的加热炉丝)。

4. 搅拌器

搅拌器的作用是使介质能上下左右充分混合均匀,使介质各处温度均匀。

5. 接点温度计

又称水银定温计,它是恒温槽的感温元件,用于控制恒温槽所要求的温度。

6. 继电器

继电器与接点温度计、加热器配合作用,才能使恒温槽的温度得到控制,当恒温槽中的介质未达到所需要控制的温度时,插在桓温槽中的接点温度计水银柱与上铂丝是断离的,这一信息送给继电器,继电器打开加热器开关,此时继电器红灯亮表示加热器正在加热,恒温槽中介质温度上升,当水温升到所需控制温度时,水银柱与上铂丝接触,这一信号送给继电器,它将加热器开关关掉,此时继电器绿灯亮,表示停止加热。水温由于向周围散热而下降,从而接点温度计水银柱又与上铂丝断离,继电器又重复前一动作,使加热器继续加热。如此反复进行,使恒温槽内水温自动控制在所需要温度范围内。

7. 恒温槽的灵敏度

恒温槽的控温有一个波动范围,反映恒温槽的灵敏程度。而且搅拌效果的优劣也会影响到槽内各处温度的均匀性。所以灵敏度就是衡量恒温槽好坏的主要标志。控制温度的波动范围越小,槽内各处温度越均匀,恒温槽的灵敏度就越高。它除了与感温元件、电子继电器有关外,还与搅拌器的效率、加热器的功率和各部件的布局情况有关。

恒温槽灵敏度的测定是在指定温度下,用较灵敏的温度计测量温度随时间变化而变化的数值,然后作出温度-时间曲线图(灵敏度曲线),如图 2-95 所示。若温度波动范围的最高温度为 t_1,最低温度为 t_2,则恒温槽的灵敏度 t_0 为:

$$t_0 = \pm \frac{t_1 - t_2}{2} \tag{2-3}$$

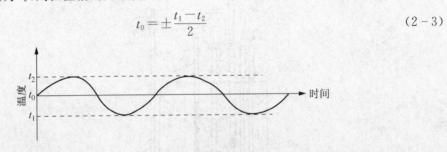

图 2-95　恒温槽的温度-时间曲线

不同类型的恒温槽,灵敏度不同。恒温槽中恒温介质的温度不是一个恒定值,只能恒定在某一温度范围内,所以恒温槽温度的正确表示应是一不恒定的温度范围,如 $(50 \pm 0.1)℃$。下面是恒温槽的使用方法。

(1) 玻璃恒温槽。

① 将恒温槽的各部件安装好,连接好线路,加入纯水至离槽口 5cm 处。

② 旋松接点温度计上部调节帽固定螺丝,旋转调节帽,指示标铁上端调到低于所需恒温温度 $1\sim2℃$ 处,再旋紧固定螺丝。

③ 接通电源,打开搅拌器,调至适当的速度。

④ 接通加热器电源。先将加热电压调至 220V,待接近所需温度时(约相差 $0.5\sim1℃$),降低加热电压(约在 $80\sim120V$)。注意观察恒温槽的水温和继电器上红绿灯的变化情况,再仔细调节接点温度计(一般调节帽转一圈温度变化 $0.2℃$ 左右)使槽温逐渐升至所需温度。

⑤ 在恒温水槽正好处于所需恒温温度时,若左右旋转接点温度计的调节帽,那么继电器上红绿灯就交替变换,在此位置上旋紧固定螺丝,以后不再动。

(2) 501 型超级恒温槽。

① 501 型超级恒温槽附有电动循环泵,可外接使用,将恒温水压到待测体系的水浴槽中。还有一对冷凝水管,控制冷水的流量可以起到辅助恒温作用。

② 使用时首先连好线路,用橡胶管将水泵进出口与待测体系水浴相连,若不需要将恒温水外接,可将泵的进出水口用短橡胶管连接起来。注入纯水至离盖板 3cm 处。

③ 旋松接点温度计调节帽上的固定螺丝,旋转调节帽,将指示标线上端调到低于所需温度 $1\sim2℃$ 左右,再旋紧固定螺丝。

④ 接通总电源,打开"加热"和"搅拌"开关。此时加热器、搅拌器及循环泵开始工作,水温逐渐上升。待加热指示灯红灯熄绿灯亮时,断开加热开关(加热开关控制 1000W 电热丝,专供

加热用;总电源开关控制 500W 电热丝供加热、恒温两用)。

⑤ 再仔细调节接点温度计,使槽温逐渐升至所需温度。在此温度下,左右旋转接点温度计的调节帽,调至继电器上红绿灯交替变换,旋紧固定螺丝后不再动。

(3) 使用注意事项。

① 接点温度计只能作为定温器,不能作温度的指示器。恒温槽的温度必须用专用测温的水银温度计测量。

② 一般用纯水做恒温介质。若无纯水而只能用自来水做恒温介质时,则每次使用后应将恒温槽清洗一次,防止水垢积聚。

③ 注意被恒温的溶液不要撒入槽内。若有沾污,则要停用、换水。

④ 用毕应将槽内的水倒出、吸尽,并用干净布擦干,盖好槽盖,套上塑料罩。

第十一节　压力的测量

在化学实验中,经常要涉及气体压力的测量。有的实验需要在真空下操作,有的实验需要使用高压气体。下面介绍几种常用仪器的使用方法,包括:气压计的使用方法与校正;U 型压力计的使用方法与校正;机械真空泵、水抽气泵的使用方法;气体钢瓶、减压阀的使用方法。

一、气压计

测定大气压力的仪器称为大气压力计,简称气压计。气压计的种类很多,实验室最常用的是福廷式气压计。福廷式气压计是一种真空压力计,其原理如图 2-96 所示:它以汞柱所产生的静压力来平衡大气压力 p,汞柱的高度 h 就可以度量大气压力的大小。在实验室,通常用毫米汞柱(mmHg)作为大气压力 p 的单位。

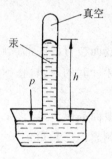

图 2-96　气压计原理示意图

毫米汞柱作为压力单位时,它的定义是:当汞的密度为 13.5951g · cm^{-3}(即 0℃时汞的密度,通常作为标准密度,用符号 ρ_0 表示),重力加速度为 9.80m · s^{-2}(即纬度 45°的海平面上的重力加速度,通常作为标准重力加速度,用符号 g_0 表示)时,1mm 高的汞柱所产生的静压力为 1mmHg。

mmHg 与 Pa 单位之间的换算关系为:1mm＝133.32Pa

（一）构造

如图 2-97 所示,气压计的外部为一黄铜管,内部是装有汞的玻璃管 1,封闭的一头向上,开口的一端插入汞槽 8 中。玻璃管顶部为真空。在黄铜管 3 的顶端开有长方形窗口,并附有刻度标尺,以观察汞的液面高度。在窗口间放一游标 2,转动螺旋 4 可使游标上下移动。黄铜管中部附有温度计 10。汞槽的底部为一柔皮囊,下部由螺旋 9 支持,转动螺旋 9 可调节汞槽内汞液面 7 的高度。汞槽上部有一个倒置的固定象牙针 6,其针尖即为标尺的零点。

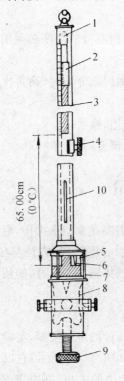

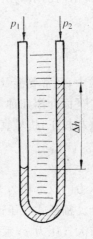

图 2-97　福廷式气压计　　　　　　　　　　图 2-98　U 型压力计

（二）用法

气压计垂直放置后,旋转调节汞液面位置的底部螺旋 9,以升高槽内汞的液面。利用槽后面的白瓷板的反光,注意水银面与象牙针间的空隙,直到汞液面升高到恰与象牙针尖接触为止(调节时动作要慢,不可旋转过急)。

转动螺旋 4 调节游标,使它比汞液面高出少许,然后慢慢旋下,直到游标前后两边的边缘与汞液面的凸面相切(此时在切点两侧露出三角形的小孔隙),便可从黄铜刻度与游标尺上读数。

读毕,转动螺旋 9,使汞液面与象牙针脱离。

（三）读数

读数时应注意眼睛的位置和汞液面齐平。找出游标零线所对标尺上的刻度,读出整数部分。从游标尺上找出一根恰与标尺上某一刻度线相吻合的刻度,此游标尺上的刻度值即为小数点后的读数(参阅图 2-98)。记下读数后,还要记录气压计上的温度和气压计本身的仪器误差,以便进行读数校正。

（四）读数的校正

由于气压计上黄铜标尺的长度随温度而变,汞的密度也随温度而变,而重力加速度随纬度和海拔高度而变,所以由气压计直接读出的汞柱高度通常不等于上述以汞的标准密度、标准重力加速度定义的毫米汞柱,必须进行校正。此外,还需对仪器本身的误差进行校正。校正项目有温度校正和重力加速度校正。具体校正办法参阅相关资料。

二、U 型压力计

U 型压力计是物理化学实验中用得最多的压力计。它构造简单,使用方便,测量的精确度也较高。它的示值取决于工作液体的密度,也就是与工作液体的种类、纯度、温度及重力加速度有关。它的缺点是测量范围不大。

（一）构造与工作原理

U 型压力计由两端开口的垂直 U 型玻璃管及垂直放置的刻度标尺构成。管内盛有适量的工作液体,如图 2-98 所示。它实际上是一个压力差计,工作时将 U 型管的两端分别连接于体系的两个测压口上。若 $p_1 > p_2$,液面差为 Δh,考虑到气体的密度远小于工作液体的密度,因此可以得出下式:

$$p_1 - p_2 = \Delta h \rho g \tag{2-4}$$

$$\Delta h = \frac{p_1 - p_2}{\rho g} \tag{2-5}$$

式中 ρ 为给定温度下工作液体的密度,g 为重力加速度。这样,压力差$(p_1 - p_2)$的大小就可用液面差 Δh 来度量。若 U 型管的一端是开口（通大气）的,则可测得体系的压力与大气压力之差。

在测量微小压力差时,可采用斜管式 U 型压力计,如图 2-99 所示。设斜管与水平所成的角度为 α,则

$$p_1 - p_2 = \Delta h \rho g = \Delta l \rho g \sin\alpha \tag{2-6}$$

通过测量 Δl 和 α,即可求得压力差$(p_1 - p_2)$。

（二）工作液体的选择

工作液体应选择为不与被测体系内的物质发生化学作用,也不互溶且沸点较高的物质。在一定的压差下,选用的液体密度越小,液面差 Δh 就越大,测量的灵敏度也就越高。最常用的工作液体是汞,其次是水。由于汞的密度较大,在压差较小的场合,可采用其他低密度的液体。此外,由于汞的蒸气对人体有毒,为了防止汞的扩散,可在汞的液面上加上少量的隔离液,如石蜡油、甘油或盐水等。

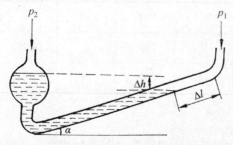

图 2-99　斜管式 U 型压力计

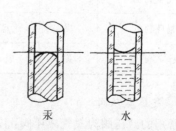

图 2-100　U 型压力计的读数

（三）U 型压力计的读数及其校正

1. 正确读数的方法

由于液体的毛细现象，汞在玻璃管内的液面呈凸形，水则呈凹形。在读数时，视线应与液柱弯月面的最高点或最低点相切，如图 2-100 所示。

2. 读数的温度校正

在用 U 型压力计作测量时，也要像气压计一样进行读数的温度校正。设工作液体为汞，在室温 t 时的读数为 Δh_t，若不考虑标尺的线膨胀系数，校正到汞的密度为标准密度下的 Δh_0，有

$$\Delta h_0 = \Delta h_t (1 - 0.00018 t/℃) \tag{2-7}$$

当温度 t 较高以及 Δh_t 数值很大时，温度校正值是不可忽视的。

三、气体钢瓶与减压阀的使用方法

在物理化学实验室，经常要用到 O_2、N_2、H_2 和 Ar 等气体，这些气体通常贮存在耐高压（10^4 kPa）的专用钢瓶里。使用时钢瓶上必须装上一个减压阀，使气体压力降低到实验所需的压力范围。

（一）气体钢瓶的类型及其标记

气体钢瓶是由无缝碳素钢或合金钢制成。常用的气体钢瓶类型见表 2-8。

表 2-8　常用的气体钢瓶类型

钢瓶类型	用　　　途	MPa		
甲	装 O_2、H_2、N_2、压缩空气和惰性气体	15.0	22.5	15.0
乙	装纯净水煤气以及 CO_2 等	12.5	19.0	12.5
丙	装 NH_3、Cl_2、光气和异丁烯等	3.0	6.0	3.0
丁	装 SO_2 等	0.6	1.2	0.6

为了安全，气体钢瓶均有专用的漆色及标记。表 2-9 为我国对气体钢瓶规定采用的标记。

表 2-9　国家规定的气体钢瓶标记

气体类别	N_2	O_2	H_2	空气	NH_3	CO_2	Cl_2
瓶身颜色	黑	天蓝	深绿	黑	黄	黑	黄绿
标字颜色	黄	黑	红	白	黑	黄	白

（二）气体减压阀

最常用的减压阀为氧气减压阀，也称氧气表。下面就以它为例来说明减压阀的工作原理与使用。

氧气瓶上的减压阀装置如图 2-101 所示。其高压部分与钢瓶连接，为气体进口；其低压部分为气体出口，通往使用体系。高压表的示值为钢瓶内贮存气体的压力。低压表的示值为出口压力，可由减压阀来调节和控制。

　　减压阀的构造如图 2－102 所示。使用时,先打开钢瓶阀门,高压表 11 立即指示钢瓶内贮存气体的压力。由于回动弹簧 6 的压力作用,减压阀门 5 紧闭。如果按顺时针方向慢慢旋动调节螺杆 9,它就压缩调节弹簧 8 并传动薄膜 4 和支杆 7,使减压阀门 5 微微开启。这时高压气体由高压室 1 经阀门节流减压后,进入低压室 3,随后进入工作体系。通过调节螺杆 9 改变减压阀门 5 的开启程度,配合低压表 12,就可以控制出口气体的压力。减压阀内装有安全阀门 10,如果由于阀门损坏等原因,当低压室内气体超过许可值时,安全阀门 10 就会自动打开,以保护减压阀的安全使用。

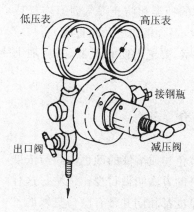

图 2－101　氧气减压阀装置

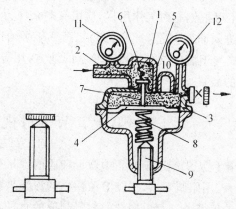

图 2－1072　氧气减压阀的构造

1—高压室;2—管接头;3—低压室;4—薄膜;5—减压阀门;6—回动弹簧;
7—支杆;8—调节弹簧;9—调节螺杆;10—安全阀门;11—高压表;12—低压表

使用氧气减压阀应注意:

　　(1)氧气减压阀有多种规格,最高进口压力多为 15MPa,最低进口压力应大于出口压力的2.5 倍。出口压力的规格较多,最低为 0～0.1MPa,最高为 0～4MPa,应根据使用要求选用。

　　(2)氧气减压阀严禁接触油脂类物质,以免发生火警事故。

　　(3)停止工作时,应先将减压阀内余气放净,然后旋松调节螺杆(旋到最松位置),即关闭减压阀门。

　　(4)减压阀应避免撞击和震动,不可与腐蚀性气体接触。

　　有些气体,例如 H_2、N_2、空气、Ar 等可以采用氧气减压阀。但有些气体,如 NH_3 等腐蚀性气体,则需要用专用的减压阀,其使用方法及注意事项与氧气减压阀基本相同,但要注意调节螺杆的螺纹方向。

　　(三)气体钢瓶的安全使用

　　使用气体钢瓶应注意安全,密闭时应保证不漏气,对可燃性气体钢瓶应绝对避免发生爆炸事故。钢瓶发生爆炸主要有以下几个方面原因:钢瓶受热,内部气体膨胀导致压力超过它的最高负荷;瓶颈螺纹因年久损坏,瓶中气体会冲脱瓶颈以高速喷出,钢瓶则向喷气的相反方向高速飞行,可能造成严重的事故;钢瓶的金属材料不佳或受腐蚀,在钢瓶坠落或撞击时容易引发爆炸。

　　使用钢瓶时应注意以下几点:

　　(1)钢瓶应存放在阴凉、干燥及远离热源(如炉火、暖气、阳光等)的地方,放置时必须垂直放稳并用一定的方法固定好。

（2）搬运时要稳走轻放，并把保护阀门的瓶帽旋上。

（3）使用时要用气体减压阀（CO_2、NH_3可例外）。对一般不燃性气体或助燃性气体（例如 N_2，O_2），钢瓶气门螺纹按顺时针方向旋转时为关闭；对可燃性气体（例如 H_2，C_2H_2），钢瓶气门螺纹按逆时针方向旋转时为关闭。

（4）绝不容许把油或其他易燃性有机物沾染在钢瓶上（特别是在出口和气压表处），也不可用棉、麻等物堵漏，以防燃烧。

（5）开启气门时，工作人员应避开瓶口方向，站在侧面，并缓慢操作，以保证安全。

（6）不可把钢瓶内气体用尽，应留有剩余压力，以核对气体的种类和防止灌气时有空气或其他气体进入而发生危险。钢瓶每二至三年必须进行一次检验，不合格的应及时报废。

（7）氢气钢瓶应放在远离实验室的地方，用导管引入实验室，要绝对防止泄漏，并应加上防止回火的装置。

第十二节　目视比色法简介

目视比色法广泛用于产品中微量杂质的限量分析。一些有色物质溶液的颜色深浅与浓度成正比关系，用眼睛观察，比较溶液颜色的深浅来确定物质含量的方法叫做目视比色法。这种方法所用的仪器是一套以同样的材料制成的直径，大小，玻璃厚度都相同并带有磨口具塞的平底比色管，管壁有环线刻度以指示容量。比色管的容量有 10mL、25mL、50mL、100mL 数种，使用时要选择一套规格相同的比色管，并放在特制的比色管架上，如图 2-103。

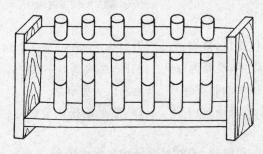

图 2-103　比色管

目视比色法中最常用的是标准系列法（色阶法），它是将被测物质溶液和已知浓度的标准物质溶液在相同条件下显色，当液层的厚度相等颜色深度相同时，二者的浓度就相等。操作方法：首先配制标准色阶，取一套相同规格的比色管，编上序号，将已知浓度的标准溶液，以不同的体积依次加入比色管中，分别加入等量的显色剂及其他辅助剂（有时为消除干扰而加），然后稀释至同一刻度线，摇匀，即形成标准色阶。

比色时，把试样按同样的方法处理后与标准色阶比较，若试样与某一标准溶液的颜色深度一样，则它们的浓度必定相等。如果被测试样溶液的颜色深度介于两相邻标准溶液颜色之间，则未知液浓度可取两标准溶液浓度的平均值。

比较颜色的方法：

（1）眼睛沿比色管中线垂直向下注视。

（2）有的比色管架下有一镜条，将镜条旋转 45°，从镜面上观察比色管底端的颜色深度。

目视比色法的优点：

（1）仪器简单，操作方便，适宜于大批样品的分析和生产中的中控分析。

（2）比色管很长，从上往下看，颜色很浅的溶液也易于观察，灵敏度较高。

（3）此法以白光为光源，不需要单色光。不要求有色溶液严格符合朗伯—比尔定律。因而可广泛应用于准确度要求不高的常规分析中。

目视比色法的缺点：

（1）因为人的眼睛对不同颜色及其深度的辩别能力不同会产生较大的主观误差。

（2）许多有色溶液不稳定，标准色阶不能久存，常常需要定期重新配制，因此，此法比较麻烦。

注意事项：

（1）比色管不宜用硬毛刷和去污粉刷洗。若内壁粘有油污，可用肥皂水，洗衣粉水或铬酸洗液浸泡，再用自来水、蒸馏水冲洗干净。

（2）不宜在强光下进行比色，因为这样易使眼睛疲劳，引起较大误差。

（3）用完后及时洗净，凉干装箱保存。

第十三节　玻璃管的加工及仪器的装配

一、常用的玻璃加工灯具

（一）煤油喷灯

没有煤气的实验室，都可采用以煤油作燃料的煤油喷灯（图 2 - 104）作为玻璃管加工的灯具。这种喷灯结构简单、经济实用。缺点是火焰不能发得过大，调节幅度小，烟灰多，污染环境，一般只能用于加工直径不大的玻璃管。

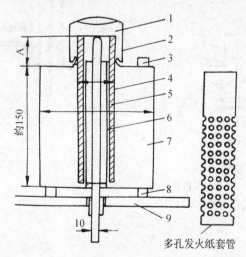

图 2 - 104　煤油喷灯

1—灯芯孔；2—灯罩；3—加煤油孔；4—多孔发火纸套管；5—发火纸；
6—储油罐内管；7—储油罐；8—三只灯脚；9—工作台；10—玻璃管

注：①图中数值单位均为 mm。

②发火纸套管处于储油罐内的部分打上直径约为 5mm 的小孔。

煤油喷灯主要由储油罐、发火纸、发火纸套管、灯芯等组成。储油罐用白铁制成,发火纸套管可用打满小孔的白铁卷制成。发火纸采用优质草纸或其它吸水性强的纸,卷在外径比储油罐内管直径约大 2mm 的玻璃管上,塞入套管内,随即抽出玻璃管,这样便可将发火纸卷套在储油罐的内管上。从储油罐底部开口处裹塞玻璃或金属灯芯,灯芯末端穿过工作台,以便联接压缩空气胶管。在工作台旁,为每只喷灯装置一个铜制阀门,调节压缩空气。

（二）酒精喷灯

酒精喷灯有挂式和座式两种。图 2-105 是挂式酒精喷灯。它由灯管、开关、预热盆、灯座和酒精储罐组成。

使用时,先往预热盆里注满酒精,然后点燃酒精以加热灯管。待盆内酒精即将燃尽时,开启开关。这时由于酒精在灼热灯管内气化,并与来自气孔的空气混合,用火柴在管口点燃,即可得到很高温度的火焰。调节开关,改变酒精的喷入量,以控制火焰的大小。一般酒精喷灯的气孔是可以调节的,只有调节好气孔的大小,才能得到理想的火焰。用毕,旋紧开关,使火焰熄灭。

应当指出,灯管必须充分灼烧后,才能开启开关和点燃,否则酒精在灯管内不能全部气化,会有液体酒精从灯管喷出形成"火雨",甚至会引起火灾。不用时,应关好酒精储罐,以免酒精泄漏。

酒精喷灯可用于简单的玻璃管加工,但是这种灯点火不方便,火焰调节范围小,燃料消耗高。

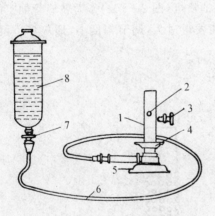

图 2-105　酒精喷灯

1—灯管;2—气孔;3—气孔调节开关;4—预热盆;
5—灯座;6—橡皮管;7—开关;8—酒精储罐

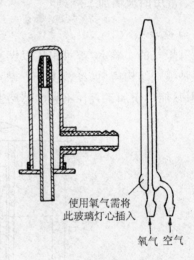

使用氧气需将
此玻璃灯心插入

氧气　空气

图 2-106　简易煤气喷灯

（三）煤气喷灯

图 2-106 是二种常用的结构简单的单芯煤气喷灯。这种喷灯由两根套管构成。外管通煤气,内管通压缩空气(需要时也可通少量氧气)。

这种灯也可用液化石油气作燃料。

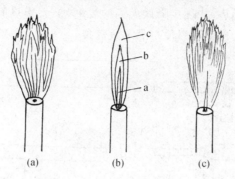

图 2 - 107　喷灯火焰构造
(a)单纯煤气火焰；(b)火焰的三个锥状部分；(c)单芯纯氧火焰

喷灯的火焰有三种(图 2 - 107)。图 2 - 107(1)是不通压缩空气时煤气燃烧的火焰。此火焰呈黄色，为还原焰，温度较低，火焰粗大，散热面广，常用于玻璃制品的预热和退火。

图 2 - 107(2)是喷灯通入压缩空气时产生的火焰，该火焰分为三个区域。a 区是煤气未燃烧区，因大量的压缩空气由灯芯孔喷出，煤气不能达到着火温度，故此处温度很低，是暗黑色的。b 区是还原区，此处煤气部分燃烧，温度随之升高。c 区是完全氧化区，火焰呈浅蓝色。b、c 交界处温度最高，可达 2 000K(约 1 740℃)，这就是所谓的火力点，是常用来烧熔玻璃的火焰区域。这种火焰适合于软质玻璃管和普通硬质玻璃管的各种加工操作。

图 2 - 107(3)是单芯纯氧火焰。这种火焰是在煤气点燃后，加入少量纯氧形成的。这时火焰中间产生一条尖细的白色纯氧火苗，温度很高。在加工复杂多接头制品时，周围火焰温度低可保护其他接头。形成这种火焰的灯芯必须用金属制作。加工软质玻璃切不可用纯氧火焰。

火焰的调节，是通过调节煤气量和压缩空气量来实现的。火焰大小决定于煤气量。火焰温度决定于压缩空气与煤气的比例。加工玻璃管时，需用什么火焰及火焰的大小是由玻璃的性质、玻璃管壁的厚度和直径的大小以及加工操作方式决定的。火焰的宽度由玻璃管需要的烧熔面积来决定。火焰宽度不够时，可用两块小火砖夹扁火焰以增加火焰宽度，有时也可以通过移动玻璃管来获得需要的烧熔面积。玻璃管加工时，一般需要预热，加工完成后需退火。预热和退火的火焰面积都必须大。预热时需逐步提高火焰温度，退火时需逐步降低火焰温度。

二、加工产品的退火

(一)玻璃管加工时应力的产生

由于玻璃是热的不良导体，因此玻璃管在加工过程中，受热部位与未受热部位的温差悬殊，形成了一个很窄的热分界区。在这个热分界区中，高温部分和低温部分之间产生了一个阻止对方变化(热胀、冷缩)的力，称为应力。

旋转熔融的玻璃管所产生的应力分布在熔融部位两侧(图 2 - 108a)，呈环形线状出现在大约离火焰边缘 1cm 处，而不是在熔融部位。

侧面熔融的玻璃管所产生的应力则分布在熔融部位四周(图 2 - 108b)。

应力的存在容易使玻璃制品发生爆裂。因此任何一种经喷灯加热成型的玻璃制品，在加工完成之后，都应进行退火处理，以消除应力。

(二)喷灯火焰退火

喷灯火焰退火，是将玻璃管的热分界区(即应力集中的部位)，以高于玻璃管的软化温度而低于熔融温度的火焰进行加热,并逐步降低火焰的温度,扩大受热面,缩小玻璃管热分界区两侧的温度差,使其应力扩散,这就可以使产品不致爆裂。

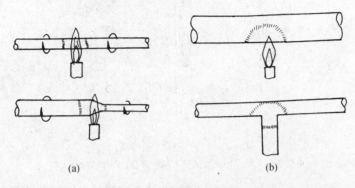

图 2-108　熔融玻璃管的应力

(a)旋转熔融;(b)侧面熔融

　　喷灯火焰退火适宜在制品加工结束后立即进行,这样既省时,效果也好。如果等制品冷却后再退火,不但要增加预热时间,而且还容易发生爆裂。

　　退火应掌握以下原则:

　　(1) 薄壁玻璃管小面积熔融的两侧或四周的热分界区,可用两倍于熔融面积宽度的氧化性火焰加热,至火焰发红时(这是达到退火温度的重要标志),渐渐关闭压缩空气,用还原火焰略烘一下即可,退火时不应将玻璃管烧熔,否则将产生新的应力。反之若退火时间太短或者火焰温度太低,则达不到退火的目的。退火后,器件应放在不通风的地方,慢慢冷却。

　　(2) 玻璃管熔融面积大,火焰宽度不够时,可移动玻璃管,以取得退火的效果。

三、玻璃管加工常用的工具和材料

　　玻璃管加工常用的工具如图 2-109 所示。

　　此外,还需用石棉布和石棉板等。

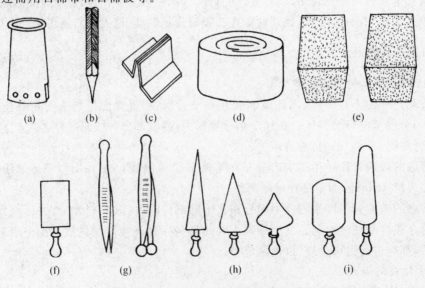

图 2-109　玻璃管加工常用工具

（a）灯罩：用厚铁皮制成，套在喷灯上防风。罩上可放小火砖和爆口铁板。

（b）小扁锉：用于切割玻璃管。

（c）尺：用于量玻璃管的长度。

（d）油缸：放有浸足植物油棉花的盆，用于润滑灯工钳。

（e）小火砖：用于夹扁喷灯火焰。

（f）爆口铁板：将角铁加热整形到 105℃ 左右而制成。用于玻璃管热爆。

（g）灯工钳：用于钳取烧熔玻璃。

（h）扩孔器：用于扩孔。

（i）小方板：用于平口。

四、玻璃灯工室的安全注意事项

（1）注意煤气管道、阀门是否漏气，以防着火或中毒。

（2）如突然出现火油气味时，应立即开门通风。并检查是否漏气。

（3）点燃煤气灯时，应先擦燃火柴，再开启小量煤气点燃，切不可先开煤气。关闭煤气后，应让灯自行熄灭，不可用嘴吹灭。如经久不灭，说明阀门关闭不全。

（4）热玻璃器件应放在石棉板上，凉热玻璃应分开放置，以防烫伤。

（5）灯工室内，应备有足够的灭火器材。

五、玻璃管加工的基本操作

（一）截玻璃管

（1）冷割。直径为 25mm 以下的玻璃管一般可采用冷割截断（图 2-110）。将玻璃管放在工作台上，用左手扶住，右手持锉刀，在需要截断的地方划一细痕，并用水沾一下划痕，两手握住玻璃管，划痕向内，迅速向两边和下侧用力拉折（七分拉、三分掰）即断。操作时注意用力方向和均匀性，否则不易获得平整的截面。

（2）热爆。热爆适用于直径在 25mm 以上、玻璃管壁较厚、切割长度较短的玻璃管的截断（图 2-111）。将两铁板平放在灯罩上，间隙约 2mm，使氧化火焰尖端窜出铁板约 2mm，并呈扁狭形。在玻璃管需要截割的地方用锉刀划痕（一周），然后将划痕在铁夹板上对准火焰均匀旋转，即可爆裂。注意。火焰不要过大，加热时间不要过长（20～30mm 直径的玻璃管在火焰中旋转 4 周），加热后离开火焰，对准划痕用嘴猛吹即可断裂。

（3）烧玻璃球法。此法用于粗管或靠近管端部分的截断。其方法如图 2-112 所示。

取一段与需截玻璃管质地相同的玻璃管（棒），并将它拉细，再在距顶端 2～3mm 处加热烧成熔球，直接放在需截玻璃管上距锉痕顶端 1mm 处，用力以不压碎玻璃管为度，2～3 秒钟后，就会由锉痕处产生裂痕。

产生裂痕后，缓慢旋转玻璃管使裂痕延伸。在此过程中，要始终保持熔球在裂痕前 1～2mm 处。当裂痕停止延伸时，再将熔球烧热，继续切割。待裂痕裂开一圈，轻轻叩管，就可断开。

新截开的管口很锋利，容易造成划伤。必要时，应将截口在喷灯火焰中熔烧至断面光滑，见图 2-113，再进行其它操作。

（二）旋转与熔融

在进行热爆、对接、拉丝、吹球、弯曲等操作时，都必须旋转玻璃管。要使玻璃管烧得均匀并吹制成精确的形状,就必须熟练地掌握旋转玻璃管的技术。

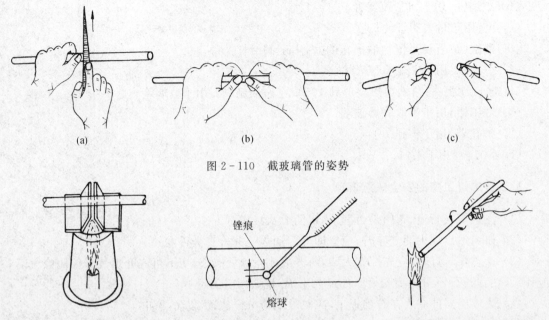

(a)　　　　　　　　　　(b)　　　　　　　　　　(c)

图 2-110　截玻璃管的姿势

图 2-111　铁板夹火热爆　　　　图 2-112　熔球切割　　　　图 2-113　玻璃管的熔光

（1）单手旋转玻璃管。取玻璃管一段,左手心向下持玻璃管的中部,使玻璃管两端重量相等。拇指向上推动玻璃管,同时食指向下推动玻璃管,小指根部压住玻璃管,使其旋转。要求达到旋转平稳均匀,不晃动为标准。右手的持握方法与左手相反,手心向上,拇指向上推动,食指向下推动,中指与无名指的指尖支承玻璃管,使之旋转。

（2）双手配合旋转。双手配合旋转见图 2-114。

两手配合旋转的练习,可借助两段中间用软布扎紧的玻璃管进行。两手按上述方法持握并旋转玻璃管,要求布段不扭曲、缩紧、歪斜。这样反复练习,当达到一定熟练程度后,再练习相反方向的旋转。玻璃管在灯焰上烧熔出现下垂趋势时,可加快旋转速度或立即反转。如发现扭曲,要及时调整两手旋转速度使其达到一致。

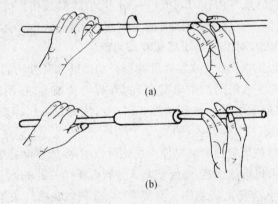

(a)

(b)

图 2-114　旋转手势

（三）拉丝

制作滴管、毛细管或粗、长玻璃管的加工,都需要进行拉丝操作。

　　取一段玻璃管,平放于喷灯火焰的火力点上,均匀旋转烧熔(火焰宽度为管径的 1.5 倍),然后移离火焰,在旋转中向两边拉开(先慢后用力)至需要的长度(一般约为 300mm)。丝头可用砂石片划痕截断。拉丝步骤和姿势见图 2-115、图 2-116。

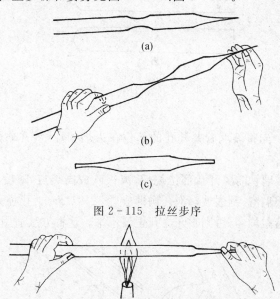

(a)

(b)

(c)

图 2-115　拉丝步序

图 2-116　另一种拉丝手势

　　拉成的丝头必须和原管同心笔直,为此拉丝操作必须注意:

　　(1)熔烧时,旋转必须均匀,不可使玻璃管晃动。

　　(2)玻璃管烧熔离火时,切勿使玻璃管扭曲,在旋转中拉开,使两手共轴同心旋转直到丝头硬化。

　　(3)玻璃管必须在火力点熔烧,以确保玻璃管受热均匀。

　　(四)封底

　　这里只介绍封圆底,以吹制 $15 \times 150mm$ 试管为例。选外径 15mm 的玻璃管,切割成 305mm 一段。用小火砖夹扁火焰,加热玻璃管中间部位。当玻璃管开始软化时,双手边转边拉,使加热部位变薄;直径逐渐缩小,最后在火焰中断开。

　　在火焰中继续加热断开的端口,使熔融的玻璃均匀增厚,然后移离火焰用嘴吹成圆底。吹气时应转动玻璃管,以防熔融的玻璃下坠,使吹出的圆底歪斜。吹气必须适量,并随时注意圆底的曲面及厚度,要求圆底厚度与管壁一致。

　　直径在 20mm 以上的玻璃管封圆底,不必用小火砖夹扁火焰,可直接用小火焰加热玻璃管,待玻璃熔融后拉成细腰,接着再拉成较薄的细丝。在细丝根部烧除余料(图 2-117a),并趁玻璃尚处于熔融状态,立即将玻璃滴子吹成小薄泡(图 2-117b),再用宽度和管径相同的火焰,加热底部,同时提高玻璃管的尾端,加大玻璃管与火焰相交的角度,使熔融的玻璃流动使底部增厚,然后移离火焰,将底部吹圆,即得到底部与管壁厚薄均匀的制品(图 2-117c)。

　　封圆底需注意火焰的宽度和烧熔玻璃管的部位。如熔烧部位过高,则吹气时会将管底吹胖而大于管径。如熔烧面积太小,则曲面根部会出现凹槽。

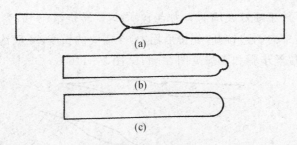

图 2 - 117　封圆底步骤

（五）开孔

（1）在火焰中吹孔。先将玻璃管要开孔的部位在火焰中烧熔，并略微吹胖，随即在火焰边缘用力一吹即穿。

（2）离火吹孔。将玻璃管需要开孔部位烧熔，离火吹成高突点，随后再将高突点部位烧熔，离火猛吹使其成微薄的玻璃泡，刮去玻璃泡孔洞即成（图 2 - 118a）。孔径大小取决于高突点的大小。第二次复烧时要求熔融均匀，否则吹开之孔歪斜不平。这种方法适用于开较大的孔。

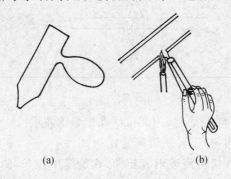

图 2 - 118　开孔方法

（3）拉料开孔。将玻璃管需要开孔的部位烧熔，用灯工钳将烧熔的玻璃钳住拉成细丝，在根部夹断，然后再在火焰中烧平，便成一圆孔（图 2 - 118b），孔径大小取决于玻璃管的烧熔面积。

（六）吹球

图 2 - 119　吹球姿势

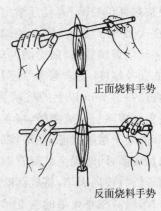

正面烧料手势

反面烧料手势

图 2 - 120　吹球烧料姿势

1. 小圆球的吹制方法

将玻璃管在火焰中边旋转边加热,同时两手微微推挤,使管壁聚厚(图 2 - 121a)。聚厚程度随欲吹制玻璃球的大小而异,待聚厚部分加热呈瘫软状后,将玻璃管逐渐提高,从火焰尖端离火,边旋转边缓缓吹制成球。

吹气时,两手旋转要等轴,开始吹气要缓慢,同时微微往外拉(图 2 - 121b),然后逐渐增大气量,吹成图 2 - 121c)所示的样子。如吹得过急,只有薄弱部分被吹鼓而呈扁圆形。

若发现球体一边大一边小,应趁球体还处于熔融状态(红色),立即将小的一面迅速在火焰尖端烧一下,随即离火补吹。这样球体形状基本可以纠正。如出现图 2 - 122 所示的歪斜现象,可以用小火焰局部烧熔推拨修正。但应注意不要烧得太烊,只要玻璃开始软化,就离火看准歪斜方向推拨。

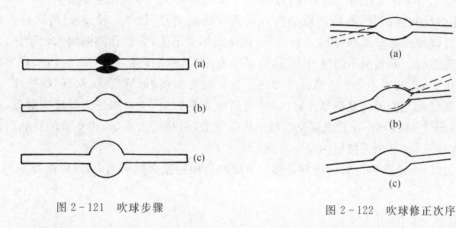

图 2 - 121　吹球步骤　　　　　　　　　图 2 - 122　吹球修正次序

2. 吹球要点

(1) 双手旋转平稳一致,无论在烧熔或离火吹气时,双手都必须共轴旋转,随时注意球体轴心准直,玻璃未硬化前切勿停止旋转。

(2) 当玻璃管烧熔将要离火吹气前,应将玻璃管逐步提高,在火焰尖端离火,不宜突然离火,以利熔融均匀。

(3) 缩料要均匀,不可使增厚部位扭结。

(4) 火焰宽度约等于球体直径。

(七) 单接头封接

(1) 对接。相同管径玻璃管对接时,封接的两管端面要求光滑平整。对接时,双手各持一段玻璃管,在火焰中旋转加热距管端约 2mm 处(火焰宽度约等于管径)。当端面充分熔融且内径开始缩小时,即可在火焰中相粘(图 2 - 123a)。然后离火吹气,将相粘处吹薄一些(图 2 - 123b),再放入火焰中复烧。复烧时,发现微缩不可拉开,以使接头壁厚均匀(图 2 - 123c),这时可减少压缩空气,使火焰宽度增大,同时提高玻璃管的位置,在火焰上方离火,立即吹气,使熔融处鼓胖,略大于管径,待熔融部位稍冷(暗红),向两端微微一拉,使接头处直径与管径一致(图 2 - 123d)。如发现接头凹瘪,可迅速补吹一口气,并旋转玻璃管至其硬化后,以免接头弯曲和歪斜。

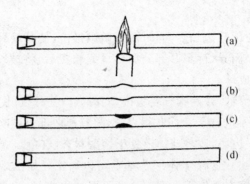

图 2 - 123　同径玻璃管对接

（2）侧接。相同管径玻璃管的侧接，以制作 T 形三通为例。取一段玻璃管，一端用塞子封闭，用小火焰熔烧封接部分（不转动玻璃管），离火吹成高突点（图 2 - 124a）。再对着火焰吹穿。用火焰复烧使孔洞壁增厚（图 2 - 124b）。这个动作要迅速，并使孔洞四周均匀受热，否则会使孔洞口部歪斜。要孔洞不能缩进去，孔口必须有余料，以利用熔接支管。接着，右手持支管放在火焰中心，孔洞置于火焰边缘同时加热。当熔融时相粘，即可离火、吹气、微拉，继而用小火焰逐面复烧修光四周。复烧修光时，切忌火焰烧在主管上，主要加热支管接头附近，否则直管会变形（图 2 - 124d）。在复烧部位熔融离火吹气前，应稍增大火焰，将支管的受热面增大一些，再离火吹气，这是消灭接痕的主要措施。

T 形管做好后，要将整根管子特别是接支管处的背面用温火加热退火，以防爆裂。

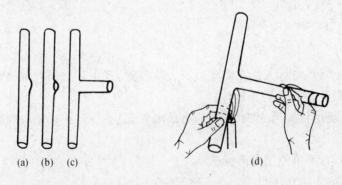

图 2 - 124　同径玻璃管的侧接

（八）弯管

（1）直角弯管。双手持玻璃管在火焰中旋转加热（一端管口预先用塞子封闭），火焰宽度约为玻璃管直径的 1.5 倍，以取得足够的熔融长度，但火焰宽度不得超过玻璃管直径的两倍，否则弯管的曲率半径太大。

当玻璃管加热到熔融处开始收缩时，停止旋转，让一侧稍微烊一些，立即离火，让稍烊的一侧处于下方，双手同时向上边拉边弯、并立即从未封的一端吹气，使弯处与原管直径相同，便成直角弯管（图 2 - 125）。

开始做不同角度的弯管时，也可以采用图 2 - 126 所示的操作方法。将玻璃管需要弯曲的部分旋转加热直到玻璃管充分软化（火焰变黄）。将玻璃管从火焰上方离火，轻轻放在工作台的石棉板上，把玻璃管弯成所需要的角度。用石棉板的目的是为了保证整个管子在一个平面上。如果需要，也可预先在石棉板上画出所需要的角度。

弯管时要注意适当的熔烧面积和准确的熔融程度。玻璃管已弯成而未硬化前,双手切勿扭动,弯成后,应退火处理。若角度不准可再加热修正。

为防止玻璃管弯瘪,也可以采用吹气法弯制,当玻璃管烧熔变软后,移离火焰,右手食指按紧右端管口或用棉花塞住右端管口,从左端管口吹气再以"V"字形手法悬空弯制成所需角度,如图2-127。图2-128是不同弯管质量的比较。

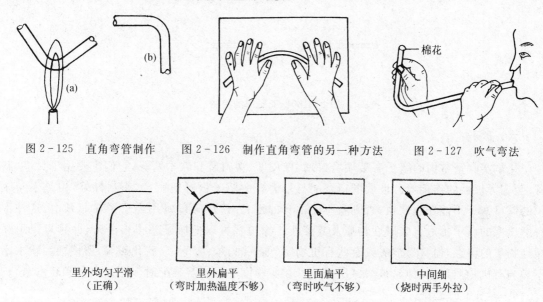

图2-125 直角弯管制作　　图2-126 制作直角弯管的另一种方法　　图2-127 吹气弯法

里外均匀平滑　　　　里外扁平　　　　　里面扁平　　　　　中间细
（正确）　　　（弯时加热温度不够）　（弯时吹气不够）　（烧时两手外拉）

图2-128 弯管好坏的比较分析

(2) U形弯管。制作U形弯管时,火焰的宽度应不小于U形管的间距。喷灯火焰宽度不够时,可用两小火砖夹扁火焰以增加火焰的宽度(图2-129a)。熔融程度及弯曲手势基本上与直角弯管相同。

制作U形弯管两口端易出现高低不等的现象。如遇这种情况,可按图2-129b~d所示的次序加以纠正。

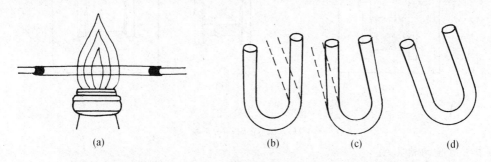

（a）　　　　　　　　（b）　　　　（c）　　　　（d）

图2-129 U形弯管制作及矫正次序

（九）安瓿球的吹制

安瓿球是定量分析中测定易挥发性液体物质含量的专用称量器具。

在烧制安瓿球时,首先应根据所需安瓿瓶直径大小选择管径合适的玻璃管,再按照拉制滴管、毛细管的操作方法,将玻璃管拉制成毛细管-枣核形的半成品,拉出的毛细管长度约为100mm,外径1~2mm,然后从枣核体一端把毛细管折断,毛细管管口端熔光,冷却后,右手持镊子,左手拿住毛细管将枣核体的尖端插入火焰中熔烧封口,并且边烧边用镊子快速夹去毛细头，直到去掉枣核尖，并形成半圆形后，再旋转加热球部，切忌烧到毛细管部位，否则球部与毛细管会发生扭曲现象或毛细管被堵死。待球部烧熔后，移离火焰，由毛细管口缓缓吹气到要求尺寸，稍停片刻（防止球体收缩），待球体硬化后松开即可。安瓿球球壁不能太厚也不能太薄，一般约为 0.1～0.2mm，以球内充满溶液后用玻璃棒轻轻敲击便碎为宜，如图 2-130。

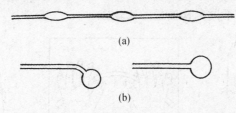

图 2-130　安瓿球的吹制

六、塞子

化学实验室常用的塞子有玻璃磨口塞、橡皮塞、塑料塞和软木塞等，它们主要用于封口、制备、蒸馏等仪器的连接等。玻璃磨口塞能与带磨口的瓶子很好地密合，密封性好，但是不同瓶子的磨口塞子不能任意调换，否则就不能很好的密合，使用时最好用绳子系在瓶颈上，这种带有磨口塞的瓶子不适合装碱性物质及其溶液。橡皮塞可以把瓶子塞得很严密，并且可以耐强碱性物质的侵蚀，但它易被酸或有些有机物质（如汽油、苯、丙酮、二硫化碳等）所侵蚀。软木塞不易与有机物质作用，但易被酸碱所侵蚀。在实验室进行仪器装配时多用橡皮塞和软木塞。

（一）塞子的选择

塞子可根据它们的直径大小，按统一的编号规格编号。使用非磨口仪器时，首先应该选择合适的塞子，一般塞子插入瓶颈部分应是塞子高度的 1/3～2/3，如图 2-131 所示。

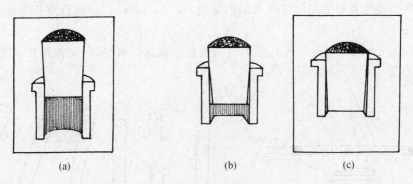

图 2-131　塞子的选择
(a)、(c)不正确；(b) 正确

（二）塞子的钻孔

实验室中常用的钻孔器一般有两种：一种是手摇式机械钻孔器，另一种是手动式普通钻孔器。它们的钻孔方法大致相同。在胶塞钻孔时，首先应根据胶塞欲插入的玻璃管直径选择合适的钻孔器，一般钻孔器的口径应该比玻璃管外径稍大一些，钻孔前钻孔器刀刃处可先涂一层凡士林、甘油或肥皂水以便润滑。钻孔通常从塞子直径较小的一面开始，直到钻通为止，钻孔时把塞子大头平放在桌面上的一块木板上（防止把桌面钻坏），左手扶住塞子，右手握住钻孔器，按紧塞子上欲钻孔的位置，一面向同一方向匀速旋转钻孔器，一面稍用力垂直下压，使钻孔器始终与桌面保持垂直,如果发现二者不垂直,应及时加以检查纠正,胶塞钻孔应缓慢均匀,如果用力顶入,钻出的孔太细且不均匀。塞子钻通后向钻孔时的反方向旋转拔出钻孔器,用铁条捅出钻孔里面的胶芯,若孔径略小或孔道不光滑,可以用圆锉修正。

软木塞钻孔与胶塞的钻孔方法基本相同。但在选择钻孔器口径时应该选用比欲插入的玻璃管外径稍小一些的。

在一个塞子上要钻两个孔时,应更加小心仔细操作,务必使两个孔道笔直且互相平行,否则插入管子后,两根管子就会歪斜或交叉,致使塞子不能使用。钻孔方法如图 2-132 所示。

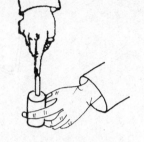

图 2-132　塞子的钻孔

七、仪器的连接与安装

(一)一般仪器的连接与安装

一般仪器的安装是指塞子、玻璃管、胶管等仪器的连接安装。首先应该选择合适的仪器和与其配套的胶塞、玻璃管、胶管等,将它们冲洗干净并晾干,然后进行连接与安装,一般仪器的连接与安装是依照装置图,按所用热源的高低,将仪器由下而上、从左到右,依次固定在铁架台上,用铁夹夹仪器时松紧应适度,通常以被夹住的仪器稍微能旋转最好。在用塞子与玻璃管连接时,应该先用水或甘油润湿玻璃管的欲插入一端,然后一手持塞子,一手握住距塞子 2~3cm 处的玻璃管,慢慢旋转插入,绝不允许玻璃管以顶入的方式插入塞子中。握玻璃管的手与塞子距离不要过远,插入或拔出弯玻璃管时,手指不应捏在弯曲处,以防弯断扎伤。胶管连接也要把玻璃管端润湿后再旋转插入,如图 2-133 所示。玻璃管与塞子的连接手法正误比较见图 2-134。

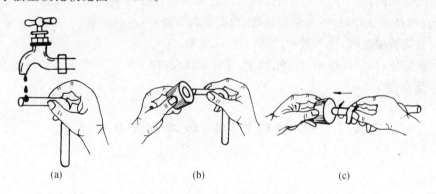

(a)　　　　　　　　(b)　　　　　　　　(c)

2-133　玻璃管与塞子的连接

(a) 润湿管口;(b) 插入塞孔;(c) 旋入塞孔

仪器连接安装完以后,首先要认真检查胶塞、胶管等连接部位的密封性和完好性,应使整套仪器装置横平竖直,紧密稳妥,以保证实验正常进行。

拆除仪器装置时应以与安装时相反的顺序进行,拆除后的仪器用水刷洗干净,晾干,按类别妥善保管。

(二)磨口仪器的装配

磨口仪器的装配与一般仪器的连接安装程序基本相同。使用前先将仪器、器件清洗干净,晾干,按装置图依次固定。使用磨口仪器,在实验中可省去塞子,钻孔等多项操作,比普通玻璃仪器安装方便,密闭性好,并能防止实验中的污染现象。

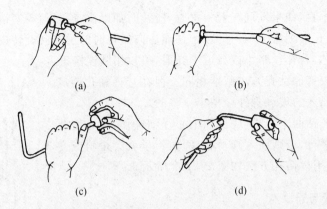

图 2-134　玻璃管与塞子的连接手法正误比较

(a)、(c)正确；(b)、(d)不正确

标准磨口仪器的磨口，是采用国际通用 1/10 锥度，即磨口每长 10 个单位，小端直径比大端直径就缩小一个单位。由于磨口的标准化，通用化，凡属于相同号码的接口可任意互换使用，并能按需要组合成各类实验装置。不同编号的内外磨口则不能直接相连，但可以借助不同编号的变径磨口插头而相互连接。

常用的标准磨口有 10、14、19、24、34 等多种。如"14"表示磨口的大端直径为 14mm。

使用磨口仪器连接安装应注意以下几点：

(1) 内外磨口必须保持清洁，不能带有灰尘和砂粒。磨口不能用去污粉擦洗，以免影响精密度。

(2) 一般使用时，磨口处不必涂润滑脂，以防磨口连接处因碱性腐蚀而粘连，用磨口仪器连接时，应直接插入或拔出，不能强顶旋转，以防止损伤磨口，拆卸困难。

(3) 安装实验装置时，要求紧密、整齐、端正、美观。

(4) 实验完毕后，立即拆卸、洗净、晾干，并分类保存，由于标准磨口仪器价格较贵，在使用和保管上一定要加倍小心。

实验 2-5　玻璃管(棒)加工和洗瓶的装配

一、目的要求

(1) 了解煤气灯和酒精喷灯的构造，学会正确使用煤气灯和酒精喷灯。

(2) 掌握"截"、"拉"、"吹"玻璃管、玻璃棒和安瓿球的基本操作技术。

(3) 掌握塞子钻孔及装配操作。

(4) 按规格制作搅拌棒、滴管和洗瓶等。

二、仪器与药品

煤气灯或酒精喷灯；三角锉，镊子，钢板尺；钻孔器；瓷盘；石棉网；火柴；防护眼镜；煤气或工业酒精；橡皮塞；玻璃管材、玻璃棒材；塑料瓶等。

三、实验步骤

1. 玻璃管、玻璃棒材料的截取

根据玻璃管(棒)的截断操作方法分别截取长 200mm 的玻璃管 4 根、400mm 的玻璃管 1 根、200mm 的玻璃棒 2 根。安瓿球的制作可用玻璃管废料或截取 150mm 以上的玻璃管来加工制得。

2. 煤气灯或酒精喷灯的准备

观察、识别喷灯的构造,检查各旋钮是否灵活完好,然后装好燃料,点燃,调节至正常火焰,并观察火焰的颜色。

3. 熔光

将截取的玻璃管、玻璃棒的断面斜插入火焰中熔光,冷却并分类放置。

4. 玻璃弯管、玻璃棒的加工制作

按规格制作直角弯管 2 个,洗瓶弯 1 个,玻璃棒 2 根。

5. 安瓿球的吹制

利用 15cm 废玻璃管按规格制作安瓿球 2 个。

利用 15cm 以上的废玻璃管按规格制作安瓿球 2 个。

6. 滴管的制作

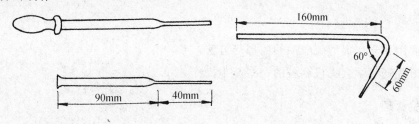

图 2-135　滴管和洗瓶弯管的规格

7. 洗瓶的装配

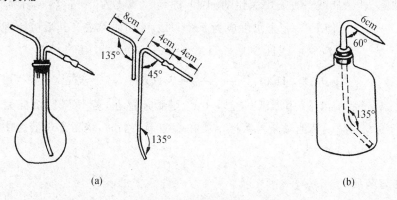

图 2-136　洗瓶

(a)玻璃洗瓶;(b)塑料洗瓶

四、注意事项

(1) 进入玻璃工实验室应穿好工作服,不宜穿短衣短裤,更不能穿拖鞋,进行加工操作时应戴好防护眼镜。

（2）玻璃工件不易识别冷热,热玻璃件应放在石棉网上,并注意冷热要分开放置,以免发生烫伤事故。

（3）玻璃废料应随时丢入玻璃盘中,严禁随便乱丢。

（4）进行玻璃管、玻璃棒切割折断时,若有一端较短就不能直接折断,应用抹布包住短端后进行折断。

（5）使用煤气灯时应事先进行煤气管道和阀门的试漏工作,以防漏气引起着火或中毒。在点燃煤气灯时应先擦燃火柴或打开电打火器于灯口等候,再开启燃气阀使其点燃,切不可先开气阀,后点燃。关闭灯时应关闭气阀让灯自然熄灭。

（6）玻璃工实验室内应有良好的通风设备和足够的灭火器材,以防发生意外。

· 思考题

1. 截玻璃管的基本操作有哪些?

2. 如何使玻璃管均匀受热?

实验 2 – 6　粗硫酸铜的提纯

一、目的要求

（1）掌握用化学法提纯硫酸铜的原理与方法。

（2）练习并初步学会无机制备的一些基本操作。

二、实验原理

粗硫酸铜中含有不溶性杂质（如泥沙等）和可溶性杂质（$FeSO_4$、$Fe_2(SO_4)_3$等）。不溶性杂质可用过滤法除去,杂质 $FeSO_4$ 需用氧化剂 H_2O_2 将 Fe^{2+} 氧化为 Fe^{3+},然后用调节溶液酸度的方法（$pH = 3.5 \sim 4.0$）,使 Fe^{3+} 完全水解成为 $Fe(OH)_3$ 沉淀而除去。其反应原理如下:

$$2FeSO_4 + H_2SO_4 + H_2O_2 \longrightarrow Fe_2(SO_4)_3 + 2H_2O$$

$$Fe^{3+} + 3H_2O \xrightarrow{pH=3.5\sim4.0} Fe(OH)_3 \downarrow + 3H^+$$

除去 Fe^{3+} 离子后的溶液,用 KSCN 检验 Fe^{3+} 是否还存在,若 Fe^{3+} 已沉淀完全,即可过滤后对滤液进行蒸发结晶。其他微量可溶性杂质在硫酸铜结晶时,仍留于母液之中,经过滤可与硫酸铜分离。

三、仪器与药品

仪器:

　　台秤;研钵;漏斗和漏斗架;布氏漏斗;吸滤瓶;蒸发皿;真空泵。

药品:

　　固体粗硫酸铜;HCl($2mol \cdot L^{-1}$);H_2SO_4($1\ mol \cdot L^{-1}$);$NH_3 \cdot H_2O$($1mol \cdot L^{-1}$,$6mol \cdot L^{-1}$);NaOH($2\ mol \cdot L^{-1}$);KSCN($1\ mol \cdot L^{-1}$);H_2O_2（质量分数为 3%）;滤纸;pH 试纸。

四、实验步骤

1. 粗硫酸铜的提纯

(1) 用台秤称取 16～17 g 粗硫酸铜固体,置研钵中研细后,从其中称出 15 g 作提纯用。另称 1 g,用于比较提纯前、后硫酸铜中杂质含量的变化。

(2) 将 15 g 研细的硫酸铜置于 100 mL 小烧杯中,用 50 mL 蒸馏水溶解,加热并搅拌之,然后向其中滴加 2 mL 3％的 H_2O_2,继续将溶液加热,同时逐滴加入 2 mol·L^{-1} 的 NaOH 溶液,保持溶液的 pH＝3.5～4.0,再加热片刻,使 Fe^{3+} 充分水解成 $Fe(OH)_3$ 沉淀,静置一定时间后在普通漏斗上过滤,滤液置于蒸发皿中。

(3) 在提纯后的硫酸铜溶液中,滴加 1mol·L^{-1} H_2SO_4 进行酸化,使 pH＝1.0～2.0,然后在石棉网上加热、蒸发,浓缩至液面上出现一薄层结晶时,即停止加热。

(4) 浓缩液冷却至室温,析出的硫酸铜结晶在布氏漏斗上进行抽滤,将水分尽量抽干。

(5) 停止抽滤后,将硫酸铜置于滤纸上,吸去硫酸铜表面的水分。

(6) 在台秤上称其质量,并计算收率。

2. 硫酸铜纯度的检验

(1) 将前已称好的 1 g 粗硫酸铜晶体粉末置于小烧杯中,用 10 mL 蒸馏水溶解,加入 1 mL 1mol·L^{-1} 的稀 H_2SO_4 酸化,然后加入 2 mL 3％的 H_2O_2,煮沸片刻,使其中的 Fe^{2+} 氧化成 Fe^{3+}。

(2) 待溶液冷却后,在搅拌下,逐滴加入 6 mol·L^{-1} 的氨水,直至最初生成的蓝色沉淀完全消失,溶液呈深蓝色为止。此时 Fe^{3+} 已完全转化成 $Fe(OH)_3$ 沉淀,而 Cu^{2+} 则完全转化为 $[Cu(NH_3)_4]^{2+}$ 离子:

$$Fe^{3+} + 3NH_3 \cdot H_2O \rightarrow Fe(OH)_3 \downarrow + 3NH_{4+}$$

$$2CuSO_4 + 2NH_3 \cdot H_2O \rightarrow Cu_2(OH)_2SO_4 \downarrow (蓝色) + (NH_4)_2SO_4$$

$$Cu_2(OH)_2SO_4 + (NH_4)_2SO_4 + 6NH_3 \cdot H_2O \rightarrow 2[Cu(NH_3)_4]SO_4 + 8H_2O$$

(3) 用普通漏斗过滤,并用滴管将 1 mol·L^{-1} 的氨水滴于滤纸内的沉淀上,直到蓝色洗去为止(滤液可弃去),此时棕黄色的 $Fe(OH)_3$ 留在滤纸上。

(4) 用滴管把 3 mL 稍热的 21mol·L^{-1} 的 HCl 滴于上述滤纸上,以溶解 $Fe(OH)_3$。如果一次不能完全溶解,可将滤液加热,再滴到滤纸上洗涤。

(5) 在滤液中滴入 2 滴 1mol·L^{-1} 的 KSCN 溶液,则溶液应呈血红色。Fe^{3+} 愈多,血红色愈深,因此可根据血红色的深浅程度比较出 Fe^{3+} 的多与少。保留此血红色溶液与对照试验进行比较。

(6) 称取 1 g 提纯过的精硫酸铜,重复上面的实验操作,比较二者出现血红色的深浅程度,以评定产品的质量。

• 思考题

1. 除 Fe^{3+} 时,为什么要调节 pH＝3.5～4.0 左右,pH 过高或过低对实验有何影响?

2. 提纯后的硫酸铜溶液中,为什么用 1mol·L^{-1} 的硫酸进行酸化? 为何要把 pH 调节到 1.0～2.0?

3. 检验硫酸铜纯度时为什么用氨水洗涤 $Fe(OH)_3$,且要洗到蓝色没有为止?

4. 哪些常见氧化剂可以将 Fe^{2+} 氧化为 Fe^{3+}? 实验中选用 H_2O_2 作氧化剂有什么优点? 还

* 104 ·   化学实验技术基础

可选用什么物质作氧化剂？

5. 调节溶液的 pH 为什么常用稀酸、稀碱？除酸、碱外，还可选用哪些物质？选用的原则是什么？

实验 2-7 用碳酸氢铵和食盐制备纯碱

一、目的要求

(1) 了解联合制碱的反应原理和方法。

(2) 掌握恒温水浴操作和减压过滤操作。

(3) 掌握玻璃温度计的使用。

二、实验原理

用碳酸氢铵和氯化钠制纯碱，又称复分解法制纯碱，它又分为"复分解转化法"和"复分解中间盐法"，本实验重点介绍复分解转化法制备纯碱。

当碳酸氢铵和氯化钠发生复分解反应后，在整个反应体系内就出现了碳酸氢铵、氯化钠、碳酸氢钠及氯化铵的混合物，其中溶解度较小的是碳酸氢钠，所以它首先形成结晶析出来，然后经分离、洗涤、煅烧分解后得到纯碱。此时在分离出碳酸氢钠后的液态体系中，剩余的主要成分有氯化铵和少量的氯化钠，碳酸氢铵及碳酸氢钠。加盐酸酸化，使溶液中的碳酸氢铵和碳酸氢钠全部转化成氯化铵和氯化钠。将溶液加热浓缩，根据氯化铵和氯化钠在高温度下溶解度的不同，在 112℃ 下先分离出氯化钠，然后再将溶液冷却至 5～12℃ 分离出氯化铵。有关反应式如下：

$$① \ NH_4HCO_3 + NaCl \Longrightarrow NaHCO_3 + NH_4Cl$$
$$2NaHCO_3 \Longrightarrow Na_2CO_3 + H_2O + CO_2 \uparrow$$
$$② \ NaHCO_3 + HCl \Longrightarrow NaCl + H_2O + CO_2 \uparrow$$
$$NH_4HCO_3 + HCl \Longrightarrow NH_4Cl + H_2O + CO_2 \uparrow$$

"复分解中间盐法"制纯碱生要利用了溶液中的同离子效应原理，在适当的条件下，将产品、副产品分别分离出来。其工艺过程如下：

$$\downarrow 碳铵 \qquad \downarrow 铵盐 \qquad \downarrow 碳铵 \qquad \downarrow 食盐 \qquad \downarrow 碳铵$$

$$\boxed{NaCl 液} \longrightarrow \boxed{铵系液} \longrightarrow \boxed{钠系液} \longrightarrow \boxed{铵系液} \longrightarrow \boxed{钠系液}$$

$$\downarrow \qquad\qquad \downarrow \qquad\qquad \downarrow \qquad\qquad \downarrow \qquad\qquad \downarrow$$

$$NaHCO_3 \qquad NH_4Cl \qquad NaHCO_3 \qquad NH_4Cl \qquad NaHCO_3$$

在碳酸氢铵和食盐的反应中应严格控制温度为 30～38℃。若高于 40℃ 时碳酸氢铵易分解，造成损失，若低于 35℃ 所生成的碳酸氢钠沉淀，颗粒较小发粘，不易过滤，30℃ 以下反应无法进行。并且此反应要有足够的反应时间，使其完全转化。

三、仪器与药品

仪器：

恒温水浴；抽滤装置；托盘天平；蒸发皿；烧杯；水银温度计；玻璃棒。

药品：

精制食盐；碳酸氢铵(固)；纯碱(固)；浓盐酸溶液。

四、实验步骤

1. 食盐溶液的配制

用托盘天平称取精制食盐 31g，放入 400mL 的烧杯中，加蒸馏水 100mL，用玻璃棒搅拌使其全部溶解。

2. 碳酸氢钠的制备与分离

将盛有食盐溶液的烧杯放入已加热到 40℃ 的恒温水浴中，在剧烈搅拌下分多次撒入已研细的碳酸氢铵粉末 38g，同时防止碳酸氢铵沉入烧杯底部。整个反应过程必须严格控制温度范围为 35～38℃，随着碳酸氢铵的加入，溶液中会不断有碳酸氢钠沉淀析出来。碳酸氢铵加完后，继续保温搅拌 30～40min，然后停止搅拌，再保温静置约 1h，使产品颗粒增大，便于分离、洗涤，此时碳酸氢钠沉淀全部沉入烧杯底部，小心倾出或虹吸出上层清夜(尽可能把清夜倒净)，清液保留。烧杯中的碳酸氢钠沉淀用少量蒸馏水以倾析法分几次洗涤至基本无碳酸氢铵气味后，移入布氏漏斗中进行抽滤，抽尽母液，再用蒸馏水冲一次，至母液完全洗脱(母液和洗涤液用于再生产溶盐用)。

3. 碳酸氢钠的煅烧

将以上得到的碳酸氢钠与相当于其体积的 1/3 的粉末状干纯碱混合(加入纯碱以防止碳酸氢钠煅烧时粘结器壁)，充分搅匀，送入烘箱或高温炉内，在 170～200℃ 下煅烧分解 15～20min。也可将碳酸氢钠沉淀放入蒸发皿中，用小火慢慢加热，并不断用玻璃棒搅拌，直到取出少量样品溶于适量蒸馏水中，用 pH 试纸测试 pH＝14 为止。冷却至室温称量，计算碳酸氢钠收率。

(1) 转化。将上述母液在剧烈搅拌下，缓慢滴加浓盐酸溶液酸化，使母液中少量的碳酸氢铵和碳酸氢钠全部转化为氯化铵和氯化钠，直到使溶液 pH＝6 即可。

(2) 浓缩析出氯化钠。将酸化后的母液倒入蒸发皿中，在不断搅拌下缓慢加热浓缩，并不时用温度计测试温度，当料液温度达到 112℃ 时，母液中大部分氯化钠沉淀析出来后，停止加热，稍静置片刻，倾出上层清液，得到氯化钠(氯化钠可填环使用)。

(3) 氯化铵的结晶与过滤。将上述清液放在冷盐水中，冷却至 5～12℃，并保温搅拌 1h，使氯化铵完全结晶析出，静置使晶体下沉，倾出清液，氯化铵晶体进行抽滤分离(母液可返回转化工序)。

(4) 氯化铵的烘干。将以上得到的氯化铵晶体置于烘箱内，于 80℃ 下(超过 100℃ 氯化铵会升华)干燥至合格。

将以上得到的氯化钠和氯化铵进行称量、计算收率。

五、注意事项

(1) 碳酸氢铵与食盐反应时，食盐应稍过量，这样有利于碳酸氢钠的析出。

(2) 在操作过程中，加入碳酸氢铵、浓盐酸或加热时，一定要缓慢进行，以防止大量 CO_2 等气体放出造成溢料损失。

• 思考题

1. 在反应过程中为什么要控制反应温度在 35～38℃范围之内？
2. 在整个操作中,静置的意义是什么？
3. 碳酸氢钠煅烧时,为什么要加纯碱？
4. 氯化铵烘干时,为什么要控制温度为 80℃？

实验 2-8 硝酸钾的制备

一、目的要求

(1) 制备硝酸钾,并检验其纯度。
(2) 练习溶液的加热、结晶、重结晶、过滤等操作。
(3) 学习利用蒸发和降低温度而得到结晶的方法。

二、实验原理

用 $NaNO_3$ 和 KCl 作用来制备硝酸钾。反应方程式为：

$$NaNO_3 + KCl \rightleftharpoons NaCl + KNO_3$$

四种盐类在不同温度时的溶解度如下：

温度/K		273	283	293	303	323	353	383
溶解度,g/100 gH_2O	NaCl	35.7	35.7	35.8	36.1	36.8	38.0	39.2
	$NaNO_3$	73.3	80.8	88	95	114	148	175
	KCl	28.0	31.2	34.2	37.0	42.9	51.2	56.3
	KNO_3	13.9	21.2	31.6	45.4	83.5	167	245

由表中的数据可以粗略地看出,在 293 K 时除 $NaNO_3$ 外,其它三种盐的溶解度很接近,因此不能使 KNO_3 晶体单独从溶液中析出。随着温度的升高 $NaCl$ 的溶解度没有明显的改变,而 KNO_3 的溶解度却迅速增大。这样在加热条件下将 $NaNO_3$ 和 KCl 溶解并蒸发,$NaCl$ 由于溶解度较小而结晶析出。趁热滤去 $NaCl$ 结晶,再将滤液冷却,KNO_3 溶解度急剧下降即结晶析出。

此外,本实验所用 KCl 和 $NaNO_3$ 均为工业品,因此需除不溶物。在不同温度下分离所得的 $NaCl$ 和 KNO_3 产品,亦需进行重结晶提纯。

三、仪器和药品

仪器：

热滤漏斗;减压过滤设备;蒸发设备一套;燃烧丝;天平;滤纸。

药品：

KCl(工业品固体);$NaNO_3$(工业品固体);H_2SO_4(浓);$AgNO_3$(0.1 mol·L^{-1});$FeSO_4$·$7H_2O$(固);HNO_3(6.0 mol·L^{-1});HCl(浓)。

四、实验步骤

1. 硝酸钾和氯化钠的制备

在 250 mL 烧杯中加入 63.8 g KNO_3 和 56.0 g KCl,再加入 104 mL 自来水,加热至近沸使其溶解,趁热用热滤漏斗进行保温过滤,除去未溶解的杂质。在搅拌下,将滤液冷却到 278 K(5℃)以下,析出 KNO_3 晶体。迅速抽滤,并用玻璃磨口瓶塞压干晶体,所得即为 KNO_3 的第一次产品。

将上面的滤液倾入 250 mL 烧杯中,加热蒸发,直到溶液体积为蒸发前的 1/2 为止。趁热抽滤,压干晶体,放在表面皿上晾干,这就是 NaCl 产品。在加热蒸发过程中,为了防止暴沸,可取一段约为 20 cm 长的玻璃管,将一端封死,使开口一端(不熔光)浸入溶液中,并不断搅拌溶液。

将滤出 NaCl 晶体后的滤液倾入 250mL 的烧杯中,用约为滤液 1/10 体积的水洗涤抽滤瓶并与滤液合并,然后将滤液冷却到 278 K(5℃)以下,用倾析法除去母液,抽滤、压干晶体,得到第二次 KNO_3 产品,与第一次 KNO_3 产品合并,放在表面皿上晾干,称重,留做重结晶。

2. 重结晶提纯

(1) KNO_3 晶体重结晶。将两次所得 KNO_3 产品留下 1～2 g,其余放入 150 mL 烧杯中,按固液质量比 1∶1 加入蒸馏水,加热使其溶解,冷却至 278 K(5℃)以下;析出 KNO_3 晶体,抽滤、压干、晾干、称重即为 KNO_3 重结晶产品。

(2) NaCl 晶体重结晶。将上面制得的 NaCl 晶体称重,放入 250mL 烧杯中(留下 1～2 g),再按固液比 1∶3 加入蒸馏水,使其溶解后,再加入约 1/10 体积的浓盐酸,然后蒸发此溶液,浓缩到原体积的 1/3,NaCl 晶体析出,抽滤,弃去滤液。将所得 NaCl 晶体放入洁净的蒸发皿中炒干,称重。

3. KNO_3 和 NaCl 产品纯度的鉴定

用重结晶前后的产品对照检查 KNO_3 中的 Na^+ 和 Cl^-、NaCl 中的 K^+ 和 NO_3^- 含量的变化。

(1) Na^+ 和 K^+ 的鉴定。用焰色反应来鉴定 Na^+ 和 K^+

(2) Cl^- 的鉴定。溶解 0.01 g 待鉴定的 KNO_3 于 2 mL 蒸馏水中,加入几滴 6mol·L^{-1} HNO_3 酸化,然后滴入 10 滴 0.1 mol·L^{-1} $AgNO_3$ 溶液,通过观察白色沉淀来鉴定 Cl^-(可称取 0.5 g 溶于 100mL 水中)。

(3) NO_3^- 的鉴定。溶解 0.01 g 待鉴定的 NaCl 于 2 mL 蒸馏水中,加少许 $FeSO_4$·$7H_2O$ 晶体(或饱和的 $FeSO_4$ 溶液)。倾斜试管,然后慢慢滴入 2 mL 浓 H_2SO_4,若有棕色环出现在二个液面之间,说明 NO_3^- 存在。进行本实验时,必须注意以下几点:

① 若用 $FeSO_4$ 溶液必须新配制。

② 浓 H_2SO_4 必须沿管壁慢慢滴入。

• 思考题

1. 为什么 $NaNO_3$ 和 KCl 的溶液在除去不溶性杂质时,要进行热过滤?

2. 试说明 NaCl 和 KNO_3 提纯的原理。

实验 2-9　硫酸亚铁铵的制备

一、目的要求

(1) 了解制备硫酸复盐的方法。
(2) 熟练称量、加热、溶解、过滤、蒸发、结晶、检验等基本操作。
(3) 练习目视比色法测定离子的浓度。

二、实验原理

硫酸亚铁铵 $[FeSO_4 \cdot (NH_4)_2SO_4 \cdot 6H_2O]$，俗称摩尔盐，为浅蓝绿色透明晶体，易溶于水，存放时不易被空气中的氧所氧化，故比 $FeSO_4 \cdot 7H_2O$（俗称绿矾）稳定，但仍具有 Fe^{2+} 的还原性，是分析化学中常用的还原剂。

硫酸亚铁铵的制备分两步进行，第一步是制得硫酸亚铁，常用金属铁屑与稀硫酸反应：
$$Fe + H_2SO_4 \rightarrow FeSO_4 + H_2\uparrow$$
但由于 $FeSO_4$ 在弱酸性溶液中容易发生水解和氧化反应：
$$4FeSO_4 + O_2 + 2H_2O \rightarrow 4Fe(OH)SO_4$$
所以，在制备过程中应使溶液保持较强的酸性。

不纯铁中还可能含有硫、磷、砷等杂质，当与酸作用时能生成有毒的氢化物，它们都具有还原性，可用高锰酸钾溶液来处理：
$$5H_2S + 2MnO_4^- + 6H^+ \rightarrow 5S + 2Mn^{2+} + 8H_2O$$
$$5PH_3 + 8MnO_4^- + 9H^+ \rightarrow 5PO_4^{3-} + 8Mn^{2+} + 12H_2O$$
$$5AsH_3 + 8MnO_4^- + 9H^+ \rightarrow 5AsO_4^{3-} + 8Mn^{2+} + 12H_2O$$
第二步是将制得的硫酸亚铁与等物质的量的硫酸铵混合，利用复盐的溶解度比组成它的简单盐小的特性（见实验后附表），经蒸发、浓缩、结晶制得硫酸亚铁铵复盐：
$$FeSO_4 + (NH_4)_2SO_4 + 6H_2O \rightarrow FeSO_4 \cdot (NH_4)_2SO_4 \cdot 6H_2O$$
复盐在溶液中全部电离为简单离子：
$$FeSO_4 \cdot (NH_4)_2SO_4 \rightarrow Fe^{2+} + 2NH_4^+ + 2SO_4^{2-}$$

在含有 Fe^{2+} 的溶液中，加入 $K_3[Fe(CN)_6]$（铁氰化钾）溶液，能生成蓝色配合物沉淀 $Fe_3[Fe(CN)_6]_2$，这个反应可用于 Fe^{2+} 的鉴定、

硫酸亚铁铵产品中的杂质主要是 Fe^{3+}。产品质量等级也常以 Fe^{3+} 含量多少来评定。其检定方法是，取一定量产品配成一定浓度的溶液，加入 NH_4SCN 后，利用 Fe^{3+} 能与 SCN^- 形成血红色配离子 $[Fe(SCN)_6]^{3-n}$ 的颜色深浅，与标准溶液进行目视比色，以确定 Fe^{3+} 杂质的含量范围，这种检定方法，通常称为限量分析。

三、仪器与药品

仪器：
　　台秤；布氏漏斗；吸滤瓶；比色管（或大试管）；250 mL 锥形瓶；蒸发皿。
药品：

固体 $(NH_4)_2SO_4$；H_2SO_4($2\ mol \cdot L^{-1}$)；Na_2CO_3(质量分数为 10%)或化学除油液；NH_4 SCN($1\ mol \cdot L^{-1}$)；$K_3[Fe(CN)_6]$($0.1\ mol \cdot L^{-1}$)；$BaCl_2$($1\ mol \cdot L^{-1}$)；$KMnO_4$ ($0.01\ mol \cdot L^{-1}$)；乙醇(体积分数为 95%)；铁屑；pH 试纸；滤纸；橡皮管；玻璃管。

四、实验步骤

1. 铁屑化学去油污

(1) 称取制备 $20\ g\ FeSO_4 \cdot 7H_2O$ 所需要的铁屑。

(2) 将所取铁屑放于小烧杯中，加 $10\%Na_2CO_3$ 溶液或化学除油液，加热近沸约 $10\ min$，去除铁屑表面之油污。冷却，小心用倾析法倒去污液，然后用水洗涤 $3\sim4$ 次，最后用蒸馏水洗涤一次，干燥后准确称量铁屑质量，备用。

2. 硫酸亚铁的制备

(1) 铁屑与硫酸作用。

方法一 在 $250\ mL$ 锥形瓶中，放入洗净的铁屑，加入 $2\ mol \cdot L^{-1}\ H_2SO_4$ 溶液(需过量 30%)，盖上带玻璃导气管的塞子，导气管上连接一段橡皮管，橡皮管的另一端连接一根玻璃管，将玻璃管插入盛有 $100\ mL\ 0.01\ mol \cdot L^{-1}KMnO_4$ 和 $10\ mL\ 12\ mol \cdot L^{-1}H_2SO_4$ 的混合溶液的烧杯中(两人合用)，将锥形瓶放在石棉网上小火加热。反应开始后，如有泡沫溢出，迅速停止加热(注意：如果发生导气管中有 $KMnO_4$ 和 H_2SO_4 混合液被倒吸时要迅速拔下锥形瓶的塞子)，待反应稍缓时再加热，直至铁屑残留物在溶液中不再冒气泡为止(反应后期用少量蒸馏水淋洗锥形瓶壁，并使原溶液体积保持不变)。

方法二 如实验室通风条件较好，反应可在烧杯中进行：在 $250\ mL$ 烧杯中，放入洗净的铁屑，加入 $2\ mol \cdot L^{-1}\ H_2SO_4$(需过量 30%)，盖上表面皿，用小火加热(有泡沫溢出时，移开表面皿)，至铁屑残留物在溶液中不再冒气泡为止(反应后期用少量蒸馏水淋洗杯壁，并使原溶液体积保持不变)。

(2) 趁热用倾析法以布氏漏斗减压过滤，用少量蒸馏水洗涤一次不溶物，将滤液立即倒入蒸发皿中。

3. 硫酸亚铁铵的制备

(1) 在上面所得硫酸亚铁滤液中，加入根据 $FeSO_4$ 的理论产量按反应式计算所需质量的硫酸铵固体，搅拌溶解(可小火加热)，得到澄清溶液。

(2) 测量混合溶液的 pH，应使溶液 pH 在 1 左右。如 pH 较大，应滴加 $2\ mol \cdot L^{-1}$ H_2SO_4 溶液调节。

(3) 将溶液在石棉网上小火加热(蒸发过程中不要搅动溶液)，蒸发浓缩至液面出现一层晶体为止，自然冷却，硫酸亚铁铵结晶即可析出。

(4) 用布氏漏斗减压过滤，尽量抽干，并用 95% 乙醇 $4\sim5\ mL$ 清洗晶体，观察晶体的形状和颜色。用滤纸将晶体吸干，称量并计算产率。

五、产品检验

(1) 试用实验方法证明产品中含有 NH_4^+、Fe^{2+} 和 SO_4^{2-}。

(2) Fe^{3+} 的限量分析：

称取 $1.0g$ 制得的产品置于 $25\ mL$ 比色管中(或大试管，用量酌减)，用 $15\ mL$ 不含溶解氧的蒸馏水(在 250 mL 锥形瓶中,注入 150~180 mL 蒸馏水,加 2~3 mL 2 mol·L^{-1}H$_2$SO$_4$溶液,煮沸约 10 min 以除去溶解氧,盖好,冷却后供四人取用)溶解。再加入 1 mL 1mol·L^{-1} NH$_4$SCN,最后用不含溶解氧的蒸馏水稀释到刻度,摇匀后和实验室提供的标准溶液的红色进行比较,确定产品中 Fe^{3+} 含量符合哪一级试剂规格

表 2-10　试剂规格对照表

规格	I 级	II 级	III 级
含 Fe^{3+} 量/(mg·mL^{-1})	0.05	0.10	0.20

标准溶液配制(由实验室配制):

(1) 在分析天平上准确称取硫酸铁铵 NH$_4$Fe(SO$_4$)$_2$·12H$_2$O2.1585 g,用少量蒸馏水溶解并加 10 mL 2 mol·L^{-1}H$_2$SO$_4$,然后全部转移至 250 mL 容量瓶中,用蒸馏水稀释至刻度,摇匀待用。此溶液含 Fe^{3+}1.0 mg·mL^{-1}。

(2) 按表分别定量取上述溶液三份(1.25 mL、2.50 mL、5.00 mL),倒入 25 mL 比色管中,然后加入 1 mL NH$_4$SCN,用蒸馏水稀释至刻度,混匀盖好。

· 思考题

1. 计算好实验中铁屑、硫酸、硫酸铵的用量。

2. 制备硫酸亚铁时为什么酸要过量?

3. 如何用实验方法检验产品中的 NH$_4^+$、Fe^{2+} 和 SO$_4^{2-}$ 离子?写好检验操作步骤。

4. 实验中可以从哪些方面提高产率?

表 2-11　有关物质的溶解度(g/100gH$_2$O)

物　质	10℃	20℃	30℃	40℃	50℃
(NH$_4$)$_2$SO$_4$	73.0	75.4	78.0	81.0	84.5
FeSO$_4$·7H$_2$O	20.5	26.5	32.9	40.2	48.6
FeSO$_4$·(NH$_4$)$_2$SO$_4$·6H$_2$O	17.2	21.2	24.5	33.0	40.0

实验 2-10　防锈颜料磷酸锌的制备

一、目的要求

(1) 了解磷酸锌的制备方法和原理。

(2) 进一步熟练溶解、沉淀、结晶、过滤等基本操作技术。

(3) 学习沉淀的洗涤、固体物质的干燥。

二、实验原理

防锈颜料磷酸锌为二水合物粉末,在 105℃以上失去结晶水得无水物。它不溶于水,易溶于酸和氨水溶液,主要用于配制带锈底漆和其他类型防锈底漆。

制备磷酸锌的方法有多种,如:

氧化锌和磷酸作用:把氧化锌用热水调成 20% 的糊状物,滴加磷酸进行反应。

锌盐与磷酸作用:把锌盐溶液调至碱性,与磷酸反应制得。

锌盐与磷酸盐复分解反应:把锌盐用水溶解后,在搅拌下撒入磷酸盐粉末制得。

本实验介绍氧化锌与磷酸作用,锌盐与磷酸盐复分解反应制备磷酸锌的两种方法可供选做。主要反应如下:

$$3ZnO + 2H_3PO_4 =\!=\!= Zn_3(PO_4)_2 \downarrow + 3H_2O$$

$$3ZnSO_4 + 2Na_3PO_4 =\!=\!= Zn_3(PO_4)_2 \downarrow + 3Na_2SO_4$$

以上方法制得的磷酸锌为四水合物。因此必须在 110～120℃ 的烘箱内脱水,使之成为二水合物($Zn_3(PO_4)_2 \cdot 2H_2O$)的防锈颜料。

三、仪器与药品

仪器:

抽滤装置;蒸发皿;烧杯;量筒;水浴锅。

药品:

ZnO(固);$ZnSO_4$(固);Na_3PO_4(固);$BaCl_2$(0.5mol·L^{-1});HCl(2.0mol·L^{-1});H_3PO_4(15%);pH 试纸。

四、实验步骤

1. ZnO 与 H_3PO_4 作用制备磷酸锌

用托盘天平称取氧化锌粉末 7.3g,放入 100mL 烧杯中,加入 80℃ 以上的热蒸馏水 35mL,用玻璃棒搅拌 20min,使氧化锌充分润湿,并成糊状物。稍冷,用量筒取 H_3PO_4(15%)溶液 20mL,在搅拌下逐滴加入到糊状物中,加毕后继续搅拌 15min,并用 pH 试纸不断测定溶液 pH 值。如果反应基本完成,溶液 pH=5～6。反应完成后,静置陈化 5min(便于过滤),抽滤分离,结晶用蒸馏水洗涤,直至洗涤液为中性,产品放入烘箱内,在 110～120℃ 下干燥 30min。也可放在蒸发皿中,用小火干燥至成为二水合物。进行称量并计算收率。

2. $ZnSO_4$ 与 Na_3PO_4 作用制备磷酸锌

(1) $ZnSO_4$ 溶液的配制和 Na_3PO_4 的称取。用托盘天平称取 $ZnSO_4$ 12g 或 $ZnSO_4 \cdot 7H_2O$ 21.5g,置于 400mL 烧杯中,加蒸馏水 200mL,搅拌使之全部溶解。称取 Na_3PO_4 8.2g 或 $Na_3PO_4 \cdot 12H_2O$ 19g,研细。

(2) $Zn_3(PO_4)_2 \cdot 2H_2O$ 的制备。将配好的硫酸锌溶液放在水浴锅中,加热至 80℃ 左右在剧烈搅拌下,分多次把已研细的磷酸钠粉末撒入硫酸锌溶液中,不要让磷酸钠粉末沉底。加毕后继续搅拌 30～60min 左右,使其反应完全。反应完后 pH 值应接近中性。然后停止搅拌,静置 10min,使晶体沉降后从水浴中取出稍冷却,小心把上层清液倾入另一个烧杯中,再用适量的蒸馏水洗涤晶体两次,洗涤液并入母液。晶体减压过滤,并用蒸馏水冲洗至滤液用 $BaCl_2$(0.5mol·L^{-1})溶液在盐酸酸性条件下检验无 SO_4^{2-} 存在为止。然后抽尽水分,置于烘箱内在 110～120℃ 下脱去两个结晶水,得到产品磷酸锌二水合物。称量,计算收率。

(3) 副产品 Na_2SO_4 的回收。Na_2SO_4 在水中的溶解度随温度变化比较特殊,在 30℃ 以下随着温度的升高溶解度增大,32.38℃ 达到最大溶解度,当温度再升高时溶解度反而下降。32.38℃ 为 $Na_2SO_4 \cdot 10H_2O$ 和 Na_2SO_4 的转化温度。纯度较高,颗粒较细的无水硫酸钠,工业上叫做元明粉,通常条件下是无色菱形晶体。

将上述母液移入蒸发皿中,在不断搅拌下缓缓加热浓缩,直至溶液中有大量白色无水硫酸钠析出为止,然后再用余火加热并不断搅拌将其干燥,得粗品无水硫酸钠。称量,计算收率。

● 思考题

防锈颜料磷酸锌的制备有几种方法,基本反应条件是什么?

实验 2 - 11　以废铝为原料制备氢氧化铝

一、目的要求

(1) 通过由废铝制备氢氧化铝的实验,了解废物综合利用的意义。

(2) 熟悉金属铝和氢氧化铝的有关性质。

(3) 掌握无机制备中的一些基本操作方法。

二、实验原理

$Al(OH)_3$ 为白色、无定形粉末,无嗅无味,可溶于酸和碱,不溶于水,可用作分析试剂、媒染剂,也用于制药工业和铝盐制备。

我国每年有大量废弃的铝(铝牙膏皮、铝药膏皮、铝制器皿、铝饮料罐等),本实验是利用废弃的铝牙膏皮或铝药膏皮来制备工业上有用的 $Al(OH)_3$。

人工合成的氢氧化铝因制备条件不同,可得到不同结构不同含水量的氢氧化铝,如 $AlO(OH)$、$\alpha-Al(OH)_3$、$\gamma-Al(OH)_3$ 及无定形的 $Al_2O_3 \cdot xH_2O$。

本实验采用铝酸盐法制备氢氧化铝,以废铝牙膏皮或铝药膏皮为原料(废铝牙膏皮或铝药膏皮外的油漆可用砂纸擦去,也可在水中煮 3～5 min 后洗去,如留有残余油漆可用刷子刷去。将除去油漆的铝片洗净、擦干)。首先与 $NaOH$ 反应制备偏铝酸钠溶液,然后与 NH_4HCO_3 溶液反应得到氢氧化铝沉淀,其反应式为:

$$2Al + 2NaOH + 6H_2O \rightarrow 2Na[Al(OH)_4] + 3H_2\uparrow$$

常简写成:

$$2Al + 2NaOH + 2H_2O \rightarrow 2NaAlO_2 + 3H_2\uparrow$$

然后:

$$2NaAlO_2 + NH_4HCO_3 + 2H_2O \rightarrow Na_2CO_3 + 2Al(OH)_3\downarrow + NH_3\uparrow$$

新沉淀的 $Al(OH)_3$ 长时间浸于水中将失去溶于酸和碱的能力,在高于 130℃时进行干燥也可能出现类似变化。

三、仪器与药品

仪器:

烧杯(250 mL,400 mL);布氏漏斗;吸滤瓶;恒温烘箱;台秤。

药品:

$NaOH$(固);NH_4HCO_3(固);废铝牙膏皮或铝药膏皮;铝鞋油皮;pH 试纸。

四、实验步骤

1. 制备偏铝酸钠

将 1g 已经处理好的铝片剪成细条或碎片,快速称取比理论量多 50% 的固体 NaOH 于 250 mL 烧杯中,加 50 mL 蒸馏水溶解,加热,并分次加入 l g 金属铝片,反应开始后即停止加热,并以加铝片的快慢、多少控制反应(反应激烈,以表面皿作盖,防止碱液溅出发生伤人事故!)。反应至不再有气体产生后,用布氏漏斗减压过滤,将滤液转入 250 mL 烧杯。用少量水淋洗反应烧杯一次,淋洗液再行抽滤,将淋洗滤液一并转入 250 mL 烧杯,再用少量水淋洗抽滤瓶一次,把淋洗掖也转入 250 mL 烧杯中。

2. 合成氢氧化铝

将上述偏铝酸钠溶液加热至沸,在不断搅拌下,将 75 mL 饱和 NH_4HCO_3 溶液以细流状加入其中(自己配制,NH_4HCO_3 溶解度见附表),待沉淀逐渐生成,将沉淀搅拌约 5 min(注意:整个过程需不停搅拌,停止加热后还要搅拌片刻,以防溅出)。静置澄清,检验沉淀是否完全,待沉淀完全后,用布氏漏斗减压过滤。

3. 氢氧化铝的洗涤、干燥

将 $Al(OH)_3$ 沉淀转入 400 mL 烧杯中,加入约 150 mL 近沸的蒸馏水,在搅拌下加热 2~3 min,静置澄清,倾出清液,重复上述操作两次、最后一次将沉淀移入布氏漏斗减压过滤,并用 100 mL 近沸蒸馏水洗涤(此时滤液的 pH 为 7~8),抽干。将 $Al(OH)_3$ 移至表面皿上,放入烘箱中,在 80℃ 下烘干,冷却后称量,计算产率。

- 思考题

1. 计算 $Al(OH)_3$ 沉淀完全时的 pH 及沉淀时应控制的 pH 范围。
2. 欲得到纯净松散的 $Al(OH)_3$ 沉淀,合成中应注意哪些条件?
3. 怎样配制 75 mL 饱和 NH_4HCO_3 溶液?
4. 合成氢氧化铝时,如何检验沉淀是否完全?

表 2-12 NH_4HCO_3 的溶解度

温度 /℃	0	10	20	30
溶解度/[g·(100mLH₂O)⁻¹]	11.9	15.8	21	27

实验 2-12 用废电池的锌皮制备硫酸锌

一、目的要求

(1) 学习由废锌皮制备硫酸锌的方法。

(2) 熟悉控制 pH 值进行沉淀分离除杂质的方法。

(3) 掌握无机制备中的一些基本操作及对比检验。

(4) 了解硫酸锌的性质。

二、实验原理

锌锰干电池上的锌皮,既是电池的负极,又是电池的壳体。当电池报废后,锌皮一般仍大部分留存,将其回收利用,既能节约资源,又能减少对环境的污染。

锌是两性金属,能溶于酸或碱,在常温下,锌片和碱的反应极慢,而锌与酸的反应则快得多。本实验采用稀硫酸溶解回收的锌皮以制取硫酸锌:

$$Zn + H_2SO_4 \rightarrow ZnSO_4 + H_2 \uparrow$$

此时,锌皮中含有的少量杂质铁也同时溶解,生成硫酸亚铁:

$$Fe + H_2SO_4 \rightarrow FeSO_4 + H_2 \uparrow$$

因此,在所得的硫酸锌溶液中,先用过氧化氢将 Fe^{2+} 氧化为 Fe^{3+}:

$$2FeSO_4 + H_2O_2 + H_2SO_4 \rightarrow Fe_2(SO_4)_3 + 2H_2O$$

然后用 NaOH 调节溶液的 pH=8,使 Zn^{2+}、Fe^{3+} 生成氢氧化物沉淀:

$$ZnSO_4 + 2NaOH \rightarrow Zn(OH)_2 \downarrow + Na_2SO_4$$

$$Fe_2(SO_4)_3 + 6NaOH \rightarrow 2Fe(OH)_3 \downarrow + 3Na_2SO_4$$

再加入稀硫酸,控制溶液 pH=4.0~4.5,此时氢氧化锌溶解而氢氧化铁不溶解,可过滤除去,最后将滤液酸化、蒸发浓缩、结晶,即得 $ZnSO_4 \cdot 7H_2O$ 晶体。

三、仪器与药品

仪器:

台秤;普通漏斗;布氏漏斗;抽滤瓶;蒸发皿。

药品:

$H_2SO_4(2mol \cdot L^{-1})$;$HNO_3(2mol \cdot L^{-1})$;$HCl(2mol \cdot L^{-1})$;$NaOH(2mol \cdot L^{-1})$;$AgNO_3(0.1mol \cdot L^{-1})$;$KSCN(0.5 mol \cdot L^{-1})$;$H_2O_2$(质量分数为 3%);pH 试纸;滤纸。

四、实验步骤

1. 锌皮的回收及处理

拆下废电池的锌皮(一个大号废电池,锌皮如无严重腐蚀,可供两人实验),锌皮表面可能有氯化锌、氯化铵及二氧化锰等杂质,应先用水刷洗除去;锌皮上还可能沾有石蜡、沥青等有机物,用水难以洗净,但它们不溶于酸,可在锌皮溶于酸后过滤除去;将锌皮剪成细条状,备用(以上由学生在实验前准备好)。

2. 锌的溶解

称取处理好的锌皮 5g,加入 2 mol · L^{-1} H_2SO_4(体积在实验前算好),加热,待反应较快时停止加热,反应完毕,用表面皿盖好,放置过夜或放到下次实验。过滤,滤液盛在 400 mL 烧杯中。

3. $Zn(OH)_2$ 的生成

将滤液加热近沸,加入 3% H_2O_2 溶液 10 滴,在不断搅拌下滴加 2 mol · L^{-1} NaOH 溶液,逐渐有大量白色 $Zn(OH)_2$ 沉淀生成。当加入 NaOH 溶液约 20 mL 时,加水 150 mL,充分搅匀。在不断搅拌下,继续滴加 NaOH 溶液至 pH=8 为止。用布氏漏斗减压过滤,取后期滤液 2 mL,加 2 mol · L^{-1} HNO_3 溶液 2~3 滴,0.1 mol · L^{-1} $AgNO_3$ 溶液 2~3 滴,振荡试管,观察现象(用蒸馏水代替滤液作对照实验)。如有浑浊,说明沉淀中含有可溶性杂质,需用蒸馏水洗涤(淋洗),直至滤液中不含 Cl^- 为止,弃去滤液。

4. $Zn(OH)_2$ 的溶解及除铁

将 $Zn(OH)_2$ 沉淀转移至烧杯中,另取 2 mol·L^{-1} H_2SO_4 溶液滴加到 $Zn(OH)_2$ 沉淀中去(不断搅拌),当有溶液出现时,小火加热,并继续滴加硫酸,控制溶液 pH=4(注意:后期加酸要缓慢。当溶液 pH=4.0~4.5 时,即使还有少量白色沉淀未溶,也不再加酸,加热、搅拌,沉淀自会逐渐溶解。共约加硫酸 30 mL)。

将溶液加热至沸,促使 Fe^{3+} 水解完全,生成 $FeO(OH)$ 沉淀,趁热过滤,弃去沉淀。

5. 蒸发、结晶

在除铁后的滤液中,滴加 2 mol·L^{-1} H_2SO_4,使溶液 pH=2,将其转入蒸发皿中,在水浴上蒸发、浓缩至液面上出现晶膜,自然冷却后,用布氏漏斗减压过滤,将滤饼放在两层滤纸间吸干,称量并计算产率。

6. 产品检验

产品质量检验的实验现象与实验室提供的试剂(三级品)"标准"进行对比:

称取制得的 $ZnSO_4 \cdot 7H_2O$ 晶体 1 g,加水 10 mL 使之溶解,将其均分于两支试管中,进行下述实验:

(1) Cl^- 的检验。

在一支试管中,加入 2 mol·L^{-1} HNO_3 溶液 2 滴和 0.1 mol·L^{-1} $AgNO_3$ 溶液 2 滴,摇匀,观察现象并与"标准"进行比较。

(2) Fe^{3+} 的检验。

在另一支试管中,加入 2 mol·L^{-1} HCl 溶液 5 滴和 0.5 mol·L^{-1} KSCN 溶液 2 滴,摇匀,观察现象并与"标准"进行比较。

根据上面检验比较的结果,评定产品中 Cl^-、Fe^{3+} 的含量是否达到三级品试剂标准。

• 思考题

1. 计算溶解锌需要 2 mol·L^{-1} H_2SO_4 溶液(过量 25%)多少毫升?

2. 沉淀 $Zn(OH)_2$ 时,为什么要控制 pH=8,计算说明。

3. 在蒸发、结晶的实验步骤中,溶液蒸发前为什么要加 H_2SO_4 使溶液 pH=2?

4. 本实验若不经过 $Zn(OH)_2$ 的生成及溶解除铁,而是采用控制加 NaOH 的量进行分步沉淀,一次性制备硫酸锌,该工艺是否可行,为什么?

表 2-13 有关氢氧化物沉淀的 pH

氢氧化物	开始沉淀时的 pH 值		沉淀完全时的 pH 值
	初始浓度		
	1mol·L^{-1}	0.01mol·L^{-1}	
$Fe(OH)_3$	1.5	1.2	1.2
$Zn(OH)_2$	5.5	6.5	7.8
$Fe(OH)_2$	6.5	7.5	9.0

实验 2-13　草酸盐共沉淀法制备铁氧体微粉

一、目的要求

（1）了解共沉淀法合成无机粉体物质的方法。

（2）了解马福炉的结构及使用方法。

二、实验原理

铁氧体一般是指铁族元素和一种或多种其他适当的金属元素的复合氧化物，是一种常用的磁性材料，广泛用于软磁、旋磁、矩磁材料，以及用作磁记录介质、磁泡材料等。

铁氧体材料的制备，一般多采用如下流程：按选定的配方配料→球磨粉碎混合→预烧（固相反应）→造粒→成型→烧结→热处理→成品。这种工艺流程属传统的无机材料制备工艺。由于上述高温固相反应能耗大，粉料活性低，反应性能及磁性能较差，从而促使溶液法化学共沉淀工艺得到了发展。

化学共沉淀法即在控制反应温度、浓度、化学计量比以及 pH 等工艺条件下，加入沉淀剂使溶液中按一定计量比混合的物质同时共沉淀。沉淀物经分离干燥后在高温炉（马福炉）中焙烧，使沉淀物发生高温固相反应，从而获得性能优良的微米级、甚至纳米级的粉体材料，进一步将此粉体成型烧结，即可得到磁性能优良的磁性材料。

本实验选用草酸盐作为共沉淀剂，它和 $Zn(\mathrm{II})$、$Ni(\mathrm{II})$、$Fe(\mathrm{II})$ 可以同时沉淀而形成共沉淀物：

$$0.5Ni^{2+} + 0.5Zn^{2+} + 2Fe^{2+} + 3C_2O_4^{2-} + 6H_2O \longrightarrow Ni_{0.5}Zn_{0.5}Fe_2(C_2O_4)_3 \cdot 6H_2O\downarrow$$

共沉淀物经高温分解及固相反应获得镍锌铁氧体粉料：

$$Ni_{0.5}Zn_{0.5}Fe_2(C_2O_4)_3 \cdot 6H_2O \xrightarrow{700\,℃} Ni_{0.5}Zn_{0.5}Fe_2O_4 + CO_2 + 4CO + 6H_2O$$

三、仪器与药品

仪器：

　　马福炉；恒温水浴；烧杯（250 mL）；圆底三颈烧瓶（500 mL）；电动搅拌装置；布氏漏斗；瓷坩埚；移液管；磁石；光学显微镜。

药品：

　　用含 0.1%（质量分数）H_2SO_4 的蒸馏水配制 $NiSO_4$（0.7 mol·L^{-1}）；$ZnSO_4$（0.7 mol·L^{-1}）；$FeSO_4$（0.7 mol·L^{-1}）；$(NH_4)_2C_2O_4$（0.35 mol·L^{-1}）。

四、实验步骤

（1）按实验原理中的共沉淀化学反应式计算各盐溶液的用量（制取 5 g 草酸盐共沉淀物，溶液总体积为 400 mL）。

（2）将草酸盐溶液盛于另一烧杯中待用，其他料液准确移取至三颈烧瓶中。

分别加热上述料液和草酸盐溶液至 65 ℃，并恒温，搅拌，然后将草酸盐溶液倒入反应料液中,搅拌 5 min,取出,以流水冷至室温后放置片刻,用布氏漏斗抽滤,以蒸馏水洗涤沉淀至无 SO_4^{2-} 为止(用 Ba^{2+} 检查),最后用少量乙醇淋洗一次,抽干。

(3) 将滤饼转入蒸发皿中,在烘箱中干燥,然后转入瓷坩埚,并放入马福炉中,在 200℃ 烘烤 1～2h 后,慢慢升温至 700℃,保温半小时后停止加热,待炉温降至 100℃ 以下时,取出瓷坩埚,得到具有尖晶石结构的镍锌铁氧体粉料。将产品放入干燥器中,待冷却后称重,计算产率。

(4) 用磁铁检查产品是否有磁性。用光学显微镜观察产品的粉体形貌(有条件的可用电子显微镜观察产品初级颗粒的形貌)。

• 思考题

1. 产物滤饼放入马福炉中焙烧的目的是什么?

2. 何为化学共沉淀技术,该技术的特点是什么?

3. 查阅资料,了解无机微米级、纳米级粉体的性能和应用。

实验 2-14　从废黑白定影液中回收银

一、目的要求

(1) 了解从废定影液中回收银的原理和操作方法。

(2) 掌握利用标准电极电势表选择氧化剂、还原剂,进行氧化还原反应,如利用比较活泼的金属或其他还原剂从 Ag(Ⅰ) 的配离子中还原出金属银。

二、实验原理

黑白定影液的主要成分是硫代硫酸钠,它可与未感光胶片上 AgBr 中的 Ag(Ⅰ) 生成配离子 $[Ag(S_2O_3)]^{3-}$：

$$AgBr + 2Na_2S_2O_3 \rightarrow Na_3[Ag(S_2O_3)_2] + NaBr$$

根据下列标准电极电势：

$$[Ag(S_2O_3)_2]^{3-} + e^- \rightleftharpoons Ag + 2S_2O_3^{2-} \quad E^\ominus = 0.01V$$

$$Zn^{2+} + 2e^- \rightleftharpoons Zn \quad E^\ominus = -0.763V$$

可用金属锌将 $[Ag(S_2O_3)_2]^{3-}$ 的银(Ⅰ)还原成金属银：

$$2[Ag(S_2O_3)_2]^{3-} + Zn \rightarrow 2Ag\downarrow + Zn^{2+} + 4S_2O_3^{2-}$$

当运送大量废定影液不方便时,可向废定影液中加入过量的 Na_2S 固体,生成黑色 Ag_2S 沉淀,便于携带与运送。其反应原理是：Ag_2S 的溶度积极小,$K_{sp}(Ag_2S) = 1.99 \times 10^{-49}$；所以 Ag_2S 沉淀得很完全。

Ag_2S 不溶于稀硝酸,但可溶于热的浓硝酸：

$$2NO_3^- + 8H^+ + 3Ag_2S \xrightarrow{\Delta} 2NO\uparrow + 2S\downarrow + 4H_2O + 6Ag^+$$

在上面的 $AgNO_3$ 溶液中加入 HCl,得到凝乳状的白色氯化银沉淀,加入浓氨水得到 $[Ag(NH_3)_2]^+$,再用甲醛还原得到银,其反应方程式分别如下：

$$AgNO_3 + HCl \rightarrow HNO_3 + AgCl\downarrow$$

$$AgCl + 2NH_3 \rightarrow [Ag(NH_3)_2]^+ + Cl^-$$

$$2[Ag(NH_3)_2]^+ + HCHO + 2OH^- \xrightarrow{\Delta} HCOONH_4 + 2Ag\downarrow + H_2O + 3NH_3$$

三、仪器与药品

仪器：

离心机；点滴板；烧杯；圆底烧瓶；滴液漏斗；电动搅拌器；台秤；电炉；烘箱；抽滤设备。

药品：

HCl($0.1 mol \cdot L^{-1}$)；NaOH(质量分数为 20%)；氨水(体积分数为 50%)；KI($0.1 mol \cdot L^{-1}$)；AgNO$_3$($0.1 mol \cdot L^{-1}$)；NaCl(饱和)；Na$_2$S($0.1 mol \cdot L^{-1}$)；他锌片；废黑白定影液；pH 试纸；甲醛(质量分数为 40%)

四、实验步骤

1. 直接用锌还原回收银

(1) 取 200 mL 废黑白定影液，置于 500 mL 烧杯中，用 $2 mol \cdot L^{-1}$ 的 HCl 调节 pH 在 5.0 左右，放入锌片，微热，并用电动搅拌器慢慢搅拌 1h，黑色的银粉将析出。为了检查置换是否完全，取上层清液 1 mL，加入几滴 $0.1 mol \cdot L^{-1}$ 的 KI 溶液，若无黄色沉淀出现，则说明置换已完全，否则应继续反应。

(2) 洗涤银粉粗品。用倾析法洗涤银粉，直到洗涤液中不含 $S_2O_3^{2-}$，其检验方法如下：在点滴板上滴 2 滴洗涤液，加入 3~4 滴 $0.1 mol \cdot L^{-1}$ AgNO$_3$ 溶液，若有沉淀产生，且其颜色由白色→黄色→棕色→黑色，说明洗涤液中还有 $S_2O_3^{2-}$，否则为已洗净。

(3) 银粉粗品的精制。将上述已洗净的银粉粗品移入小烧杯中，加入 15~20 mL $2 mol \cdot L^{-1}$ 盐酸，浸泡 30 min，以除去未反应的锌。

用倾析法洗涤银粉便不含 Cl$^-$，然后将洗涤干净的银粉移入表面皿内，于烘箱中烘干后称重。

2. 沉淀－氧化法回收银

(1) 取废定影液 100 mL 置于 250 mL 烧杯中，加入 $0.1 mol \cdot L^{-1}$ Na$_2$S 溶液，生成硫化银沉淀。待其慢慢自然下沉，大约 20min 后可完全沉降于烧杯底部。为了检验是否沉淀完全，取上层清液 1 mL，加入 $0.1 mol \cdot L^{-1}$ 的 KI 溶液少许，若无淡黄色沉淀出现，则可认为已沉淀完全。否则，应继续加入硫化钠溶液，至沉淀完全为止。

将沉淀过滤，弃去滤液，洗涤至无 $S_2O_3^{2-}$ 离子后，将沉淀置于表面皿内烘干，称重，备用。

(2) 溶解硫化银。将上述经干燥称重的硫化银置于圆底烧瓶中，再注入计算用量 1.5 倍的浓硝酸，将烧瓶置于水浴锅内加热，保持温度 40~50℃(溶解的过程要在通风橱中进行)。

圆底烧瓶用双孔胶塞塞好，一孔内插入内盛浓 HNO$_3$ 的滴液漏斗；另一孔插入导管，并通入 Na$_2$CO$_3$ 溶液中，以消除污染。待黑色的 Ag$_2$S 溶解完全后，停止加热。

过滤并洗涤生成的硫粉至不含 Ag$^+$ 后弃去滤渣。

(3) 氯化银沉淀和银氨配离子的制备。向滤液中加入饱和食盐水，至 Ag$^+$ 完全转化成 AgCl 沉淀，过滤后，将沉淀置于小烧杯中，加入体积分数为 50% 的氨水，使沉淀溶解，形成银氨配离子。

(4) 甲醛还原。向 [Ag(NH$_3$)$_2$]$^+$ 溶液中加入 20% 的 NaOH 溶液 3mL，加入 40% 的甲醛

适量(超过计算用量的 10%),在 $50\sim60\,^{\circ}\!C$ 下保温 1h。抽滤,洗涤沉淀,烘干,称重,计算银的产率。

- 思考题

1. 试比较两种提取银方法的优、缺点。
2. 应用第二种方法回收的银,其尾气的吸收是否可用 NaOH 溶液?
3. 溶解 Ag_2S 时,为什么温度不能过高?
4. 计算好用第二种方法在提取银过程中的浓硝酸和甲醛的用量。

实验 2−15　用天青石矿制备碳酸锶

一、目的要求

(1) 学习查阅文献资料,并结合所学的化学知识独立设计用复分解法从天青石矿制备碳酸锶的试验方案。

(2) 通过本实验初步培养独立工作及分析和解决问题的综合能力。

二、实验要求

(1) 通过查阅资料,设计自己的实验方案和工作计划。实验方案要有理论依据和详细实验步骤,还要考虑防止污染和节约原材料等因素,将设计的方案交实验指导教师审查。

(2) 根据自己的设计方案,以 15g 天青石矿粉作原料,计算出在实验中所需要的其他各种试剂的量,如为溶液,应指明所用溶液的浓度。列出详细的仪器、药品清单。

(3) 在教师指导下独立完成实验,并对制得的产品进行初步检验。实验中观察并记录现象和数据,然后完成数据处理。

(4) 写出一篇研究论文式的实验报告,其结构和内容要求如下:

①题目;

②该实验工作的意义;

③实验原理和理论依据;

④实验所需的药品和仪器;

⑤实验内容:画出实验方案流程图,写出实验步骤、每步实验的详细反应及条件,进行实验原始记录及数据处理的表格和图;

⑥实验中的问题和讨论:通过对实验结果的分析、研究,发现有什么问题和得出什么结论,并实事求是地进行讨论(不管实验是成功还是失败);

⑦结论:对整个实验过程以简洁的语言作出结论,并提出需进一步改进和研究的问题;

⑧参考文献:列出实验工作中查阅和引用的参考文献。

第三章　化学实验基本测量技术

【知识目标】
1. 了解化学实验基本测量原理。
2. 掌握沸点、熔点、折射率、旋光度和电导率的测定方法。
3. 了解密度、粘度的测定方法。

【技能目标】
熟悉 Abbe 折射仪、旋光仪、电导率仪等仪器的使用方法。

第一节　密度的测定

密度是物质的一个重要的物理常数,利用密度的测定可以区分化学组成相类似而密度不同的液体化合物、鉴定液体化合物的纯度以及定量分析溶液的浓度。由于测定密度比较麻烦,也不易准确,因而常采用测定相对密度予以代替。

相对密度是指一定体积的某物质在一定温度时(20℃)的质量与同体积 4℃纯水质量的比值,通常用 d_4^{20} 来表示。其测定方法有密度计法、密度瓶法两种。

一、密度计法

密度计以前称为比重计,用密度计测定液体的相对密度是比较方便的。根据使用范围的不同,密度计的大小和形状有所不同(图 3-1),基本上可分为两大类:一类用于测定相对密度大于 1 的液体的密度,也叫重表;另一类用于测定相对密度小于 1 的液体的密度,习惯上叫做比轻计或轻表。

密度计是基于浮力原理,其上部细管内有刻度标签表示相对密度,下端球体内装有水银或铅粒。将密度计放入液体样品中即可直接读出其相对密度,该法操作简便迅速,适用于大量且准确度要求不高的测量。

测定液体相对密度时,要将被测液体盛放在有一定高度和一定直径的量筒内,装入的液体不要太满,但应能将密度计浮起。然后把密度计擦干净,用手拿住其上端,轻轻地插入量筒,用手扶住使其缓缓上升,直至稳定地浮在液体之中停止不动。不要使密度计与容器壁接触,密度计也不可突然放入液体内,以防密度计与量筒底相碰而受损。读数时,眼睛视线应与液面在同一个水平位置上,注意视线要与弯月面最低处相切。测定相对密度的同时还应测定液体的温度。

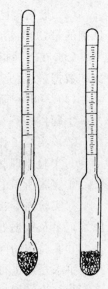

图 3-1　密度计

将密度计读数及温度读数记下后,即得实验温度时的相对密度 d_4^t。也可由下列公式换算成 20℃时该液体的相对密度 d_4^{20}:

$$d_4^{20} = d_4^t + \gamma(t - 20) \tag{3-1}$$

式中：　t——实验时的温度,℃;

γ——相对密度的温度校正系数。

油品相对密度的平均温度校正系数见表 3-1。

表 3-1 油品相对密度的平均温度校正系数

相对密度	1℃的温度 校正系数(γ)	相对密度	1℃的温度 校正系数(γ)
0.6900~0.6999	0.000910	0.8500~0.8599	0.000699
0.7000~0.7099	0.0000897	0.8600~0.8699	0.000686
0.7100~0.7199	0.000884	0.8700~0.8799	0.000673
0.7200~0.7299	0.000870	0.8800~0.8899	0.000660
0.7300~0.7399	0.000857	0.8900~0.9099	0.000647
0.7400~0.7499	0.000844	0.9000~0.9099	0.000633
0.7500~0.7599	0.000831	0.9100~0.9199	0.000620
0.7600~0.7699	0.000818	0.9200~0.9299	0.000607
0.7700~0.7799	0.000805	0.9300~0.9399	0.000594
0.7800~0.7899	0.000792	0.9400~0.9499	0.000581
0.7900~0.7999	0.000778	0.9500~0.9599	0.000567
0.8000~0.8099	0.000765	0.9600~0.9699	0.000554
0.8100~0.8199	0.000752	0.9700~0.9799	0.000541
0.8200~0.8299	0.000738	0.9800~0.9899	0.000528
0.8300~0.8399	0.000725	0.9900~1.0000	0.000515
0.8400~0.8499	0.000712		

测定完毕,应将密度计洗干净,用干净柔软的布小心擦干,轻轻放回密度计筒内,以备下次再用。

二、密度瓶法

密度瓶法适用于液体有机试剂相对密度的测定。密度瓶主体的容积一般为 15~25mL,侧管的尖端呈毛细管状,温度计的分度位为 0.1℃(图 3-1)。

测量时将清洁干燥的密度瓶精确称量至 0.001g,其质量为 w_0 g,再用已知密度液体(如水)充满密度瓶,装上温度计(瓶中应无气泡),置于恒温槽内,10min 钟后取出,将瓶中液面调至密度瓶刻度线处,擦干瓶外壁,称量得重为已知液体在测定温度时(由于液体的体积与温度有关,故必须使密度瓶在恒温槽内保持恒温,偏差±0.03℃)的重量,倒去已知液体,将瓶干燥,放入待测液体,恒温 10min,同法测得 w_2 为待测液体在测定温度时的质量。

在测定质量时,每个数据都应重复测定两次以上,平行误差应小于 0.0004。

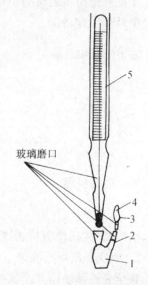

图 3-2 密度瓶
1—密度瓶主体;2—侧管;
3—侧孔;4—罩;5—温度计

玻璃磨口

试液相对密度(d_4^{20})按下式计算

$$d_t^{20} = \frac{(m_2 - m_1) \times 0.99823}{m_3 - m_1} \qquad (3-2)$$

式中：　m_1——密度瓶的质量，g；

　　　　m_2——密度瓶及样品的质量，g；

　　　　m_3——密度瓶及水的质量，g；

　　0.99823——将20℃时的相对密度(d_{20}^{20})换算为d_4^{20}时的系数，即水在20℃时的密度。

因为液体的密度随温度的变化而变化，所以在测定液体的相对密度时，必须注意控制恒温水浴的温度，使其准确到0.1℃，并最好与室温相近。对于恒温水浴中的水样及样品，要在其温度恒定后再进行测定。

实验 3-1　乙醇相对密度的测定

一、目的要求

(1) 掌握密度计法测定乙醇相对密度的方法。

(2) 进一步熟悉分析天平的使用方法。

二、实验原理

在20℃时，分别测定充满同一比重瓶的水及乙醇的质量，由水及乙醇的质量即可求出乙醇的相对密度。试液相对密度按式(3-2)计算。

密度瓶是由带磨口的小锥形瓶和与之配套的磨口毛细管塞组成。当测量精度要求高或样品量少时可用此法。

三、仪器和药品

仪器：

　　密度瓶。

药品：

　　乙醇。

四、实验步骤

1. 实验准备

测定时，先用洗液将密度瓶和玻璃磨口塞处的油脂洗去，再用蒸馏水充分洗涤，干燥。

2. 密度瓶质量的测定

将全套仪器洗净并干燥冷至室温(注意，带温度计的塞子不要烘烤)的密度瓶，在分析天平上准确称其质量 m_0(精确至0.001g)。

3. 密度瓶和蒸馏水质量的测定

用胶头滴管将煮沸30min并冷却至15℃的蒸馏水注满密度瓶，装上温度计(瓶中应无气泡)，立即浸入20±0.1℃的恒温水浴中，至密度瓶温度计达20℃并保持20～30min不变后，取出,用滤纸除去溢出侧管的水,立即盖上磨口毛细管塞。擦干后迅速称量。计为 m_2。

4. 样品密度的测定

倒出蒸馏水,密度瓶先用少量酒精再用乙醚洗涤数次,烘干冷却或电吹风冷风吹干。以待测样品代替水,按上述操作测定出被测液体和密度瓶的质量为 m_3。

数据记录与处理

室温:＿＿＿＿＿＿＿＿　　　　　大气压:＿＿＿＿＿＿＿＿

恒温槽的温度:＿＿＿＿＿＿＿

密度瓶的质量,g	(密度瓶＋水)的质量,g	(密度瓶＋样品)的质量,g

五、注意事项

(1) 因为液体的密度随温度的变化而变化,所以在测定液体的相对密度时,必须注意控制恒温水浴的温度,使其准确到 0.1℃,并最好与室温相近。对于恒温水浴中的水样及样品,要在其温度恒定后再进行测定。

(2) 密度瓶的规格有 5cm³,10cm³,25cm³,50cm³ 等。

• 思考题

1. 注满样品的密度瓶若恒温时间过短,对实验结果会有什么影响?

2. 密度瓶中有气泡,将使测定结果偏低还是偏高? 为什么?

第二节　沸点的测定

各种纯的液态物质在一定外界压力下,都各有恒定的沸腾温度,此温度称为沸点。在沸点温度时,若外界供给足够的热量,液态物质可全部气化。

一、测定原理

液体的分子由于分子运动有从表面逸出的倾向,这种倾向随着温度的升高而增大。如果把液体置于密闭的真空体系中,液体分子会连续不断地逸出液面,形成蒸气。同时,从有蒸气的那一瞬间开始,蒸气分子也不断地回到液体中,当分子由液体逸出的速度与分子由蒸气逸出的速度相等时,液面上的蒸气达到饱和,它对液面所施加的压力称为饱和蒸气压(简称蒸气压)。

实验证明,液体的蒸气压只与温度有关,即液体在一定温度下具有一定的蒸气压。它与体系中存在的液体和蒸气的绝对量无关。

当液体受热,它的蒸气压就随着温度的升高而增大,如图 3-3 所示。当液体的蒸气压增加到与外界施于液面的总压力(通常是大气压力)相等时,就有大量气泡从液体内部逸出,即液体沸腾。这时的温度称为液体的沸点。显然,沸点与所受外界压力的大小有关。通常所说的沸点是指 101.325kPa 压力下液体沸腾时的温度。例如水的沸点为 100℃,即是指101.325kPa压力下,水在 100℃时沸腾。

在其它压力下的沸点应注明压力,例如,在85.326kPa压力下的沸点应注明压力,例如,在85.326kPa压力下水在95℃沸腾,这时水的沸点可以表示为95℃/85.326kPa。

纯液体化合物在一定的压力下具有一定的沸点,其温度变化范围(沸程)极小,通常不超过1～2℃。若液体中含有杂质,则溶剂的蒸气压降低,沸点随之下降,沸程也扩大。但具有固定沸点的液体有机化合物不一定都是纯的有机化合物,因为某些有机化合物常常和其它组分形成二元或三元共沸混合物,它们也有一定的沸点,尽管如此,沸点仍可作为鉴定液体有机化合物和检验物质纯度的重要物理常数之一。

二、测定装置

(一)常量法测定沸点的蒸馏装置

常量法测沸点所用仪器装置及安装、操作中的要求和注意事项都与普通蒸馏相同(详见下章第二节蒸馏与分馏)。

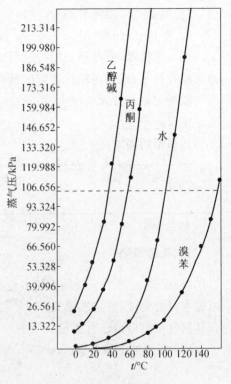

图 3-3　温度与蒸气压关系图

蒸馏过程中,应始终保持温度计水银球上有被冷凝的液滴,这是气-液两相达到平衡的保证,此时温度计的读数才能代表液体(馏出液)的沸点。

记录第一滴馏出液滴入接受器时的温度 t_1,继续加热,并观察温度有无变化,当温度计读数稳定时,此温度即为样品的沸点。样品大部分蒸出(约残留 0.5～1mL)时,记录最后的温度 t_2,停止加热。t_1～t_2 值即是样品的沸程。

(二)微量法测沸点

微量法测沸点常用沸点管来进行,沸点管有内外两管,内管是长 4cm,一端封闭、内径为 1mm 的毛细管;外管是长 7～8cm、一端封闭,内径为 4～5mm 的小玻璃管。

取 3～4 滴待测样品滴入沸点管的外管中,将内管开口向下插入外管中,然后用橡皮圈把沸点管固定在温度计旁,使装样品的部分位于温度计水银球的中部,如图 3-4a 所示。然后将其插入加热浴中加热。若用 b 形管加热,应调节温度计的位置使水银球位于上下两叉管中间,如图 3-4b 所示;若用烧杯加热,为了加热均匀,需要不断搅拌。

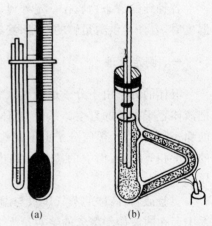

(a)　　　　(b)

图 3-4　微量法沸点测定装置

(a)沸点附着在温度计上的位置;

(b)b形管测沸点装置

三、实验操作

做好一切准备后,开始加热,由于气体受热膨胀,内管中很快会有小气泡缓缓地从液体中逸出。当温度升到比沸点稍高时,管内气泡的逸出变得快速而连续,表明毛细管内压力超过了大气压。此时立即停止加热,随着浴液温度的降低,气泡逸出的速度也渐渐减慢。当气泡不再冒出而液体刚要进入沸点内管(即最后一个气泡刚要缩回毛细管)时,立即记下此时的温度,即为该样品的沸点[①]。

每种样品的测定需重复 2~3 次,所得数值相差不超过 1℃。

微量法测沸点应注意三点:

(1)加热不能过快,待测液体不宜太少,以防液体全部汽化;

(2)内管里的空气要尽量赶干净;

(3)观察要仔细及时。

实验 3-2 液体沸点的测定

一、实验目的

(1)理解沸点的概念及测定沸点的意义。

(2)掌握常量法及微量法测定沸点的原理和方法。

二、实验原理

(1)当溶液的蒸气压与外界压力相等时,液体开始沸腾。据此原理可用常量法测定乙酸乙酯的沸点。

(2)当溶液的蒸气压与外界压力相等时,液体开始沸腾产生连续气泡,据此原理可用微量法测定四氯化碳的沸点。

三、仪器和药品

仪器:

蒸馏烧瓶(60mL);	直形冷凝管;	温度计(150℃,200℃);
接液管;	蒸馏头;	锥形瓶(100mL);
b 形熔点测定管;	烧杯(400mL);	量筒(50mL);
长颈漏斗。		

药品:

$CH_3COOC_2H_5$; CCl_4。毛细管; 橡皮管; 沸石。

---

① 原理:在最初加热时,毛细管内存在的空气膨胀逸出管外,继续加热会出现气泡流。当加热停止时,留在毛细管内的惟一蒸气是由毛细管内的样品受热所形成。此时,若液体受热温度超过其沸点,管内蒸气的压力就高于外压;若液体冷却,其蒸气压下降到低于外压时,液体即被压入毛细管内。当气泡不再冒出而液体刚要进入管内(即最后一个气泡刚要回到管内)的瞬间,毛细管内蒸气压与外压正好相等,所测温度即为液体的沸点。

四、操作步骤

1. 常量法测 $CH_3COOC_2H_5$ 的沸点

实验装置见图 4-2 普通冷凝蒸馏装置所示。

（1）加料　将 30mL 乙酸乙酯经长颈漏斗加到 60mL 的蒸馏烧瓶内,加入 1～2 粒沸石。

（2）加热　接通冷凝水,加热蒸馏。开始加热时,可稍快些。开始沸腾时,应密切注意蒸馏烧瓶中发生的现象,当蒸气环由瓶颈逐渐上升至温度计水银球周围时,温度计读数很快地上升。调节火焰使冷凝管馏出液滴速度约为每秒 1～2 滴。

（3）记录　记录第一滴馏出液滴入锥形瓶时的温度 t_1,注意观察温度计读数,当读数稳定时,此时温度即为样品的沸点 t_2。当样品大部分蒸出,烧瓶中残留液约 0.5～1mL 时,记下温度 t_2,停止蒸馏。即可得到沸程 t_1～t_2。重复两次。

2. 微量法测 CCl_4 的沸点

实验装置见图 3-5 所示。

（1）加料　取沸点管（外管）加入 3～4 滴 CCl_4,将一根一端封闭的毛细管（内管）开口端朝下插入外管中。

（2）加热　用橡皮筋把沸点管固定在温度计旁,插入 b 形管的水（或液体石蜡）中进行加热。

（3）观察现象、记录沸点　加热到温度比 CCl_4 沸点稍高时,毛细管中气泡快速逸出,表示管内压力超过大气压。停止加热,使浴温自行下降,气泡逸出的速度渐渐减慢,在气泡不再冒出而液体刚刚要进入毛细管的瞬间（即最后一个气泡刚刚回至毛细管中时）,表示毛细管的蒸气压与外界压力相等,此时的温度即为该液体的沸点,记录此刻的温度。重复两次。

• 思考题

1. 常量法和微量法测沸点时,什么时候的温度是待测样品的沸点?
2. 常量法测沸点时,温度计水银球能否插入液体中,为什么?
3. 常量法测沸点时,加热的火焰应如何控制?

第三节　熔点的测定

熔点是固态物质在大气压力下,固体与液体处于平衡状态的温度。在一定压力下,固、液两态之间的变化是非常敏感的,自初熔至全熔,温度变化不超过 0.5～1℃。混有杂质时,熔点下降,并且熔程变宽。因此,通过测得的熔点,可以初步判断该化合物的纯度。也可以将两种熔点相近似的化合物混合后,看其熔点是否下降,以此来判断这两种化合物是否为同一物质。

一、熔点测定的原理

当固体物质加热到一定的温度时,从固体转变为液态,此时的温度称为该物质的熔点。熔点严格定义是在 101.325kPa 下固-液态间的平衡温度。

纯净的固体化合物一般都有固定的熔点,固-液两相之间的变化非常敏锐,从初熔到全熔的温度范围（称熔距或熔程）一般不超过 0.5～1℃（除液晶外）。当混有杂质后,熔点就有显著的变化,熔点降低,熔程增长。因此,通过测定熔点,可以鉴别未知的固体化合物和判断化合物的纯度。

如果两种样品具有相同或近似的熔点，可以测定其混合熔点来判别是否为同一物质。因为同一物质两者无论以任何比例混合时，其熔点不变。而两种不同物质的混合物则熔点下降，并且熔程增加。所以混合物熔点的测定是检验两种熔点相同或近似的固体有机样品是否为同一物质的最简单的物理方法。例如，肉桂酸和尿素的熔点均为 133℃，但把它们等量混合，再测其熔点，则比 133℃ 低得多，而且熔程长，这种现象叫做混合熔点降低。在科学研究中常用此法检验所得的化合物是否与预期的化合物相同。进行混合熔点的测定至少需测定三种比例（1∶9；1∶1；9∶1）。

在有机化学实验和研究中通常采用毛细管法测定物质的熔点。

二、熔点测定装置

熔点测定对有机化合物的研究具有很大实用价值，如何测出准确的熔点是一个重要的问题。目前，测定熔点的方法很多，应用最广泛的是 b 形管法。该方法仪器简单，样品用量少，操作方便。此外，还可用各种熔点测定仪测定熔点。

本节将重点介绍 b 形管法。

（一）实验装置及安装

（1）毛细熔点管的准备　使用现成的成品毛细管。

（2）样品的填装　将 0.1～0.2g 已干燥并研成粉末的试料放在表面皿上，聚成小堆，用毛细熔点管开口端，向试料堆插几次，毛细管的开口端就装入少量试样。在实验桌上放一块玻璃，用左手持一根两头开口的长 800mm 的空心干燥玻璃管，使其与桌面相垂直，用右手持刚插过试料的毛细熔点管，封口底部向下，有试料的开口部分向上，试料由玻璃管内自由下落，堆实在毛细管的封口底部，再将毛细管插料，经自由下落，反复几次，堆实为止。使毛细管内堆实的高度在 2～3cm，再经自由下落，反复堆实 4～5 次后备用。一个样品的熔点值至少要测定 3 次以上，所以该样品的毛细管至少要准备 3 根以上。如所测定的是易分解或脱水的样品，则应将已装好样品的开口的一端进行熔封。

（3）仪器及安装　b 形管法测熔点最常用的仪器是 b 形熔点测定管，见图 3-5a，也称提勒管（Thiele tube），有时也用双浴式熔点测定器，见图 3-5b。用双浴式熔点测定器测熔点时，热浴隔着空气（空气浴）将温度计和样品加热，使它们受热均匀，效果较好，但温度上升较慢。用 b 形管测熔点，管内的温度分布不均匀往往使测得的熔点不够准确。但使用时很方便，加热快、冷却快，因此在实验室测熔点时，多用此法。

装置中热浴用的浴液，通常有浓 H_2SO_4、甘油、液体石蜡和硅油等。选用哪一种，则视所需的温度而定。若温度低于 140℃，最好选用液体石蜡或甘油，药用液体石蜡可加热到 220℃ 仍不变色；若温度高于 140℃，可选用浓 H_2SO_4，但热的浓 H_2SO_4 具有极强的腐蚀性，如果加热不当，浓 H_2SO_4 溅出伤人。温度超过 250℃ 时，浓 H_2SO_4 产生白烟，妨碍温度的读数，在这种情况下，可在浓 H_2SO_4 中加入 K_2SO_4，加热使之成饱和溶液，然后进行测定。在浴液中使用的浓 H_2SO_4 有时由于有机物掉入酸内而变黑，妨碍对样品熔融过程的观察。在这种情况下，可以加入一些 KNO_3 晶体，加热后便可除去。硅油也可加热到 250℃，且比较稳定，透明度高，无腐蚀性，但价格较贵。

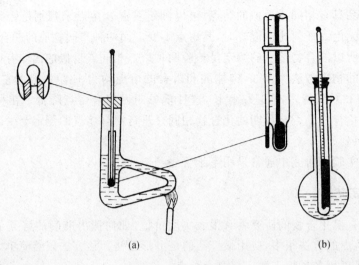

图 3 - 5　测熔点的装置

(a) b 形熔点测定管；(b) 双浴式熔点测定器

将干燥的 b 形熔点管固定在铁架台上，倒入导热液使液面在 b 形管的上叉管处[①]，管口安装开口塞，温度计插入其中，刻度面向塞子的开口。塞子上的开口可使 b 形管与大气相通，以免管内的液体和空气受热膨胀而冲开塞子，同时也便于读数。调节温度计位置，使水银球处于 b 形管上下叉管中间，因为此处对流循环好，温度均匀。毛细熔点管通过浴液粘附[②]，也可用橡皮圈套在温度计上（注意橡皮圈应在导热液液面之上）。然后，调节毛细管位置，使样品位于水银球的中部，小心地将温度计垂直伸入溶液中。

（二）粗测

若测定未知物的熔点，应先粗测一次。仪器和样品安装好后，用小火加热侧管，如图 3 - 4a，使受热液体沿管上升运动，使整管溶液对流循环，温度均匀。粗测时，升温可快些，加温速度可为 $5\sim6℃\cdot min^{-1}$。在加热升温后，应密切注意温度计的温度变化情况。在接近熔点范围时，样品的状态发生显著的变化，可形成三个明显的阶段。第一阶段，原为堆实的样品出现软化，塌陷，似有松散，塌落之势，但此时，还没有液滴出现，还不能认为是初熔温度，尚需有耐心，缓缓地升温。第二阶段，在样品管的某个部位，开始出现第一个液滴，其他部位仍旧是软化的固体，即已出现明显的局部液化现象，此时的温度即为观察的初熔温度(t_1)。继续保持每分钟 1℃ 的升温速度，液化区逐渐扩大，密切注视最后一小粒固体消失在液化区内，此时的温度为完全熔化时的温度，即为观察的终熔温度(t_2)。该样品的熔点范围为 $t_1\sim t_2$。此时可熄灭加热的灯火，取出温度计，将附在温度计上的毛细管取下。这样可测得一个近似的熔点。

（三）精测

让热溶液慢慢冷却到样品近似熔点以下 30℃ 左右。在冷却的同时，换上一根新的装有样品的毛细熔点管，作精密的测定。每一次测定必须用新的毛细管另装样品，不能将已测定过的毛细管冷却后再用，因为有时某些物质会产生部分分解，有时会转变成具有不同熔点的其他结

---

① 导热液不宜加得太多，以免受热后膨胀溢出引起危险。另外，液面过高易引起毛细熔点飘移，偏离温度计，影响测定的准确性。

② 粘附毛细熔点管时，不要将温度计离开 b 形管管口，以免导热液滴到桌面上。如果是浓 H_2SO_4，则会损坏桌面、衣服等。

晶形式。

精测时,开始升温速度为 $5\sim6℃\cdot min^{-1}$,当离近似熔点 $10\sim15℃$ 时,调整火焰,使上升温度约 $1℃\cdot min^{-1}$。愈接近熔点,升温速度愈应缓慢,掌握升温速度是准确测定熔点的关键[①],密切注意毛细管中样品变化情况,当样品开始塌落,并有液相产生时(部分透明),表示开始熔化(初熔),当固体刚好完全消失时(全部透明),则表示完全熔化(全熔)。每一次测定都必须用新的毛细管装入样品测试。导热液体也要冷却至熔点以下 $30℃$ 左右才能按上述步骤测定熔点。

(四)记录

记下初熔和全熔的两点温度,该范围即为该化合物的熔程。

熔程越短表示样品越纯,写实验报告时决不可将样品熔点写成初熔和全熔两个温度的平均值,而一定要写出这两点温度。例如,在 $121℃$ 时有液滴出现,在 $122℃$ 时全熔,应记录为熔点:$121\sim122℃$。

另外,在加热过程中应注意是否有萎缩、变色、发泡、升华、炭化等现象,均应如实记录。

测定已知物熔点时,要测定两次,两次测定的误差不能大于 $±1℃$。

测定未知物时,要测三次,一次粗测,两次精测,两次精测的误差也不能大于 $1℃$。熔点测好后应对温度计进行校正。

(五)后处理

实验完毕,取下温度计,让其自然冷却至接近室温时,方可用水冲洗,否则,温度计水银球易破裂。若用浓 H_2SO_4 作导热液,温度计用水冲洗前,需用废纸擦去浓 H_2SO_4,以免其遇水发热使水银球破裂。等 b 形管冷却后,再将导热液倒入回收瓶中。

(六)特殊样品熔点的测定

对易升化的化合物,样品装入熔点管后,将上端也烧熔封闭起来,熔点管全部浸入导热液中,因为压力对于熔点影响不大;对易吸潮的化合物,快速装样后,立即将上端烧熔封闭,以免在测定熔点的过程中,样品吸潮使熔点降低;对低熔点(室温以下)的化合物,将装有样品的熔点管与温度计一起冷却,使样品结成固体,再一起移至一个冷却到同样低温的双套管中,撤去冷浴,使容器内温度慢慢上升,观察熔点。

三、温度计的校正

用以上方法测定的熔点往往与真实熔点不完全一致,原因是多方面的,温度计的误差是一个重要因素。因此,要获得准确的温度数据,就必须对所用温度计进行校正。

(一)读数的校正

读数的校正,可按照下式求出水银线的校正值:

$$\Delta t = kn(t_1 - t_2) \qquad (3-3)$$

式中: Δt——外露段水银线的校正值,单位为℃;

　　　 t_1——温度计测得的熔点,单位为℃;

---

① 原因有三:ⅰ)温度计水银球的玻璃壁薄,因此水银受热早,样品受热相对较晚,只有缓慢加热才能减少由此带来的误差;ⅱ)热量从熔点管外传至管内需要时间,所以加热要缓慢;ⅲ)实验者不能在观察样品熔化的同时读出温度。只有缓慢加热,才能给实验者以充足的时间,减少误差。如果加热过快,势必引起读数偏高,熔程扩大,甚至观察到了初熔而观察不到全熔。

t_2——热浴上的气温,单位为℃(用另一支辅助温度计测定,将这支温度计的水银球紧贴于露出液面的一段水银线的中央);

n——温度计的水银线外露段的度数,单位为℃;

k——水银和玻璃膨胀系数的差。

普通玻璃在不同温度下的 k 值为:

$t=0\sim150$℃时,$k=0.000158$;$t=200$℃时,$k=0.000159$;$t=250$℃时,$k=0.000161$;$t=300$℃时,$k=0.000164$。例如:浴液面在温度计的 30℃ 外测定的熔点为 190℃(t_1),则外露段为 190℃－30℃＝160℃,这样辅助温度计水银球应放在 $160℃×\frac{1}{2}+30℃=110℃$ 处。测得 $t_2=65$℃,熔点为 190℃,则 $k=0.000159$;故照上式则可求出:

$$\Delta t=0.000159×160℃×(190℃-65℃)=3.18≈3.2℃。$$

所以,校正后熔点应为 190℃ ＋ 3.2℃ ＝193.2℃

(二)温度计刻度的校正

市售的温度计,其刻度可能不准,在使用过程中,周期性的加热和冷却,也会导致温度计零点的变动,而影响测定的结果,因此也要进行校正。这种校正称为温度计刻度的校正。

若进行温度计刻度的校正,则不必再作读数的校正。

温度计刻度的校正通常有两种方法:

(1)以纯的有机化合物的熔点为标准,选择数种已知熔点的纯有机物,用该温度计测定它们的熔点,以实测的熔点温度作纵坐标,实测熔点与已知的差值为横作标,画出校正曲线图,如图 3－6 所示。这样凡是用这支温度计测得的温度均可由曲线上找到校正数值。

某些适用于以熔点方法校正温度计的标准化合物的熔点如表 3－2 所示(校正时可具体选择其中几种)。

(2)与标准温度计比较 将标准温度计与待校正的温度计平行放在热浴中,缓慢均匀加热,每隔 5℃ 分别记下两支温度计的读数,标出偏差量 Δt。

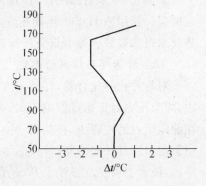

图 3－6 温度计刻度校正曲线 I

$$\Delta t＝待校正温度计的温度－标准温度计的温度$$

以待校正的温度计的温度作纵坐标,Δt 为横坐标,画出校正曲线以供校正用,见图 3－7。

表 3－2 标准化合物的熔点

化合物	熔点/℃	化合物	熔点/℃
H_2O－冰(蒸馏水制)	0	苯甲酸	122
α－萘胺	50	尿素	133
二苯胺	53	二苯基羟基乙酸	151
苯甲酸苯酯	69.5～71	水杨酸	158
萘	80	对苯二酚	173～174
间二硝基苯	90.02	3,5－二硝基苯甲酸	205
二苯乙二酮	95～96	蒽	216.2～216.4
乙酰苯胺	114	酚酞	262～263

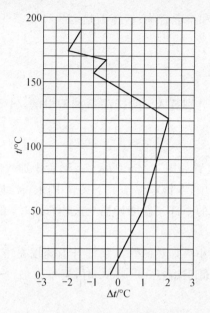

图 3-7 温度计校正曲线 II

实验 3-3 固体熔点的测定

一、目的要求

(1) 理解熔点测定的原理和意义。

(2) 掌握测定熔点的操作技术。

二、实验原理

将 b 形熔点管夹于铁架上,管口配上有缺口的单口软木塞,插入温度计,使温度计的水银球位置在两支管的中间。装入浓硫酸作为加热液体,把装好样品的毛细管用少许溶液粘贴在温度计旁,使毛细管的下端位于水银球的中间。以小火在熔点管的弯曲支管的底部徐徐加热,加热速度须缓慢,这样一方面保证有充分的时间,让热由管外传至管内,以供给固体之熔化热;另一方面因观测者不能同时观察温度计所示度数与样品变化情况,如缓缓加热,则此项误差甚小,可忽略不计。加热速度普通约 $5\sim6\,^\circ\text{C}\cdot\text{min}^{-1}$,接近熔点时为 $1\,^\circ\text{C}\cdot\text{min}^{-1}$。记下毛细管内化合物开始液化至完全液化的过渡界限即是该化合物的熔点。

为了顺利地测定熔点,可先做一次粗测,加热可稍快,知道其大致的熔点范围后,另装一毛细管样品,作精密的测定。开始时加热可较快,待温度到达距熔点十几度时,再调节火焰,极缓慢地加热至熔。

三、仪器和药品

仪器:

b 形熔点测定管;温度计;酒精灯;表面皿;玻璃管(长 30~40cm);毛细管。

药品:

苯甲酸;萘;苯甲酸和萘混合物;液体石蜡。

四、操作步骤

1. 样品的准备

取八根毛细管,其中四根分别装入已知样品萘和苯甲酸,另三根装萘和苯甲酸的混合样,余一根备用。

2. 实验装置

b 形熔点测定管测熔点装置如图 3-5a 所示。b 形管中加入液体石蜡,使其液面至上叉管处,温度计通过开口塞插入其中,水银球位于上下叉管中间。毛细熔点管通过液体石蜡粘附于温度计上,使样品位于水银球的中部。温度计插入液体石蜡时,必须小心,以免毛细管飘移。

3. 加热

仪器和样品安装好后,用小火加热侧管。掌握升温速度是准确测定熔点的关键。开始升温速度为 5～6℃·min^{-1},当低于熔点 10～15℃时,调整火焰,使升温速度为 1℃·min^{-1},越接近熔点,升温越缓慢。

4. 记录

密切观察样品的变化,当样品开始塌陷、部分透明时,即为初熔,记录此刻温度 t_1。当样品完全消失、全部透明时,即为全熔,记录温度 t_2。t_1～t_2 即为熔程。

每种样品重复测定一次。混合样需粗测一次,精测两次。

• 思考题

1. A、B、C 三种样品,其熔点范围都是 149～150℃。试用什么方法可判断它们是否为同一物质?

2. 测定熔点的毛细管冷却后样品凝固了,为什么不能再测第二次?

3. 测定熔点时,如果遇下列情况之一,将产生什么结果?

(1) 毛细管壁太厚;

(2) 毛细管不洁净;

(3) 样品研得不细或装得不紧;

(4) 加热太快;

(5) 毛细管底部未完全封闭。

第四节　折射率的测定

折射率[①]系指在钠光谱 D 线、20℃的条件下,空气中的光速与被测物中的光速之比值,或光自空气通过被测物时的入射角的正弦之比值。它是液体有机化合物的一个重要的物理常数,测定折射率是有机化合物定性鉴定的一种方法。它还是液体有机化合物的纯度标志。由于它能方便地测定至万分之一的精密度,比熔点、沸点等物理常数的测定的精确性要高。在实验室,测定液体有机化合物折射率的仪器是阿贝(Abbe)折射仪。

---

① 国家标准 GB614-1988《折射率》规定了用阿贝型折射仪测定液体有机试剂折射率的通用方法,适用于浅色、透明、折射率范围在 1.3000～1.7000 的液体有机试剂。

一、折射率的测定原理

当光从折射率为 n 的被测物质进入折射率为 N 的棱镜时,入射角为 i,折射角为 r,则

$$\frac{\sin i}{\sin r} = \frac{N}{n} \qquad\qquad (3-4)$$

在阿贝折射仪中,入射角 $i = 90°$,代入上式得

$$\frac{1}{\sin r} = \frac{N}{n} \qquad\qquad (3-5)$$

$$n = N\sin r \qquad\qquad (3-6)$$

棱镜的 N 为已知值,则通过测量折射角 r 即可求出被测物质的折射率 n。

Abbe 折射仪

折射仪:阿贝型、精密度为 ± 0.0002。

恒温水浴及循环泵:可向棱镜提供温度为 $(20 \pm 0.1)℃$ 的循环水。

校正仪器用水应符合 GB6682—1988 中二级水规格[1]。

二、折射率的测定方法

阿贝折射仪见图 3-8,将恒温水浴与仪器进水管口 4 相连接,使恒温水浴进入直角棱镜 6 的夹套。调节水浴温度,使棱镜温度保持在 $(20 \pm 0.1)℃$。

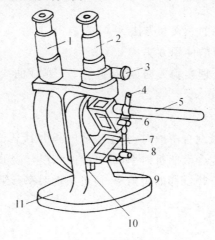

图 3-8　阿贝折射仪

1—读数望远镜;2—测量望远镜;3—消色散手柄;4—恒温水进口;
5—温度计;6—测量棱镜;10—锁钮;11—底座

在每次测定前都应清洗棱镜表面。如无特殊说明,可用适当的易挥发性溶剂清洗棱镜表面,再用镜头纸或医药棉将溶剂吸干。

打开刻度盘反光镜 9,转动直角棱镜旋钮 10,观察刻度盘目镜 1,将刻度值调至被测样品的标准折射率附近。转动闭合旋钮 10,打开直角棱镜 6,将数滴 20℃ 左右的样品滴在棱镜的毛玻璃上[2],使液体在毛玻璃上形成均匀的无气泡、充满视场的液膜,迅速关闭直角棱镜,并旋

---

① 在实验室可用蒸馏水代替二级水。

② 不要将滴管玻璃管口直接触及玻璃表面,以免损坏镜面。

紧。待棱镜温度恢复到(20±1)℃。观察测量望远镜2,若视场内光线太暗,调节反射镜9直至得到合适的亮度。转动消色补偿镜旋钮3,使目镜中的彩色基本消失,能观察到清晰的明暗界面。再转动直角棱镜旋钮,观察测量望远镜2,将明暗界面调节至目镜中十字线的交叉点处,见图3-9。通过刻度盘目镜1读出折射率数值,精确到四位小数。记下测量时温度与折射率数值。

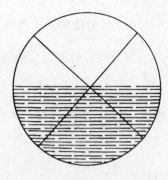

图3-9　折射仪在临界角
时目镜视野图

测定折射率后,应立即打开直角棱镜,用擦镜纸轻轻地单向擦拭[①]。一次实验完成后,用无水乙醇或丙酮将棱镜擦洗干净[②],盖上仪器罩。

阿贝折射仪的读数校正:在必要时,可对折射仪的读数进行校正,取温度在(20±0.1)℃的二级水2～3滴,按上述测样品折射率的方法,测定蒸馏水的折射率。重复测定二次。将测得的蒸馏水的平均折射率与水的标准值($n_D^{20} = 1.33299$)比较,可得仪器的修正值。

实验3-4　丙酮和1,2-二氯乙烷的折射率的测定

一、目的要求

(1) 了解测定液体折射率的意义和方法。
(2) 初步掌握阿贝折射仪的使用方法。
(3) 初步学会用图解法处理实验数据,绘制折射率-组成曲线。

二、实验原理

两种完全互溶的液体形成混合溶液时,其组成浓度和折射率之间为近似线性关系。据此,测定若干个不同组成浓度的混合液的折射率,即可绘制该混合溶液的折射率-组成浓度曲线。再测定未知组成浓度的该混合物试样的折射率,便可从折射率-组成曲线中查出其组成浓度。

三、仪器和药品

仪器:
　　阿贝折射仪;　超级恒温槽;　滴瓶。
药品:
　　丙酮(A.R.);　1,2-二氯乙烷(A.R.);蒸馏水;未知组成的丙酮-1,2-二氯乙烷溶液。

四、实验步骤

1. 配制不同组成浓度的溶液[③]

---

① 不要用滤纸代替擦镜纸。
② 不要使用对棱镜玻璃表面、保温套金属等有腐蚀或损害作用的溶剂。
③ 本实验中不同组成的溶液也可由教师统一配制。

配制含丙酮量分别为 0、25%、40%、60%、80%、100%(质量分数)的丙酮－1,2－二氯乙烷溶液各 20mL,混匀后分装在 6 只滴瓶中,贴上标签,按 1～6 号顺序编号。

2. 仪器安装

将固定好的阿贝折射仪与恒温槽相连接,通入恒温水,使仪器恒温(20±0.1)℃。

3. 清洗与校正

打开辅助棱镜,先滴少许丙酮清洗镜面,再用蒸馏水清洗 2 次。用镜头纸擦干后,滴 2～3 滴蒸馏水于镜面上,合上辅助棱镜,转动左侧刻度盘,使读数镜内标尺读数置于蒸馏水在此温度下的折射率($n_D^{20}=1.3330$)。调节反射镜,使测量望远镜中的视场最亮,调节测量镜,使视场最清晰。转动消色手柄,消除色散。再调节校正螺丝,使交界线和视场中"×"字中心对齐。

4. 测定折射率

打开棱镜,用 1 号溶液清洗镜面两次。干燥后,用滴管加 2～3 滴该溶液,闭合棱镜。转动刻度盘,直至在测量望远镜中观察到的视场出现半明半暗视野,转动消色手柄,使视场内呈现出一个清晰的明暗分界线,消除色散,再小心转动刻度盘,使明暗的分界线正好处在"×"形线交点上,从读数镜中读出折射率值。重复测定 2 次,读数差值不能超过±0.0002,记录所测数据。

以同样方法依次测定 2～6 号溶液和未知组成浓度的混合液的折射率。

5. 结束工作

全部样品测定完后,用丙酮将镜面清洗干净,并用擦净纸吸干,拆除恒温槽的胶管,放尽夹套中的水,将阿贝折射仪擦干净,放入盒中。

五、数据记录与处理

(1) 将实验测定的折射率数据填入下表:

测定温度_____

组　成 折　射　率	0	20%	40%	60%	80%	100%	未知样
第一次							
第二次							
第三次							

(2) 以组成为横坐标,折射率为纵坐标,在坐标纸上绘制丙酮－1,2－二氯乙烷溶液的折射率－组成曲线。

从折射率－组成曲线中查找出未知样的组成并填入上表中。

- 思考题

1. 什么是折射率?其数值与哪些因素有关?

2. 使用阿贝折射仪应注意什么?

3. 测定折射率有哪些实际应用?

第五节　粘度的测定

粘度是液体的内摩擦,是一层液体对另一层液体作相对运动的阻力,是流体的一种重要性质,它反映了流体流动时由于各点流速不同而产生的剪切应力大小。许多流体在流动时,任一微分体积单元上的剪切应力与垂直于流动方向的速度成正比,这种流体称牛顿型流体。几乎所有的气体和许多简单的液体都是牛顿型流体,聚合物、浆状物、含蜡油等是常见的非牛顿型流体。对牛顿型流体,剪切力 F(即流动时内摩擦力)与流速梯度 $\dfrac{\mathrm{d}u}{\mathrm{d}y}$ 及接触面积 A 之间符合下述关系:

$$F = -\eta A \frac{\mathrm{d}u}{\mathrm{d}y} \tag{3-7}$$

式中负号表示剪切力的方向与流动方向相反。式中比例系数 η 称为绝对粘度(简称粘度)。

粘度分绝对粘度、运动粘度、相对粘度及条件粘度四种。

绝对粘度 η 是使相距 1cm 的 $1cm^2$ 面积的两层液体相互以 $1cm \cdot s^{-1}$ 的速度移动而应克服阻力的牛顿数。单位为帕·秒(Pa·s)[①]。粘度随温度变化,故应注明温度。绝对粘度又称动力粘度。

运动粘度是在相同温度下液体的绝对粘度与同一温度下的密度之比。其单位为米^2·秒$^{-1}$。

相对粘度 μ 是在 t℃时液体的绝对粘度与另一液体的绝对粘度之比。用以比较的液体通常是水或适当的溶剂。

条件粘度是在指定温度下,在指定的粘度计中,一定量液体流出的时间,以秒为单位;或者将此时间与指定温度下同体积水流出的时间之比。

粘度是测定石油产品质量和高分子化合物平均分子量的重要指标之一。

在测定低粘度液体及高分子物质的粘度时,以使用毛细管粘度计较为方便。

一、毛细管粘度计及其测定原理

粘度是流体分子在流动时内摩擦情况的反映,是流体的一项重要性质。

测定液体粘度的仪器和方法,主要可分为三类:

(1) 毛细管粘度计——由液体在毛细管里的流出时间计算粘度。

(2) 落球粘度计——由圆球在液体里的下落速度计算粘度。

(3) 扭力粘度计——由一转动物体在粘滞液体中所受的阻力求算粘度。

在测定低粘度液体及高分子物质的粘度时,以使用毛细管粘度计较为方便。

液体在毛细管粘度计中因重力作用而流出时,则可通过波华须尔(Poiseuillc)公式计算出来粘度系数(简称粘度):

$$\eta = \frac{\pi p r^4 t}{8Vl} \tag{3-8}$$

---

① 动力粘度的单位为帕·秒(Pa·s),运动粘度的单位为米^2·秒$^{-1}$($m^2 \cdot s^{-1}$)。

式中： V——在时间 t 内流过毛细管的液体的体积；

　　　p——管两端的压力差；

　　　r——管的半径；

　　　l——管的长度。

在国际单位(SI)制中，粘度的单位为(帕·秒)

按上式计算液体的绝对粘度是一件很困难的事，但测定液体对标准液体(如水)的相对粘度，则是简单和适用的。在已知标准液体的绝对粘度时，也可算出被测液体的绝对粘度。设两种液体在本身重力作用下分别流经同一毛细管，且流出的体积相等，则

$$\eta_1 = \frac{\pi r^4 p_1 t_1}{8Vl} \tag{3-9}$$

$$\eta_2 = \frac{\pi r p_2 t_2}{8Vl} \tag{3-10}$$

从而　　　　　　　　　　　$$\frac{\eta_1}{\eta_2} = \frac{p_1 t_1}{p_2 t_2} \tag{3-11}$$

式中： $p = hg\rho$ ，其中 h ——推动液体流动的液位差；

　　　　　　　　ρ ——液体的密度；

　　　　　　　　g ——重力加速度。

二、测定方法

如果每次取用试样的体积一定，则可保持 h 在试验中的情况相同。因此， $\frac{\eta_1}{\eta_2} = \frac{\rho_1 t_1}{\rho_2 t_2}$ ，已知标准液体的粘度，则被测液体的粘度可按式(3-8)算得。

实验 3-5　液体粘度的测定

一、实验目的

(1) 了解恒温槽的构造及原理，学会恒温槽的使用方法。

(2) 了解贝克曼温度计的使用方法。

(3) 学会使用乌氏粘度计测定液体的粘度。

二、实验原理

液体粘度的大小，一般用粘度系数(η)表示。当用毛细管法测液体粘度时，则可通过泊叶塞公式计算粘度系数(简称粘度)。

乌氏(Ubbelohde)粘度计就是根据波华须尔公式而设计的一种测粘度的仪器如图 3-10 所示。测量中分别取一定体积(即管中记号 a 和 b 之间)蒸馏水和 20% 的乙醇液体，测定它在自身重力作用下流过毛细管所需的时间 t_1 和 t_2 ，纯水粘度和密度可通过附表查出，由上式即可算出 20% 乙醇的粘度。

三、仪器与药品

仪器：

　　恒温槽装置 1 套(包括玻璃水浴；电加热器；电动搅拌器；电子继电器；水银接点温度计(0～50℃)；0.1℃分度精密温度计；2kW 调压变压器)；贝克曼温度计 1 支；乌氏粘度计 1 支；停表 1 只；放大镜、吸球、胶管、夹子各 1 个。

药品：

　　蒸馏水；20％(体积分数)乙醇水溶液。

四、实验步骤

1. 调节恒温槽的温度

　　开启继电器，开动搅拌器，将与加热器相连的调压变压器调至 220V 或某指定值，调节水银接点温度计，使其标线上端与辅助温度标尺相切的温度示值较所需控制的温度低 1～2℃。及时锁住固定螺丝。这时，继电器的红色指示灯亮表示加热器工作；直至继电器的绿色指示灯亮，表示加热器停止加热。观察槽中的精密温度计，根据其与所需控制温度的差距，进一步调节水银接点温度计中金属丝的位置。细心地反复调节，直至在红、绿灯交替出现期间，精密温度计的示值恒定在所需控制的温度为止(第一个指定温度为 25.0℃，冬季可取 30.0℃)。最后将固定螺丝锁紧，使磁铁不再转动。在实验前顺次用洗液及蒸馏水洗净粘度计，然后烘干。

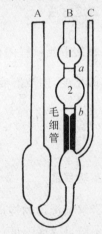

图 3-10　乌氏粘度计

2. 20％乙醇水溶液粘度的测定

　　(1) 取一支干燥、洁净的乌氏粘度计，由 A 管加入 20％乙醇水溶液约 30mL，在 C 管顶端套上一段胶管，用夹子夹紧，使其不漏气。

　　(2) 将粘度计置于恒温槽内，使球 1 完全浸没恒温水中，并要求粘度计严格保持垂直位置。在指定温度 25.0℃下恒温 5min。

　　(3) 用吸球由 B 管将溶液吸至球 1。移去吸球，打开 C 管顶端的套管夹子，使之与大气相通，让溶液在自身重力的作用下自由流出。当液面到达刻度 a 时，揿下停表开始计时。当液面降至刻度 b 时，再揿停表，测得刻度 a、b 之间的溶液流经毛细管的时间。反复操作三次，三次数据间相差应不大于 0.1s，取平均值，即为流出时间 t。

　　从恒温槽中取出粘度计，用蒸馏水将粘度计洗涤干净。由 A 管加入蒸馏水约 30 mL。按上述方法测定此温度下蒸馏水的流出时间。

五、数据记录与处理

室温_____　气压_____　实验温度下水的密度_____

	恒温槽温度的测定		液体粘度的测定		
观测项目	最高温度	最低温度	液体名称	水	乙醇
温度平均值 /℃			流经毛细管时间 /s		
温度平均值 /℃			平均值 /s		
恒温槽温度 波动			粘度 mPa·s		

六、注意事项

(1) 贝克曼温度计易损坏,操作前一定要仔细阅读有关贝克曼温度计的介绍。

(2) 每次在把水银接点温度计调节好以后,一定要锁紧固定螺丝。

(3) 粘度计的放置一定要保持垂直,它的 C 管易折断,操作时要细心。

• 思考题

1. 水银接点温度计的结构有什么特点? 如何用它来控制恒温槽的温度?

2. 为什么恒温装置的温度仍然会发生微小的波动?

3. 液体的粘度与温度的关系如何?

第六节　旋光度的测定

通常,自然光是在垂直于光线进行方向的平面内,沿各个方向振动。当自然光射入某种晶体(如冰晶石)或人造偏振片(聚碘乙烯醇薄膜)时,透出的光线只有一个振动方向,称为偏振光。当偏振光经过旋光性物质时,其偏振光平面可被旋转,产生旋光现象,此时偏振光平面旋转的角度称为旋光度。用 α 表示。

某些有机化合物因分子具有手性,能使偏振光振动平面发生旋转,这类物质称旋光性物质。旋光度的大小可用旋光仪测定。

旋光度的测定具有以下意义:

(1) 测定已知物溶液的旋光度,再查其比旋光度,即可计算出已知物溶液的浓度。

(2) 将未知物配制成已知浓度,测其旋光度,再计算比旋光度,与文献值对照,作为鉴定未知物的依据。

一、旋光仪的结构和测定原理

旋光仪的类型很多,但其主要部件和测定原理基本相同。如图 3 - 11 所示。

旋光仪是用于测定物质旋光性的仪器,它的主要元件是用尼科尔棱镜制成的起偏器和检偏振器。起偏镜固定在仪器的前端,检偏镜装在后部并可随刻度盘一起转动,用以测定光的偏

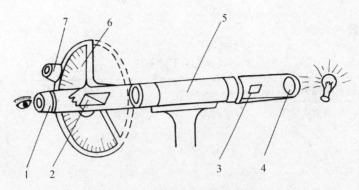

图 3-11　旋光仪结构示意图
1—望远目镜；2—检偏棱镜；3—起偏棱镜；4—视准镜；
5—旋光管；6—刻度盘；7—读数望远放大镜

振面的旋转角度。当光束通过起偏镜射入检偏镜时，若两镜主截面平行，透过的光最强，若两镜主截面垂直，透过的光为零，若两镜主截面介于 0~90° 之间，透过的光强将在最强到零之间变化。如果在起偏镜和检偏镜之间放上盛满旋光性物质的试管，则由于物质的旋光作用，使来自起偏镜的光的偏振面改变了某一角度 α，因而检偏镜也要旋转一个相应的角度 α，才能补偿被旋光物质改变了的角度，使其透过的光强和原来的相等。检偏镜转过的角度就是旋光性物质的旋光本领，其旋光方向和大小由刻度盘指示，此即该物质在此浓度时的旋光度。刻度盘向右转，样品的旋光性为右旋，用（＋）表示；向左旋砖则为左旋，用（－）表示。

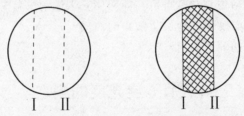

图 3-12　旋光仪三分部分视场

　　物质旋光度的大小除与物质的本性有关外，还与溶液的浓度、溶剂、温度、旋光管长度和所用光源的波长等有关，为便于比较各种物质的旋光性能，将每毫升中含 1g 旋光性物质的溶液，放在 1dm 长的盛液管中，所测得的旋光度称为比旋光度，用 [α] 表示，比旋光度与旋光度的关系为：

$$[\alpha]_\lambda^t = \frac{\alpha}{\rho_B \times l} \tag{3-12}$$

式中：α——测得的旋光度；

　　　ρ_B——物质 B 的质量浓度（单位为 $g \cdot mL^{-1}$）；

　　　l——样品管的长度（单位为 dm）；

　　　t——测定时的温度；

　　　λ——所用光源的波长，常用的单色光源为 Na 光灯的 D 线。

　　通过对旋光性物质旋光度的测定，可以测定旋光性物质的纯度和含量，也可作为鉴定未知物的依据之一。

二、测定方法

（一）预热

接通电源，打开开关，预热 5min，待 Na 光灯发光正常后即可开始工作。

（二）零点的校正

零点的校正可按下述步骤进行：

（1）将样品管洗净，装入蒸馏水，使液面凸出管口，将玻璃盖沿管口轻轻平推盖好，不要带入气泡。然后垫橡皮圈，旋上螺帽，使不漏水，但不宜过紧。盖好后如发现管内仍有气泡，可将样品管带凸颈的一端向上倾斜，将气泡逐入凸颈部位，以免影响测定。

（2）将样品管擦干，放入旋光仪的样品室内，关上盖子，待测。

（3）将刻度盘调至零点观察 4 点视场三个部分亮度是否一致，若一致，说明仪器零点准确；若不一致，说明零点有偏差，此时应转动刻度盘手轮，使检偏镜旋转一定角度，直至视场内三部分亮度一致，见图 3-12。

记下刻度盘上的读数，重复操作 3 次，取平均值。若零点相差太大，则应重新调节。（刻度盘上顺时针旋转为"＋"、逆时针旋转为"－"）重复此操作五次，取其平均值作为零点值，在测定样品时，应从读数中减去此零点值（若偏差太大应请教师调整仪器）。

（三）样品的测定

每次测定前应先用少量待测液漂洗样品管数次，以使浓度保持不变。然后按上述步骤装入样品进行测定，转动刻度盘带动检偏镜，当视场中亮度一致时记下读数。每个样品的测定应重复读数五次，取其平均值。该数值与零点之间的差值即为该样品的旋光度。此时应注意记录所用样品管的长度、测定时的温度、并注明所用溶剂（如用水做溶剂则可省略）。测定完毕，将样品管中的液体倒出，洗净，吹干，并在橡皮垫上加滑石粉保存。

三、测量注意事项

（1）旋光仪连续使用时间不宜超过 4h。

（2）蒸馏水或所测溶液中有气泡或悬浮物存在会影响测定。如有气泡时，可将样品管带凸颈的一端向上倾斜至气泡全部进入凸颈为止；如有浮物时，溶液应过滤。

（3）螺帽过紧，会使玻璃盖产生扭力，致使管内有空隙，影响旋光。

（4）旋光度与温度的关系：在采用波长 $\lambda = 589.3nm$ 的 Na 光进行测定时，温度每升高 1℃，旋光度减少约 0.3%，对于要求较高的测定工作，最好能在 (20 ± 2)℃条件下进行。

实验 3-6　葡萄糖旋光性和变旋光现象

一、实验目的

（1）了解葡萄糖旋光性和变旋光现象。
（2）初步掌握旋光仪的使用方法。

二、实验原理

葡萄糖是一种旋光性化合物，它的结晶体可能有两种结构形式。一种是 α-D-葡萄糖

(m. p. $=146℃$，$[\alpha]_D^{20}=112°$，在 50℃以下溶液中结晶得到)；另一种是 β-D-葡萄糖(m. p. $=150℃$，$[\alpha]_D^{20}=+18.7°$，在 98℃以上的水溶液中结晶得到)。它们在固态时都是稳定的，但是在水溶液中它们都与开链式结构互相转化，平衡共存。这种结构上的互变异构就是产生葡萄糖变旋光现象的根本原因。

在平衡混合物中 α-D-葡萄糖约占 36%，β-D-葡萄糖约占 64%，而开链式极少。通常得到的葡萄糖结晶是 α 型的，用其新配制的水溶液比旋光度为+112°，但溶液放置一段时间后再测，比旋光度下降，直到+52.7°为止。同样，若用 β 型葡萄糖来配制水溶液，则最初的比旋光度为+18.7°，以后逐渐升高，直到+52.7°即不再改变。

葡萄糖的互变异构

三、仪器与药品

仪器：

  旋光仪 1 台；秒表 1 块；烧杯(100mL)2 个；精密天平 1 台；容量瓶(100mL)1 个。

药品：

  葡萄糖(AR)2g。

四、实验步骤

1. 准备工作

将旋光仪接通电源，打开电源开关，稳定 5min 以上，检查天平及其它仪器药品。

2. 旋光仪校正

取一支旋光管，用蒸馏水冲洗干净，然后在其中装满蒸馏水，旋紧螺帽(不能有气泡)，并将旋光管两端擦干，放入旋光仪中测定。

转动刻度盘，使目镜中三分视场消失(全暗)，记录此时的刻度盘读数，作为蒸馏水(溶剂)的校正值(一般此值仅为 0°～1°，若数值太大，说明仪器需要校准，不宜使用)。

3. 配制溶液

取一个洁净的小烧杯，准确称取 2g 左右的葡萄糖，用 20mL 左右的蒸馏水溶解，此时按动秒表计时。再将其倒入 100mL 容量瓶中，用蒸馏水稀释至刻度，混合均匀。

4. 样品测试

取出旋光管，用少量葡萄糖溶液洗涤 2～3 次，然后在旋光管中装满此待测溶液，旋紧螺帽,使管中无气泡,用吸水纸擦干旋光管两端后放入仪器中,然后按第 2 步同样的方法测定并记录第一次读数,以后每隔 10min 记录一次,直到旋光度不再改变。每次测定的读数需减去蒸馏水的校正值才是真正的旋光度。

5. 结束工作

全部测定工作完成后,将所用仪器清洗干净并放入指定位置,最后关闭旋光仪电源。

五、数据记录与处理

将实验所得的旋光度数据代入下式计算比旋光度

$$[\alpha]_t^{20} = \frac{\alpha \times 100}{l \times c}$$

然后列表或作图表示实验结果。

测定温度_____ 溶液浓度/(g/100mL)_____

时间/s							
比旋光度[α]							

六、注意事项

(1) 实验在室温下测定,因此葡萄糖水溶液最终的比旋光度随测定温度的不同而有所改变。

(2) 由于葡萄糖在水溶液状态下很快发生互变异构并导致变旋光现象,所以葡萄糖水溶液需现配现测,间隔时间应尽可能缩短。

• 思考题

1. 在本实验中,取用葡萄糖的量多少是否会影响实验结果?

2. 旋光管中若有气泡存在,是否会影响测定结果?

第七节　溶液电导率的测定

一、电导和电导率

电解质溶液的导电能力大小,可以用电阻 R 或电导 G 来表示,两者互为倒数:

$$G = \frac{1}{R} \tag{3-13}$$

电导的单位为西(西门子 Siemans),符号为 S 。

在一定温度下,两电极间溶液的电阻与两极间的距离(l)成正比,与电极面积(A)成反比:

$$R = \frac{l}{A} \quad 或 \quad R = \rho \frac{l}{A} \tag{3-14}$$

ρ 为比例常数,称为电阻率,它的倒数,称为电导率,以 κ 表示 $\kappa = \frac{1}{\rho}$

单位为 S・m^{-1}。

由式(3-13)和式(3-14)式可得:

$$G = \kappa \frac{A}{l} \quad 或 \quad \kappa = G \frac{l}{A} \tag{3-15}$$

电导率 κ 表示相距 1m、面积为 $1m^2$ 的两个电极之间的电导。式（3-15）中 $\dfrac{l}{A}$ 称为电极常数或电导池常数。对于某给定的电极来说，该常数一般是由制造厂给出。但也可以通过测定已知电导率的溶液的电导，再由式（3-15）算出。

由于实际应用中 G 的单位太大，因此常采用毫西（mS）或微西（μS），而 m 则用 cm 表示，即 $1S \cdot cm^{-1} = 10^3 mS \cdot cm^{-1} = 10^6 \mu S \cdot cm^{-1}$。

二、DDS—ⅡA 型电导率仪

电学测量技术在物理化学实验中占有重要地位，常用它来测量电导、电动势等参数。日益发展的电子工业为电学测量提供了数字电压表等一类全新的电子测试仪器。它们具有快速、灵敏、数字化等优点；但是早期的各种电学测试设备包括标准电池、标准电阻、电位差计、电桥、检流计等，不仅还在广泛地应用着，而且仍然是电学测试中最基本的标准测试设备，了解这些仪器设备的原理和性能，掌握其使用方法是十分必要的。

下面简单介绍 DDS—ⅡA 型电导率仪，仪器外形见图 3-13。

三、电导率的测定操作

（1）未开电源开关前，观察表针是否指零。如不指零，可调整表头上的螺丝，使其指零。

（2）将校正测量开关 4 板在"校正"位置。

（3）插接电源线，打开电源开关，预热数分钟，调节校正调节器 9 使电表满刻度指示。

当使用（1）～（8）量程来测量电导率低于 $300\mu S \cdot cm^{-1}$ 的液体时，开关 3 扳到"低周"；当使用（9）～（12）量程测量电导率为 $300 \sim 10^5 \mu S \cdot cm^{-1}$ 的液体时，将开关 3 扳向"高周"。

（4）将量程选择开关 5 扳到所需的测量范围。如预先不知被测液体电导率的大小，应先扳在最大电导率测量档，然后逐档下降，以防表针打弯。

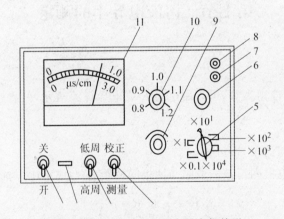

图 3-13　DDS-11A 型电号率仪外形

1—电源开关；2—指示灯；3—高周、低周开关；4—校正、测量开关；5—量程选择开关；
6—电容补偿调节器；7—电极插口；8—10mA 输出插口；9—校正调节器；
10—电极常数调节器；11—显示仪表

（5）电极的使用；用电极杆上的电极夹夹紧电极的胶木帽,将电极插头插入电极插口 7 内,扳紧插口上的紧固螺丝,再将电极浸入待测溶液中。把电极常数调节器 10 旋在该电极的电极常数位置处。电极常数的数值已贴在胶木帽上。

当被测液的电导率低于 $10\mu S \cdot cm^{-1}$ 时,使用 DJS－1 型光亮电极;当被测液的电导率为 $10 \sim 10^4\mu S \cdot cm^{-1}$ 时,使用 DJS－1 型铂黑电极;当被测液的电导率大于 $10^4\mu S \cdot cm^{-1}$ 以至用 DJS－1 型电极不能测出时,可选用 DJS－10 型铂黑电极。此时应将电极常数调节器 10 旋在所用电极的 $\frac{1}{10}$ 电极常数位置上。

（6）进行校正。将校正测量开关 4 扳到"校正",调节校正调节器 9 使电表指针满刻度。注意,为了提高测量精度,当使用 $\times 10^3\mu S \cdot cm^{-1}$ 和 $\times 10^4\mu S \cdot cm^{-1}$ 这两档时,校正必须在电导池接妥(电极插头插入插孔,电极浸入待测液中)的情况下进行。

① 进行测量。将开关 4 扳到"测量",这时指针指示数乘以量程选择开关 5 的倍率即为被测液的实际电导率。

② 若要了解在测量过程中电导率随时间的变化情况,把自动平衡记录仪与 10mV 输出插口 8 相接即可。

四、电导率的测定的注意事项

（1）溶液的电导测量常使用电导池,在使用过程中,必须保证电导电极完全浸入溶液。

（2）电导与测定体系的浓度有关。在某些实验中电导测定有浓度的适用范围。

（3）电导除与溶液浓度有关外,还与温度有关。所以在测量时,应保持被测体系温度的恒定。

第八节　饱和蒸气压的测定

在一定温度下,封闭体系中的蒸气与其液相(或固相)达到平衡时,该蒸气所表现的压力即为该液体(或固体)在此温度下的饱和蒸气压。如果蒸发不是在封闭体系中进行,而是在空气中或与该蒸气不发生作用的其它气体中进行,气-液相(或固相)达到平衡时,其蒸气的分压等于该温度下液体(或固体)的饱和蒸气压。

影响蒸气压的因素主要是温度及液面形状(曲率)。如果只考虑温度的因素,则在一定温度下某物质的饱和蒸气压是该物质的一个特征常数。它采用压力单位予以表示,法定计量单位为 Pa(帕)。非法定计量单位是 mmHg(毫米汞柱)、atm(标准大气压)、atm(工程大气压,即千克力/厘米²)等。

一、饱和蒸气压的测定原理

测定蒸气压常采用等位计法,其装置如图 3－14 所示。图中的(a)和(b)为不同形式的平衡管(或称等位计),A 球内装被测液体,U 形管内可以是被测的液体,也可以是其他的稳定液体(如纯净的汞)。若为被测液体时,则不需另外加入,待 A 球内的液体蒸发冷凝后,即可存于 U 形管的 B、C 部分。若实验采用(b)图式的平衡管,则其 D 球的容量应容纳 B、C 管中的部分液体,以便于仪器的清洗和拆换。现在使用较多的装置是改装型(b)图,其中 D 球直接位于 C

管上方的玻璃管中鼓起一个球,这样更便于操作和清洗。

　　仪器的辅件主要分两部分:一部分是压力计和压力稳定瓶,另一部分是恒温槽。活塞 3 接真空泵以抽空体系中的残存气体。活塞 2 为控制 B、C 两管液面相等而放入气体之用,一般与空气相通。但因某些液体能溶解空气中的某些气体(如氧),因此,对不同的物质需要使用不同的惰性气体来控制 B、C 管的液面,以免造成误差。

　　二、饱和蒸气压的测定方法

　　用排气吸液法将被测液体装入平衡管,将平衡管与冷凝管相连,置于已调好温度(定温)的恒温槽中,除去 A 中的杂质和溶解气体后,抽空体系中的空气,当 A 中流体沸腾时,通过活塞 2 调节体系的压力,使 B、C 两管的液面相等,等体系稳定后,若无其他变化,说明在此温度下 A 内的气液已达平衡,A、B 空间的压力即是该液体的蒸气压。由于 B、C 两管液面相等,故该温度下液体的蒸气压值可以由 U 形压力计读出后换算为有关单位,而温度可由恒温槽中的温度计读出、改变恒温槽的温度可以得到不同温度时的蒸气压。

实验 3-7　　液体饱和蒸气压的测定

　　一、实验目的

　　(1) 用等压计测定在不同温度下异丙醇的饱和蒸气压。
　　(2) 学会由图解法求异丙醇的平均摩尔气化热和正常沸点。

　　二、基本原理

　　在一定温度下,与液体处于平衡状态时蒸气的压力称为该温度下液体的饱和蒸气压。密闭于真空容器中的液体,在某一温度下,有动能较大的分子从液相跑到气相;也有动能较小的分子由气相返回液相,当二者的速率相等时,就达到了动态平衡,气相中的蒸气密度不再改变,因而有一定的饱和蒸气压。

　　液体的蒸气压是随温度而改变的,当温度升高时,有更多的高动能的分子能够由液面逸出,因而蒸气压增大,反之,温度降低时,则蒸气压减小。当蒸气压与外界压力相等时,液体便沸腾,外压不同时,液体的沸点也就不同。我们把外压为 1 大气压时的沸腾温度定义为液体的正常沸点。

　　液体的饱和蒸气压与温度的关系可用克劳修斯-克拉贝龙方程式表示:

$$\frac{\mathrm{d}\ln p}{\mathrm{d}T}=\frac{\Delta H_{\text{气}}}{RT^2} \tag{3-16}$$

式中:P 为液体在温度 T 时的饱和蒸气压;T 为绝对温度;

　　$\Delta H_{\text{气}}$ 为液体摩尔气化热(焦·摩$^{-1}$);R 为气体常数即 8.314 焦·摩·开$^{-1}$。在温度较小的变化范围内,$\Delta H_{\text{气}}$ 可视为常数,积分式(3-23)可得:

$$\ln p=\frac{-\Delta H_{\text{气}}}{RT}+B' \tag{3-17}$$

或　　　　　　　　　　　$$\lg p=-\frac{A}{T}+B' \tag{3-18}$$

式中:常数 $A = \dfrac{\Delta H_{气}}{2.303R}$;积分常数 $B = \dfrac{B}{2.303}$,此数与压力 p 的单位有关。由式(3-18)式可

知,若将 $\lg p$ 对 $\dfrac{1}{T}$ 作图应得一直线,斜率为负值。直线斜率 $m = -A = -\dfrac{\Delta H_{气}}{2.303R}$

可以分别由图解法先求得斜率 m,再由式(3-17)算出摩尔气化热 $\Delta H_{气}$。本实验是在不同外压下测定异丙醇的沸点温度。通常是用等压计进行测定的。

等压计是由球 A 和 U 形管 C、B 所组成,如图 3-15。A 球中储存液体,C、B 管之间由 U 形管相连通。当 C、B 间 U 形管中的液面在同一水平时,表示 A、B 管间空间的液体蒸气压恰与管 C 上方的外界压力相等。记下此时的温度和压力值,即是在该压力下的沸点,或者说此时在水银压力计上读出的 C 管上方的压力就是该温度下液体的饱和蒸气压。

三、仪器和试剂

仪器:

等压计连冷凝管	1 套;	水银压力计	一台;
真空泵	1 台;	贮气瓶	1 个;
大烧杯(1000mL)	1 个;	温度计(1/10℃)	1 支;
搅拌棒	1 支;	三通活塞、干燥瓶	各 1 个;
铁架、电炉	各 1 个。		

药品:

异丙醇。

四、实验步骤

1. 异丙醇装入等压计中

先将异丙醇放入等压计 C、B 间的 U 形管中,再将等压计 A 球在酒精灯上或热水中缓缓加热(不要加热过猛),使 A 球内空气受热膨胀而被赶出,然后使它迅速冷却(注意:要使受热部分均匀冷却),此时因 A 球内的气体冷却收缩而使异丙醇被吸入 A 球内。重复此操作使 A 球内盛异丙醇约为 2/3 即可。

2. 按图 3-15 装置仪器

接头各处所用的橡皮管要短,最好让橡皮管内之玻璃管能彼此衔接上。要注意防止漏气,三通活塞有一个孔连接一个与大气相通之毛细管,为必要时放入空气之用。

3. 检查系统是否漏气

旋转三通活塞使系统与大气隔绝。开动真空泵,减压 10cm 汞柱,关闭活塞 3,如果系统漏气,则压力计上水银柱高度差随即减少,这时应细致检查各部分,设法消除漏气。在检漏时,可观测水银压力计的读数。

4. 除去球 A 与管 B 间的空气并测定大气压下的沸点

检查漏气完毕后,接通冷凝管,旋转三通活塞,使体系与大气相通,开始水浴加热并搅拌(等压计一定要全部没入水中,为什么?),直到等压计内异丙醇沸腾约 3~5 分钟,然后停止加热,不断搅拌,当温度降至一定程度,C、B 之间 U 形管内气泡逐渐消失,B 管液面开始上升,同时 C 管液面下降。此时要特别注意,当 C、B 之间 U 形管液面达到同一水平时,应立即记下此

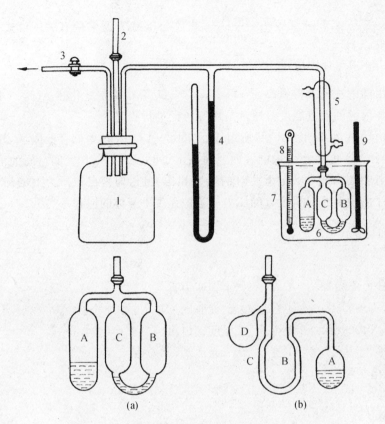

图 3-14 用等位差计测定液体饱和蒸气压的状置
1—安全瓶;2—通大气活塞;3—通真空泵活塞;4—压力计;5—冷凝管;
6—平衡管(等位计);7—恒温计;8—温度计;9—搅拌器

时的温度(即沸点),再从气压计上读出大气压力。

将大气压下的沸点测出后,重复一次,若两次结果一致,就可进行下面的实验。

5. 测定不同温度下异丙醇的饱和蒸气压

大气压下的沸点测出后,为防止空气倒灌入 A 球,应立即旋转三通活塞,使贮气瓶与真空泵相连。开动真空泵,减压 3～5cm 汞柱。此时,液体又重新沸腾,继续搅拌冷却,直到等压计管 C、B 间 U 形管两液面等高时,立即读出水浴温度及压力计中水银柱高度差,这就完成了一次 p、T 数值测定。注意与此同时应迅速开动真空泵再减压 3～5cm 汞柱,这一动作必须敏捷,否则会因空气倒灌于 A 球中而使实验失败。

如上述再一次抽气减压,液体又将沸腾。而水浴仍使其逐渐降温。当 C、B 之间 U 形管液面等高时,又能得到一对 p、T 值,如此重复操作,就可测得在不同外压下相应的沸点温度。待水浴温度降至 45℃以下,实验可告结束。这时将三通活塞通大气。

在本实验中,要求熟练掌握每步操作,动作要迅速,观察水浴温度,读出水银压力计中汞的高度差要快、准确。一定要密切配合,分工合作。

五、数据记录和处理

室温：＿＿＿＿＿＿　　　　　　　　大气压：＿＿＿＿＿＿

温　度			水银压力计读数(mmHg)			苯的饱和蒸气压	
℃	T	$\frac{1}{T}$	左支管汞高	右支管汞高	汞高差	p(mmHg)	$\lg p$

注：A 球内蒸气压 p ＝大气压 －水银压力计汞高差

(1) 实验数据列于上表中。

(2) 由实验数据作 $\lg p \sim \frac{1}{T}$ 图，由图中求出在实验温度范围内的平均摩尔气化热和苯的正常沸点。

• 思考题

1. 可否改用下述方法来进行实验，保持温度一定，先让外压较大，然后开动真空泵使之减压的办法来测定该温度下液体的饱和蒸气压？

2. 在实验过程中为什么要防止空气倒灌？如果在等压计 A 球与 B 管间有空气，对实验沸点有何影响？其结果如何？怎样判断空气已被赶净？

3. 能否在加热水浴的情况下检查是否漏气？

4. 怎样根据压力计的读数确定系统的压力？

第四章 混合物的分离与提纯技术

【知识目标】
1. 了解水蒸气蒸馏、减压蒸馏、升华法的原理和方法；
2. 掌握重结晶法、蒸馏法、分馏法、萃取法的原理和操作方法。

【技能目标】
1. 保温过滤、减压过滤装置的安装与操作；
2. 普通蒸馏、简单分馏、水蒸气蒸馏、减压蒸馏装置的安装与操作；
3. 常压升华、减压升华装置的安装与操作。

第一节 重结晶法

一、重结晶法的原理

天然的或合成的固体化合物往往是不纯的，重结晶是提纯固体化合物常用的方法之一。

固体化合物在溶剂中的溶解度常常随温度变化而改变，一般温度升高溶解度增加，反之则溶解度降低。如果把固体化合物溶解在热的溶剂中制成饱和溶液，然后冷却至室温或室温以下，则溶解度下降，原溶液变成过饱和溶液，这时就会有结晶析出。利用溶剂对被提纯物质和杂质的溶解度的不同，使杂质在热过滤时被滤除或冷却后留在母液中与结晶分离，从而达到提纯的目的。

重结晶适用于提纯杂质含量在 5% 以下的固体化合物。杂质含量过多，常会影响提纯效果，须经多次重结晶才能提纯，因此，常用其它方法如水蒸气蒸馏、萃取等手段先将粗产品初步纯化，然后再用重结晶法提纯。

二、溶剂的选择

进行重结晶操作，首先要选择好溶剂。重结晶溶剂必须符合下述条件：

(1) 溶剂不和重结晶物质发生化学反应。

(2) 在高温时，重结晶物质在溶剂中的溶解度较大，而在低温时则很小。

(3) 杂质在溶剂中的溶解度或者是很大(重结晶物质析出时，杂质仍留在母液中)，或者是很小(重结晶物质溶解在溶剂中时，可借助过滤，将不溶的杂质滤去)。

(4) 溶剂容易与重结晶物质分离，重结晶物质在溶剂内有较好的结晶状态，有利于与溶剂的分离。

(5) 溶剂的沸点适宜。溶剂的沸点高低，决定操作时温度的选择。

(6) 溶剂的市场价格、毒性、易燃性，决定了重结晶操作成本的高低与操作的安全性。

为了寻找合适的溶剂进行重结晶操作，可以直接从实验资料上获得，也可以通过表 4-1 选择适宜的溶剂。

如不能直接从实验资料中找到适合的溶剂,从表 4-1 中也只能找到几个可能作为重结晶的溶剂,难于准确地确定所需要的溶剂。这时候,可以用下述测定溶解度的实验方法进一步认定。

选择溶剂的具体方法:

将 0.1g 粉末状试样置于小试管内,用滴管逐滴加入溶剂,同时不断振摇试管,加入的溶剂约 1mL,如溶质全部溶解,则该溶剂不能入选,因为试样在该溶剂中的溶解度太大。若加入 1mL 溶剂后,试样仍不溶解,待加热后才溶解,冷却后有大量结晶析出者,则可选定为重结晶溶剂,若加入 1mL 后加热仍不溶解,后逐渐滴加溶剂,每次约0.5ml,直至 3mL,样品仍不溶解者,则不适用。若在 3mL 内,加热溶解,冷却后有大量结晶析出者,可选用。

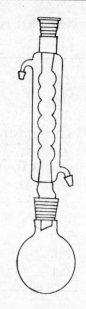

图 4-1　回流冷凝装置

有时在试验中会出现这样的情况,样品在某一溶剂中很容易溶解,而在另一种溶剂中则很难溶解,而这两种溶剂又可以相互混溶,则可将它们配成混合溶剂进行试验。常用的混合溶剂有:水－乙醇、水－丙酮、水－1,4－二氧六环,水－冰醋酸、乙醚－苯、乙醇－苯、苯－石油醚、丙酮－石油醚、氯仿－石油醚等。测定溶解度试验的方法如前所述。

在上述选定重结晶溶剂后,可以进行重结晶操作。首先进行样品的溶解。用圆底烧瓶和球形冷凝管装配回流冷凝装置见图 4-1。除了使用高沸点溶剂或者水以外,一般都应置于水溶液中加热,溶解样品。在将固体试样加入烧瓶后,先加少量溶剂,开冷凝水,升温加热至沸腾,然后分几次从管口加入少量溶剂。

每次加入后均需要沸腾,直至样品全部溶解,若补加溶剂后,仍未见残渣减少时,应视其为杂质,在此后的热过滤操作中将其滤去。

脱除颜色的操作:溶液中含有带色的杂质或树脂状杂质时,可在溶液经加热全部溶解并经稍微冷却后[1],从冷凝管的管口加入占重结晶量 1%～2%的活性炭[2]继续煮沸 5～10min,然后进行下一步的热过滤。

热过滤:用装有折叠滤纸的保温漏斗进行热过滤,应事先准备好保温漏斗,使之处于待用状态。分几批将含有活性炭的热溶液倒在滤纸上,趁热过滤,滤液中不应有黑色的活性炭颗粒存在。也可将布氏漏斗事先预热后,在布氏漏斗上进行减压过滤。

结晶:经过热过滤后的热溶液若慢慢放冷,可形成颗粒大的结晶。若用冷水冷却,则容易得颗粒细小的结晶。大颗粒结晶的纯度要超过细小颗粒结晶的纯度。若经冷却后,没有晶体析出,则可用玻璃棒摩擦试管内壁,以形成晶种,促使晶体的生成与生长。也可以加入少许与试样同样结构的纯标准样品作为晶种,促进晶体生长。

减压过滤:将上述已含有晶体的溶液进行减压过滤,可用与重结晶相同的溶剂进行洗涤,

---

①　加入活性炭时,不能在溶液处于沸腾状态时进行,否则会引起溶液的暴沸与冲料。一定要等溶液稍微冷却后才能加活性炭。

②　活性炭有多孔结构,对气体、蒸气或胶体固体有强大吸附能力。活性炭的总表面积为 $500\sim1000m^2\cdot g^{-1}$。相对密度约 $1.9\sim2.1$。含碳量 $10\%\sim98\%$。活性炭可用于糖液、油脂、醇类、药剂等的脱色净化,溶剂的回收,气体的吸收、分离和提纯,还可作为催化剂的载体。活性炭有颗粒状和粉状之分。还可根据用途分为工业炭、糖用炭、药用炭、AR 炭、CP 炭、特殊炭等。活性炭使用(如吸附气体等)后经解吸可再生重新使用。

压干后进行晾干或烘干。

表 4 - 1　常用的重结晶溶剂

溶剂	沸点	冰点/℃	相对密度	与水的混溶性	易然性
H_2O	100	0	1.0	+	0
CH_3OH	64.96	<0	0.7914^{20}	+	+
95% C_2H_5OH	78.1	<0	0.804	+	+ +
冰 HAc	117.9	16.7	1.05	+	+ +
CH_3COCH_3	56.2	<0	0.79	+	+ + +
$(C_2H_5)_2O$	34.51	<0	0.71	—	+ + + +
石油醚	30~60	<0	0.64	—	+ + + +
$CH_3COOC_2H_5$	77.06	<0	0.90	—	+ +
C_6H_6	80.1	5	0.88	—	+ + + +
$CHCl_3$	61.7	<0	0.48	—	0
CCl_4	76.54	<0	1.59	—	0

实验 4 - 1　乙酰苯胺的重结晶

一、实验目的

(1) 了解固体有机化合物进行重结晶提纯的方法和基本原理,熟悉重结晶的一般操作程序。

(2) 初步掌握溶解、加热、趁热过滤、减压过滤等基本操作技术。

二、实验原理

将固体有机物溶解在热(或沸腾)的溶剂中,制成饱和溶液,再将溶液冷却,又重新析出结晶,此种操作过程称重结晶。它是利用有机物与杂质在某种溶剂中的溶解度不同,从而将杂质除去。

三、仪器、药品

仪器:

量筒;短颈玻璃漏斗;布氏漏斗;吸滤瓶;表面皿;烧杯。

药品:

乙酰苯胺。

四、实验步骤

称取 1.5~2.0g 粗乙酰苯胺加入到蒸馏烧瓶中,并加一粒沸石[①]和 15mL 蒸馏水,安装球

---

①　沸石可以起到沸腾中心的作用,防止液体发生暴沸现象。如沸腾的溶液放冷后重新加热,因原有的沸石已经失效应当重新加入沸石。

形冷凝管(图4-1)。接通冷却水,加热至沸腾后[1],观察乙酰苯胺的溶解情况。若仍存在未溶完的乙酰苯胺[2],则停止加热。自球形冷凝管上端倒入几毫升水(注意记录加入水的体积),并再投入一粒沸石,重新加热至沸腾。如此反复,直至加入的水使烧瓶内的乙酰苯胺在沸腾状态下刚好全部溶解,再多加入5mL水。

将沸腾溶液稍放冷后,加入0.1g粉状活性炭[3],再加热沸腾2～3min后即可趁热过滤。在过滤前,应事先将布氏漏斗预热。滤液收集在烧杯内自然冷却至室温,此时应有大量结晶出现。用布氏漏斗进行减压过滤,用10mL冷蒸馏水分两次洗涤滤饼,得到无色片状结晶。将其放在培养皿中干燥后称重。

- 思考题

1. 重结晶时,溶剂量为什么不能过多或太少?如何正确控制溶剂的加入量?

2. 重结晶时,加入活性炭的量如何控制?在什么情况下加入活性炭?应如何操作?

3. 布氏漏斗上铺的滤纸,为什么它的直径要比漏斗内径略小?否则会产生什么不良后果?热抽滤时,在操作上应注意哪些方面?

4. 安装抽滤装置时,关于布氏漏斗颈要注意什么?抽滤完毕,应如何正确操作?否则会产生什么不良后果?

5. 滤液放置冷却未析出结晶,可采用哪些方法来加速结晶的形成?

第二节　蒸馏和分馏法

蒸馏是分离提纯液态有机化合物最常用的一种方法。纯的液态物质在大气压下有一定的沸点,不纯的液态物质沸点不恒定,因此可用蒸馏的方法测定物质的沸点和定性地检验物质的纯度;分馏是液体有机化合物提纯的一种方法,主要用于分离和提纯沸点很接近的有机液体混合物。本节讨论的是在常压下的蒸馏,称为普通蒸馏或简单蒸馏[4],以及在实验室中使用分馏柱进行的分馏操作。

一、普通蒸馏

蒸馏是指将液态物质加热至沸腾,使成为蒸气状态,并将其冷凝为液体的过程。若加热的液体是纯物质,当该物质蒸气压与液体表面的大气压相等时,液体呈沸腾状,此时的温度为该液体的沸点[5]。所以,可以通过蒸馏操作,测定纯物质的沸点。纯液体的沸程一般为0.5～1℃,而混合物的沸程较宽。

当液体加热时,低沸点、易挥发物质首先蒸发,故在蒸气中比在原液体中有较多的易挥发

---

[1]　可用明火加热,因为水作为重结晶溶剂,不是易燃溶剂。

[2]　未溶完的乙酰苯胺,此时已成为熔融状态的含水油珠状,沉于瓶底。

[3]　加入活性炭时,不能在溶液处于沸腾状态时进行,否则会引起溶液的暴沸与冲料。一定要等溶液稍微冷却后才能加活性炭。

[4]　对于液体有机试剂沸程的测定,国家标准GB615-1988《沸程》规定了用蒸馏法测定的通用方法,适用于沸点在30～300℃范围内,并且在蒸馏过程中化学性能稳定的液体有机试剂。

[5]　对于液体有机试剂沸点的测定,国家标准GB616-1988《沸点》规定了沸点测定的通用方法,适用于受热易分解、氧化的液体有机试剂的沸点测定。

组分,在剩余的液体中含有较多的难挥发组分,因而蒸馏可使原混合物中各组分得到部分或完全分离。这只是在两种液体的沸点差大于30℃的液体混合物或者组分之间的蒸气压之比(或相对挥发度)大于1时,才能利用蒸馏方法进行分离或提纯。在加热过程中,溶解在液体内部的空气或以薄膜形式吸附在瓶壁上的空气有助于气泡的形成,玻璃的粗糙面也起促进作用。这种气泡中心称为气化中心,可作为蒸气气泡的核心。在沸点时,液体释放出大量蒸气至小气泡中。待气泡中的总压力增加到超过大气压,并足够克服由于液体所产生的压力时,蒸气的气泡就上升逸出液面。如在液体中有许多小的空气泡或其他的气化中心时,液体就可平稳地沸腾。反之,如果液体中几乎不存在空气,器壁光滑、洁净,形成气泡就非常困难,这样加热时,液体的温度可能上升到超过沸点很多而不沸腾,这种现象称为"过热"。液体在此温度时的蒸气压已远远超过大气压和液柱压力之和,因此上升气泡增大非常快,甚至将液体冲溢出瓶外,称为"暴沸"。为了避免"暴沸"现象的发生,应在加热之前,加入沸石、素瓷片等助沸物,以形成气化中心,使沸腾平稳。也可用几根一端封闭的毛细管(毛细管应有足够长度,使其上端可搁在蒸馏瓶的颈部,开口的一端朝下)。此时应当注意,在任何情况下,不可将助沸物在液体接近沸腾时加入,以免发生"冲料"或"喷料"现象。正确的操作方法是在稍冷后加入。另外,在沸腾过程中,中途停止操作,应当重新加入助沸物,因为一旦停止操作后,温度下降时,助沸物已吸附液体,失去形成气化中心的功能。

在本节所讨论的蒸馏操作中,被蒸馏物都是耐热的,即在沸腾的温度下不至于分解。

(一)装置

蒸馏装置主要由蒸馏烧瓶、冷凝管和接受器三部分组成,见图4-2。

首先选择蒸馏瓶的大小。一般是被蒸馏的体积数占烧瓶容积的1/3～2/3为宜。用铁夹夹住瓶颈上端,根据烧瓶下面热源的高度,确定烧瓶的高度,并将其固定在铁架台上。在蒸馏烧瓶上安装蒸馏头,其竖口插入温度计(为水银单球内标式,分度值为0.1℃,量程应适合被蒸馏物的温度范围)。温度计水银球上端与蒸馏瓶支管的瓶颈和支管结合部的下沿保持水平。蒸馏头的支管依次连接直形冷凝管(注意冷凝管的进水口应在下方,出水口应在上方),铁夹应夹在冷凝管的中央,接受管(具小嘴),接受瓶(还应再准备1～2个已称重的干燥、清洁的接受瓶,以收集不同的馏分)。用橡皮管连接水龙头与冷凝管的进水口,再用另一根橡皮管一端连接冷凝管的出水口,另一端放在水槽内。

在安装时,其程序一般是由下(从加热源)而上,由左(从蒸馏烧瓶)向右,依次连接。有时还要根据最后的接受瓶的位置(有时还显得过低过高),反过来调整蒸馏烧瓶与加热源的高度。在安装时,可使用升降台或小方木块作为垫高用具,以调节热源或接受瓶的高度。

在蒸馏装置安装完毕后,应从三个方面检查:从正面看,温度计、蒸馏烧瓶、热源的中心轴线在同一条直线上,可简称为"上下一条线",不要出现装置的歪斜现象。从侧面看,接受瓶、冷凝管、蒸馏烧瓶的中心轴线在同一平面上,可简称为"左右在同一面",不要出现装置的扭曲等现象。在安装中,使夹蒸馏烧瓶、冷凝管的铁夹伸出的长度大致一样,可使装置符合规范。第三是装置要稳定、牢固,各磨口接头要相互连接,要严密,铁夹要夹牢,装置不要出现松散或稍一碰就晃动。能符合这些要求的蒸馏装置将具有实用、整齐、美观、牢固的优点。

如果被蒸馏物质易吸湿,应在接受管的支管上连接一个氯化钙管。如蒸馏易燃物质(如乙醚等),则应在接受管的支管上连接一个橡皮管引出室外,或引入水槽的下水道内。

当蒸馏沸点高于140℃的有机物时,不能用水冷冷凝管,要改用空气冷凝管,见图4-3。

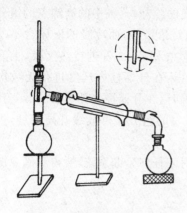

图 4-2　普通冷凝装置
（用水冷式冷凝管）

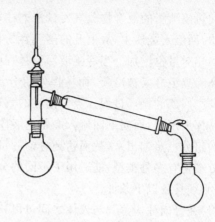

图 4-3　普通蒸馏装置
（用空气冷凝管）

（二）操作

从蒸馏装置上取下蒸馏烧瓶，把长颈漏斗放在蒸馏烧瓶口上，经漏斗加入液体样品（也可左手持烧瓶，沿着瓶颈小心地加入），投入几粒瓷片，安装蒸馏头。将各接口处逐一再次连接紧密，同时要保证蒸馏系统内有接通大气的通路[①]。

向冷凝管缓缓通入冷水，把上口流出的水引入水槽。然后加热，最初宜用小火，以免蒸馏烧瓶因局部受热而破裂，其后慢慢增强火焰强度，使之沸腾进行蒸馏，调节加热强度，使蒸馏速度以每秒钟滴下 1～2 滴馏液为宜，应当在实验记录本上记录下第一滴馏出液滴入接受器时的温度。当温度计的读数稳定时，另换接受器收集馏液。如要集取的馏分的温度范围已有规定，即可按规定集取，如维持原来的加热温度，不再有馏液蒸出，温度突然下降时，就应停止蒸馏，即使杂质很少，也不能蒸干，以免发生意外。

蒸馏时要认真控制好加热的强度，调节好冷凝水的流速。不要加热过猛，以免使蒸馏速度太快，影响冷却效果。也不要使蒸馏速度太慢，以免使水银球周围的蒸气短时间中断，致使温度下降。

在蒸馏乙醚等低沸点易燃液体时，应当用热水浴加热，不能用明火直接加热，也不能用明火加热热水浴。应用添加热水的方法，维持热水浴的温度。

蒸馏完毕，先停止加热，撤去热源，然后停止通冷却水[②]。拆卸装置时，可按与装配时相反的顺序，取下接受器、接液管、冷凝管和蒸馏烧瓶。

二、简单分馏

分馏是液体有机化合物分离提纯的一种方法，主要用于分离和提纯沸点很接近的有机液体混合物。在工业生产上，安装分馏塔（或精馏塔）可实现分馏操作，而在实验室中，则使用分馏柱进行分馏操作。分馏又称精馏。

---

① 蒸馏系统若与大气的通路不畅通，一旦加热蒸馏时，体系内部压力增加，就有冲破仪器，甚至爆炸的危险，一定要保持与大气的通道畅通。

② 在停止通冷却水，取下接受器，放好馏液后，再拆卸冷凝管，应先放掉冷凝管内的积水再卸下，以免碰撞损坏。

　　加热使沸腾的混合物蒸气通过分馏柱,由于柱外空气的冷却,蒸气中的高沸点的组分冷却为液体,回流入烧瓶中,故上升的蒸气含易挥发组分的相对量增加,而冷凝的液体含不易挥发组分的相对量也增加。当冷凝液回流过程中,与上升的蒸气相遇,二者进行热交换,上升蒸气中的高沸点组分又被冷凝,而易挥发组分继续上升。这样,在分馏柱内反复进行无数次的气化、冷凝、回流的循环过程。当分馏柱的效率高,操作正确时,在分馏柱上部逸出的蒸气接近于纯的易挥发组分,而向下回流入烧瓶的液体,则接近难挥发的组分。再继续升高温度,可将难挥发的组分也蒸馏出来,从而达到分馏的目的。

　　分馏柱有多种类型,能适用于不同的分离要求。但对于任何分馏系统,要得到满意的分馏效果,必须具备以下条件:

　　(1)在分馏柱内蒸气与液体之间可以相互充分接触。

　　(2)分馏柱内,自下而上,保持一定的温度梯度。

　　(3)分馏柱要有一定的高度。

　　(4)混合液内各组分的沸点有一定的差距。

　　为此,在分馏柱内,装入具有大表面积的填充物,填充物之间要保留一定的空隙,可以增加回流液体和上升蒸气的接触面。分馏柱的底部往往放一些玻璃丝,以防止填充物坠入蒸馏瓶中。分馏柱效率的高低与柱的高度、绝热性能和填充物的类型等均有关系。

　　(一)装置

　　分馏装置由蒸馏部分、冷凝部分与接受部分组成。分馏装置的蒸馏部分由蒸馏烧瓶、分馏柱与分馏头组成,比蒸馏装置多一根分馏柱。分馏装置的冷凝与接受部分,与蒸馏装置的相应部位相比,并无差异。

　　简单的分馏装置如图 4-4 所示

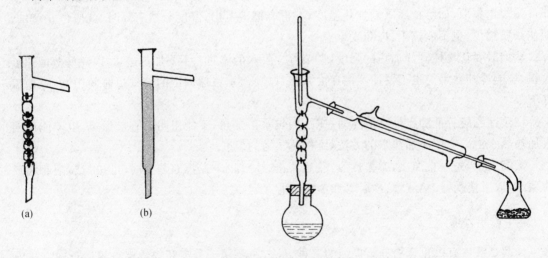

图 4-4　分馏装置

(a)味格氏(刺形)分馏柱;(b)装填料的管式分馏柱

　　分馏装置的安装方法与安装顺序与蒸馏装置的相同。在安装时,要注意保持烧瓶与分馏柱的中心轴线上下对齐,使"上下一条线",不要出现倾斜状态。同时,将分馏柱用石棉绳、玻璃布或其他保温材料进行包扎,外面可用铝箔覆盖以减少柱内热量的散发,削弱风与室温的影响,保持柱内适宜的温度梯度,以提高分馏效率。要准备 3~4 个干燥、清洁、已知重量的接受瓶,以收集不同温度的馏分。

（二）操作

将待分馏的混合物加入圆底烧瓶中,加入沸石数粒。采用适宜的热浴加热,烧瓶内的液体沸腾后要注意调节浴温,使蒸气慢慢上升,并升至柱顶。在开始有馏出液滴出后,记下时间与记录温度,调节浴温使蒸出液体的速率控制在每2~3s流出1滴为宜。待低沸点组分蒸完后,更换接受器,此时温度可能有回落。逐渐升高温度,直至温度稳定,此时所得的馏分称为中间馏分。再换第3个接受器,在第二个组分蒸出时有大量馏液蒸馏出来,温度已恒定,直至大部分蒸出后,柱温又会下降。注意不要蒸干,以免发生危险。这样的分馏体系,有可能将混合物的组分进行严格的分馏。如果分馏柱的效率不高,则会使中间馏分大大增加,馏出的温度是连续的,没有明显的阶段性与区分。对于出现这样问题的实验,要重新选择分馏效率高的分馏柱,重新进行分馏。进行分馏操作,一定要控制好分馏的速度,维持恒定的馏速。要使有相当数量的液体自分馏柱流回烧瓶,须选择好合适的回流比,尽量减少分馏柱的热量散发及柱温的波动。

三、水蒸气蒸馏

水蒸气蒸馏是分离和提纯有机化合物的一种方法。当混合物中含有大量的不挥发的固体或含有焦油状物质时,或在混合物中某种组分沸点很高,在进行普通蒸馏时会发生分解,对如上这些混合物在利用普通蒸馏、萃取、过滤等方法难于进行分离的情况下,可采用水蒸气蒸馏的方法进行分离。

两种互不相溶的液体混合物其蒸气压等于两种液体单独存在时的蒸气压之和。当此混合物的蒸气压等于大气压时,混合物就开始沸腾,被蒸馏出来。因此互不相融的液体混合物的沸点比每个组分单独存在时的沸点低。

利用水蒸气蒸馏,可以将不溶或难溶于水的有机物在比自身沸点低的温度（低于100℃）下蒸馏出来。

当水蒸气通入被蒸馏物中,被蒸馏物中的某一个组分和水蒸气一起蒸馏出来,其质量和水质量之比等于两者分压和它们的相对分子质量的乘积之比。即

$$\frac{m_{物}}{m_{水}} = \frac{p_{物} \times M_{物}}{p_{水} \times 18}$$

式中　　$m_{物}$——馏液中有机物的质量,g;

　　　　$m_{水}$——馏液中水的质量,g;

　　　　$p_{水}$——水蒸气蒸馏时水的蒸气压,kPa;

　　　　$p_{物}$——水蒸气蒸馏时有机物的蒸气压,kPa;

　　　　$M_{物}$——有机物的相对分子质量。

能用水蒸气蒸馏分离的有机化合物,有其自身的结构特点,例如,许多邻位二取代苯的衍生物比相应的间位与对位化合物随水蒸气挥发的能力要大（见表4-2）;能形成分子内氢键的化合物如邻氨基苯甲酸、邻硝基苯甲醛、邻硝基苯酚都随水蒸气蒸发。

表 4 – 2　若干二元取代苯随水蒸气的相对挥发度

苯环上的取代基	位　置			苯环上的取代基	位　置		
	邻 —	间 —	对 —		邻 —	间 —	对 —
—COOH，—Cl	4.08	4.38	1	—NHCOCH₃，—N₂	43.1	2.00	
—COOH，—CH₃	4.49	2.81	1	—NH₂，—NO₂	47	9.49	
—NHCOCH₃，—Cl	6.61	0.60	1	—OH，—NO₂	160.0	3.32	
—COOH，—NO₂	20.90	7.30	1	—COOH，—OH	1320	5.00	

　　在表 4 – 3 中所列的化合物能溶于水，且有水存在时，其蒸气压下降（如酸、酚、醇、胺等）。由此可见，同系列分子中，相对分子质量增加，因极性基团在分子中的影响削弱，水蒸气的挥发度也增大。分子中的第二个极性基团的引入，能显著减小分子随水蒸气的挥发度。

表 4 – 3　在有水存在时蒸气压力减少的物质随水蒸气的相对挥发度

化合物	K[①]	化合物	K
甲酸	0.370	乙酸	20.0
乙酸	0.657	正丙胺	30.0
丙酸	1.239	正丁胺	40.0
丙酮酸	0.074	二乙胺	43.0
氯乙酸	0.047	乙二胺	0.02
丁烯酸	0.760	苯胺	5.51
丁酸	1.96	苯甲胺	3.27
2—乙基丁酸	4.57	1—萘胺	1.05
苯甲酸	0.27	N—甲基苯胺	16.0
对甲基苯甲酸	0.378	苯酚	1.94
间甲基苯甲酸	0.420	对硝基苯酚	0.005
邻甲基苯甲酸	0.508	间硝基苯酚	0.01
苯乙酸	0.07	对氯苯酚	1.30
肉桂酸	0.102	百里酚	12.0
水杨酸	0.088	甲醛	2.6
邻氨基苯甲酸	0.019	乙醛	40.0
对甲基苯甲酸	0.050	苯甲醛	18.0
氨	13.0	对甲氧基苯甲醛	3.1
甲胺	11.00		

（一）装置

　　水蒸气蒸馏装置由水蒸气发生器、蒸馏部分、冷凝部分和接受部分组成。它和蒸馏装置相比，增加了水蒸气发生器，见图 4 – 5。

　　水蒸气发生器 A 是钢质容器，中央的橡皮塞上插有一根接近器底的长度为 400～500mm 的长玻璃管 B，作为安全管，当蒸气通道受阻，器内的水沿着玻璃管上升，可起报警作用，应马

---

①　κ 值为在有水存在时，蒸气压减小的纯有机化合物随水蒸气蒸发的相对挥发度。从 κ 值的大小，可以比较它们的挥发性大小。该值是由各化合物与 200mL 水置于 300mL 锥形瓶进行分馏时测得的。$\kappa=\dfrac{(\lg X_1-\lg X_2)}{\lg Y_2-\lg Y_2}$，$X_1$ 及 Y_1 为蒸馏开始时蒸馏瓶中的水和物质的质量分数，X_2 及 Y_2 为蒸馏结束时物质及水的质量分数。

上检修。当器内压力太大,水会从管中喷出,以释放系统的内压。当管内喷出水蒸气,表示发生器内水位已接近器底,应马上添加水,否则发生器要烧坏。发生器还附装有液面计,可直接观察器内水面高度,适时增加水量。操作时,通常盛装其容积的 3/4 水量为宜。过量的水将在沸腾时冲入烧瓶。水蒸气发生器的蒸气导出管经 T 形玻璃管和三口烧瓶 D 的蒸气导入管相连。T 形管的一个垂直支管连接夹有螺旋夹的橡皮管,可以放掉蒸气冷凝的积水,当蒸气量过猛或系统内压力骤增或操作结束时,可以旋开螺旋夹,释放蒸气,调节压力。三口烧瓶上的蒸气导入管要尽量接近瓶底。其余的瓶口一个用瓶塞塞住,另一个用蒸馏弯头 E 连接,依次连接冷凝管、接引管、接受器。在必要时,可用保温材料包扎,从蒸气发生器的支管开始,至三口烧瓶的蒸气通路,以便保温[①]。

（二）操作

将待蒸馏物倒入三口烧瓶中,瓶内液体不超过其容积的 1/3。松开 T 形管螺旋夹,加热水蒸气发生器,开通冷凝管的进水管。待水接近沸腾,T 形管开始冒气时再夹紧螺旋夹,使水蒸气通入三口烧瓶内,烧瓶内出现气泡翻滚,系统内蒸气通道畅通、正常。为了使蒸气不致于在烧瓶内冷凝而积聚过多,必要时可在烧瓶下置一石棉网,用小火加热[②]。当冷凝管内出现蒸气冷凝后的乳浊液,流入接受器内后,调节火焰强度,使馏出速度为每秒 2～3 滴。如在冷凝管出现固体凝聚物（被蒸馏物有较高的熔点）,则应调小冷凝水的进水量,必要时可暂时放空冷凝水,使凝聚物熔化为液态后,再调整进水量大小,使冷凝液能保持流畅无阻。在调节冷却水的进水量时,注意要缓缓地进行,不要操之过急,以免使冷凝管

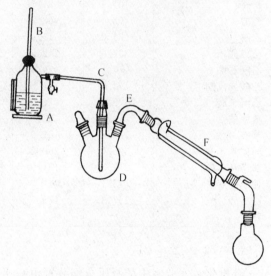

图 4-5　水蒸气蒸馏装置

骤冷、骤热而破裂。待馏出液变得清彻透明,没有油滴时[③],可停止操作。先打开 T 形管螺旋夹,放掉系统内蒸气压力,与大气保持相通后,再停止水蒸气发生器的加热[④],关闭进水龙头。按与装配时相反的顺序,拆卸装置,清洗与干燥玻璃仪器。

在接受器内收集的馏液为二相,底层为油层,上层为水相。将馏液进行分液操作,油层分出后,进行干燥、蒸馏后,可得纯品,称重,计算产率。

---

① 如不进行包扎,当加热强度不够或室内气温过低,在支管至三口烧瓶间的通路,可以看到有冷凝水,阻碍蒸气通行。若有此现象,可打开 T 形管的螺旋夹放水。加大升温强度,进行保温操作。

② 用灯火加热。加快蒸发速度,维持烧瓶内容积恒定为宜。不宜加热过猛,使烧瓶内混合物蒸发过度,瓶内存物过少。

③ 可用小试管盛接馏液仔细观察,没有油滴,表示被蒸馏物已全部蒸出可结束实验。

④ 在停止操作后,应先旋开 T 形管的螺旋夹,再停止水蒸气发生器的加热,以免发生蒸馏烧瓶内残存液向水蒸气发生器倒灌的现象。

四、减压蒸馏

减压蒸馏又称真空蒸馏,用于分离和提纯在常压蒸馏下容易氧化、分解或聚合的有机化合物,特别适合于高沸点有机化合物的提纯。

液体的沸点是指液体的蒸气压与外界压力相等时液体的温度。一般的有机化合物,当外界压力降至 2.7 kPa 时,其沸点比在常压下的沸点低 $100\sim120$℃。利用液体沸点随外界压力的降低而下降的关系,可以使高沸点有机化合物在较低的压力下,以远低于正常沸点的温度进行蒸馏而提纯。若干有机化合物在不同压力下的沸点与压力见表 4-4。

表 4-4　若干有机化合物在不同压力下的沸点/℃

化合物	101.3kPa	53.33kPa	13.33kPa	5.33kPa	1.33kPa	0.13kPa
1-溴丁烷	101.6	81.7	44.7	24.8	−0.3	−33
乙醇	78.4	63.5	34.9	19.0	−2.3	−31.3
乙醚	34.6	17.9	−11.5	−27.7	−48.1	−74.3
己二酸	337.5	312.5	265.0	240.5	205.5	159.2
乙酸乙酯	77.1	59.3	27.0	9.1	−13.5	−43.4
乙酸异戊酯	142.0	121.5	83.2	62.1	35.2	—
乙酰苯胺	303.8	277.0	227.2	199.6	162	114
苯甲酸	249.2	227	186.2	162.6	132.1	96.0
苯胺	184.4	161.9	119.9	96.7	69.4	34.8
间硝基苯胺	305.7	280.2	232.1	204.2	167.8	119.3
邻硝基苯酚	214.5	191.0	146.4	122.1	90.4	49.3
仲丁醇	251	204	172	147.5	118.2	99.5
乙二醇	197.3	178.5	141.8	120.0	92.10	53.0
甘油	290	263.0	220.1	198.0	167.2	125.5

(一)装置

有机化学实验室中的减压蒸馏装置由减压系统、蒸发、冷凝与接受四部分组成(图 4-6)。与普通蒸馏操作相比,增加了减压系统这一部分。

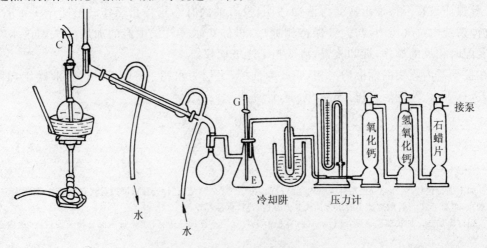

图 4-6　减压蒸馏装置

减压系统由减压泵和保护、测压系统组成。实验室中经常用的减压泵有水泵、微型循环水真空泵和真空泵。

水泵有玻璃质和金属质两种。玻璃质要用厚壁橡皮管连接在尖嘴水龙头上。金属质水泵可通过螺纹连接在水龙头上。在水压比较高时，水泵所能达到的最高真空度即为室温的水蒸气压，例如在 25℃时为 3.167kPa，10℃时为 1.228kPa。

真空泵可以使真空度达 0.13kPa 以下，是减压蒸馏的常用设备。真空泵的性能取决于其机械结构与真空泵油的质量。真空泵的机械结构较为精密，使用条件严格。在使用时，挥发性有机溶剂、水、酸雾均能损害真空泵，使其性能下降。挥发性有机溶剂一旦被吸入真空泵油后，会增加油的蒸气压，不利于提高真空度。酸性蒸气会腐蚀油泵机件，水蒸气凝结后与油形成乳浊液。因此，在使用真空泵时，要建立起真空泵的保护系统，防止有机溶剂、水、酸雾入侵真空泵[①]。

保护与测压体系。若用水泵或循环水真空泵抽真空，不必设置保护体系。真空泵的保护系统由安全瓶（用吸滤瓶装配）、冷却阱、两个以上吸收塔组成。安全瓶上配有两通活塞，一端通大气，具有调节系统压力及放入大气以恢复瓶内大气压力的功能。冷却阱具有冷却进入真空泵中的气体的作用，在使用时，它置于盛放有冷却剂（干冰、冰盐或冰水）的广口保温瓶内[②]。可以依次连接三个吸收塔，分别盛装无水氯化钙、氢氧化钙（或氢氧化钠）和石蜡片[③]。

实验室测量系统中压力测量仪器常用水银压力计，见图 4-7。

一般有开口式和 U 形压力计两种[④]。开口式水银压力计，两臂汞柱高度之差即为大气压力与系统内压力之差，而蒸馏系统内的实际压力是大气压减去汞柱差值。开口式压力计测试的数值比较准确。另一种常用的水银压力计 U 形水银压力计，中间有上下可滑动的刻度标尺，读数时，把刻度标尺的 0 点对准 U 形压力计

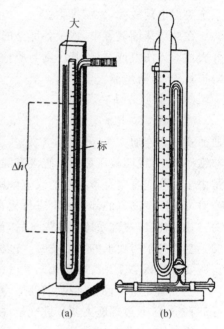

图 4-7　水银压力计

右臂汞柱的顶端，可直接从刻度标尺上读出系统内的实际压力。在使用 U 形压力计旋转活塞时，动作要缓慢，慢慢地旋开活塞，使空气逐渐进入系统，使压力计右臂汞柱徐徐升顶。否则，由于空气猛然大量涌入系统，汞柱迅速上升，会撞破 U 形玻璃管。压力计旋塞只在需要观察

---

① 真空泵是减压蒸馏操作中的核心设备之一。虽然在装置中设有保护体系，以延长其正常的运转时间，但仍应定期更换真空泵油并清洗机械装置，尤其是在其真空度有明显的下降时，更应及时维修，不可"带病操作"，否则机械损坏更为严重。

② 冷却阱有利于除去低沸点物质。在每次实验后，应及时清洗。

③ 干燥塔的有效工作时间是有限的，应适时定期更换装填物。装填物吸附饱和后，不能起到保护真空泵的作用，还会阻碍气体通道，使真空度下降。如长期不更换，则会胀裂塔身（装氯化钙），或者使玻璃瓶塞与塔身粘合，不能启开而报废（装碱性填充物）。所以要经常观察干燥塔内装填物的形态，是否有潮湿状等，及时更换装填物，以保证真空泵有良好的工作性能。

④ 水银压力计平时要保养好，使之随时处于备用状态。U 形压力计的水银灌装，要当心排除顶部的气泡，在将压力计与干燥塔或冷却阱连接时，要当心勿折断压力计的玻璃管，施力要适度，过细的橡皮管不适宜作为连接用。

压力值时才打开,体系压力稳定或不需要时,可以关闭压力计。在结束减压蒸馏时,应先缓缓打开旋塞,通过安全瓶慢慢接通大气,使汞柱恢复到顶部位置。

减压蒸馏的蒸馏与冷凝部位的仪器安装(图4-6)。在蒸馏烧瓶上装配分馏头,分馏头的直形管部位插入一根末端拉成毛细管的厚壁玻璃管,毛细管下端离瓶底约1～2mm,该玻璃管的上端套一根有螺旋夹的橡皮管。通过旋转螺旋夹,调节减压蒸馏时通过毛细管进入蒸馏系统的空气量,以控制系统的真空度大小,并形成烧瓶中的沸腾中心。分馏头的另一直立管(带支管者)内插一支温度计,使水银球的上沿与支管的下沿相对齐。分馏头的支管依次连接直形冷凝管、多头接引管、接受瓶。并将多头接引管的支管与真空系统的安全瓶相连接。

实验者在进行减压蒸馏操作实验时,需要动手装配的是蒸馏、冷凝与接受的装置,以及与真空系统的连接。而减压装置在实验前已安装与调试完毕,在实验中不再轻易拆装,除非减压系统突然出现故障,急需排除。

在减压蒸馏装置中,连接各部件的橡皮管都要用耐压的厚壁橡皮管。所用的玻璃器皿,其外表均应无伤痕或裂缝,其厚度与质量均应符合产品的出厂规格的要求。实验操作人员要戴防护目镜,以防不测。

(二)操作方法

减压蒸馏装置密闭性检查与真空度调试:旋紧毛细玻璃管上的螺旋夹,旋开安全瓶上的二通活塞使之连通大气,开动真空泵,并逐渐关闭二通活塞,如能达到所要求的真空度,并且还能够维持不变,说明减压蒸馏系统没有漏气之处,密闭性符合要求。若达不到所需的真空度(不是由于水泵或真空泵本身性能或效率所限制),或者系统压力不稳定,则说明有漏气的地方,应当对可能产生漏气的部位逐个进行检查,包括磨口连接处,塞子或橡皮管的连接是否紧密。必要时,可将减压蒸馏系统连通大气后,重新用真空脂或石蜡密封,再次检查真空度。若系统内的真空度高于所要求的真空度时,可以旋动安全瓶上的二通活塞,慢慢放进少量空气,以调节至所要求的真空度。待确认无漏气后,慢慢旋开二通活塞,放入空气,解除真空度。

在蒸馏烧瓶中,加入待蒸馏液体,其体积应占烧瓶容积的1/3～1/2。关闭安全瓶上活塞,开动真空泵,通过螺旋夹调节进气量,使烧瓶内能冒出一连串小气泡,装置内的压力符合所要求的稳定的真空度。

开通冷却水,将热浴加热,使热浴的温度升至比烧瓶内的液体的沸点高20℃,以保持馏出速度为每秒1～2滴,记录馏出第一滴液滴的温度、压力和时间。若开始馏出物的沸点比预料收集的要低,可以在达到所需温度时转动接引管的位置,用另一个接受器收集所需要的馏分,蒸馏过程中,应严密关注压力与温度的变化。

蒸馏完毕,或者在蒸馏过程中需要中断实验时,应先撤去热源,缓缓旋开毛细管上的螺旋夹,再缓缓地旋开安全瓶上的二通活塞,慢慢放入空气,使U形压力计水银柱逐渐上升至柱顶,使装置内外压力平衡后,方可最后关闭真空泵及压力计的活塞。

实验4-2　丙酮和1,2-二氯乙烷混合物的分馏

一、实验目的

(1) 了解分馏的原理和分馏柱的作用。

（2）掌握分馏装置的安装及操作技术。

二、实验原理

分馏与蒸馏相似，它是在圆底烧瓶与蒸馏头之间接一根分馏柱，并利用分馏柱将多次汽化—冷凝过程在一次操作中完成。一次分馏相当于连续多次蒸馏，因此，分馏能更有效地分离沸点接近的液体混合物。

三、实验仪器

圆底烧瓶（100mL）；温度计（150℃）；长玻璃筒；接液管；蒸馏头；直形冷凝管；锥形瓶（100mL）；韦氏分馏柱；水浴。

四、实验步骤

取 50mL 蒸馏烧瓶，按图 4-4 所示安装分馏装置。分馏柱内可装填玻璃环。分馏柱外面用石棉绳缠绕，最外面可用铝箔覆盖[①]。量取由丙酮和 1,2-二氯乙烷按 1∶1（体积比）组成的混合液 25mL，加入蒸馏烧瓶内。准备好 3～4 个干净的、干燥的接受器。检查各磨口接头连接严密性，开通冷凝水并进行升温加热。注意观察温度的变化[②]，记录蒸出第一滴液滴的温度，在温度（此时应为 56℃左右）稳定后，更换接受器，直至温度开始下降时，再换接受器，提高升温速率，在温度逐渐上升，并再次趋于稳定时（此时应为 83℃左右），更换接受器。提高升温速率，直至大部分馏出液蒸出为止[③]。待瓶内仅存少量液体时，停止加热。关闭冷却水，取下接受器。按相反顺序拆卸装置，并进行清洗与干燥。

量取各馏分的体积数，计算产率。测定丙酮与 1,2-二氯乙烷的折射率。

• 思考题

1. 进行蒸馏或分馏操作时，为什么要加入沸石？如果蒸馏前忘记加沸石，液体接近沸点时，你将如何处理？

2. 纯的液体化合物在一定压力下有固定沸点，但具有固定沸点的液体是否一定是纯物质？为什么？

实验 4-3　八角茴香的水蒸气蒸馏

一、实验目的

（1）学习并使用水蒸气蒸馏从茴香中提取茴香油的原理及方法。

（2）进一步熟悉和掌握水蒸气蒸馏、溶剂萃取、常压蒸馏等基本操作。

---

① 由于分馏柱有一定的高度，只靠烧瓶外面的加热提供的热量，不进行绝热保温操作，分馏操作是难于完成的。实验者也可选择其他适宜的保温材料进行保温操作，达到分馏柱的保温目的。

② 分馏柱中的蒸气（或称蒸气环）在未上升的温度计水银球处时，温度上升得很慢（此时也不可加热过猛），一旦蒸气环升到温度计水银球处时，温度将迅速上升。

③ 当大部分液体被蒸出，分馏将要结束时，由于甲苯蒸气量上升不足，温度计水银球不能时时被甲苯蒸气所包围，因此温度出现上下波动或下降，标志分馏已近终点，可以停止加热。

二、实验原理

许多植物都具有令人愉快的气味,植物的这种香味均由挥发油或香精油所致。香精油成分往往存在于植物组织的腺体或细胞内,它们也可以存在于植物的各个部位,但更多地存在植物的籽和花中。

茴香油是一种香精油,主要存在于常用的调味品茴香籽、大茴香或八角茴香籽中。

茴香油为淡黄色液体,具有茴香的特殊香味,其中所含主要成分是茴香脑($80\%\sim90\%$),另外还含有少量乙醛等。茴香脑的结构式为:

$$CH_3-O-\langle\ \rangle-CH_2-CH=CH_2$$

其化学名称为对烯丙基苯甲醚。茴香脑为无色或淡黄色液体(或固体),沸点 $233\sim235\,℃$,熔点 $22\sim23\,℃$,溶于 C_2H_5OH 和$(C_2H_5)_2O$。

茴香油是水蒸气挥发性的,故可用水蒸气蒸馏从植物中分离出来。茴香油的主要成分茴香脑溶于$(C_2H_5)_2O$,因此可用$(C_2H_5)_2O$萃取馏出液中的茴香油,然后蒸除$(C_2H_5)_2O$可得到茴香油。

三、仪器和药品

仪器:

圆底烧瓶(500mL,250mL);	直型冷凝管;	蒸馏瓶(50mL);
锥形瓶(250mL,50mL);	接液管;	烧杯(100mL);
蒸气导出,导入管;	T 形管;	螺旋夹;
馏出液导出管;	分液漏斗;	玻璃管(1mm)。

药品:

茴香籽粉;食盐;$(C_2H_5)_2O$;Na_2SO_4(无水)。

四、实验步骤

在 500mL 圆底烧瓶中装入 2/3 热 H_2O,加 $1\sim2$ 粒沸石,同时,在 250mL 圆底烧瓶中加入 20g 茴香籽粉[①]和 50mL 热 H_2O,安装好水蒸气蒸馏装置(图 4-5)。用酒精灯或电炉隔石棉网加热 500mL 圆底烧瓶(作水蒸气发生器),当有大量蒸汽产生时,关闭螺旋夹,使蒸汽通入 250mL 烧瓶中进行提取,同时冷凝管中通入冷 H_2O,冷凝馏出液蒸气。当收集约 200mL 馏出液,至馏出液变清时,先打开螺旋夹,再停止加热,关闭冷凝水,终止水蒸气蒸馏。

用 $30\sim50$g 食盐饱和馏出液移至分液漏斗中,每次用 15 mL$(C_2H_5)_2O$萃取两次,弃去 H_2O,将萃取醚层合并,用少量无水 Na_2SO_4 干燥。将液体慢慢倾入干燥的 50 mL 蒸馏瓶中(注意不要倾入无水 Na_2SO_4 固体)。安装蒸馏装置,在水浴上蒸出大部分$(C_2H_5)_2O$,将剩余液体转移至事先称重的试管中,在水浴中小心加热[②]此试管,浓缩至溶剂除净为止。揩干试管外壁,称量,计算茴香油的回收率。

---

① 用植物粉碎机将茴香籽研成粉末。

② 所得茴香油只有几百毫克,操作时要仔细。

• 思考题

1. 用水蒸气蒸馏法分离和提取的物质应具备哪些条件？

2. 在用$(C_2H_5)_2O$萃取馏出液中的茴香油之前，为什么要加入食盐使馏出液饱和？

实验 4 - 4　乙二醇的减压蒸馏

一、实验目的

（1）学习减压蒸馏的原理及其应用。

（2）认识减压蒸馏的主要仪器设备，掌握减压蒸馏仪器的安装和减压蒸馏的操作方法。

二、实验原理

液体沸腾时的温度与外界压力有关，且随外界压力的降低而降低。如果用一个真空泵（水泵或油泵）与蒸馏装置相连接成为一个封闭系统，使系统内的压力降低，这样就可以在较低的温度下进行蒸馏，这就是减压蒸馏，也叫真空蒸馏。它是分离、提纯液体或低熔点固体有机物的一种重要方法。特别适用于在常压蒸馏时未到沸点即已受热分解、氧化或聚合的物质。

三、仪器和药品

仪器：

　　减压装置一套。

药品：

　　粗品乙二醇（混杂有少量仲丁醇）。

四、实验步骤

按图 4 - 6 所示，取 50mL 蒸馏烧瓶，安装减压蒸馏装置（接受器应称重）。关闭安全瓶上的二通活塞，旋紧螺旋夹，开动真空泵，调试压力稳定在 1.33kPa 后，徐徐放入空气，压力与大气平衡后，关闭真空泵。

取 20mL 粗品乙二醇（混杂有少量仲丁醇），加入蒸馏烧瓶，检查各接口处的严密性后，开动真空泵，使压力稳定在 1.33kPa 后，加热蒸馏烧瓶，收集沸点 92±1℃馏分。收集完大部分馏液后，撤去热源，松开螺旋夹徐徐放入空气，旋开压力计活塞，缓缓开启安全瓶上的二通活塞，解除真空度，放入空气。待压力计水银柱回升至柱顶后关闭真空泵。取下接受器，称重。按相反顺序，拆卸减压蒸馏装置，清洗并干燥玻璃器皿。减压系统的装置，不经指导教师指示，不要拆卸①。

计算产率，测折射率。

• 思考题

1. 物质的沸点与外界压力有什么关系？一般在什么条件下采用减压蒸馏？

2. 安装气体吸收塔的目的是什么？各塔有什么作用？

---

① 本实验涉及减压系统的操作，应在指导老师指导下认真操作，以免发生事故。初学者未经教师同意，不要擅自单独操作。加热前，先检查毛细管是否畅通。不要蒸干，以免引起爆炸。

3. 装置的气密性达不到要求,应采取什么措施?

4. 减压蒸馏开始时,为什么要先抽气再加热;蒸馏结束时为什么要先撤热源,再停止抽气?顺序为什么不能颠倒?

5. 减压蒸馏操作应注意哪些事项?

第三节　萃取法

一、萃取的原理

萃取是指把某种物质从一相转移到另一相的过程。萃取和洗涤是利用物质在不同溶剂中的溶解度或分配比的不同来进行分离的操作。

用萃取(或洗涤)剂处理固体混合物时,萃取(或洗涤)剂的效果基本上根据混合物各组分在所选用的溶剂内的不同溶解度、固体的粉碎程度及用新鲜溶剂再处理的时间而确定。从液相内萃取(或洗涤)物质的情况,必须考虑到被萃取(或洗涤)物质在两种不相溶的溶剂内的溶解程度。

二、溶剂的选择

在实际操作中,难溶于水的物质,用石油醚或汽油从水溶液中萃取,易溶于水的用乙酸乙酯或其他相似溶剂提取。溶剂的选择,可应用"相似相溶"原理,详细的讨论,参阅本章第一节内容。

有时,将水溶液用某种盐饱和,使物质在水中的溶解度大大下降,而在溶剂中的溶解度大大增加,促使迅速分层,减少溶剂在水中的损失,称之为盐析效应。

在选择萃取溶剂时,要注意溶剂在水中的溶解度大小,以减少其在萃取(或洗涤)时的损失。部分常用有机溶剂在水中的溶解度见表 4－5。表中的闪点[①]、爆炸极限[②]数据提供了在使用该溶剂时应当注意的安全性操作的问题。

另一类萃取剂的萃取原理是利用它和被萃取物质起化学反应而进行萃取。这类操作,经常应用在有机合成反应中,以除去杂质或分离出有机物。常用的萃取剂有:5%或10%碳酸钠溶液,5%或10%碳酸氢钠溶液,稀盐酸,稀硫酸和浓硫酸等。碱性萃取剂可从有机相中分离出有机酸或从溶于有机溶剂的有机化合物中除去酸性杂质(使酸性杂质生成钠盐溶解于水中)。酸性萃取剂可用于从饱和烃中除去不饱和烃,从卤代烷中除去醚或醇等。

三、液体物质的萃取

从液体中萃取通常是在分液漏斗中进行的,所以掌握正确使用和保管分液漏斗的方法是十分重要的。

---

① 可燃性液体的蒸气与火接触发生闪火的最低温度叫闪点。它是可燃性液体的一个性能指标,表示可燃性液体发生火灾和爆炸可能性的大小,与液体的储存、运输和使用的安全有密切关系。

测定闪点的标准是采用规定的开口杯或闭口闪点测定器。闪点的温度比该物质的燃点低。

② 爆炸极限是指可燃气体或蒸气与空气的混合物能发生爆炸的限度范围,即是浓度的上限和下限。浓度高于上限和低于下限的都不会发生爆炸。爆炸极限也是可燃物质的一个性能指标,是在生产、储存、运输和使用可燃物质时必须注意的一个重要指标。

分液漏斗容积大小的选择应当根据被萃取液体的容积来决定。分液漏斗的容积以被萃取液体积一倍以上为宜。在正式使用前,必须事先用水检查分液漏斗的盖子是否盖紧,是否严密不漏水;检查活塞是否严密,关闭后不漏水,开启时能畅通放水,以免在正式使用时,发生泄漏或不能畅通排放液体等现象。

表 4 - 5　部分常用有机溶剂在水中的溶解度

溶剂名称	沸点/℃	水中溶解度/℃	溶解时温度/℃	闪点/℃	爆炸极限/%	
					下限	上限
正己烷	67～69	0.01	20	－22	1.25	6.9
正庚烷	98.2～98.6	0.005	20	－17	6	6
苯	79～80.6	0.20	20	－11	8	8
甲苯	109.5～111	0.05	2020	7	1.27	7.0
二甲苯	136.5～141.5	0.01	20	24	3.0	7.6
氯仿	59.5～62	0.5	20	—	—	—
四氯化碳	75～78	0.08	20	不燃	—	—
1,2－二氯乙烷	82～85	0.87	20	12～18	6.2	15.9
氯苯	130～132	0.049	30	28～32	—	—
甲醇	64～68	全溶	20	9.5	6	36.5
乙醇	78～78.2	全溶	20	12	3.28	19.0
异丙醇	79～83	全溶	20	16	2.5	10.2
丙醇	95～100	全溶	20	29	2.5	9.2
正丁醇	114～118	7.3	20	28～35	1.7	10.2
正戊醇	90～140	5	20	45～46	1.2	
异戊醇	130～131	4～5	20	42	—	
乙酸乙酯	76.2～77.2	8.6	20	－1	2.18	11.5
乙酸戊酯	115～150	0.2	20	22～25	10	10
乙醚	34～35	5.5～7.4	20	－40	1.7	48
1,4－二氧六环	95～105	全溶	20	18	1.97	22.2
丙酮	55～57	全溶	20	－9	2.15	13.0
丁酮	76～80	24	20	－3	1.81	11.5
环己酮	150～158	5	20	44～47	3.2	9.0
硝基甲烷	101.2	10.5	20	43.3(35)	7.3	7.3
硝基乙烷	114	4.5	20	41	—	
硝基丙烷	131.6	1.4	20	49	—	
硝基环己烷	203～204	15	20	15	—	
吡啶	115.6	全溶	20	20	1.8	12.4
糠醛	160～165	8.3	20	68	2.1	
二硫化碳	45.5～47	全溶	20			

在进行萃取时,先把分液漏斗放在铁架台的铁环上,关闭活塞,取下盖子,从漏斗的上口将被萃取液体倒入分液漏斗中,然后再加入萃取剂,盖紧盖子,取下漏斗,用右手握住漏斗,右手的手掌顶住盖子,左手握在漏斗的活塞处,右手的大拇指和食指按住活塞(活塞的旋面应向上),中指垫在活塞座下边。两手将漏斗振摇时,将漏斗的出料口稍向上倾斜,经过几次摇荡后,将漏斗朝向无人处"放气"。尤其是在使用石油醚、乙醚等低沸点的溶剂,或者是用稀碳酸钠或碳酸氢钠等碱性萃取剂从有机相中分离有机酸或除去酸性杂质时,漏斗内的压力很大,容易发生冲开塞子等事故。在经过几次振摇放气后,漏斗内只有很小压力时,再剧烈摇荡 2～3min,将漏斗放回铁圈中静置。静置时间越长,愈有利于两相的彻底分离。此时,实验者应注意仔细观察两相的分界线,有的很明显,有的则不易分辨。一定要确认两相的界面后,才能进

行下面的操作,否则还需要静置一段时间。打开漏斗的盖子,实验者的视线应盯住两相的界面,缓缓地旋开活塞,将下层液体,经活塞向下放至锥形瓶(接受器)中。分液时,一定要尽可能分离干净,有时两相界面有絮状物也要一起分离出去。然后关闭活塞。从漏斗的上口倒出上层液体。不能经活塞将上层液体放出,以免下层液体污染上层液体。如需要进行多次萃取,在将下层液放出后,上层液可不必从瓶口倒出来,而直接从瓶口再加入萃取剂进行萃取。

在进行萃取操作时,所分出的的拟弃去的液体应收集在锥形烧瓶内,不要马上轻易处理。一定要等全部实验结束,实验结果在经过指导者认可后才能处理。这样一旦发现取错液层,尚可及时纠正,避免实验的全部返工。

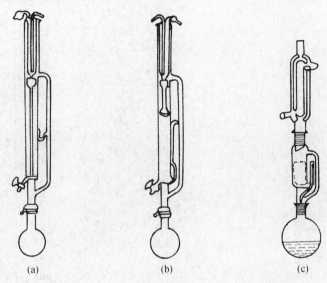

图 4-8　连续萃取装置

(a)轻提取剂提取器;　(b)重提取剂提取器;　(c)索氏提取器

萃取时可以用仪器进行连续萃取。一种是轻提取剂提取器,即用较轻溶剂萃取较重溶液中的物质,例如:用乙醚萃取水溶液,见图 4-8a。另一种是重提取剂提取器,见图 4-8b,例如,用二氯甲烷萃取水溶液,即用较重溶剂萃取较轻溶液中的物质。

在任何一种情况下,都是将烧瓶中的溶剂加热气化,经冷凝器冷凝成液体,流入萃取液中进行萃取。得到的萃取液经溢流返回烧瓶中,其溶剂再汽化、冷凝、萃取,如此反复循环,即可提取出大部分物质。

四、固体物质的萃取

将固体研细后放入容器内,用溶剂长期浸泡是一种最简单的固体物质萃取的方法,显然这是一种效率不高的方法。也可以加入合适溶剂,振荡,过滤,从萃取液中分离出萃取物,反复操作。使用索氏提取器(见图 4-8c)进行连续萃取就是一种效率较高的萃取方法。把固体样品放入纸袋中,装入提取器,加热烧瓶,使溶剂气化进入冷凝器冷凝成液体,流入提取器进行萃取。利用溶剂的回流和虹吸作用,使固体中的可溶物质富集到烧瓶中,从中可提取出要萃取的物质。

实验 4–5　从植物中提取天然色素

一、实验目的

（1）熟悉从植物中提取天然色素的原理和方法。

（2）初步掌握分液漏斗的使用和萃取、分离操作。

二、实验原理

绿色植物的茎、叶中含有叶绿素（绿色）、叶黄素（黄色）和胡萝卜素（橙色）等多种天然色素。

叶绿素是植物进行光合作用所必需的催化剂。α-胡萝卜素在人和动物的肝脏内受酶的催化可分解成维生素 A，所以又称之为维生素 A 元，可用于治疗夜盲症，也可用作食品色素。

叶黄素在绿叶中的含量较高。因为分子中含有羟基，较易溶于醇，而在石油醚中溶解度较小。叶绿素和胡萝卜素则由于分子含有较大的烃基而易溶于醚和石油醚等非极性溶剂。本实验就利用这一性质，用石油醚-乙醇混合溶剂作萃取剂，将绿色植物中的天然色素提取出来。然后再用柱色谱法进行分离。

柱色谱法分离色素混合物是基于吸附剂（氧化铝）对混合物中各组分吸附能力的差异。当用适当的溶剂携带混合物流经装有吸附剂的色谱柱时，反复多次地发生吸附-洗脱过程。胡萝卜素极性最小，当用石油醚—丙酮洗脱时，随溶剂流动最快，第一个被分离出；叶黄素分子中含有两个极性的羟基，增加洗脱剂中丙酮的比例，便随溶剂流出；叶绿素分子中极性基团较多，可用正丁醇-乙醇-水混合溶剂将其洗脱。

三、仪器与药品

仪器：

研钵；分液漏斗（125mL）；	锥形瓶（1000mL）；	减压过滤装置；
低沸易燃物蒸馏装置；	水浴锅；	酒精灯；
剪刀；	滴液漏斗（125mL）；	玻璃漏斗；
酸式滴定管（25mL）；	烧杯（200mL）；	

药品：

新鲜绿叶蔬菜（可用菠菜、韭菜或油菜等）；石油醚（60～90℃馏分）；

乙醇（95%）；　丙酮；　正丁醇；　中性氧化铝（150～160 目）。

四、实验步骤

1. 萃取、分离

称取 20g 事先洗净晾干的新鲜蔬菜叶，将其剪切成碎片放入研钵中。初步捣烂后，加入 20mL 体积比为 2∶1 的石油醚—乙醇溶液，研磨约 5min。减压过滤。滤渣放回研钵中，重新加入 10mL 2∶1 的石油醚—乙醇溶液，研磨后抽滤。再用 10mL 2∶1 的石油醚—乙醇溶液重复上述操作一次。

2. 洗涤、干燥

合并三次抽滤的萃取液,转入分液漏斗中,用 20mL 蒸馏水分次洗涤,以除去水溶性杂质及乙醇。分去水层后,将醚层由漏斗上口倒入干燥的锥形瓶中,加入 1g 无水硫酸镁干燥15min。

3. 回收溶剂

将干燥好的萃取液滤入圆底烧瓶中,安装低沸易燃物蒸馏装置。用水浴加热蒸馏,回收石油醚。当烧瓶内液体剩下约 5mL 左右时,停止蒸馏。将烧瓶内的液体转移到锥形瓶中保存。若条件允许,可按以下方法进行进一步分离。

* 4. 色谱分离

(1) 装柱。用酸式滴定管代替色谱柱。取少许脱脂棉,用石油醚浸润后,挤压以驱除气泡,然后借助长玻璃棒将其放入色谱柱,再覆盖一片直径略小于柱径的圆底滤纸。关好旋塞后,加入约 20mL 石油醚,将色谱柱固定在铁架台上。从色谱柱上口通过玻璃漏斗缓缓加入20g 中性氧化铝,同时小心打开旋塞,使柱内石油醚高度保持不变,并最终高出氧化铝表面约2mm[①]。装柱完毕,关好旋塞。

(2) 加入色素。将上述蔬菜色素的浓缩液,用滴管小心加入到色谱柱内,滴管及盛放浓缩液的容器用 2mL 石油醚冲洗,洗涤液也加入柱中。加完后,打开下端旋塞,让液面下降到柱面以下约 11mm 左右,关闭旋塞,在柱顶滴加石油醚至超过柱面 1mm 左右,再打开旋塞,使液面下降。如此反复操作几次,使色素全部进入柱体。最后再滴加石油醚至超过柱面 2mm 处。

(3) 洗脱。在柱顶安装滴液漏斗,内盛约 50mL 体积比为 9∶1 的石油醚—丙酮溶液。同时打开滴液漏斗及柱下端的旋塞,让洗脱剂逐渐流出,柱色谱分离即开始进行。先用烧杯在柱底接收流出液体。当第一个色带即将滴出时,换一个洁净干燥的小锥形瓶接收,得橙黄色液体,即胡萝卜素。在滴液漏斗中加入体积比为 7∶3 的石油醚—丙酮溶液,当第二个黄色带即将滴出时,换一个锥形瓶,接受叶黄素[②]。

最后用约 30mL 体积比为 3∶1∶1 的正丁醇—乙醇—水为洗脱剂,分离出叶绿素。将收集的三种色素回收到指定容器中。

• 思考题

1. 绿色植物中主要含有哪些天然色素?

2. 本实验是如何从蔬菜叶中提取色素的?

3. 分离色素时,为什么胡萝卜素最先被洗脱?三种色素的极性大小顺序如何?

第四节　升华

升华是指具有较高蒸气压的固体物质,受热不经过熔融状态直接转变成气体的过程。

升华是固体有机化合物提纯的一种操作方法。用升华法提取所得产品的纯度高,含量可达 98%~99%,适宜于制备无水物或分析用试剂。升华时的温度较低,在操作上很有利。但用升华法提纯有机物的种类有限,仅限于易升华的有机化合物,且操作时间较长,只适宜于少

---

① 应注意使氧化铝在整个实验过程中始终保持在溶剂液面下。

② 叶黄素易溶于醇,而在石油醚中溶解度较小,所以在此提取液中含量较低,以致有时不易从柱中分离出。

量制备。

在加热时,物质的蒸气压增加,升华的速度也增加。为了避免物质的分解,温度的升高视情况而定,因此依靠加热来提高升华的速度的应用范围是有限的。

在升华时,利用通入少量空气或惰性气体,可以加速蒸发,同时使物质的蒸气离开加热面易于冷却。但不宜通入过多的空气或其他气体,以免造成带走升华产品的损失。另外,利用抽真空以排除蒸发物质表面的蒸气,可提高升华的速度。通常是减压与通入少量空气(或惰性气体)同时应用,以提高升华速度。升华速度与被蒸发物质的表面积成正比,因此被升华的物质愈细愈好,使升华的温度能在低于物质的熔点的温度下进行。

在升华时,选择与安装升华装置时,应注意蒸气从蒸发面至冷凝面的途径不宜过长。尤其是对于相对分子质量大的分子在进行升华操作时,仪器的出气管应安装在下面,不然要使蒸气压达一定的高度,须对物质进行强烈的加热。表4-6列出了某些易升华的物质的蒸气压。

表 4 - 6　某些易升华物质的蒸气压

名　　称	mp/℃	固体在熔点时的蒸气压/kPa	名称	mp/℃	固体在熔点时的蒸气压/kPa
干冰(固体 CO_2)	−57	16.78	(固体)苯	5	4.80
六氯乙烷	189	104	邻苯二甲酸酐	131	1.20
樟脑	179	49.33	萘	80	0.93
碘	114	12	苯甲酸	122	0.80
蒽	2185	5.47			

升华样品的准备:将样品经过充分干燥后,仔细地粉碎研细,置于保干器内备用。

一、常压升华

如图4-9a所示,在蒸发皿中放入经过干燥、粉碎的样品,在其上覆盖一张穿有一些小孔的圆形滤纸,其直径应比漏斗口大。再倒置一个漏斗,漏斗的长茎部分塞进一团疏松的棉花。

在石棉铁丝网(或沙浴)上,加热蒸发皿,控制加热温度低于被升华物质的熔点。蒸气通过滤纸小孔,在器壁上冷凝,由于有滤纸阻挡,不会落回器皿底部。收集漏斗内壁与滤纸上的晶体,即为经升华提纯的物质。

也可用图4-9b的装置,在烧杯上放一部通冷水的蒸馏烧瓶,该烧瓶的最大直径部分应大于烧杯直径,升华物质在蒸馏烧瓶底部外壁冷凝成晶体。

二、减压下升华

减压下升华装置如图4-10所示。将待升华物质放在吸滤管中,然后将装有具支试管的塞子塞紧,内部通过冷却水,然后开动水泵或真空泵减压,吸滤管浸在水浴或油浴中逐渐加热,使升华的物质冷凝在通有冷水的管壁。

水泵有玻璃质和金属质两种。玻璃质要用厚壁橡皮管连接在尖嘴水龙头上,金属质水泵可通过螺纹连接在水龙头上。

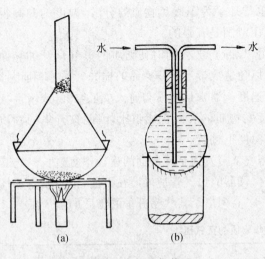

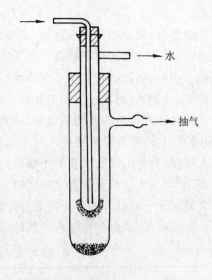

图 4-9　常压升华装置　　　　　　　　　图 4-10　减压升华装置

实验 4-6　从茶叶中提取咖啡因

一、实验目的

(1) 了解从茶叶中提取咖啡因的原理和方法。

(2) 学习用索氏提取器抽提的操作技术。

(3) 学习用升华法提纯有机物。

二、实验原理

咖啡因是弱碱性化合物，易溶于热 H_2O,$CHCl_3$,C_2H_5OH 等。含结晶水的咖啡因系无色针状结晶，味苦，在 100℃时即失去结晶水，并开始升华,120℃时升华显著，至 178℃时升华很快。无水咖啡因的熔点为 238℃。

咖啡因具有刺激心脏、兴奋中枢神经和利尿等作用，可作为中枢神经兴奋剂。它也是复方阿斯匹林(PAC)等药物的组分之一。工业上，咖啡因主要通过人工合成制得。

茶叶中咖啡因的含量约为 3%～5%。本实验从茶叶中提取咖啡因是用 C_2H_5OH 做溶剂，在索氏提取器中连续抽提，然后浓缩、焙炒得粗咖啡因，再通过升华法提纯。

三、仪器与药品

仪器：

索氏提取器;	圆底(或平底)烧瓶(250mL);	水浴锅;
直形冷凝管;	蒸发皿;	表面皿;	玻璃漏斗;
接液管;	锥形瓶;	温度计;	烧杯

药品：

茶叶末;	95% C_2H_5OH;	CaO

其他:

滤纸套筒;　　　　　　　脱脂棉;　　　　　　　　滤纸

四、操作步骤

称取 10g 茶叶末,装入索氏提取器(见图 4-8c)的滤纸套筒[①]中,轻压实,筒上口盖一片滤纸或一小团脱脂棉,置于提取器中。在 250mL 圆底或平底烧瓶内加入 120mL95% C_2H_5OH 和几粒沸石,水浴加热,连续抽提 2～3h[②],待冷凝液刚刚虹吸下去时,立即停止加热。稍冷后改成蒸馏装置,水浴加热回收提取液中的大部分 C_2H_5OH(约 100mL)。

将残液倾入蒸发皿中,拌入 3g 研细的 CaO[③] 在蒸汽浴上蒸干[④],再用灯焰隔石棉网焙烧片刻,除去全部水分[⑤],冷却,擦去沾在边上的粉末,以免升华时污染产物。

将一张刺有许多小孔的圆形滤纸盖在装有粗咖啡因的蒸发皿上,取一只大小合适的玻璃漏斗罩于其上。漏斗颈部疏松地塞一小团棉花[⑥],如图 4-8c 所示。在石棉网或沙浴上小心加热蒸发皿[⑦],当纸上出现白色针状结晶时,暂停加热,冷至 100℃左右,揭开漏斗和滤纸,用小刀仔细地将附着于滤纸上的咖啡因刮下。残渣经拌和后,用较大的火焰再加热升华一次。合并两次升华所收集的咖啡因于表面皿中,测定熔点。

如产品仍有杂质,可用少量热水重结晶提纯或放入微量升华管中再次升华。

在升华过程中必须始终严格控制加热温度,温度太高,会使滤纸炭化变黑,并把一些有色物质烘出来,使产品不纯。再升华时,火亦不能太大。

- 思考题

1. 索氏提取的萃取原理是什么? 它和一般的浸泡萃取比较,有哪些优点?
2. 进行升华操作时应注意什么?

---

① 滤纸套大小既要紧贴器壁,又要能方便取放,纸套上面盖滤纸或脱脂棉,以保证回流液均匀渗透被萃取物。滤纸包茶叶末时要谨防漏出堵塞虹吸管。
② 提取液颜色很淡时,即可停止抽提。
③ CaO 起吸水和中和作用。
④ 在蒸干过程中为避免残液因沸腾而溅出,可加几粒沸石于蒸发皿中。
⑤ 若 H_2O 分未除尽,升华开始时会出现烟雾污染器皿。
⑥ 蒸发皿上盖一刺有小孔的滤纸目的是避免已升华的咖啡因落入蒸发皿中,纸上的小孔使蒸气通过。漏斗颈塞棉花,为防止咖啡因蒸气逸出。
⑦ 在萃取回流充分的情况下,升华操作的好坏是实验成功的关键。

第五章　物质的定性鉴定技术

【知识目标】
　　1. 了解无机化合物的定性鉴定方法；
　　2. 掌握有机化合物元素的定性鉴定方法；
　　3. 了解高分子化合物的鉴定方法。

【技能目标】
　　1. 常见无机物、有机物的定性鉴定；
　　2. 常见高分子化合物的鉴定。

第一节　定性鉴定的要求和条件

　　定性分析的任务是鉴定物质中所含有的组分。对于无机定性分析来说，这些组分通常表示为元素或离子，而在有机分析中，所鉴定的通常是元素、官能团或化合物。

一、定性鉴定的反应

　　定性分析中应用的化学反应包括两大类，一类用来分离或掩蔽离子，另一类用来鉴定离子。对前者的要求是反应进行得完全，有足够的速度，用起来方便；对后者的要求，不仅要完全、迅速地进行，而且要有外部特征，否则我们就无从鉴定某离子是否存在。这些外部特征通常是：

　　(1) 沉淀的生成或溶解

$$Ag^+ + Cl^- \longrightarrow AgCl\downarrow \quad 白$$
$$AgCl + 2NH_3 \longrightarrow Ag(NH_3)_2^+ + Cl^- \quad (白色沉淀消失)$$

以试液中加入稀 HCl 或 NaCl 有白色沉淀生成，氨化时白色沉淀即溶解的外观现象来确定 Ag^+ 的存在。

　　(2) 溶液颜色的改变

$$2Mn^{2+} + 2S_2O_8^{2-} + 8H_2O \xrightarrow{Ag^+,\Delta} 2MnO_4^- + 10SO_4^{2-} + 8H_2O$$

在酸性液中，用强氧化剂 $(NH_4)_2S_2O_8$ 将 Mn^{2+} 氧化为紫红色的 MnO_4^- 以确定 Mn^{2+} 的存在。

　　(3) 特殊气体的排出

$$SO_3^{2-} + 2H^+ \longrightarrow SO_2\uparrow + H_2O$$

反应产生的气体使澄清的石灰水变混浊，且能使稀 $KMnO_4$ 溶液褪色（以此与 CO_2 气体相区别），证明有 SO_3^{2-} 存在。

　　凡具有上述任何一种外观特征且灵敏、迅速的化学反应，方能用作鉴定某离子的反应。

二、定性鉴定的条件

（一）现象变化

被检离子与试剂在溶液中相互作用时,在外观上要显示出来,或称为有外部效果或外部特征。

（二）反应速度快

在水溶液中进行的反应一般瞬时即可完成,如果有些鉴定反应的速度较慢,可采取加热或加入催化剂等措施以加快反应速度。

（三）反应较灵敏

反应的灵敏性一般用灵敏度来衡量,灵敏度是测得值,通常以"检出限量"和最低浓度表示。

检出限量:在一定条件下,利用某反应能检出待测离子的最小重量。以 m 为符号,μg 为单位。

最低浓度:在一定条件下,利用某反应能检出待测离子的最低浓度。以 c 作符号,ppm 为单位(1ppm 相当于 10^6 份重的试液中含一份重的被检离子)。还可用 $1 : G$ 表示。G 是含 1 克被检离子的溶剂的克数,因溶液很稀,在计算时可用溶液的克数或毫升数代替溶剂的克数,c 与 G 之间为倒数关系。

例如,在中性或弱酸性溶液中,Na^+:

检出限量: $1 : 12\,500 = m \times 10^{-6} : 0.05$

$$m = \frac{0.005 \times 10^{-3}}{12\,500} = 4 \times 10^{-6}(g) = 4\mu g$$

即

$$m = \frac{V}{G} \times 10^6$$

最低浓度: $1 : G = c : 10^6$

$$c = \frac{10^6}{G} = \frac{10^6}{12500} = 80ppm$$

c 和 m 值越小,反应的灵敏度越高。半微量定量分析一般要求 $m < 50\mu g, c < 10^3 \mu g \cdot mL^{-1}$。

（四）反应的选择性好

定性分析对鉴定反应的要求不仅是灵敏,而且希望能在其他离子共存时不受干扰地鉴定某离子。具备这一条件的鉴定反应称为特效反应,该试剂称为特效试剂。

例如,在试样中含有 NH_4^+ 时,加 NaOH 并加热,便会有 NH_3 气放出。此气体有特殊气味,并可通过湿润的中性 pH 试纸显示碱性等方法加以鉴定。一般认为这是鉴定 NH_4^+ 的特效反应。NaOH 则为鉴定 NH_4^+ 的特效试剂。

但是,到目前为止,特效反应不多,而且所谓特效也并非绝对专一,而是相对于一定条件而言的。上述鉴定 NH_4^+ 的反应也只是在一般阳离子中是特效的,离开这个范围,则干扰它的还有 CN^-、有机胺类和氨基汞盐等。事实上,多数试剂不仅能与一种离子发生反应,而且能与若干种离子发生反应。这类与为数不多的离子发生反应的试剂称为选择试剂,相应的反应叫做选择反应。发生某一选择反应的离子数目越少,则该反应的选择性越高。对于选择性高的反应很容易创造出特效条件,使其在特定条件下,成为特效反应。

创造特效条件的方法主要有以下几个方面。

1. 控制溶液的酸度

这是最常用的方法之一,在实际分析中有许多实例。例如,$BaCl_2$ 在中性或弱碱性溶液中可同 SO_4^{2-}、SO_3^{2-}、$S_2O_3^{2-}$、CO_3^{2-}、PO_4^{-3}、SiO_3^{2-}、BO_2^- 等多种阴离子生成白色沉淀。但在溶液中加入 HNO_3 使呈酸性后,则只有 SO_4^{2-} 可同 Ba^{2+} 生成白色 $BaSO_4$ 沉淀。这种沉淀同由 SiO_3^{2-} 生成的 H_2SiO_3 胶状沉淀,以及由 $S_2O_3^{2-}$ 析出的硫有明显的区别,因而成为鉴定 SO_4^{2-} 的特效方法。

2. 掩蔽干扰离子

掩蔽干扰离子的方法之一,是使干扰离子生成配合物。例如,以 NH_4SCN 鉴定 Co^{2+} 时,最严重的干扰来自 Fe^{3+},因为它同 SCN^- 生成血红色的配离子,掩盖了 $Co(SCN)_4^{2-}$ 的天蓝色,此时如在溶液中加入 NaF,使 Fe^{3+} 生成更稳定的无色配离子 FeF_6^{3-},则 Fe^{3+} 的干扰便可消除。

掩蔽的另一种方法是改变干扰离子的价态,如果某些离子对鉴定反应有干扰,则往往可以通过改变其价态而消除。例如上面所举鉴定 Co^{2+} 的反应,Fe^{3+}、Cu^{2+} 存在时都有干扰。后者与试剂生成黑色沉淀 $Cu(SCN)_2$。但如在溶液中加入 $SnCl_2$,则两个干扰离子分别被还原为 Fe^{2+} 和 Cu^+,干扰便可消除。

3. 附加补充试验

当某离子的鉴定反应受到其他离子干扰时,我们往往可以通过附加一些补充试验的办法,而将被鉴定离子与干扰离子加以区分。

例如,Sn 粒将 Sb^{3+}($SbCl_{63-}$)还原为黑色的金属 Sb 的反应,可以作为锑的鉴定方法。此反应受到 As^{3+} 的干扰,它也能在相同条件下生成黑色的单质 As,两者表面上难以区别,但如将黑色残渣洗净,加上新配的 $NaBrO$ 溶液,则只有 As 溶解,Sb 不溶,从而增加了鉴定锑的特效性。

4. 分离干扰离子

在没有更好的可以消除干扰的办法时,分离是最基本的手段。在传统的系统分析中,主要就是依靠系统的分离来消除彼此间的干扰。

在离子的分别鉴定中,分离手段也经常使用。例如,第四组阳离子的鉴定反应多数受到前三组阳离子的干扰,一般又没有更简便的方法可以消除干扰。在这种情形下,只好采用分离的办法。最常用的分离方法是使干扰离子或待检离子生成沉淀,或使干扰物质挥发分解。

除了上面列举的一些创造特效条件的常用方法外,还有其他一些方法也偶尔使用。例如,利用有机溶剂萃取有色化合物,或稀释试液使干扰离子达不到反应所需最低浓度等。

● 思考题

1. 定性分析中应用的化学反应,就其功能来说可分为哪几类?

2. 鉴定反应具备的主要条件是什么?

3. 用 $K_4Fe(CN)_6$ 鉴定 Fe^{3+} 时,遇到了下面一些情况,应如何处理?

(1) 没有鉴定出 Fe^{3+},但根据其他现象又似乎有 Fe^{3+}。

(2) 怀疑配制试样的水中含有铁杂质。

(3) 怀疑 $K_4Fe(CN)_6$ 已变质。

(4) 所得结果刚能辨认,现象不明显。

第二节　常见元素的定性鉴定

一、无机化合物的元素鉴定

定性分析的对象是多种多样的,诸如溶液、可溶盐、难溶化合物、矿石、合金、化工产品等,都可能是样品。本课程所讨论的范围只限于一般常见的无机化合物。

由于分析的对象不同,具体的分析方法也随之而异。各种具体分析过程大体上包括以下五个内容:

(1)试样的外表观察和准备;　(2)初步试验;　(3)阳离子分析;　(4)阴离子分析;(5)分析结果的判断。

这里主要介绍分析试样的制备和分析。

(一)阳离子分析试液的制备和分析

1. 阳离子分析试液的制备

经过初步试验之后,试样溶于哪种溶剂已经清楚了,现根据可能出现的三种情况分述如下。

(1)溶于水的试样。这种情况最为简单,可直接取 20~30mg 试样,溶于 1mL 水中,按阳离子分析方案进行分析。

有时可能遇到部分溶于水的试样,这时可把溶于水的部分单独加以分析,其不溶于水的部分,按以下所述处理,然后把分别得到的结果加以综合判断,作出结论。

(2)不溶于水但溶于酸的试样。用于溶解试样的酸包括盐酸、硝酸和王水,硫酸因有较多的沉淀作用,不适于作溶剂。

在盐酸和硝酸都可用的情况下,一般应选择硝酸,因为硝酸盐不像氯化物那样易于挥发,在蒸发除去过量酸时不致遭到较大的损失;当然,王水只有在两种酸都不溶的情况才使用。

每种酸在使用时都要力求不太过量,而且尽量使用稀酸。过量太多的酸,尤其是浓酸,会给分析带来一系列的麻烦。例如,HCl 所引入的高浓度 Cl^- 可配合许多阳离子,使它们的正常反应受到影响;HNO_3 和王水具有强氧化性,可把第二组组试剂 H_2S 氧化为硫黄,从而干扰第二组阳离子的沉淀。另外,高浓度的酸无论对于调节酸度或进行离子的鉴定都颇为不便。因此,在分析之前必须将它蒸发除去。蒸发要进行到溶液将干的程度,但一定要避免灼烧,因为灼烧会使硝酸盐分解为难溶于酸的氧化物,以后就更难处理了。蒸发完毕,向残渣中加 1mL 水溶解,离心沉降,离心液用于分析阳离子,残渣按下述不溶物研究。

(3)不溶于水也不溶于酸的试样。不溶于水也不溶于酸的物质,在定性分析中称为不溶物。不溶物包括以下几类物质,对它们可进行分别处理。

① 卤化银。包括 AgCl、AgBr、AgI 等。AgCl 可用氨水溶解,然后以 HNO_3 酸化,如有白色沉淀生成,则表示有银。AgBr 和 AgI 可以用 Zn 末和稀 H_2SO_4 处理:

$$2AgI + Zn + H_2SO_4 \rightleftharpoons 2Ag + ZnSO_4 + 2HI$$

然后以 HNO_3 溶解生成的银,再以 Ag^+ 的特效反应鉴定。

② 难溶硫酸盐。包括 $BaSO_4$、$SrSO_4$、$CaSO_4$、$PbSO_4$ 等,其中 $PbSO_4$ 溶于 NH_4Ac 或 NaOH;$CaSO_4$、$BaSO_4$、$SrSO_4$ 可加浓 Na_2CO_3 多次处理,使之转化为碳酸盐,然后以稀 HNO_3

溶解。当然,所有这几种硫酸盐都可以用 Na_2CO_3 和 K_2CO_3 的混合物熔融,使之转化为碳酸盐,继之以稀酸溶解。

2. 阳离子的分析

阳离子的分析可按系统分析法或分别分析法进行。究竟采取哪一种方法更为有利,这与试样的外表观察及初步试验的结果有关。如果所得初步结果已经把可能存在的离子范围划得很小,那么显然采用分别分析法更为快速简捷;相反,试样的成分复杂,那么采用系统分析是很合适的。

无论采用哪种方式进行分析,最好都要先作各组是否存在的试验,即按加组试剂的条件,依次以 HCl、H_2S、$(NH_4)_2SO_4$ 检验。这样作的结果,有可能把某一组整组排除,从而大大节省分析的时间和精力,有利于工作的顺利进行。

(二) 阴离子分析

1. 阴离子分析试液的制备

用于阴离子分析的试液,需要采用不同于阳离子分析试液的特殊方法来加以制备。这是由于以下两个原因:

(1) 多数阴离子由于本身的颜色、氧化还原性质或与阴离子生成沉淀的性质而干扰阴离子的分析,这些阳离子(定性分析上称为重金属离子)必须加以除去;

(2) 制备阳离子分析试液时如果使用了酸,那么许多挥发性阴离子将被破坏,彼此在酸中不能共存的阴离子将互相反应、改变了试样本来的状态,这样的试液显然不适于作阴离子分析。

所以,制备阴离子分析试液时必须满足三个要求:除去重金属离子;将阴离子全部转入溶液;保持阴离子原来的存在状态。

为了达到这一目的,最好的办法是以 Na_2CO_3 处理试样,阳离子中除 K^+、Na^+、NH_4^+、As^{3+} 以外都能与之生成沉淀(碳酸盐、碱式碳酸盐、氢氧化物、氧化物)而同阴离子分离;Na_2CO_3 溶液是碱性的,阴离子在碱性环境中比较稳定,彼此发生氧化还原反应的机会也最少。这样制得的阴离子分析试液,称为制备溶液或碳酸钠提取液。

具体作法是,取固体试样 $0.1g$,加 $0.4g$ 纯无水 Na_2CO_3,在小烧杯中混合,加水 $2.5mL$,搅拌,加热煮沸 5 分钟,并随时补充水的消耗。然后将烧杯中的内容移入离心管,离心沉降,离心液便是供阴离子分析用的制备溶液。如果试样是溶液,则取试样 $1mL$,加少许 Na_2CO_3 粉末,搅拌、加热、煮沸,如前处理。

用 Na_2CO_3 处理试样时,所依据的反应是复分解反应,如果以 MA 代表试样中某种重金属离子的盐,则此时的复分解反应为

$$MA + Na_2CO_3 \Longrightarrow MCO_3 + Na_2A$$

反应进行的完全程度,视生成的 MCO_3 是否比 MA 更难溶而定。如果 MA 的溶解度较大,而 MCO_3 的溶解度很小,那么它很容易被 Na_2CO_3 分解,生成碳酸盐沉淀,同时其阴离子便转入溶液。相反,如果 MA 的溶解度远比 MCO_3 为小,那么这种转化就要比较困难。

假定 MA 是难溶硫酸盐,例如 $BaSO_4$,其复分解反应如下:

$$BaSO_4 + Na_2CO_3 \Longrightarrow BaCO_3 + Na_2SO_4$$

$BaSO_4$ 和 $BaCO_3$ 的溶度积分别为:

$$K_{SP}, BaSO_4 = [Ba^{2+}][SO_4^{2-}] = 1.1 \times 10^{10}$$

$$K_{SP}, BaCO_3 = [Ba^{2+}][CO_3^{2-}] = 5.1 \times 10^{-9}$$

显然，$BaSO_4$ 是更难溶的物质，它似乎很难转化为溶解度较大的 $BaCO_3$。但是，到底困难到什么程度，这是可以通过计算来表明的。

在平衡时，上述两个等式都应成立，所以将两式相除，得：

$$\frac{[CO_3^{2-}]}{[SO_4^{2-}]} = \frac{K_{SP}, BaCO_3}{K_{SP}, BaSO_4} = \frac{5.1 \times 10^{-9}}{1.1 \times 10^{-10}} = 46$$

这说明，平衡时 CO_3^{2-} 的浓度应等于 SO_4^{2-} 浓度的 46 倍。在转化反应的开始阶段，溶液中 SO_4^{2-} 浓度仅为 10^{-5} 左右，CO_3^{2-} 浓度等于其 46 倍的条件极易达到。但随着 CO_4^{2-} 的不断进入溶液，CO_3^{2-} 浓度也必须不断增加。如果我们认为 SO_4^{2-} 浓度达到 10^{-2} 就算达到转化的目的，那么 CO_3^{2-} 浓度必须达到 $0.46 mol \cdot L^{-1}$，这也是可以办到的，因为 20℃时 Na_2CO_3 饱和溶液的浓度约为 $1.7 mol \cdot L^{-1}$，100℃时为 $2.9 mol \cdot L^{-1}$，都远比上述要求为高，何况我们还可以不断将上部的澄清溶液取走，使平衡不断向右移，以便进一步促进转化的完全。

但是，如果被转化的是溶解度非常小的化合物，例如 PbS，那么依同法计算得：

$$K_{SP}, PbS = [Pb^{2+}][S^{2-}] = 8.0 \times 10^{-23}$$

$$\frac{[CO_3^{2-}]}{[S^{2-}]} = \frac{7.4 \times 10^{-14}}{8.0 \times 10^{-28}} = 9.3 \times 10^{13}$$

计算结果表明，欲使 PbS 转化为 $PbCO_3$，溶液中 CO_3^{2-} 的浓度必须等于 S^{2-} 浓度的 9.3×10^{13} 倍。这样高的倍数，即使是在转化刚刚开始时也是办不到的。开始时 S^{2-} 的浓度为：

$$[S^{2-}] = \sqrt{8.0 \times 10^{-28}} = 2.8 \times 10^{-14} mol \cdot L^{-1}$$

CO_3^{2-} 的浓度应为：

$$[CO_3^{2-}] = 9.3 \times 10^{13} \times 2.8 \times 10^{-14} = 2.6 mol \cdot L^{-1}$$

这样大的浓度，在常温下即使是 Na_2CO_3 的饱和溶液也达不到，因此这种转化几乎是不可能的。

所以，用 Na_2CO_3 处理也不是理想的方法。一方面，象硫化物、磷酸盐、卤化银等这些溶解度相当小的难溶盐可能转化不完全甚至不能转化；另一方面，金属如 Sn、Sb、Al、Cr 等，还可能部分被溶解。当遇到难转化的难溶盐时，用 Na_2CO_3 处理后的残渣还要以下述特殊方法加以处理。

残渣先以 HAc 溶解，如果全溶，则说明不存在尚未转化的物质；如果不全溶，而且阴离子分析中又未能鉴定出 S^{2-}、PO_4^{3-}、X^-（卤离子）等，则应取加 HAc 未溶的残渣之一部分，加 Zn 粉及 H_2SO_4 处理，可将 S^{2-} 和 X^- 转入溶液：

$$HgS + Zn + 2H^+ \longrightarrow Hg + Zn^{2+} + H_2S\uparrow$$

$$2AgX + Zn \longrightarrow 2Ag + Zn^{2+} + 2X^-$$

H_2S 可用 $PbAc_2$ 试纸检出；X^- 在赶出 H_2S 后可用一般方法鉴定。残渣的另一部分以 HNO_3 溶解，然后以钼蓝试剂法鉴定 PO_4^{3-}。

值得提醒的是，如果试样中不含重金属离子，那么这种试样可以直接用水溶解。用 NaOH 调为碱性便可用于阴离子分析。

2. 阴离子的分析

按照本书的顺序，阴离子的分析放在阳离子分析之后进行（也有先分析阴离子的），因此，在分析阴离子时有可能充分利用阳离子分析中已经得出的结论，对各种阴离子存在的可能性作出一些推断。例如,从已经鉴定出的阳离子以及试样的溶解性出发,可以推断某些阴离子有无存在的可能。假设阳离子中有 Ag^+,而试样又溶于水,那么阴离子分组中的第二组不能存在;如果这个水溶液不呈酸性,则第一组的大部分也不能存在。又如,在选择制备阳离子分析试液的溶剂时,顺便可以观察到试样加酸时有无气体排出,其气体性质如何等等,这些都是阴离子分析中的重要参考。

根据上述推断,再加上分析阴离子的初步试验,那么最后必需鉴定的,可能只剩下为数不多的阴离子了。于是我们就可以针对这些阴离子进行分别分析。

二、有机化合物的元素鉴定

元素定性分析可测定未知物由什么元素组成,为进一步进行官能团定性和定量省去一些不必要的工作。如一个化合物不含氮,则含氮官能团的定性和定量工作均可不做。有机化合物都含有碳,绝大多数都含有氢,不必作碳氢定性分析。氧元素的检验至今还无满意的方法,故不直接检验,可通过溶解性试验与官能团定性鉴定予以确定。因此元素定性分析主要是分析氮、硫、卤素、磷和某些金属元素,由于有机物中各元素原子大都是共价键结合,所以鉴定这些元素的方法一般是设法将样品分解,使其转变成为离子,然后用无机分析的方法测定。分解有机物样品最常用的方法是金属钠熔法。

将新切的米粒大小的金属钠放在小试管(约 60mm×10mm)的底部。用试管夹夹住试管(不要用手拿),在小火焰上加热使呈熔化状态,然后加入样品。

固体样品每次加入 2～3mg,共加 20mg;液体样品用测熔点的毛细管加入 3～4 滴。然后将样品与金属钠的混合物强热 3min,烧尽未反应的有机物,并将钠烧熔到玻璃中。把红热的试管插入盛有 10mL 蒸馏水的研钵或大试管中(试管直径为 2.5cm)。操作时,人和试管之间放一铁丝网,以保证安全。

将制得的溶液煮沸、过滤,滤液即"钠熔溶液",做下述试验:

1. 氮

将硫酸亚铁(0.1g)加到盛有 1mL 钠熔溶液的试管中,煮沸 1min,用稀硫酸酸化。若溶液呈蓝色或绿色,则样品含氮。反应式如下:

$$2NaCN + FeSO_4 \rightarrow Fe(CN)_2 + Na_2SO_4$$

$$Fe(CN)_2 + 4Na\ CN \rightarrow Na_4[Fe(CN)_6]$$

$$3Na_4[Fe(CN)_6] + 4\ FeCl_3 \rightarrow Fe_4[Fe(CN)_6]_3 \downarrow + 12\ NaCl$$

普鲁士蓝

2. 硫

(1) 亚硝基铁氰化钠试验:将少量亚硝基铁氰化钠溶于冷水(1mL),再加入钠熔溶液(1mL)。若溶液显示紫色,表明样品含硫。反应式如下:

$$Na_2S + Na_2[Fe(CN)_5NO] \rightarrow Na_4[Fe(CN)_5NOS]$$

紫红色

(2) 硫化铅试验:用冰醋酸酸化钠熔溶液(1mL),加醋酸铅溶液(1mL)。若有黑色的硫化铅沉淀,表明含硫。反应式如下:

$$Na_2S + (CH_3COO)_2Pb \rightarrow 2\ CH_3COONa + PbS \downarrow$$

黑色

3. 卤素和磷

用浓硝酸(1mL)酸化钠熔溶液(1mL),加硝酸银水溶液(1mL),煮沸蒸发溶液至一半体积。若样品中有氮或硫,则可保证 HCN 或 H_2S 完全除尽。若溶液有白色或黄色沉淀产生,则表明样品含卤素。AgCl 为白色沉淀、AgBr 为淡灰黄色沉淀、AgI 沉淀呈明显的黄色。反应式如下:

$$NaX + AgNO_3 \rightarrow AgX\downarrow + NaNO_3$$
$$\text{(白色至黄色)}$$

卤素和磷的鉴别也可按下述方法进行,而且现象更加显著。

(1) 碘:将冰醋酸(1mL)加到钠熔溶液(2mL)中。若化合物有硫或氮存在,则应将溶液煮沸蒸发至一半体积,以除尽 HCN 和(或)H_2S。然后加入四氯化碳(1mL)和亚硝酸钠晶体一粒,振摇试管,若观察到四氯化碳层呈紫色,表明有碘。若观察不到此现象,可分出水层进行试验(2)测定溴。若含有碘,再向试管加入较多的亚硝酸钠(10mL),用四氯化碳萃取水层,直至不再有碘萃取出。再加入少许亚硝酸钠晶体,加热,检验四氯化碳层,直至碘被完全除去。分出水层,进行试验(2)。

$$2I^- + Cl_2 \longrightarrow I_2 + 2Cl^-$$

(2) 溴:煮沸试验(1)的水层,至不再有氧化氮的烟雾产生,然后冷却。加入二氧化铅(0.5g),将浸过荧光素酒精溶液的滤纸放在试管口上,慢慢地加热试管。若荧光素试纸变红(曙红),则有溴存在。再煮沸溶液至溴不再逸出(用荧光素试纸验证),然后滤去二氧化铅,进行(3)的试验。

$$2Br^- + Cl_2 \longrightarrow Br_2 + 2Cl^-$$

(3) 氯:将硝酸银水溶液加到由(2)所得的滤液中,产生白色或灰白色沉淀表明含氯。

$$2Ag^+ + Cl^- \longrightarrow AgCl\downarrow$$

(4) 磷:将钠熔溶液(2mL)与浓硝酸(1mL)一起煮沸 1min,冷却,加钼酸铵水溶液。试管放在沸水中数分钟。若有黄色沉淀产生,表明含磷。

$$PO_4^{3-} + 3NH_3 + 12MoO_2^{2-} + 24H^+ \longrightarrow (NH_4)_3[P(Mo_3O_{10})_4]\downarrow + 12H_2O$$
$$\text{黄色}$$

(5) 氮和硫同时鉴定[①]:取一支试管,加 1mL 滤液,用 15％盐酸酸化,再加 5％三氯化铁溶液 1 滴,如有血红色出现,证明试样中含有硫氰离子(CNS^-)。

---

① 在钠熔时,若用钠量较少,硫和氮常以 CNS^- 形式存在。因此,若用"1"和"2"法分别鉴定硫和氮得到负结果时,则必须做本实验。

第三节　常见离子的定性鉴定

一、离子的分组与分离

（一）阳离子的分组与分离

1. 阳离子的分组

在湿法分析中，直接检出的是离子。常见的离子有二十几种。

用系统分析法分析阳离子时，要按照一定的顺序加入若干种试剂，将离子一组一组地沉淀出来。这些分组用的试剂称为组试剂。每组分出后，继续进行组内的分离，直到彼此不再干扰鉴定为止。在分析实际样品时，不一定每组离子都有，当发现某组离子整组不存在时，这一组离子的分离就可以省去，从而大大简化了分析手续。理想的组试剂应将各组分分得十分清楚，生成的沉淀要容易分离和鉴定，但是这样完善的组试剂很难找到。至今应用最广泛的分组方案是所谓硫化氢系统，除此之外，还有其他一些分组方案，如不用硫化氢而用其他硫化物作为分组试剂的分组系统，以酸碱为分组试剂的酸碱系统等。由各种分组方案演变而来的分析系统，总数已达百种以上。本书主要采用硫化氢系统分析法。

硫化氢系统分析法的基本轮廓早在 1840 年就已由德国化学家弗雷森纽斯（R. Fresrnius）提出，至今已有 145 余年的历史。若干年来，人们对它进行不断的改进，使它成为目前较为完善的一种分组方案。

硫化氢系统分组方案所依据的主要事实，是各离子的硫化物溶解度有明显的不同。此外还根据离子的其他性质，把常见的阳离子系统分为五个组。本书采用的是一种简化的硫化氢系统，减去了 Sr^{2+}，把第四组和第五组合并为一组。在每个组内，只要条件允许，则尽量减少组内的分离，采用特效的方法进行鉴定。这样，可以节省一些时间，提高分析的效率。硫化氢系统的分组方案见表 5-1。

当样品完全未知，或要求对多组分复杂混合样品作全面分析时，应采用系统分析法，即根据某些离子的共性，将可能共存的离子按一定顺序首先分离，然后依次进行鉴定。

一次可同时将几种离子一起分离的试剂叫做组试剂，组试剂大多为沉淀剂。依据采用的不同组试剂，常用的阳离子系统分析方案有酸碱系统和硫化氢系统两种。应用范围较广的是硫化氢系统。它主要是根据阳离子的硫化物在不同溶剂中的溶解性不同而把阳离子分为五组（表 5-1）。

2. 离子的分离

（1）易溶组阳离子混合溶液的分离。本组离子包括 Na^+、K^+、KH_4^+、Mg^{2+}、Ca^{2+}、Ba^{2+} 等，它们的盐多数易溶于水，水溶液中，这些离子都没有颜色。H_2S 和 $(NH_4)_2S$ 都不能沉淀它们，没有能同时沉淀这五种离子的试剂。

KH_4^+ 离子的性质与 K^+、Na^+ 离子很相似，所以 KH_4^+ 的存在对 K^+ 离子，甚至 Mg^{2+} 的检出及 Ca^{2+} 的分离都会有妨碍作用，因此在分析本组阳离子前必须将 KH_4^+ 离子除去。利用铵盐在灼烧时易挥发及分解的性质把它除去。NH_4NO_3 的分解温度在各种铵盐中最低，所以除去 KH_4^+ 时常加 HNO_3。

表 5-1　硫化氢系统分组方案

分组的根据	硫化物不溶于水					硫化物溶于水	
	硫化物不溶于稀酸				硫化物溶于稀酸	碳酸盐不溶于不	碳酸盐溶于水
	氧化物不溶于水	氯化物溶于水					
		硫化物不溶于 Na_2S	硫化物溶于 Na_2S				
组内的离子	Ag^+ Hg_2^{2+} Pb^{2+*} Pb^{2+*}	Pb^{2+} Bi^{3+} Cu^{2+} Cd^{2+}	Hg^{2+} $As^{3+,5+}$ $Sb^{3+,5+}$ Sn^{4+}		Al^{3+} Fe^{2+} Cr^{3+} Mn^{2+} Fe^{3+} Zn^{2+} Co^{2+} Ni^{2+}	Ba^{2+} Sr^{2+} Ca^{2+}	Mg^{2+} K^+ Na^+ NH_4^{+**}
组的名称	I 组 银组 盐酸组	II A	II B		III 组 铁组 硫化铵组	IV 组 钙组 碳酸铵组	VII 组 钠组 可溶组
		II 组 铜锡组 硫化氢组					
组试剂	HCl	$0.3mol \cdot L^{-1}$ HCl, H_2S			$NH_3 + NH_4Cl$ $(NH_4)_2S$	$NH_3 + NH_4Cl$ $(NH_4)_2CO_3$	—

*　Pb^{2+} 浓度大时部分沉淀。

* *　由于系统分析中引入了铵盐,故不在系统中检出。

　　Mg^{2+}、Ca^{2+} 与 Ba^{2+} 离子的分离则根据其盐的溶解度不同找出其分离试剂,如在 NH_3—NH_4Cl 体系中加 $(NN_4)_2CO_3$,Mg^{2+} 离子留在溶液中,而 Ca^{2+} 和 Ba^{2+} 则被 CO_3^{2-} 沉淀下来。继而使 $CaCO_3$、$MgCO_3$ 溶于酸,又利用其碳酸盐的溶解度的不同进一步分离 Ca^{2+}、Ba^{2+}。

　　由于其他各组离子存在时往往影响本组离子的分析和鉴定,因此必须将其他离子除去以后,才能分析鉴定本组阳离子。

　　(2) 硫化铵组阳离子混合溶液的分离。Al^{3+}、Fe^{3+}、Fe^{2+}、Zn^{2+}、Cr^{2+}、Mn^{2+}、Co^{2+}、Ni^{2+} 等离子的硫化物不溶于水,以此区别于易溶组的阳离子;这些硫化物又溶于稀酸,以此区别于硫化氢组的阳离子。本组离子的硫化物在酸性溶液中不能被 H_2S 所沉淀,所以 $(NH_4)_2S$ 可作为组试剂使本组阳离子生成硫化物或氢氧化物沉淀。

　　为防止 $(NH_4)_2S$ 水解须加入 $NH_3 \cdot H_2O$ 以保持 S^{2-} 离子的浓度,同时必须加 NH_4Cl 降低 OH^- 离子浓度,这样既可以防止易溶组的 Mg^{2+} 离子生成 $Mg(OH)_2$ 沉淀,又可以防止两性化合物 $Al(OH)_3$ 溶解。为防止胶体生成,除了加 NH_4Cl 外,还需加热。一般可用 CH_3CSNH_2 代替 $(NH_4)_2S$。实验证明沉淀本组的适宜 pH 是 9。

　　本组离子的系统分析方案很多,但是由于共沉淀现象严重等原因,各种组内分析方案都不能达到完全分离,甚至可能造成少数离子的丢失。下面简单介绍一下常用的氨法。

　　氨法　本组离子在 NH_4Cl 存在下与 $NH_3 \cdot H_2O$ 反应,并加热,+3 价氧化态的离子 Fe^{3+}、Al^{3+}、Cr^{3+} 等生成氢氧化物。

　　(3) 铜锡组阳离子混合溶液的分离。本组要讨论的离子有 Cu^{2+}、Pb^{2+}、Cd^{2+}、Hg^{2+}、

As^{3+}、Sn^{4+} 与组试剂 H_2S 反应生成硫化物沉淀,与三、四组分离。

沉淀条件:

在常见阳离子中除第一组外,二、三组硫化物都不溶于水,所以必须控制条件使第二组离子沉淀完全,而第三组不沉淀。以达到分离出第二组的目的。

注意点:①沉淀要有一定的酸度,两组硫化物的溶解度相差较大。

例如,第二组溶解度最大的 CdS　$K_{sp} = 8 \times 10^{-27}$,第三组溶解度最小的 ZnS　$K_{sp} = 2 \times 10^{-21}$,两者相差 25000 倍。因此可根据分步沉淀原理,控制 S^{2-} 浓度使 Cd^{2+} 沉淀完全,Zn^{2+} 不被沉淀,即达到分离目的。

S^{2-} 浓度受 H^+ 浓度的控制,因为 H_2S 是二元弱酸,总的离解常数:

$$\frac{[H^+]^2[S^{2-}]}{[H_2S]} = K_{a1} \times K_{a2} = 9.2 \times 10^{-22}$$

$$[S^{2-}] = \frac{[H_2S]}{[H^+]^2} \times 9.2 \times 10^{-22}$$

室温下,H_2S 饱和溶液的浓度约为 $0.1 mol \cdot L^{-1}$,故

$$[S^{2-}] = \frac{0.1}{[H^+]^2} \times 9.2 \times 10^{-22}$$

由此可知 H^+ 浓度为 $0.3 mol \cdot L^{-1}$ 时最为适宜。H^+ 浓度大时,第二组离子尤其是 Cd^{2+} 沉淀不完全;H^+ 浓度小时,第三组 Zn^{2+} 会产生沉淀。

②防止硫化物生成胶体。为防止生成硫化物的胶体,可将溶液加热,使硫化物在热溶液中生成。但加热会使 H_2S 的浓度降低,为保证第二组沉淀完全,需等溶液冷却后,再次通 H_2S。

综上所述,本组沉淀条件应为:调节溶液中 HCl 浓度为 $0.3 mol \cdot L^{-1}$,加热通 H_2S,冷却后将溶液冲稀一倍,降低溶液的酸度(因沉淀过程中,H^+ 浓度增大),再通 H_2S,使第二组离子硫化物沉淀完全。

(4)银组阳离子混合溶液的分离。本组包括 Ag^+、Hg_2^{2+}、Pb^{2+} 三种离子,以稀盐酸分组试剂沉淀为氯化物与其它离子分离。

沉淀条件:

三种氯化物 $AgCl$($1.3 \times 10^{-6} mol \cdot L^{-1}$)、$Hg_2Cl_2$($6.9 \times 10^{-7} mol \cdot L^{-1}$)和 $PbCl_2$($2.5 \times 10^{-2} mol \cdot L^{-1}$)溶解度不同,可利用同离子效应,加稍过量 Cl^- 就可使 Ag^+ 和 Hg^{2+} 沉淀完全,而 Pb^{2+} 不可能沉淀完全。因 Cl^- 浓度过大会产生盐效应及配合效应:

$$AgCl + Cl^- = AgCl_2^-$$
$$Hg_2Cl_2 + 2Cl^- = HgCl_4^{2-} + Hg$$
$$PbCl_2 + Cl^- = PbCl_3^-$$

反而使溶解度增加,所以一般加适当过量的 HCl,既可使 Ag^+、Hg_2^{2+} 沉淀完全,又可防止 AgCl 生成胶状沉淀,而 Pb^{2+} 跨两组,浓度小时在第二组检出。

本组沉淀条件一般为室温(因 $PbCl_2$ 溶于热水)下加入适当过量的 HCl。为防止水解物质沉淀,对 H^+ 浓度也有一定要求,一般保持沉淀后 HCl 浓度约为 $1 mol \cdot L^{-1}$。

(二)阴离子的分组与分离

1. 阴离子的分组

分组试验可以把阴离子按其跟某些试剂的反应分成组。组试剂只起查明该组离子是否存

在的作用。

表 5 - 2　阴离子的分组

组别	组试剂	组的特性	各组中所包括的阴离子
I	$BaCl_2$（中性或弱碱性）	钡盐难溶于水	SO_4^{2-}，SO_3^{2-}，$S_2SO_3^{2-}$，SiO_3^{2-}，CO_3^{2-}，PO_4^{3-}
II	$AgNO_3$（HNO_3存在下）	银盐难溶于水和稀 HNO_3	Cl^-，Br^-，I^-，S^{2-}
III	—	钡盐和银盐溶于水	NO_3^-，NO_2^-，Ac^-

由表 5-2 可以看出，在本书研究的 13 种阴离子范围内，属于第一组的都是 2 价以上的含氧酸根离子，属于第二组的都是简单阴离子，属于第三组的都是非简单 1 价阴离子，这便于记忆。

在分析未知物时，分别创造出加入组试剂所需要的条件，然后加入组试剂。如有沉淀，则该组离子有存在的可能；如无沉淀，则该组离子整组都被排除。

2. 阴离子的分离

（1）阴离子分析试液的制备。阴离子主要是由非金属元素构成的简单离子（如 S^{2-}、Cl^-）和复杂离子（如 SO_4^{2-}、ClO_3^-）。组成阴离子的元素为数不多，但阴离子的数目不少。本节只讨论常见的十三种阴离子。

用于阴离子分析的试液，需要采用不同于阳离子分析试液的特殊方法来加以制备。这是由于以下两个原因：

（2）多数阳离子由于本身的颜色、氧化还原性质或与阴离子生成沉淀的性质而干扰阴离子的分析，这些阳离子（定性分析上称为重金属离子）必须加以除去；

制备阳离子分析试液时如果使用了酸，那么许多挥发性阴离子将被破坏，彼此在酸中不能共存的阴离子将互相反应，改变了试样本来的状态，这样的试液显然不适于作阴离子分析。

所以，制备阴离子分析试液时必须满足三个要求：除去重金属离子；将阴离子全部转入溶液；保持阴离子原来的存在状态。

为了达到这一目的，最好的办法是以 Na_2CO_3 处理试样，阳离子中除 K^+、Na^+、NH_4^+、As^{3+} 以外都能生成沉淀（碳酸盐、碱式碳酸盐、氢氧化物、氧化物）而同阴离子分离；Na_2CO_3 溶液是碱性的，阴离子在碱性环境中比较稳定，彼此发生氧化还原反应的机会也最少。这样制得的阴离子分析试液，称为制备溶液或碳酸钠提取液。

具体作法是，取固体试样 0.1g，加 0.4g 纯无水 Na_2CO_3，在小烧杯中混合，加水 2.5mL，搅拌，加热煮沸 5 分钟，并随时补充水的消耗。然后将烧杯中的内容物移入离心管，离心沉降，离心液便是供阴离子分析用的制备溶液。如果试样是溶液，则取试样 1mL，加少许 Na_2CO_3 粉末，搅拌、加热、煮沸，如前处理。

用 Na_2CO_3 处理试样时，所依据的反应是复分解反应。如果以 MA 代表试样中某种重金属离子的盐，则此时的复分解反应为

$$MA + Na_2CO_3 \Longrightarrow MCO_3 + Na_2A$$

反应进行的完全程度,视生成的 MCO_3 是否比 MA 更难溶而定。如果 MA 的溶解度较大,而 MCO_3 的溶解度很小,那么它很容易被 Na_2CO_3 分解,生成碳酸盐沉淀,同时其阴离子便转入溶液。相反,如果 MA 的溶解度远比 MCO_3 为小,那么这种转化就比较困难。

3. 阴离子的初步检验

(1) 与稀 H_2SO_4 的作用。在固体试样中加稀 H_2SO_4 并加热,发生气泡,表示可能含有 CO_3^{2-}、SO_3^{2-}、$S_2O_3^{2-}$、S^{2-}、NO_2^- 等。根据气泡的性质,可以初步判断含有什么阴离子:

CO_2——无色无味,使 $Ba(OH)_2$ 溶液变浑,可能有 CO_3^{2-} 存在。

SO_2——能使 $K_2Cr_2O_7$ 溶液变绿,可能含有 SO_3^{2-} 或 $S_2O_3^{2-}$。

H_2S——腐蛋味,能使润湿的 $Pb(Ac)_2$ 试纸变黑,可能有 S^{2-} 存在。

NO_2——红棕色气体,与 KI 作用生成 I_2,可能含有 NO_2^-。

(2) 与 $BaCl_2$ 作用。试液用 HCl 酸化,加热除去 CO_2。加氨水使呈碱性,加 $BaCl_2$ 溶液,生成白色 $BaSO_4$、$BaSO_3$、$BaSiO_3$、$Ba_3(PO_4)_2$ 沉淀,表示可能有 SO_4^{2-}、SO_3^{2-}、PO_4^{3-}、SiO_3^{2-} 等存在。若没有沉淀生成,表示这些离子不存在。$S_2O_3^{2-}$ 浓度大时才生成白色 BaS_2O_3 沉淀。

(3) 与 $HNO_3 + AgNO_3$ 的作用。试液中加 $AgNO_3$ 溶液,然后加稀 HNO_3。生成黑色 Ag_2S、白色 AgCN(可溶于过量 CN^- 中)、白色 AgCl、淡黄色 AgBr、黄色 AgI 沉淀,表示 S^{2-}、CN^-、Cl^-、Br^-、I^- 可能存在。如果生成黄色沉淀,很快变为黑色,表示 $S_2O_3^{2-}$ 存在。

(4) 氧化性阴离子的检验。试液用 H_2SO_4 酸化后,加 KI 溶液,NO_2^- 能使 I^- 氧化为 I_2。

(5) 强还原性阴离子的检验。试液用 H_2SO_4 酸化后,加入 0.03% $KMnO_4$ 溶液,如有 SO_3^{2-}、$S_2O_3^{2-}$、S^{2-}、Cl^-、Br^-、I^-、NO_2^- 存在,则 $KMnO_4$ 的紫红色褪去(其中 Cl^- 必须在酸度较大时才能使 $KMnO_4$ 褪色)。

二、离子的鉴定

(一) 阳离子的鉴定

1. 易溶组阳离子混合液的分析

(1) NH_4^+ 的鉴定。在表面皿中加 2 滴混合离子的溶液,加 6mol·L^{-1}NaOH 2 滴,将另一贴有奈斯勒试剂的湿润滤纸条的表面皿立即盖上,组成气室,滤纸条变成棕褐色示有 NH_4^+。

(2) 取 1mL 易溶组阳离子的溶液置于坩埚中,加入 6mol·L^{-1}HNO$_3$1mL,于石棉网上小火加热蒸发至干,然后用强火灼烧至不再有白烟发生。冷却,加数滴水,取 1 滴所得溶液放在点滴板上,加 2 滴奈斯勒试剂,不生成红褐色沉淀,说明 NH_4^+ 已除尽,否则需用上法再除铵盐一次。加 6mol·L^{-1}HCl 4 滴,温热,搅拌,促使盐类溶解,转移至离心试管中,用少量水洗涤坩埚。全部溶液转移至试管,离心分离,如有残渣弃去。

如用分离硫化铵组阳离子的溶液来分析易溶组阳离子,由于大量铵盐存在,将促进 NH_4^+ 的水解,妨碍 Ca^{2+} 离子完全沉淀,所以在做(4)实验前应除一次 $(NH_4)_2CO_3$,但要求不严格。无大量铵盐存在时,此步骤可省略。在鉴定 K^+ 离子时,NH_4^+ 必须除净,加热焙烧时,应防止析出的盐爆裂,引起损失。

(3) 取 (2) 中溶液,鉴定 K^+、Na^+ 和 Mg^{2+}。K^+ 的鉴定:取(2)中的溶液 3~4 滴,加 2 滴 6 mol·L^{-1}HAc 酸化,再加 2~3 滴 $Na_3[Co(NO_2)_6]$ 试剂,用玻璃棒磨擦试管壁生成黄

色沉淀。试液中若含有 NH_4^+，则会生成橙色 $(NH_4)[Co(NO_2)_6]$，沸水浴中加热 2 分钟，即分解。

Na^+ 的鉴定：取(2)中的溶液 1 滴于黑色点滴板上，加 8 滴醋酸铀酰锌试剂，用玻璃棒充分搅拌，生成淡黄色沉淀 $(NaAc \cdot Zn(Ac)_2 \cdot 3UO_2(Ac)_2 \cdot H_2O)$，表示有 Na^+ 存在。

Mg^{2+} 的鉴定：取(2)中的溶液 1～2 滴于点滴板上，加镁试剂 2 滴，再加 $6mol \cdot L^{-1} NaOH$ 碱化，有天蓝色沉淀生成或溶液变蓝，表示有 Mg^{2+}。

(4) 取 1mL 混合液于离心试管中，加 6 滴 $3 mol \cdot L^{-1} NH_4Cl$，滴加 $6 mol \cdot L^{-1} NH_3 \cdot H_2O$ 使呈碱性(pH≈9)，再多加 1 滴，搅拌下加 10 滴 $120g \cdot L^{-1} (NH_4)_2CO_3$。在 70℃的水浴上加热 2min。离心沉降，检查沉淀是否完全，离心分离，沉淀待用。

(5) 在(4)得到的沉淀中加 $6 mol \cdot L^{-1}$ 的 HAc 溶液，加热并搅拌，使之溶解。加 $1 mol \cdot L^{-1} NH_4Ac 1$ 滴，有黄色沉淀产生，示有 Ba^{2+}。离心分离，沉淀加 2 滴 HCl 溶解，进行焰色反应。

剩余的离心液中再加 2 滴 K_2CrO_4，使 Ba^{2+} 完全沉淀，离心后溶液呈黄色，表明 K_2CrO_4 已过量，弃去沉淀，溶液留作下面实验用。

Ca^{2+} 的鉴定：取上述溶液 2 滴，加 $2mol \cdot L^{-1} HAc 1～2$ 滴，再加 $0.25 mol \cdot L^{-1}$ 的 $(NH_4)_2C_2O_4 2$ 滴，有白色沉淀生成。

2. 易溶组、$(NH_4)_2S$ 组混合溶液的分离和鉴定

(1) 准备：取一份溶液初步试验鉴定 NH_4^+。

(2) 取待分析试液 1mL，滴加 $NH_3 \cdot H_2O$ 和 NH_4Cl 各 6～8 滴(pH=8～9)，加硫代乙酰胺 15 滴左右，搅拌并在沸水浴中加热 3～4min，将沉淀离心沉降于上清液中，小心滴加硫代乙酰胺 1 滴，如无浑浊产生，表示已沉淀完全；否则再加沉淀剂，直至沉淀完全，离心液是易溶组阳离子，可进一步分析鉴定。沉淀留作下一步实验用。

(3) 本组阳离子全部生成了氢氧化物和硫化物的沉淀，在(2)的沉淀中用 $3mol \cdot L^{-1}$ $NH_4Cl 5$ 滴和水 2mL 配制的稀溶液洗涤 2～3 次，然后加浓 HNO_3，加热，使之溶解，再加水至 1mL 使溶液冲稀。不溶物残渣弃去。

(4) 在(3)的溶液中加 $6mol \cdot L^{-1} NaOH 10$ 滴至呈碱性，加热，冷却后加 $30g \cdot L^{-1} H_2O_2$ 9～10 滴，搅拌，水浴加热，除去过量 H_2O_2，离心分离，沉淀用 NaOH 洗涤一次，清液留到(5)用。

(5) (4)得到的清液分别取 3 滴，滴在 3 个小离心管中。第一个管中加 HAc 酸化后再加铝试剂和 $NH_3 \cdot H_2O$，水浴加热得红色絮状沉淀，表示有 Al^{3+}。为防止 CrO_4^{2-} 离子干扰，可水洗沉淀。第二个管中加 $6mol \cdot L^{-1} HNO_3 2$ 滴、乙醚 4 滴、$30g \cdot L^{-1} H_2O_2 2$ 滴，呈蓝色，表示有 Cr^{3+}。第三个管中加 HCl 酸化至呈微酸性，加 $0.2g \cdot L^{-1} CoCl_2 1$ 滴，加 $(NH_4)_2Hg(SCN)_4$ 有天蓝色沉淀，表示有 Zn^{2+}。Fe^{2+} 若干扰可加 NaF 或 $SnCl_2$。

(6) 把(4)中得到的沉淀用热水洗涤二次，分离后，在沉淀中加 $3mol \cdot L^{-1} H_2SO_4$，并加少量 3% 的 H_2O_2，加热，搅拌使沉淀溶解，鉴定 Co^{2+}、Mn^{2+}、Ni^{2+} 和 Fe^{3+}。

Co^{2+} 的鉴定：在小试管中滴试液 2 滴，滴 1 滴饱和 NH_4SCN 溶液，2 滴丙酮，溶液呈蓝色，表示有 Co^{2+}。

Mn^{2+} 的鉴定：在点滴板上滴试液 1 滴，加 $6mol \cdot L^{-1} HNO_3 1$ 滴、$NaBiO_3$ 粉末少许，搅拌，溶液呈紫红色，表示有 Mn^{2+}。

Ni^{2+} 的鉴定:点滴板上滴试液 1 滴,加 $6mol \cdot L^{-1} NH_3 \cdot H_2O$ 调至弱碱性,加 2 滴 $10g \cdot L^{-1}$ 丁二酮肟,有鲜红色沉淀生成,表示有 Ni^{2+}。为消除 Fe^{2+} 的干扰可加 2 滴 $30g \cdot L^{-1} H_2O_2$。

Fe^{3+} 的鉴定:点滴板上滴试液 1 滴,加 NH_4SCN 1 滴,$0.1mol \cdot L^{-1} HCl$ 1 滴,溶液显红色,表示有 Fe^{3+}。

3. 易溶组、硫化铵组和硫化氢组阳离子混合液的鉴定

(1) 取易溶组、硫化铵组和硫化氢组阳离子混合液各 1 滴,初步鉴定 NH_4^+、Fe^{2+}、Fe^{3+}。

Fe^{2+} 的鉴定:取酸性试液 1 滴于点滴板上,加 $K_3[Fe(CN)_6]$ 1 滴,生成深蓝色沉淀,表示有 Fe^{2+}。

(2) 取混合液 1mL,酸化,加 2~3 滴 $30g \cdot mL^{-1} H_2O_2$ 搅拌,加热至溶液不再有气泡为止。驱除过量 H_2O_2,然后滴加 $NH_3 \cdot H_2O$ 至溶液出现微碱性(甲基橙试纸恰变黄色),加 $2mol \cdot L^{-1} HCl$ 至溶液呈微酸性(甲基橙试纸恰变红色),加入溶液 $\frac{1}{6}$ 总体积的 $2mol \cdot L^{-1} HCl$。加 NH_4I 溶液 2 滴,硫代乙酰胺 10 滴,沸水浴中加热 5min,加水 30 滴稀释,继续加热数分钟,使硫化物沉淀完全。离心液留做易溶组,硫化铵组阳离子分析用。试液若无 Sn^{2+}、As^{5+} 可不用 H_2O_2 和 NH_4I。

用洗涤液(用 10 滴饱和 H_2S 溶液和 1 滴 NH_4Cl 溶液配成)洗涤沉淀 2 次,每次用洗涤液 5~6 滴,第一次洗涤液并入离心液中。

(3) 将(2)的沉淀加 $6mol \cdot L^{-1} NaOH$ 或 Na_2S 5~7 滴,水浴中加热(60~70℃)2~3 min,不断搅拌,补加 5 滴水,离心分离,吸出清液后,残渣再用 $NaOH$ 或 Na_2S 处理 2 次,两此清液合并留做砷组分析。

(4) 将(3)所得沉淀加 $3mol \cdot L^{-1} HNO_3$ 15 滴,水浴加热,搅拌离心沉降,清液待用,沉淀即为 HgS。

(5) 在 HgS 沉淀中加王水使之溶解,加热蒸发将干(勿干),以除去过量王水,然后加几滴水,吸取清液,滴加 $SnCl_2$,观察现象。

(6) 将(4)的清液加 $15mol \cdot L^{-1} NH_3 \cdot H_2O$ 碱化后再多加 5 滴,离心分离,清液为深蓝色 $Cu(NH_3)_4^{2+}$,用 HAc 酸化,加 $K_4[Fe(CN)_6]$ 2~3 滴,观察现象,鉴定 Cu^{2+}。

(7) 将 (5)的沉淀用 HAc 溶解,加 K_2CrO_4 2 滴,观察现象,鉴定 Pb^{2+}。

(8) 将(3)留下的清液逐滴加入 $2mol \cdot L^{-1} HCl$ 至恰好使甲基橙 pH 试纸变色,离心分离。重新得到 Sn_2S_3、Sb_2S_3、SnS_2 等硫化物沉淀。

(9) 将(8)得的沉淀用 $3mol \cdot L^{-1} NH_4Cl$ 溶液洗涤 2 次。每次 7 滴,离心分离弃去洗液。沉淀加浓 HCl 6~8 滴,水浴中温热数分钟,搅拌,离心分离,残杂为 As_2S_3,清液为 $SbCl_6^{3-}$、$SnCl_6^{2-}$。

(10) 在 As_2S_3 沉淀中,加 $3mol \cdot L^{-1} NH_4Cl$ 溶液 4 滴洗涤一次,洗液弃去,然后用 $6mol \cdot L^{-1} NaOH$ 溶解沉淀得 AsO_3^{3-} 和 AsS_3^{3-},用检查 AsO_3^{3-} 离子方法鉴定。

AsO_3^{3-} 离子鉴定:在小试管中放 (10)中溶解液 2 滴,加入 $6mol \cdot L^{-1} NaOH$ 溶液 5~6 滴,再加少许锌粉或铝屑,立即在试管口放一小片沾有 $AgNO_3$ 溶液的湿润滤纸条,温热,滤纸条变褐色或黑色,表示有 AsO_3^{3-}。

(11) 将(9)所得 $SbCl_6^{3-}$、$SnCl_6^{2-}$ 离子的混合液在沸水中加热,除去多余的 H_2S 后分成两

份，一份取 3 滴加入饱和 $H_2C_2O_4$ 溶液 5 滴、饱和 H_2S 溶液 8～10 滴，沸水中加热，出现桔红色沉淀，表示有 Sb^{3+}。或用锡片鉴定，另一份加镁粉少许，停止作用后，吸清液加 $HgCl_2$ 1 滴，观察现象，检查 Sn^{2+}。

（二）阴离子的鉴定

用分别分析法鉴定阴离子，根据初步试验的结果综合判断，找出可能存在的阴离子，再针对性地进行分别鉴定，必要时应事先分离。在下面的实验里，除特别指明外，检出离子都用实验室制备的阴离子分析试液，简称"试液"

1. SO_4^{2-} 的鉴定反应

（1）$BaCl_2$ 试剂法。试液以 HCl 酸化，并加热，若有沉淀生成，可能是 SiO_3^{2-} 和 $S_2O_3^{2-}$ 生成的 H_2SiO_3 和 S。离心分离，在所得清液里加 $BaCl_2$ 溶液，生成白色的 $BaSO_4$ 沉淀，表示有 SO_4^{2-} 存在。此条件下成为 SO_4^{2-} 的特效反应。

检出限量 $5\mu g$，最低浓度 100×10^{-6}。

（2）显微结晶反应剂法。SO_4^{2-} 与 Ca^{2+} 在稀溶液中生成 $CaSO_4\cdot2H_2O$ 的针束状结晶。

2. S^{2-} 的鉴定反应

$Pb(Ac)_2$ 剂法　于试管中加入试液 4～5 滴，加入几滴稀 H_2SO_4，立即会产生具有臭鸡蛋味的 H_2S 气体，使湿润的 $Pb(Ac)_2$ 试纸变黑，表示有 S^{2-} 存在。

$$S^{2-}+2H^+ =\!=\!= H_2S$$
$$Pb^{2+}+H_2S =\!=\!= PbS(黑色)+H^+$$

其他阴离子的存在对本法没有干扰。不溶于酸的硫化物可加入不含硫化物杂质的锌粒和盐酸，利用发生的氧化还原反应使其溶解，同时放出 H_2S 气体。

$$HgS+Zn+2H^+ =\!=\!= Hg\downarrow+Zn^{2+}+H_2S\downarrow$$

锌粒是否不含硫化物杂质，应该事先做空白试验检验。

3. $S_2O_3^{2-}$ 的鉴定反应

$AgNO_3$ 试剂法　$S_2O_3^{2-}$ 与 $AgNO_3$ 试剂反应生成白色 $Ag_2S_2O_3$ 沉淀，沉淀很快水解，在水解过程中颜色迅速由白色变黄，变棕，最后生成黑色 Ag_2S。

$$2Ag^++S_2O_3^{2-} =\!=\!= Ag_2S_2O_3$$
$$Ag_2S_2O_3+H_2O =\!=\!= Ag_2S\downarrow+H_2SO_4$$

反应必须在中性条件下进行。酸可使 $S_2O_3^{2-}$ 分解，碱使 $AgNO_3$ 生成 Ag_2O 沉淀。另外还必须加入过量的 $AgNO_3$，否则只生成 $[Ag(S_2O_3)_2]^{3-}$ 及 $[Ag(S_2O_3)]^-$ 配离子，而不生成 $Ag_2S_2O_3$ 沉淀。

S^{2-} 干扰鉴定。

检出限量 $2.5\mu g$，最低浓度 50×10^{-6}。

4. SO_3^{2-} 的鉴定反应

H_2O_2 和 $BaCl_2$ 试剂法　试液以稀 HCl 酸化，加入 $BaCl_2$ 溶液，如有沉淀出现，离心除去。在离心液中加入 1 滴 $3\%H_2O_2$ 后，若有白色沉淀生成，证明有 SO_3^{2-} 存在。

$$SO_3^{2-}+H_2O_2 =\!=\!= SO_4^{2-}+H_2O$$

SCN^- 在同样条件下也能被氧化成 SO_4^{2-}，应事先分离。

SO_3^{2-} 也能慢慢地被空气中的氧气所氧化，与 $BaCl_2$ 反应也能略微显示有 SO_4^{2-} 的反应，应

注意与 SO_4^{2-} 的强反应区分。

$$2SO_3^{2-} + O_2 = 2SO_4^{2-}$$

5. CO_3^{2-} 的鉴定反应

$Ba(OH)_2$ 试法碳酸盐与稀酸作用,生成 CO_2 气体,CO_2 能使饱和 $Ba(OH)_2$ 溶液或石灰水变浑,表示有 CO_3^{2-} 存在。

$$CO_3^{2-} + 2H^+ = H_2O + CO_2$$
$$CO_2 + Ba^{2+} + 2OH^- = BaCO_3 + H_2O$$

SO_3^{2-}、$S_2O_3^{2-}$ 与酸作用生成 SO_2,也能使 $Ba(OH)_2$ 溶液变浑,故它们存在时,应事先加 H_2O_2 将其氧化成 SO_4^{2-} 后,再鉴定 CO_3^{2-}。

$$SO_2 + Ba^{2+} + 2OH^- = BaSO_3 + H_2O$$
$$SO_3^{2-} + H_2O = SO_4^{2-} + H_2O$$
$$S_2O_3^{2-} + 4H_2O_2 = 2SO_4^{2-} + 3H_2O + 2H^+$$

检出限量 $60\mu g$,最低浓度 600ppm。

6. PO_4^{3-} 的鉴定反应

(1) 镁混合试剂试剂法　镁混合试剂是 $MgCl_2$、$NH_3 \cdot H_2O$ 和 NH_4Cl 的混合液,它与 PO_4^{3-} 作用生成 $MgNH_4PO_4$ 的白色晶形沉淀。

$$HPO_4^{2-} + NH_3 \cdot H_2O + Mg^{2+} = MgNH_4PO_4 + H_2O$$

如果 AsO_4^{3-} 存在,同样生成 $MgNH_4AsO_4$ 白色沉淀,干扰鉴定。这时可取少许沉淀溶于 HAc,再加一滴 $AgNO_3$ 试剂,若生成棕色 Ag_3AsO_4 沉淀,表示有 AsO_4^{3-} 存在;PO_4^{3-} 则生成黄色 Ag_3PO_4 沉淀。若实验表明 AsO_4^{3-} 存在,可再按下法检出 PO_4^{3-}。

(2) 钼酸铵试剂法　在浓 HNO_3 溶液中,$(NH_4)_2MoO_4$ 与 PO_4^{3-} 作用生成黄色磷钼酸铵沉淀。

$$PO_4^{3-} + 12MoO_4^{2-} + 3NH_4^+ + 24H^+ = (NH_4)_3[P(Mo_3O_{10})_4] + 12H_2O$$

沉淀溶于过量的磷酸盐生成另一种无色的络阴离子 $[P(Mo_2O_7)_6]^{7-}$,因此必须加入过量试剂,微热(不要超过 40℃)并加 NH_4NO_3 就可促使沉淀完全。沉淀也溶于碱及氨水。

AsO_4^{3-} 也能与试剂作用生成类似的黄色沉淀 $(NH_4)_3[As(Mo_3O_{10})_4]$,但此反应仅当加热至沸时才能生成沉淀;$SiO_3^{2-}$ 也能与钼酸铵试剂作用生成黄色可溶性的硅钼酸。所以,AsO_4^{3-} 和 SiO_3^{2-} 干扰 PO_4^{3-} 的鉴定。这些干扰都能借加入酒石酸消除。因为酒石酸能与砷、硅等生成更稳定的配合物,而磷钼酸铵因较难溶解,故所受影响很小。

检出限量 $1.5\mu g$,最低浓度 30ppm。

7. NO_2^- 的鉴定反应

试液用 HAc 酸化,加入 KI 溶液和 CCl_4,振动。如试液中含有 NO_2^-,则会有 I_2 产生,CCl_4 层呈紫色。

$$2NO_2^- + 2I^- + 4H^+ = 2NO\uparrow + I_2 + 2H_2O$$

8. SiO_3^{2-} 的鉴定反应

饱和 NH_4Cl 试法　试液中加饱和 NH_4Cl 并加热,生成白色胶状的硅酸沉淀,表示有 SiO_3^{2-} 存在。

$$SiO_3^{2-} + 2NH_4^+ + 2H_2O = H_2SiO_3\downarrow + 2NH_3 \cdot H_2O$$

其它阴离子无干扰,但两性阳离子 Al^{3+} 等也能生成胶态沉淀而有干扰,但它们在加 Na_2CO_3 处理样品制备阴离子试液时已除去。

检出限量 $200\mu gNa_2SiO_3$,最低浓度 1 500ppm。

9. I^- 的鉴定反应

I^- 无色,与游离 I_2 形成棕色 I_3^- 配离子。

$$I^- + I_2 \Longrightarrow I_3^-$$

I^- 的还原能力比 Br^- 强,比 Cl^- 更强,很容易在酸性溶液中被氧化成游离 I_2,甚至可以被氧化成无色 IO_3^-。游离 I_2 在水中溶解度较小,但易溶于有机溶剂如 CCl_4、$CHCl_3$ 等,使有机层显紫红色。游离 I_2 也能使淀粉呈现特殊的蓝色。

新鲜氯水试剂法　试液以稀 H_2SO_4 酸化,然后加入新鲜氯水和 CCl_4,I^- 被氧化成 I_2 而使 CCl_4 层显紫红色,示有 I^-。当加入过量的氯水时,进一步氧化 I_2 成无色的 IO_3^-。

$$2I^- + Cl_2 \Longrightarrow 2Cl^- + I_2$$
$$2I^- + 5Cl_2 + 6H_2O \Longrightarrow 2IO_3^- + 10Cl^- + 12H^+$$

用上述方法检验 I^- 时,Cl^- 和 Br^- 都不干扰;但还原性阴离子如 SO_3^{2-}、$S_2O_3^{2-}$、S^{2-} 等不应存在。

检出限量 $2.5\mu g$,最低浓度 50ppm,

10. Br^- 的鉴定反应

Br^- 无色,能在酸性溶液中被某些氧化剂氧化成 Br_2。游离 Br_2 显棕黄色,易溶于有机溶剂如 CCl_4、$CHCl_3$ 等,使有机相中呈现红棕色。

新鲜氯水试剂法　试液以稀 H_2SO_4 酸化,然后加入新鲜氯水和 CCl_4,Br^- 被氧化成 Br_2 而使 CCl_4 相显红棕色,表示有 Br^- 存在。继续滴加氯水,Br_2 进而被氧化成淡黄色的 $BrCl$ 或无色的 BrO_3^-。

$$2Br^- + Cl_2 \Longrightarrow Cl_2 + Br_2$$
$$Br_2 + Cl_2 \Longrightarrow 2BrCl$$
$$5Cl_2 + Br_2 + 6H_2O \Longrightarrow 10Cl^- + 2BrO_3^- + 12H^+$$

I^- 及其它还原性阴离子 S^{2-}、SO_3^{2-}、$S_2O_3^{2-}$ 等干扰鉴定,应事先除去。Cl^- 不干扰鉴定。

检出限量 $5\mu g$,最低浓度 100ppm。

11. Cl^- 的鉴定反应

在含有试液中加入 $AgNO_3$ 和 HNO_3,加热,所得沉淀用来分析 Cl^-。

沉淀用 12% $(NH_4)_2CO_3$ 溶液处理。$(NH_4)_2CO_3$ 水解而得的 NH_3,可使部分的 $AgCl$ 溶解,生成 $Ag(NH_3)_2^+$。在所得溶液中加 KBr 溶液,$Ag(NH_3)_2^+$ 被破坏,得到浑浊的 $AgBr$ 沉淀,表示有 Cl^- 存在。

12. NO_3^- 的鉴定反应

棕色环试剂法　在浓 H_2SO_4 存在时,Fe^{3+} 使 NO_3^- 还原成 NO,NO 与剩余 Fe^{2+} 生成 $Fe(NO)^{2+}$ 棕色配合物。

$$3Fe^{2+} + NO_3^- + 4H^+ \Longrightarrow 3Fe^{3+} + NO + 2H_2O$$
$$NO + Fe^{2+} \Longrightarrow Fe(NO)^{2+} 棕色$$

$Fe(NO)^{2+}$ 很不稳定,反应须在室温下进行。

碘化物及溴化物与浓硫酸反应生成游离 I_2 和 Br_2。如有铬酸盐存在,被 Fe^{2+} 还原成 Cr^{3+}。

$$SO_4^{2-} + I^- + 4H^+ \stackrel{}{=\!=\!=} SO_2 + I_2 + 2H_2O$$

$$SO_4^{2-} + 8I^- + 10H^+ \stackrel{}{=\!=\!=} H_2S + 4I_2 + 4H_2O$$

$$SO_4^{2-} + 2Br^- + 4H^+ \stackrel{}{=\!=\!=} SO_2 + Br_2 + 2H_2O$$

$$Cr_2O_7^{2-} + 6Fe^{2+} + 14H^+ \stackrel{}{=\!=\!=} 2Cr^{3+} + 6Fe^{3+} + 7H_2O$$

I_2、Br_2、Cr^{3+} 的颜色干扰 $Fe(NO)^{2+}$ 的颜色的观察,必须认真除去。方法如下:加 $0.2mol \cdot L^{-1} Pb(Ac)_2$ 直至沉淀完全,离心分离,弃去 $PbCrO_4$ 沉淀;在离心液中加 Ag_2SO_4 溶液直至沉淀完全,离心分离,弃去 AgI、$AgBr$ 及 $PbSO_4$ 沉淀,把离心液倒入有柄皿中,蒸发至约 2 滴,再加 2 滴水,然后转移到离心管中,检验 NO_3^-。

NO_2 能与试剂产生同样的反应,应预先除去。

13. Ac^- 的鉴定反应

$FeCl_3$ 试剂法　中性的 Ac^- 溶液中加入 $FeCl_3$ 试剂,生成深红色的 $[Fe_3(OH)_2(Ac)_6]^+$,加热煮沸,红色配离子破坏,生成红棕色碱式醋酸铁沉淀。再加入 HCl 后,沉淀溶解,得黄色溶液,表示有 Ac^-。

第四节　常见官能团的定性鉴定

一、官能团的分类

官能团包括分子中比较活泼、容易发生反应的原子或原子团,这些原子或原子团对化合物的性质起着决定性的作用。含有相同官能团的化合物具有相似的性质,因此可以把它们看成是同类化合物。常见的官能团及其名称见表 5-3。

表 5-3　常见官能团及其名称

官能团	名　称	名　称	官能团
$-\overset{\mid}{C} = \overset{\mid}{C}-$	双键	$-COOH$	羟基
$-C\equiv C-$	三键	$-C\equiv N$	氰基
$-X^- (X=F,Cl,Br,I)$	卤素	$-NO_2$	硝基
$-OH$	羰基	$-NH_2$	氨基
$-C-O-C-$	醚键	$-SO_3H$	磺酸基
$-C=O$	羰基	$-SH$	巯基

二、常见官能团的鉴定

在对有机物进行元素鉴定试验后,已经知道样品分子中含有哪些元素和可能归于哪一类型的化合物,于是就可以进一步通过官能团检验确定样品分子中含有哪些官能团,从而确定样品的类型。依据样品的类型测定其物理常数(见本章第六节),由所测结果查阅有关化学手册,即可确定样品的属类。对于复杂的具有多种官能团的有机物,可利用其官能团性质制成各种衍生物,再将由未知物制备的衍生物的熔点等物理常数与文献所报道的相同衍生物的物理常数加以比较,以确证未知物的类型。

在进行求知化合物的官能团检验时,并不需要将所列举的全部方法都做一遍,可以根据元素分析及分组试验已经取得的结果,有针对性地选择部分检验方法进行试验。例如,若已知样品中不含硫和氮两元素,则凡用来检验含硫和氮官能团的鉴定试验都可以不做。重要官能团的常见检验方法如下:

(一)烯(炔)烃的检验

1. 溴—四氯化碳试验

取约 20mg(液体 1～2 滴)试样于小试管中,加 0.5～1mL CCl_4 溶剂溶解后,逐滴向其中加入 5‰Br_2—CCl_4 溶液,边加边振荡,溴的颜色不断褪去,表明试样中含有不饱和键。但是,叁键、酚、醛、酮或含有活泼亚甲基的其他化合物均在此条件使溴溶液褪色。

2. 高锰酸钾试验

取约 30mg(液体 1～2 滴)试样于小试管,加 2mL H_2O 或丙酮,溶解后逐滴加入 2‰的 $KMnO_4$ 水溶液,摇动,若有多于 0.5mL 的试剂被还原即不呈现紫色,表示有双键存在。一些易被氧化的化合物(如酚、醛等)也能使高锰酸钾溶液褪色。

(二)共轭烯烃的检验

取约 0.1g 试样于小试管,加入 0.5mL 顺式丁烯二酐在苯中的饱和溶液,微热 2min,冷却,若有沉淀生成即表明可能存在共轭双键。

(三)末端炔烃的检验

1. 炔化银试验

在装有 0.5mL 5％ $AgNO_3$ 水溶液的小试管中,加入 1 滴 5％NaOH 溶液,此时即有灰色沉淀,随即以浓度为 $2mol \cdot L^{-1}$ 的 $NH_3 \cdot H_2O$ 滴至沉淀刚好溶解为止,加入 2 滴试样,若有白色沉淀即表明存在末端炔烃。

试验结束后需用稀 HNO_3 分解炔化银,以防干燥爆炸。

2. 炔化亚铜试验

取约 20 mg 试样于小试管中,加入 0.5mLCH_3OH 溶解后,加入 2～4 滴亚铜盐的氨水溶液,若有红棕色沉淀生成,即表明存在末端炔烃。

试验结束后需用稀 HNO_3 分解,以防干燥爆炸。

(四)芳烃的检验

1. 无水三氯化铝—氯仿试验

取约 100mg 无水 $AlCl_3$ 于干试管中,强火焰灼烧使 $AlCl_3$ 升华至管壁上,冷却。将 10～20mg 试样溶于 6～8 滴氯仿中,沿着管壁倒入上述试管,观察颜色。

2. 甲醛—硫酸试验

取约 30mg 试样溶于 1mL 非芳烃溶剂（如己烷、环己烷、CCl_4），取此溶液 1～2 滴加到 1mL 浓 H_2SO_4－HCHO 试剂中，观察颜色。

有关颜色为

苯及同系物	橙或红色
卤代芳烃	橙或红色
萘	蓝色
联苯、菲	紫红色
蒽	绿色
苯、甲苯、正丁苯	红色
仲丁基苯	粉红色
叔丁苯、1,3,5-三甲苯	橙色
联苯、三联苯	蓝绿色
卤代芳烃	红色
萘、蒽、菲、	绿色
烷烃、环烷烃及其卤代物	不显色或黄色

（五）卤代烃检验

取约 30mg 试样于小试管，加 0.5mL 饱和的 $AgNO_3$－C_2H_5OH 溶液，观察在 2min 内是否有沉淀，若无沉淀，加热煮沸 2min，再观察结果。

在室温下立刻产生卤化银沉淀的化合物有：胺的氢卤酸盐、锌盐、碳酸盐、酰卤、R_3CX、$RCH=CHCH_2X$、RCH_2Br、RI 等。

在室温下无显著反应，加热后能产生卤化银沉淀的化合物有：RCH_2Cl、R_2CHCl、RCH_2Br、1-氯-2,4-二硝基苯等；在加热下也无卤化银沉淀的化合物有：ArX、$RCH=CHX$、$HCCl_3$、$ArCOCH_2Cl$、$ROCH_2CH_2X$ 等。

（六）醇的检验

1. 硝酸铈试验

取约 30mg 试样（液体 2～3 滴）于试管，加 2mL 1,4-二氧六环溶解后，加入 0.5mL 硝酸铈试剂，摇动后，观察溶液颜色的变化。若试样为含有 10 个碳原子以下的伯、仲、叔醇、多元醇、糖、羟基酸、羟基醛或羟基酮，溶液应由黄色至红色；若为羟基醇，则为无色并产生沉淀。

2. 酰化试验

取 50mg 试样于小试管，加入 3 滴苯甲酰氯，滴加 10％NaOH 溶液碱化，塞紧管口，摇动，用水稀释，观察是否溶解度减小并有水果香味。

（七）酚的检验

1. 溴水试验

取约 20mg 试样的水溶液或悬浮液于小试管，逐滴加入饱和的溴水溶液，若溴的棕色不断褪去并有白色沉淀生成，即表明有酚存在。

间苯二酚、1,2,3-苯三酚能使溴水褪色，但无沉淀。

一些含有易被溴取代的氢原子的化合物和易被溴氧化的化合物，都可使溴水褪色。

2. 三氯化铁试验

取约30mg试样于试管中，加入约2mL $CHCl_3$溶解后，滴加1～2滴试剂溶液。若试样为酚类化合物，应有有色配合物生成：苯酚显蓝色；邻苯二酚显深绿色；苯六酚显紫色；对甲苯酚显蓝色；对乙苯酚显蓝色。

将1g $FeCl_3$溶解于100mL $CHCl_3$中，加8mL吡啶，过滤所得滤液即为试剂。

（八）醚的检验

取50mg试样放入气体检验装置的试管中，用吸量管加入0.5mL冰醋酸，再加入一两颗苯酚结晶、0.2mL57％HI与几粒沸石。在漏斗中铺一层厚约8～10mm的特制药棉，以除去逸出的HI及H_2S等干扰气体，并于漏斗上面盖一块用硝酸汞润湿过的滤纸，将小试管置于120～130℃的油浴中加热至液体沸腾，在5～10min内，若漏斗上的滤纸显橙红或朱红色，即表明有醚存在。

（九）醛、酮的检验

1. 2,4-二硝基苯肼试验

取约40mg试样于小试管，加0.5mL CH_3OH溶解后，加5mL 2,4-二硝基苯肼试剂，塞盖，摇动，若无沉淀生成，加热至沸30s，再摇动，若有沉淀生成即表明醛和酮存在，可加入数滴水促使沉淀析出。

不含共轭结构的醛、酮的腙为黄色，共轭体系的醛、酮的腙为橙色；α,β-不饱和醇、苄醇可被氧化成醛或酮，呈正性结果；缩醛易发生水解，呈正性结果。

2. 偶氮苯肼磺酸试验

取1滴试液于小试管，加5滴试剂溶液及4滴浓H_2SO_4，沸水浴30s，冷却，加5～10滴乙醇，加入足量的$CHCl_3$，使足以形成一有机层，再加5滴浓HCl，摇动，观察氯仿层的颜色：脂肪醛存在时显红色；芳香醛存在时显蓝色。酮也发生类似反应，但反应速度比醛类慢得多。

3. 碘仿试验

取约100mg试样于试管，加1mL H_2O或1,4-二氧六环溶解后，加3mL10％NaOH溶液，然后逐滴加10％碘在20％KI水溶液中的溶液，直到溶液碘过量显棕色为止，用60℃温水浴试管，再加入碘溶液直到碘的颜色持续2min之久，然后加入数滴10％NaOH溶液直到碘的棕色刚好褪去，从水浴中取出试管，加入10mL H_2O，若有黄色晶体碘仿析出即表明正性结果。碘仿熔点为120℃，可在显微镜下观察其六角形形状。

4. 多伦试验

取约40mg试样于试管中，加2mL新配制的多伦试剂，摇动后，静置10min，若此时无反应发生，则将试管置35℃的温水浴中5min，若有光亮银沉淀生成，即表明有醛存在。

糖类，多羟基酚，氨基酚，羟胺等还原性物质有干扰；酮无此反应；多伦试剂领临时新配，避免久置后析出氮化银沉淀产生爆炸。

5. 菲林试验

取约20mg试样于试管，加入2mL试剂于沸水浴中3min，冷却，若有红色Cu_2O沉淀即表明有醛存在。只有非芳香族醛显正性结果，借此区别芳香醛；菲林试剂不稳定，使用前领新配。

（十）羧酸的检验

1. 碘酸钾－碘化钾试验

取5mg（或2滴液体）试样于小试管，加2％KI溶液2滴，4％KIO_3溶液2滴，塞盖，置沸水浴中 1min,冷却,加 1~4 滴 0.1％的淀粉溶液,若呈现黄色,表明为正性结果。

2. 异羟肟酸铁试验

取约 100mg 试样于试管,加入 6 滴氯化亚砜,沸水浴 2min 后,加 1mL 正丁醇,再放在沸水浴 1min,若有沉淀出现,再逐滴加入醇并加热到沉淀溶解为止,冷却后加 1mL H_2O 使过量的氯化亚砜水解,加 1mL 1 mol·L^{-1} 盐酸羟胺溶液后,加入足够量的 5 mol·L^{-1} KOH 溶于 80％乙醇的溶液,pH 试验呈碱性,煮沸,冷却,用稀 HCl 酸化,然后逐滴加入 10％$FeCl_3$溶液,若有红色出现即表明正性结果。

（十一）酰胺的检验

取约 20mg 试样于试管,加 0.5mL 1 mol·L^{-1} 盐酸羟胺的 1,2-丙二醇溶液,煮沸 2min,冷却,加 0.5~1mL 5％$FeCl_3$溶液,若有红到紫色出现即为正性结果。

（十二）胺的检验

1. 兴士堡试验

取约 100 mg 试样于试管中,加 3mL C_2H_5OH 溶解后,滴加 3 滴苯磺酰氯,煮沸,冷却。加入过量的浓 HCl,沉淀过滤,洗涤,将沉淀物转移至另一试管,加 5mL H_2O、4 粒 NaOH,温热,若沉淀溶解即为伯胺正性结果;若沉淀不溶即为仲胺正性结果;若试样是叔胺或季铵盐,则加浓 HCl 时无沉淀析出。

2. 亚硝酸试验

取约 0.3mL 试样于试管,加 1mL 浓 HCl 和 2mL H_2O,冰盐浴 0℃;另取 0.3gNaNO₂ 溶于 2mL H_2O 的溶液,慢慢滴入试样溶液中,不时摇动,直到混合液遇淀粉-碘化钾试纸呈深蓝色为止。若溶液中无固体生成,加入 β-萘酚溶液数滴,析出橙红色沉淀为伯胺正性结果;若溶液中有黄色固体或油状物析出,加碱不变色为仲胺正性结果;若溶液中有黄色固体析出,加 NaOH 溶液到碱性时转变成绿色固体,为叔胺正性结果。

3. 异腈试验

取约 40mg 试样于试管中,滴加 2 滴 $CHCl_3$ 及 1mL 10％KOH 甲醇溶液。微热试管,用手拂拭试管口以嗅其中气味,若有强烈的令人恶心的异臭即为正性结果,但高沸点物难以检出。试验后,用浓 HCl 分解有毒异腈。

（十三）氨基酸的检验

取约 5mg 试样于试管,加 3mLH_2O 溶解后,加入 1mL0.1％茚三酮水溶液,煮沸 2min,若有紫色、红色或蓝色出现即表明正性结果。

脯氨酸、羟基脯氨酸的结果为黄色;N-取代的 α-氨基酸,β-氨基酸和 γ-氨基酸负性结果;伯胺、氨及某些羟胺类有干扰。

（十四）硝基、亚硝基化合物的检验

1. 氢氧化亚铁试验

取约 25mg 试样于试管中,加入 1.5mL 新配制的 5％硫酸亚铁铵溶液,加 1 滴 3 mol·L^{-1} H_2SO_4 和 1mL 2 mol·L^{-1}KOH 甲醇溶液,塞盖,摇动。若在 1min 内沉淀由淡绿色变为红棕色即为正性结果。但醌类、羟胺类有干扰。

2. 氢氧化钠－丙酮试验

取约 40mg 试样于小试管,加入 5mL 丙酮溶解,然后加 2mL 5％NaOH 溶液,边加边摇,观察颜色。

一般情况：

一硝基取代苯	不显色或淡黄色
二硝基取代苯	蓝紫色
三硝基取代苯	血红色

例外情况：

邻二硝基苯	无显著颜色
对二硝基苯	黄绿色

氨基或羟基苯有干扰

（十五）磺酸的检验

取约 40mg 试样于试管，加 2～3 滴 $SOCl_2$，沸水浴 1min，冷却，加 0.3mL7％盐酸羟胺甲醇溶液，再加 1 滴乙醛后，逐滴加入 2 mol·L^{-1}KOH 甲醇溶液至碱性，再滴 1 滴 5％$FeCl_3$溶液，若有紫红色出现并有棕红色沉淀生成即表明为正性结果。

（十六）巯基化合物的检验

取约 20mg 试样于试管，加适量乙醇溶解后，加数颗亚硝酸钠结晶，用稀 H_2SO_4酸化，观察颜色，若立刻有红色出现，为伯、仲硫醇正性结果；先出现绿色，几分钟后变为红色即为叔硫醇和硫酚正性结果。但氢硫酸，硫氰酸酯也呈正性结果。

第五节　未知物的鉴定

所谓未知物是指前人已经研究过，其成分、性质和结构在文献中已有记载的化合物，只是因为在分析前对分析者来说是未知的，故称为未知物。这些化合物已有比较系统的鉴定方法，所以又叫化合物的系统鉴定。

未知物的系统鉴定一般分为五个步骤：

（1）初步观察。观察物态、颜色和气味，并做灼烧试验。

（2）溶解性试验。用试剂对化合物进行溶解度试验可将它们分组，样品经过分组，缩小了探索范围，便于迅速获得鉴定结果。

（3）测定物理常数。如测熔点和沸点等。

（4）进行元素或离子的鉴定。检出样品中含有哪些元素或离子。

（5）官能团检验。通过官能团的检验，确定样品中含有哪些官能团。

一、初步观察

对样品进行定性分析时，首先要详尽了解试样的来源、价值和用途，确定分析的范围和步骤。

（一）物态

观察未知物是固体还是液体。如果是晶体，还要仔细观察其结晶形状。

（二）颜色

大多数有机化合物是无色的，呈棕黄色常常是存在少量杂质的缘故。例如芳香胺和苯酚，纯品无色，在空气中氧化后呈棕色或红棕色。硝基、亚硝基化合物、偶氮化合物、醌和醌型化合物等分子中含有生色基，本身就有颜色。

（三）气味

许多有机物具有特殊的气味，例如酯类有香味，醇类有酒味，丁酸有汗臭味，芳香硝基化合物有苦杏仁味，酚类有"来苏儿"消毒药水气味，硫醇有类似硫化氢的臭味，异腈有恶臭等。各种气味虽然很难描述，但可以用嗅觉辨别。学会辨别各类有机物的气味，对分析未知物很有帮助。

在闻有机物的气味时，切勿面对液体猛烈吸气。如样品很少，又放在试管底部，可以振摇试管或吸出一滴液体放在玻片或滤纸上再闻。

有机物也有各种不同的味道，如醋酸、草酸有酸味，甘油有甜味。但在有机分析中禁止用嘴尝味，以防中毒。

（四）灼烧试验

取样品 0.1g 放在瓷坩埚盖的边缘，置于泥三角上，酒精灯加热。观察其可燃性和火焰的颜色、亮度。如果是固体样品，看它是否熔化，有无气体产生。然后加大火焰，强烈灼烧。如留有非挥发性白色残渣，冷却后加几滴蒸馏水，并用 pH 试纸测试，呈碱性则说明样品中含有钠、钾等金属元素。

一般有机物都能燃烧。低级饱和脂肪族化合物燃烧时火焰黄色、无烟，芳香族或不饱和脂肪族化合物燃烧时火焰明亮且有浓烟。化合物中含氧使火焰接近无色，但含氧过高则易燃性降低。卤代烃灼烧时产生白雾，多卤化合物只冒白雾而不燃烧。多官能团的化合物如尿素

$$(H_2N—\overset{\displaystyle O}{\overset{\|}{C}}—NH_2)$$，碳原子处于多个官能团的包围之中，与氧气的接触受阻，所以不易燃烧。糖类灼烧时炭化并产生焦味，蛋白质则产生臭味。其它如羧酸盐、磺酸盐，只能炭化，不能燃烧。

灼烧后的黑色残渣为炭，如不易洗净，可用少许硝酸铵溶液湿润后再灼烧。此时炭被氧化，留下的无机物质用稀盐酸就可洗去。

二、溶解度试验

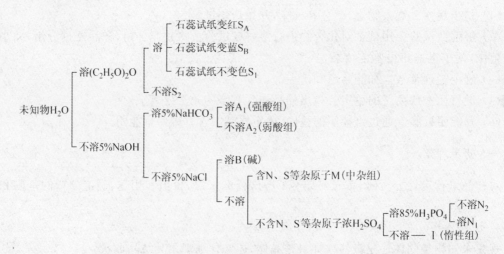

表 5-4 有机化合物的各组常见类型

组别	常见有机化合物类型
S$_A$	某些水溶性酸,一般 6 个 C 以下的低相对分子质量的羧酸
S$_B$	某些水溶性碱。一般是 6 个 C 以下的低相对分子质量的胺
S$_1$	水溶性的弱酸性和中性化合物。酚和二元酚,5 个 C 以下的低相对分子质量的醇、醛、酮、酯、腈、肟、酰胺、酸酐
S$_2$	含有 2 个或 2 个以上极性官能团的中等相对分子质量的化合物。多元醇,多元酸,多羟基醛酮,有机酸盐,胺的盐酸盐,氨基酸,脲
A$_1$	强酸性化合物。6 个 C 以上的羧酸、多个吸电子取代基的酚
A$_2$	弱酸性化合物。酚,肟,硝基、亚硝基化合物,酰亚胺,烯醇,磺酰伯胺
B	胺、苯肼
M	含 M,S 的中性化合物。硫醇,叔硝基化合物,芳香硝基化合物,吸电子取代的胺,砜,酰胺,磺酰仲胺,腈,磺酰卤,偶氮化合物
I	脂肪族饱和烃,环烷烃,芳烃,卤代物
N$_1$	中性含氧化合物。9 个 C 以下的醇、醛、酮、醚、酯
N$_2$	醚,缩醛,醌,不饱和烃,9 个 C 以上的醇、醛、酮、酯、酸酐

有机物在各种不同溶剂中的溶解度试验非常重要,因为它能提供有关分子极性和某些官能团的预示性资料。通过溶解度试验可以得知:

(1) 未知物是否含有官能团,含有单官能团还是多官能团。

(2) 含有哪一类官能团,是酸性、碱性还是中性化合物。

(3) 分子量的大小,低分子($<C_5$)的单官能团的化合物可溶于水,而分子量大的($>C_5$)则不溶于水。

三、物理常数的测定

有机物的物理常数包括熔点、沸点、密度、折射率和比旋光度等。其中沸点或熔点是必测的,其它物理常数测定与否,视需要而定。

固体未知物,用毛细管法测定其熔点,若熔距大于 2℃,说明物质不纯,需进行重结晶后再测。加热会升华的样品,要用两端封闭的毛细管。

若未知物为液体,用微量法测定其沸点。沸点不稳定或未知物带有杂色,应进行蒸馏,收集沸点距 2~3℃内的主要馏分加以鉴定。

四、进行元素或离子的鉴定

元素定性分析一般包括碳、氢、氧、氮、硫和卤素等。经过灼烧试验,知道样品是有机物后,就不需要再鉴定其中是否含有碳和氧,因为这两种元素在有机物中基本都存在。氧元素还没有简便的检验方法,通过溶解度试验和官能团鉴定可以知道其是否存在。所以元素分析通常只做氮、硫和卤素。如果灼烧后有白色残渣,则还要做金属离子的鉴定。

元素定性分析最常用的方法是钠熔法。

五、官能团检验

一个化合物经过溶解度试验确定溶度组（如表 5-4）后，就可以从它所属的组别预测它的结构和可能存在的官能团，然后通过官能团检验来核实预测是否正确，并由此决定样品属于哪一类有机物。

检验官能团的试验很多，没有必要全做，应该根据初步检验、物理常数测定、元素定性分析和溶解度试验的结果，经过综合、分析、判断，拟订分析方案，选择一部分试验来鉴定所预测的官能团是否存在。例如从元素分析已知样品中不含 N 和 S，则凡含 N 和 S 官能团的鉴定试验就可以不做。如果含有卤素，则不论它属于哪一个溶解度组，都要做硝酸根试验。任何一个试验都有它的局限性，因此对某一官能团进行确证时，至少要用两个特征反应。当分子中同时存在两种或两种以上不同的官能团时，则鉴定时往往会发生干扰，这时必须多选做几个试验。

未知的官能团检验，不可能有一个统一固定的分析方案。只有熟悉了有机物的性质和反应，联系前面的试验结果通盘考虑才能根据具体情况作出具体分析。

官能团的检验方法已编写在本章第四节各类官能团的鉴定中。

第六节　　常见高分子化合物的鉴定

一、塑料燃烧时的情况

塑料的鉴别可以应用红外光谱、质谱、X 射线等方法，但在实验设备不足的情况下，也可以通过溶解度、密度、燃烧试验和元素分析等简易的方法进行初步鉴别，见表 5-5。

塑料分热固性塑料和热塑性塑料两类。热固性塑料受热时变脆、发焦，但不软化，如酚醛塑料。热塑性塑料受热时变软或熔融，冷却后又变硬，如聚氯乙烯塑料。塑料受热会分解为单体或其它低分子物质，且产生特殊气味。含有氮、硅、氟的塑料一般不易着火或具有自熄性；含有苯环和不饱和双键的塑料，燃烧时一般冒浓烟。

例如，在通风橱中，用钳子分别夹一块酚醛、聚乙烯、聚氯乙烯、聚苯乙烯和聚甲基丙烯酸甲酯等塑料，放在酒精灯的火焰上燃烧，仔细观察燃烧难易、燃烧状况、自熄情况、火焰颜色、气味及燃烧物态变化等，记录实验现象（注意燃烧的灰烬最好滴落在砂盘上，以免引起火灾）。

二、合成纤维燃烧时的情况

纤维是组成织物的最基本的物质。织物的各种性能与纤维的性能均有密切关系。所以，在纺织生产管理或产品分析时，常常要对纤维材料进行鉴别。若是混纺产品，则还需再进一步了解其混纺百分比。前者是定性分析；后者是定量分析。通常必须先作定性分析，根据所鉴别出的纤维种类，再作定量分析。

纤维鉴别是根据纤维内部结构、外观形态、化学与物理性能上的差异来进行的。鉴别步骤是先判定纤维的大类，如区别天然纤维素纤维、天然蛋白质纤维和化学纤维，再具体分出品种，然后作最后验证。常用的鉴别方法有手感目测法、显微镜观察法、燃烧法、化学溶解法、药品着色法、熔点法、密度法、荧光法等。下面主要介绍燃烧法。

燃烧法是鉴别纺织纤维的一种快速而简便的方法。它是根据纤维的化学组成不同燃烧特征也不同这一性质,从而粗略地区分出纤维的大类。鉴别方法是将试样慢慢地接近火焰,观察试样在火焰热带中的反应;再将试样放入火中,观察其燃烧情况;然后从火中取出,观察其燃烧情况;用嗅觉闻燃烧时产生的气味,并观察试样燃烧后灰烬的特征等,对照表5-6进行判别。

表5-5　塑料的燃烧鉴别

塑料名称	燃烧	去焰后燃烧否	火焰状况	塑料形态	气味
酚醛(注型品)	难	否	黄色	裂开且成深色	甲醛味
酚醛(纤维基材)	徐徐燃烧	否	黄色	膨胀、裂开	纤维及酚味
酚醛(纸基材)	徐徐燃烧	否	黄色	膨长、裂开	纸及酚味
脲醛树脂	难	否	黄色、尾部蓝色	膨胀、裂开、白化	尿素、福尔马林味
三聚氰胺	难	否	淡黄色	膨胀、裂开、白化	尿素、福尔马林味
多元脂	易	燃	黄色、黑烟	稍膨胀、裂开	PE单体味
丙烯酸酯树脂	易	燃	黄色、尾部蓝色	软化	两烯酸酯单体味
PE	易	燃	尖端黄下蓝色	边熔滴落	石蜡燃烧味
PP	易	燃	尖端黄下蓝色	边溶滴落	石油味
PS	易	燃	橙黄色,黑烟	软化	PS单体臭味
PVC	难	否	黄色,尖端绿	软化	酸的刺激臭
氯化乙烯	极难				
聚四氟乙烯	不燃				
含氟塑料	不燃				
硝酸纤维	极易	燃	黄色	完全迅速燃烧	
醋酸纤维	易	燃	暗黄色、黑色	边熔边燃	特有的气味
醋酸、酸酪纤维	易	燃	尖端青色黄色焰	边熔边燃	酪酸的气味
乙烷基纤维	易	燃	尖端青色黄色焰	边熔边燃	有特殊的气味
聚碳酸酯	稍难	否	黄色,黑烟	软化	特有气味
聚缩醛	易	燃	尖端黄下蓝色	边熔边燃	福尔马林味
聚酰胺	徐徐燃烧	否	尖端黄色	熔融滴落	羊毛燃焦气味
醋酸乙烯	易	燃	暗黄色、黑烟	软化	酸的刺激臭
天然橡胶	易	燃	暗黄色、黑烟	软化	特有气味
丁二烯系橡胶	易	燃	暗黄色、黑烟	软化	特有气味
聚乙烯缩丁醛	易	燃	黑烟	软化	特有气味

表 5-6　几种常见纤维的燃烧特征

纤维名称	燃烧性质	气味	灰烬
涤 纶	靠近火焰,收缩不熔,接触火焰即燃烧,离开火焰继续缓慢燃烧,有时自行熄灭	特殊芳香味	硬的黑色圆球
锦 纶	靠近火焰,收缩熔化,接触火焰,熔融燃烧,离开火焰,继续燃烧	特殊的、带有氨的臭味	坚硬的褐色圆珠
丙 纶	同上	轻微的沥青气味	硬的透明圆珠
腈 纶	靠近火焰收缩,接触火焰迅速燃烧,离开火焰,继续燃烧,燃烧时有黑烟冒出	特殊的辛辣刺激味	硬而脆的黑褐色灰烬
维 纶	靠近火焰收缩软化,接触火焰燃烧,离开火焰继续燃烧,有黑烟冒出	特殊的甜味	硬而脆的黑色灰烬
氯 纶	靠近火焰收缩熔化,接触火焰燃烧,离开火焰自行熄灭	带有氯化氢臭味	硬而脆的黑色灰烬

三、天然纤维燃烧时的情况

表 5-7 给出几种常见天然纤维燃烧时的情况

表 5-7　几种常见纤维的燃烧特征

纤维名称	燃烧性能	气味	灰烬
棉、麻、	靠近火焰不缩不熔,接触火焰即迅速燃烧,离开火焰,继续燃烧	烧纸的气味	少量的灰白色灰烬
毛、蚕丝	靠近火焰,收缩不熔,接触火焰,熔融燃烧,离开火焰,继续燃烧	烧毛发、指甲的气味	松而脆的黑色灰烬

　　燃烧法只适用于单一成分的纤维、纱线和织物,不适用于混合成分的纤维、纱线和织物。此外,纤维或织物经过防火、防燃或其他整理后,其燃烧特征也将发生变化,须予以注意。

　　• 思考题
1. 为什么用燃烧试验能够鉴别塑料和纤维的种类?
2. 哪类塑料容易燃烧? 哪类塑料不易燃烧? 为什么?
3. 如何鉴别一条线绳是腈纶线、毛线还是混纺线?
4. 纺织纤维常用的鉴别方法。

实验 5-1 有机化合物的元素定性分析

一、实验目的

(1) 学会对有机化合物中碳和氢的定性分析。

(2) 学会对有机化合物中硫、氮和卤素的定性分析。

二、实验原理

1. 碳和氢的检定

一个试样如果在加热时炭化,或者在燃烧时冒黑烟,就说明其中含碳。但并非所有的有机化合物都是如此,因此通常的检验方法是将试样与干燥的氧化铜粉末混合后加热,使试样中的碳被氧化成 CO_2,氢被氧化成 H_2O,并分别给予检定。

2. 硫、氮和卤素的检定

硫、氮和卤素是一般有机化合物中除了碳、氢、氧以外最常见的元素。这些元素在有机化合物分子中一般都以共价键相结合,很难用一般的无机定性分析方法直接检定,所以必须将样品分解,使这些元素转变成为简单的无机离子化合物,再分别加以鉴定。分解样品最常用的方法是钠熔法,金属钠与含有硫、氮、卤素等元素的有机化合物共熔时,生成硫化钠、氰化钠、卤化钠等。

三、仪器和药品

仪器:

铁架台;酒精灯或喷灯;硬质大试管;小试管;小烧杯;镊子。

药品:

氧化铜粉末;	金属钠;	5%氢氧化钠溶液;	5%硫酸亚铁溶液;
1%三氯化铁溶液;	6mol·L⁻¹硝酸;	2%硝酸银溶液;	1%高锰酸钾溶液;
无水乙醇;	5%醋酸;	5%醋酸铅溶液;	丙烯酸

二硫化碳(或四氯化碳); 新配制的 0.1%亚硝酸铁氰化钠溶液;

饱和氢氧化钡溶液或澄清石灰水。

四、实验步骤

1. 碳和氢的检定

取 0.2g 干燥的有机化合物试样和 1g 干燥的氧化铜粉末[①]放在表面皿上混合。把混合好的试料装入干燥的试管中,配上装有导管的软木塞。将试管夹在铁台上,管口应比管底略低一些,以防止反应生成的水流回到加热处而使试管炸裂。把导管伸入盛有饱和氢氧化钡溶液(或澄清石灰水)的试管里(图 5-1)。在试管下面先用小火加热,再用大火强热。

---

① 氯化铜容易从空气中吸收潮气,有时也可能夹带有机杂质,使用前应放在坩埚中强热几分钟,再放在干燥器中冷却。

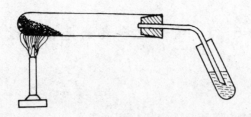

图 5-1　碳和氢的检定

试管管壁上出现水滴,表明有水成。氢氧化钡溶液变混浊或出现白色沉淀,表明有二氧化碳生成。

2. 硫、氮和卤素的检定

钠熔:用镊子取一绿豆大小的金属钠[①]放在一个洁净干燥的小试管中,将试管垂直地夹在铁架台上。用灯焰小心地加热试管底部,使钠熔融。当试管中钠蒸气上升达 1cm 高时,暂时移去灯焰,立即加入几粒固体试料或几滴液体试料[②],使它直接落到试管底部的钠蒸气中。待反应缓和时,重新加热,把试管底部烧到红热,并持续 2min。冷却后加入 1mL 乙醇以销毁剩下的金属钠[③]。等反应停止后,把试管底部再烧到红热,立即将红热的试管底部浸入盛 10mL蒸馏水的小烧杯中,使试管炸裂。最后把整个试管碎片投入水中煮沸,除去大的玻璃碎片,过滤,滤渣用少量蒸馏水洗涤两次。滤液和洗涤液共约 20mL,应为无色透明的碱性溶液[④]。用此溶液做以下实验。

(1) 硫的检定。

① 硫化铅试验:取 1mL 溶液,用 5‰醋酸酸化,再加几滴 5‰醋酸铅溶液。如有黑褐色沉淀生成,表明有硫存在。

$$Na_2S + Pb(CH_3COO)_2 \rightarrow PbS\downarrow + 2CH_3COONa$$
$$\text{黑色}$$

② 亚硝酸铁氰化钠试验:取 1mL 溶液,加 2～3 滴新配制的 0.1‰亚硝酸铁氰化钠溶液。如果溶液成紫红色或深红色,表明有硫存在。

$$Na_2S + Na_2[Fe(CN)_3NO] \rightarrow Na_4[Fe(CN)_3NOS]$$
$$\text{紫红色}$$

(2) 氮的检定。

普鲁士蓝试验:取 2mL 溶液,加几滴 5‰氢氧化钠溶液,再加 4～5 滴 5‰硫酸亚铁溶液,将溶液煮沸。溶液中若含有硫,会有黑色沉淀析出。不必过滤。冷却后加 5‰盐酸使沉淀溶

---

① 用镊子从瓶中取出一小块金属钠,先用滤纸吸干粘附的溶剂油,用刀切除表面的氧化膜,再切成绿豆大小供试验用。切下来的外皮和多余的钠,可放回原瓶,绝对不可抛在水槽、废液缸或垃圾箱中。

② 做练习实验时,最好用同时含氮、硫和卤素的试料。如果用几种化合物来凑齐这些这些元素,应将它们事先混合均匀或互相溶解,在钠熔时一次加入。

③ 如果加入试料后试管出现裂痕,那就不能加乙醇来销毁剩余的钠。在这种情况下,可直接将红热的试管浸入蒸馏水中。但必须戴上护目镜,并注意保护脸部,以避免发生意外。

④ 如果滤液带有颜色,很可能是样品分解得不完全,这样的滤液会影响元素的检定,应该重新做钠熔。

解①，再加几滴 1‰ 三氯化铁溶液。如果有蓝色沉淀析出，表明试料中含氮②

$$6NaCN + FeSO_4 \rightarrow Na_2SO_4 + Na_4[Fe(CN)_6]$$

$$3Na_4[Fe(CN)_6] + 4FeCl_3 \rightarrow Fe_4[Fe(CN)_6]_3\downarrow + 12NaCl$$

普鲁士兰，蓝色

（3）卤素的检定。

① 硝酸银试验：取 1mL 溶液，用 6mol · L^{-1} 硝酸酸化。若试液中含有硫和氮，须将此酸性溶液在通风橱中煮沸几分钟，以除去硫化氢或氢氰酸。如有沉淀③，则过滤掉。然后加几滴 2‰ 硝酸银溶液。如果有大量的黄色或白色沉淀析出，表明试料中有卤素。

$$NaX + AgNO_3 \rightarrow NaNO_3 + AgX$$

黄或白色

② 氯、溴、碘的鉴别：取 0.5mL 溶液于试管中，加 5 滴 1‰ 高锰酸钾溶液及 5 滴 6mol · L^{-1} 硝酸。将试管振荡 2～3min，加入约 15～20mL 草酸晶体，并振荡试管以除去过量的高锰酸钾。然后加入 10 滴二硫化碳（或四氯化碳），再振荡 1～2min，静置待液体分层。在下层有机层中若出现棕红色则表示有溴或溴与碘同时存在；如果只有碘而没有溴，有机层将呈现紫色或浅紫色。如果有机层无色，表明溴和碘都不存在。如果有机层为棕红色，加 2 滴丙烯酸，将混合物振荡。棕色褪去后有机层变为紫色，表明溴与碘同时存在；如果有机层变为无色，则表明没有碘。

将上层水溶液吸出，放入另一试管中，加 1mL6mol · L^{-1} 硝酸，微微煮沸 2min。冷却后加 2‰ 硝酸银溶液，如生成白色沉淀，表明有氯存在④。

• 思考题

1. 进行元素定性分析有何实际意义？

2. 取用金属钠时应注意哪些问题？为什么钠熔后要用乙醇来销毁剩余的钠？

3. 检定硫时，为什么要先把试液酸化再加醋酸铅？加入醋酸铅后，如果出现白色或黄色沉淀而不是黑褐色沉淀，那是为什么？

4. 检定卤素时，为什么先要用硝酸将溶液酸化？如果试样中含有硫或氮，酸化后不加热煮沸，会有什么结果？

---

① 有时过量的硫酸亚铁在碱性溶液中被氧化成高价的氢氧化铁，用盐酸酸化时，就可生成普鲁士蓝沉淀，但常呈绿色。

② 如果试料中同时含有硫和氮，钠熔时可能直接生成硫氰化钠。取 1mL 溶液，用 5‰ 盐酸酸化时，再加几滴 1‰ 三氯化铁溶液。如果溶液呈深红色，表明溶液中有硫氰根。

$$3NaSCN + FeCl_3 \rightarrow Fe[CNS]_3 + 3NaCl$$

深红色

氮的检验有时不易得到准确的正性结果，因为有些含氮化合物在钠熔时反应很慢，有些化合物所含的氮易分解成氮气或转变成氨逸去，这样就不能形成氰化物。如果有问题，可用较多量的样品与等量的葡萄糖混合均匀重做钠熔试验。添加葡萄糖可增加样品中的氮转变为氰化钠的产率。

③ 这步操作应在通风橱中进行，以保证安全，这时生成的沉淀是硫化钠被硝酸氧化而生成的硫：

$$3Na_2S + 8HNO_3 \rightarrow 3S\downarrow + 2NO + 6NaNO_3 + 4H_2O$$

④ 如果用高锰酸钾和硝酸氧化时没有把溴和碘离子完全除掉，这一步得到的仍是黄色沉淀，无法确认是否有氯离子存在。

第六章　物质的制备技术

【知识目标】

1. 了解物质制备的一般方法和原则；
2. 掌握物质制备的过程；
3. 能够对具体的物质制备反应进行计算。

【技能目标】

1. 学会气体发生装置的安装与使用；
2. 气体的净化与收集操作；
3. 掌握各类回流装置的安装与操作；
4. 熟练掌握实验室中仪器的安装。

物质的制备就是利用化学方法由单质、简单的无机物或有机物合成较复杂的无机物或有机物的过程；或者将较复杂的物质分解成较简单的物质的过程；以及从天然产物中提取出某一组分或对天然物质进行加工处理的过程。

自然界慷慨地赐与人类大量的物质财富。例如矿产资源、石油、天然气和动植物资源。正是这些物质养育了人类，给人类社会带来了现代文明和繁荣。但是天然存在的物质数量虽多，种类却有限，而且大多是以复杂形式存在，难以满足现代科学技术、工农业生产以及人们日常生活的需求。于是人们就设法制备所需要的各类物质，如医药、染料、化肥、食品添加剂、农用杀虫剂、各种高分子材料等。可以说，当今人类社会的生存和发展，已离不开物质的制备技术。因此，熟悉、掌握物质制备的原理、技术和方法是化学、化工专业学生必须具备的基本技能。

第一节　物质制备的一般步骤和方法

要制备一种物质，首先要选择正确的制备路线与合适的反应装置。通过一步或多步反应制得的物质往往是与过剩的反应物料以及副产物等多种物质共存的混合物，还需通过适当的手段对物质进行分离和净化，才能得到纯度较高的产品。

一、制备路线的选择

一种化合物的制备路线可能有多种，但并非所有的路线都能适用于实验室或工业生产。对于化学工作者来说，选择正确的制备路线是极为重要的。比较理想的制备路线应具备下列条件：

（1）原料资源丰富，便宜易得，生产成本低。

（2）副反应少，产物容易纯化，总收率高。

（3）反应步骤少，时间短，能耗低，条件温和，设备简单，操作安全方便。

（4）不产生公害，不污染环境，副产品可综合利用。

　　在物质的制备过程中,还经常需要应用一些酸、碱及各种溶剂作为反应的介质或精制的辅助材料。如能减少这些材料的用量或用后能够回收,便可节省费用,降低成本。另一方面,制备中如能采取必要措施避免或减少副反应的发生及产品纯化过程中的损失,就可有效地提高产品的收率。

　　总之,选择一个合理的制备路线,根据不同的原料有不同的方法。何种方法比较优越,需要综合考虑各方面的因素,最后确定一个效益较高、切实可行的路线和方法。

二、反应装置的选择

　　选择合适的反应装置是保证实验顺利进行和成功的重要前提。制备实验的装置是根据制备反应的需要来选择的,若所制备的是气体物质,就需选用气体发生装置。若所制备的是固体或液体物质,则需根据反应条件、反应原料和反应产物性质的不同,选择不同的实验装置。实验室中,简单的无机物的制备,多在水溶液中进行,常用烧杯或锥形瓶作反应容器,配以必要的加热、测温及搅拌装置。除少数有毒气体制备或无水物质的制备需在通风橱中或密封装置中进行外,一般不需要特殊装置。有机物的制备,由于反应时间较长,溶剂易挥发等特点,多需采用回流装置。回流装置的类型较多,如普通回流装置、带有气体吸收的回流装置、带干燥管的回流装置、带水分离器的回流装置、带电动搅拌、滴加物料及测温仪的回流装置等。可根据反应的不同要求,正确地进行选择。

三、选用精制的方法

　　化学合成的产物常常是与过剩的原料、溶剂和副产物混杂在一起的。要得到纯度较高的产品,还需进行精制。精制的实质就是把所需要的反应产物与杂质分离开来,这就需要根据反应产物与杂质理化性质的差异,选择适当的混合物分离技术。一般气体产物中的杂质,可通过装有液体或固体吸收剂的洗涤瓶或洗涤塔除去;液体产物可借助萃取或蒸馏的方法进行纯化;固体产物则可利用沉淀分离、重结晶或升华的方法进行精制。有时还可通过离子交换或色层分离的方法来达到纯化物质的目的。

- 思考题
1. 正确的制备路线应该具备哪些条件? 如何选择正确的制备路线?
2. 制备实验的装置是根据什么确定的?
3. 精制物质的实质是什么? 如何选择混合物的分离技术?

第二节　制备实验的准备与实施

一、制定实验计划

　　详细的实验计划是制备实验成功的保证。实验计划应以精炼的文字符号及箭头等表明整个制备过程。其内容包括如下几个方面:

　　(1) 实验题目。

　　(2) 实验目的。指通过本实验在掌握制备反应和操作技术方面应达到的目的和要求。

　　(3) 实验原理。包括主反应和副反应的反应方程式及主要操作条件。

（4）主要试剂及产物的物理常数。可查阅有关辞典、手册和工具书，用表格列出。

（5）主要试剂的规格和用量。其中主要原料的物质的量也应列出，以便制备后计算产率

（6）主要仪器及装置简图。

（7）制备流程图。

（8）实验步骤。用简单的文字和符号提要式写出实验步骤。可以列出表格，留出时间、现象栏，以便实验时作记录。

（9）注意事项。指出实验中需要特别注意的问题。

二、准备仪器和试剂

制备实验所用的原料和溶剂除要求价格低廉、来源方便外，还要考虑其毒性、极性、可燃性、挥发性以及对光、热、酸、碱的稳定性等因素。在可能的情况下，应尽量选用毒性较小、燃点较高、挥发性小、稳定性好的实验试剂。如可用乙醇则不用甲醇（毒性大）；可用溴代烷就不用碘代烷（价格高）；可用环己烷就不用乙醚（易挥发、燃点低）等。

有些试剂久置后会发生变化，使用前须纯化处理。如苯甲醛在空气中发生自动氧化，用前须进行蒸馏；乙醚在空气中放置会有过氧化物生成，受热和干燥的情况下，容易引起爆炸，所以应事先加入硫酸亚铁等还原剂，充分振摇，蒸馏后使用。

有些制备反应，如酯化反应、付氏反应和格氏反应等，要求无水操作，需要干燥的玻璃仪器。仪器的干燥必须提前进行，绝不可用刚刚烘干、尚未完全降温的玻璃仪器盛装药品，以免仪器骤冷炸裂或药品受热挥发、局部过热氧化和分解等事故发生。

三、进行物质的制备

实施实验时，首先要根据实验的进程，合理安排时间，应预先考虑好哪一步骤可作为中断实验的阶段。然后参照装置图，安装实验装置，经检查准确稳妥后，方可进行实验。要严格遵守操作规程，一般不可随意改变实验条件。对于所用药品的规格、用量、状态、颜色、批号、厂家及出厂日期等应做准确记录。

实验中，要认真操作，细心观察，并及时将反应进行的情况（如颜色、温度的变化；有无气体放出；反应的激烈程度及变化的时间等）详尽地记录下来。对实验中出现的异常现象，也应如实记录，以便实验结束后讨论原因。实验制备的产品要写明品名、质量及制备日期并妥善保存，以便进行分析检验。

第三节　物质的制备

化工生产中实际产量和理论产量的比值叫产率。

一、影响产率的因素

物质制备实验的实际产量往往达不到理论值，这是因为有下列因素的影响：

（1）反应可逆。在一定的实验条件下，化学反应建立了平衡，反应物不可能全部转化成产物。

（2）有副反应发生。有些反应，特别是有机反应比较复杂，在发生主反应的同时，一部分

原料消耗在副反应中。

（3）反应条件不利。在制备实验中，若反应时间不足、温度控制不好或搅拌不够充分等都会引起实验产率降低。

（4）分离和纯化过程中造成的损失。有时制备反应所得粗产物的量较多，但却由于精制过程中操作失误，使收率大大降低了。

二、如何提高产率

（一）破坏平衡

对于可逆反应体系，可采取增加一种反应物的用量或除去产物之一（如分去反应中生成的水）的方法，以破坏平衡，使反应向正方向进行。究竟选择哪一种反应物过量，要根据反应的实际情况、反应的特点、各种原料的相对价格、在反应后是否容易除去以及对减少副反应是否有利等因素来决定。如乙酸异戊酯的制备中，主要原料是冰乙酸和异戊醇。相对来说，冰乙酸价格较低，不易发生副反应，在后处理时容易分离，所以选择冰乙酸过量。

（二）加催化剂

在许多制备反应中，如能选用适当的催化剂，就可加快反应速度，缩短反应时间，提高实验产率，增加经济效益。如乙酰水杨酸的制备中，加入少量浓硫酸，可破坏水杨酸分子内氢键，促使酰化反应在较低温度下顺利进行。

（三）严格控制反应条件

实验中若能严格地控制反应条件，就可有效地抑制副反应的发生，从而提高实验产率。如在 1-溴丁烷的制备中，加料顺序是先加硫酸，再加正丁醇，最后加溴化钠。如果加完硫酸后即加溴化钠，就会立刻产生大量溴化氢气体逸出，不仅影响实验产率，而且严重污染空气。在硫酸亚铁铵的制备中，若加热时间过长，温度过高，就会导致大量 Fe^{3+} 杂质的生成。在乙烯的制备中若不使温度快速升至 $160\,℃$，则会增加副产物乙醚生成的机会。在乙酸异戊酯的制备中，如果分出水量未达到理论值就停止回流，则会因反应不完全而引起产率降低。

在某些制备反应中，充分的搅拌或振摇可促使多相体系中物质间的接触充分，也可使均相体系中分次加入的物质迅速而均匀地分散在溶液中，从而避免局部浓度过高或过热，以减少副反应的发生。如甲基橙的制备就需要在冰浴中边缓慢滴加试剂边充分搅拌，否则将难以使反应液始终保持低温环境，造成重氮盐的分解。

（四）细心精制粗产物

为避免和减少精制过程中不应有的损失，应在操作前认真检查仪器，如分液漏斗必须经过涂油试漏后方可使用，以免萃取时产品从旋塞处漏失。有些产品微溶于水，如果用饱和食盐水进行洗涤便可减少损失。分离过程中的各层液体在实验结束前暂时不要弃去，以备出现失误时进行补救。重结晶时，所用溶剂不能过量，可分批加入，以固体恰好溶解为宜。需要低温冷却时，最好使用冰-水浴，并保证充分的冷却时间，以避免由于结晶析出不完全而导致的收率降低。过量的干燥剂会吸附产品造成损失，所以干燥剂的使用应适量，要在振摇下分批加入至液体澄清透明为止。一般加入干燥剂后需要放置 30min 左右，以确保干燥效果。有些实验所需时间较长，可将干燥静置这一步作为实验的暂停阶段。抽滤前，应将吸滤瓶洗涤干净，一旦透滤，可将滤液倒出，重新抽滤。热过滤时，要使漏斗夹套中的水保持沸腾，可避免结晶在滤纸上析出而影响收率。

总之,要在实验的全过程中,对各个环节考虑周全,细心操作。只有在每一步操作中都有效地保证收率,才能使实验最终有较高收率。

三、产率的计算

制备实验结束后,要根据理论产量和实际产量计算产率,通常以百分产率表示。

$$百分产率 = \frac{实际产量}{理论产量} \times 100\%$$

其中理论产量是按照反应方程式,原料全部转化成产物的质量;而实际产量则是指实验中实际得到纯品的质量。

为了提高产率,常常增加某一反应物的用量。计算产率时,应以不过量的反应物用量为基准来计算理论产量。例如乙酸异戊酯的制备实验产率的计算。

反应方程式:

乙酸　　　　　　　异戊醇　　　　　　　　　　　乙酸异戊酯
摩尔质量 60g·mol^{-1}　　88g·mol^{-1}　　　　　　　130g·mol^{-1}
实际用量 12g(0.20mol)　　14.6g(0.166mol)

其中异戊醇用量少,应作为计算理论产量的基准物。若 0.166mol 异戊醇全部转化成乙酸异戊酯,则理论产量为 $130g \times 0.166 = 21.6g$ 如果实际产量为 15.5g,则:百分产率 $= \dfrac{15.5}{21.6} = 71.8\%$

• 思考题
1. 进行制备实验之前,需要做哪些准备工作? 为什么?
2. 通过查阅有关资料,以表格形式列出"硫酸亚铁铵的制备"实验中主要原料硫酸铵、硫酸亚铁及产物硫酸亚铁铵的物态、熔点、密度及常温下的溶解度。
3. 试用化学式和箭头写出乙酸异戊酯的制备流程图(参阅实验 6-4 的实验原理和步骤)。
4. 影响实验产率的主要因素有哪些? 举例说明。
5. 为提高产率可采取哪些措施? 各举一例说明。

第四节　气体物质的制备

实验室制备气体,首先要选择一个发生气体的化学反应,根据反应确定所需药品、反应条件及发生装置,并根据气体的性质选择适当的净化和收集方法。

一、气体发生装置

制备气体物质须在气体发生装置中进行。实验室中常用的气体发生装置有以下几种。

(一)启普发生器
启普发生器适用于不溶于水的块状(或粒状)固体物质与某种液体在常温下的制气反应。其特点是可随时控制反应的发生和停止,使用方便。实验室中常用来制取氢气、二氧化碳、一氧化氮、二氧化氮和硫化氢等气体。

启普发生器主要由球形漏斗,葫芦状的玻璃容器和导管旋塞等部件组成,如图6-1所示。在葫芦状容器的上部球形容器中盛放参加反应的固体物质,在下部的半球形容器和球形漏斗中盛放参加反应的液体物质。在容器的上部有气体出口与带有旋塞的导气管连接。容器的下半球上有一液体出口,用于排放用过的废液。当旋塞打开时,由于容器内压力减小,液体即从底部通过狭缝上升到球形容器中,与固体物质接触并反应产生气体。当旋塞关闭时,继续发生的气体便将液体压入底部和球形漏斗内,使固液两相脱离接触,反应即停止。

使用启普发生器前,应先将仪器的磨砂部位涂上凡士林,并检查气密性。注意在移动此装置时,切勿用手握住球形漏斗提着它移动,以免容器下部脱落而损坏仪器并造成灼伤事故。

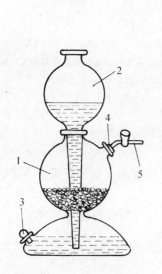

图6-1 启普发生器

1—葫芦状的玻璃容器;2—球形漏斗;
3—废液出口;4—气体出口;5—导管旋塞

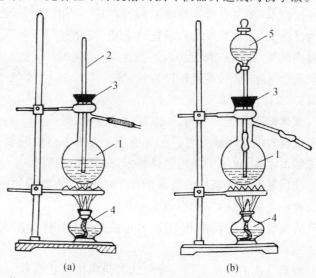

图6-2 烧瓶制气装置

1—蒸馏烧瓶;2—温度计;
3—单孔塞;4—热源;5—滴液漏斗

（二）烧瓶制气装置

烧瓶制气装置适用于常温或加热情况下固体与液体或液体与液体间的制气反应。其特点是装置可随反应需要而变化,适用范围广。实验室中常用来制取氯气、氯化氢、一氧化碳、乙烯和乙炔等气体。

烧瓶制气装置用蒸馏烧瓶作反应容器。当制气过程中不需要随时添加液体反应物时,可将反应物一同放入蒸馏瓶中,配上塞子,必要时可在塞子上装配温度计,如图6-2a所示。当制气过程中需要随时添加液体反应物时,则需用一合适的单孔塞将滴液漏斗装在蒸馏烧瓶上,以便随时添加液体反应物,如图6-2b所示。反应产生的气体由蒸馏烧瓶的支管导出。对于需要回流的反应可在烧瓶下安装热源。

二、气体的净化与收集

（一）气体的净化

由气体发生装置制得的气体以及来自钢瓶的压缩气体,常常带有少量的水汽或其他杂质,通常需要进行洗涤和干燥。

1. 气体的洗涤

气体的洗涤可在洗气瓶中进行。常用的洗气瓶如图6-3所示。

气体导入管的一端与气体的来源连接,另一端浸入洗涤液中。气体导出管与需要接收气体的仪器连接。

洗气瓶内盛放的洗涤液需要根据所净化的气体及杂质的性质来选择。酸性杂质,通常用碱性洗涤剂(如氢氧化钠溶液);碱性杂质,可用酸性洗涤剂(如铬酸洗液);氧化性杂质,可用还原性洗涤剂(如苯三酚溶液),还原性杂质,则可用氧化性洗涤剂(如高锰酸钾溶液)等。

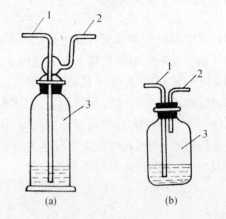

图6-3　洗气瓶
(a)标准磨口汽气瓶 ;(b)用广口瓶和胶塞自制的洗气瓶
1—气体导入管;2—气体导出管;
3—磨口瓶

2. 气体的干燥

气体的干燥通常是使气体通过干燥管、干燥塔或洗气瓶等干燥装置。干燥管或干燥塔中盛放的氯化钙、硅胶等块状或粒状固体干燥剂不能装得太实,也不宜使用固体粉末,以便气流通过。

使用装在洗气瓶中的浓硫酸作干燥剂时,浓硫酸的用量不可超过洗气瓶容量的1/3,气体的流速也不宜太快,以免影响干燥效果。

有些气体不需洗涤和干燥,也可使其通过固体吸附剂(如活性炭)加以净化。

(二) 气体的收集

收集气体的方法有排气集气法和排水集气法两种。

1. 排气集气法

凡是不与空气发生反应,而密度又与空气相差较大的气体都可用排气集气法来收集。

对于密度比空气小的气体,要用向下排气集气法收集,而对于密度比空气大的气体,需用向上排气集气法收集。

(1) 向下排气集气法。将洁净干燥的集气瓶瓶口朝下,把导气管伸入集气瓶内接近瓶底处,如图6-4(a)所示。在瓶口塞上少许脱脂棉。当气体进入集气瓶时,由于其密度小,先占据瓶底,然后逐渐下压把瓶内空气从下方瓶口排出。集满后用毛玻璃片盖好瓶口,将集气瓶倒立放置备用。

此法适用于氢气、氨、甲烷等气体的收集。

(2) 向上排气集气法。将洁净干燥的集气瓶瓶口朝上,把导气管插入集气瓶内接近瓶底处,如图6-4(b)所示。瓶口用穿过导管的硬纸板遮住,不要堵严,当气体进入集气瓶时,由于其密度比空气大,先沉积瓶底,然后逐渐上升,把瓶内的空气排出。集满后,用毛玻璃盖住瓶口,正立放置备用。

此法适用于氯气、二氧化碳、氯化氢及硫化氢等气体的收集。

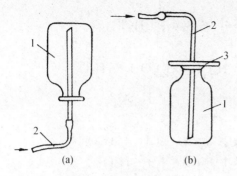

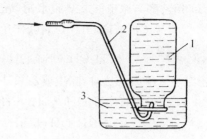

图 6-4　排气集气法

(a)向下排气集气法;(b)向上排气集气法

1—集气瓶;2—导气管;3—硬纸板

图 6-5　排水集法

1—集气瓶;2—导气管;3—水槽

2. 排水集气法

凡是不溶于水又不与水反应的气体,均可用排水集气法收集。

先在水槽中盛放半槽水,再将集气瓶装满水,赶尽气泡后,用毛玻璃片的磨砂面慢慢地沿瓶口水平方向移动,把瓶口多余的水赶走。然后用毛玻璃片按住瓶口,如果不慎有空气进入集气瓶,则应取出重新充满水后再做。在水中取出毛玻璃片,再把导管伸入瓶内,如图 6-5 所示。

气体不断从导气管进入瓶内,逐渐把瓶内的水排出。当集气瓶口有气泡冒出时,说明水被排尽,气已集满。这时可把导气管从瓶内移出,并在水中用毛玻璃片将充满气体的集气瓶口盖严,再用手按住毛玻璃片将集气瓶从水槽中取出。根据气体的密度正立或倒立放置备用。

收集较大量的气体,有时也可采用橡皮或塑料球胆做容器。

• 思考题

1. 实验室中常用的气体发生装置有几种? 各有什么特点?

2. 净化气体的方法有哪些? 如何选择气体洗涤剂?

3. 收集气体的方法有几种? 各适用于什么情况?

实验 6-1　氢气、氯化氢和乙烯气体的制备

一、目的要求

(1) 了解实验室制取氢气、氯化氢和乙烯的原理及方法。

(2) 掌握实验室制气装置的安装、操作方法及气体的净化与收集方法。

二、实验原理

氢气、氯化氢和乙烯是具有不同性质的重要化工原料气体。在实验室分别基于下列化学反应:

(1) 用活泼金属与非氧化性稀酸反应制取氢气

$$Zn + H_2SO_4(稀) == ZnSO_4 + H_2 \uparrow$$

(2) 用氯化钠与浓硫酸共热制取氯化氢

$$2NaCl(固) + H_2SO_4(浓) \xrightarrow{\Delta} Na_2SO_4 + 2HCl$$

（3）用乙醇与浓硫酸共热脱水制取乙烯

$$CH_3CH_2OH + HOSO_2OH(浓) \rightarrow CH_3CH_2OSO_2OH + H_2O$$

$$CH_3CH_2OSO_2OH \xrightarrow{170℃} CH_2{=\!\!=}CH_2 \uparrow + H_2SO_4$$

乙醇与浓硫酸共热时，除生成乙烯外，还会发生一些副反应：

$$CH_3CH_2OH + HOCH_2CH_3 \rightarrow CH_3CH_2OCH_2CH_3 + H_2O$$

$$CH_3CH_2OH + 6H_2SO_4 \rightarrow 2CO_2 \uparrow + 6SO_2 \uparrow + 9H_2O$$

$$CH_3CH_2OH + 4H_2SO_4 \rightarrow 2CO \uparrow + 4SO_2 \uparrow + 7H_2O$$

$$CH_3CH_2OH + 2H_2SO_4 \rightarrow 2C + 2SO_2 \uparrow + 5H_2O$$

为减少副反应，制得较纯净的乙烯气体，应严格控制反应温度，并用氢氧化钠溶液洗涤制备的气体。

可用氧化、中和以及加成等反应分别检验实验中制得的氢气、氯化氢和乙烯气体。

三、仪器与药品

仪器：

启普发生器	1 台；	导气管	1 根；
分液漏斗（100mL）	1 个；	铁架台	1 个；
蒸馏烧瓶（50mL、500mL）	各 1 个；	铁圈	1 个；
温度计（200℃）	1 支；	铁夹	1 个；
洗气瓶（125mL）	1 个；	酒精灯	1 个；
广口瓶	2 个。		

药品：

硫酸（浓）；	10％稀硫酸溶液；	10％氢氧化钠溶液；	2％高锰酸钾溶液；
5％碳酸钠溶液；	稀溴水；	硝酸银溶液；	黄砂氯化钠（固）；
乙醇溶液；	pH 试纸；	粗锌粒。	

四、实验步骤

1. 氢气的制备

（1）氢气的发生与收集。参照图 6-1 安装启普发生器。检查气密性后，装入粗锌粒，从球形漏斗的上口注入硫酸溶液。开启旋塞，用向下排气法收集发生的氢气。

（2）氢气的检验。收集一小试管氢气，用爆鸣法检验；在导气管口处将氢气点燃，在火焰的上方置一盛有冷水的烧杯，观察烧杯底部水珠的生成。

待实验结束后，关闭启普发生器的旋塞即可停止反应。

2. 氯化氢的制备

（1）氯化氢的发生与收集。将 15g 氯化钠放入 500mL 蒸馏烧瓶中，按图 6-2(b) 安装实验装置。在分液漏斗中加入 30mL 浓硫酸。打开旋塞，让浓硫酸缓慢滴入烧瓶中，稍微加热。取一支试管和一个广口瓶，用向上排气法收集发生的氯化氢气体，并用毛玻璃片盖上集有氯化氢气体的广口瓶。

（2）氯化氢的检验。用手指堵住盛有氯化氢气体的试管口,将试管倒插入盛水的大烧杯中,让手指掀开一道小缝,待水不再进入试管后,再用手指堵住试管口,将试管自水中取出。用pH试纸测试试管中盐酸溶液的pH值。

在上述盛有盐酸溶液的试管中加入几滴 $0.1mol \cdot L^{-1}$ 硝酸银溶液,观察白色氯化银沉淀的生成。

3. 乙烯的制备

（1）乙烯的发生与收集。在干燥的50mL蒸馏烧瓶中加入6mL乙醇溶液,在振摇与冷却下,分批加入8mL浓硫酸[1],再加入约3g黄砂[2],瓶口配上带有温度计的塞子。温度计的汞球部分应浸入反应液中,但不能接触瓶底。蒸馏烧瓶的支管和玻璃导管与盛有30mL氢氧化钠溶液的洗气瓶相连接,装置如图6-2(a)所示。检查装置的严密性后,先用强火加热,使反应液温度迅速升至160℃[3],再调节热源使温度维持在160～180℃,即有乙烯气体发生。

（2）乙烯的检验。将导气管插入盛有2mL稀溴水的试管中,观察溴水颜色的变化;将导气管插入盛有1mL高锰酸钾溶液和1mL碳酸钠溶液的试管中,观察溶液颜色的变化及沉淀的生成。再将导气管插入盛有2mL高锰酸钾溶液和2滴浓硫酸的试管中,观察溶液颜色的变化。

在导管口处点燃乙烯气体,观察火焰明亮程度。

五、注意事项

（1）往启普发生器中填装锌粒时,应注意不能使其落入底部容器中。

（2）由于氯化氢具有较强的刺激性气味,所以实验最好在通风橱中进行。

（3）制备乙烯时,应注意控制反应温度不可过高,以免乙醇炭化。

- 思考题

1. 收集氢气和氯化氢的方法为何不同?

2. 制备气体之前,为什么要检查装置的气密性?

3. 制备乙烯时,温度计为什么要插入反应液中? 若不使反应温度迅速升到160℃以上,会增加什么副产物的生成?

4. 制备乙烯时,若反应液变黑,试分析其原因并改进办法。

第五节　液体和固体物质的制备

制备液体或固体物质,可根据反应的实际需要选择不同的仪器或装置。在实验室中,试管、烧杯和锥形瓶等常用作反应容器,可根据物料性能及用量的多少酌情选择使用,如甲基橙的制备即可用烧杯作反应容器;若反应过程中需要加热蒸发,以除去部分溶剂,通常可在蒸发皿中进行,如硫酸亚铁铵的制备;许多物质的制备过程,特别是有机物的制备反应,往往需要在

---

① 在常温下,乙醇与浓硫酸作用生成硫酸氢乙酯并放出大量热。为防止乙醇炭化,加硫酸时,必须不断振摇并冷却。

② 砂粒应先用盐酸洗涤,以除去石灰质,再用水洗涤,干燥后备用。砂子在硫酸氢乙酯分解为乙烯时起催化作用,并可减少泡沫的产生,以防止爆沸。无黄砂时,也可用沸石代替。

③ 乙醇与浓硫酸在140℃时,主要生成乙醚,所以在开始加热时,要用强火迅速加热到160℃以上。

溶剂中进行较长时间的加热,如1-溴丁烷的制备等,这类情况应根据需要,选用圆底烧瓶、双颈瓶或三颈瓶等作反应容器,配以冷凝管,安装回流装置。

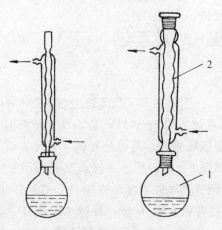

图 6-6　普通回流装置

1—圆底烧瓶;2—冷凝管

一、回流装置

在许多制备反应或精制操作(如重结晶)中,为防止在加热时反应物、产物或溶剂的蒸发逸散,避免易燃、易爆或有毒物造成事故与污染,并确保产物收率,可在反应容器上垂直地安装一支冷凝管。反应(或精制)过程中产生的蒸汽经过冷凝管时被冷凝,又流回到原反应容器中。像这样连续不断地沸腾汽化与冷凝流回的过程叫做回流。这种装置就是回流装置。

回流装置主要由反应容器和冷凝管组成。反应容器中加入参与反应的物料和溶剂等。根据反应需要可选用锥形瓶、圆底烧瓶、双颈瓶或三颈瓶等作反应容器。冷凝管的选择要依据反应混合物沸点的高低。一般多采用球形冷凝管,其冷凝面积较大,冷却效果较好。通常在冷凝管的夹套中自下而上通入自来水进行冷却。当被加热的液体沸点高于140℃时,可选用空气冷凝管。若被加热的液体沸点很低或其中有毒性较大的物质时,则可选用蛇形冷凝管,以提高冷却效率。实验时,还可根据反应的不同需要,在反应容器上装配其他仪器,构成不同类型的回流装置。

(一) 普通回流装置

普通回流装置见图 6-6,由圆底烧瓶和冷凝管组成。

普通回流装置适用于一般的回流操作,如乙酰水杨酸的制备实验。

(二) 带有气体吸收的回流装置

带有气体吸收的回流装置如图 6-7(a)所示。与普通回流装置不同的是多了一个气体吸收装置,见图 6-7(b)、(c)。由导管导出的气体通过接近水面的漏斗(或导管口)进入水中。

使用此装置要注意:漏斗口(或导管口)不得完全浸入水中;在停止加热前(包括在反应过程中因故暂停加热)必须将盛有吸收液的容器移去,以防倒吸。

此装置适用于反应时有水溶性气体,特别是有害气体(如氯化氢、溴化氢、二氧化硫等)产生的实验,如1-溴丁烷的制备实验。

(三) 带有干燥管的回流装置

带有干燥管的回流装置见图 6-8。与普通回流装置不同的是在回流冷凝管的上端装配有干燥管,以防止空气中的水汽进入反应瓶。

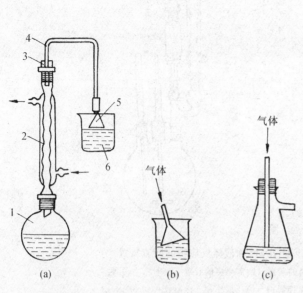

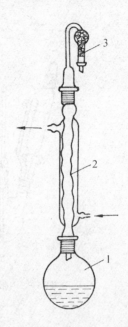

图 6-7　带有气体吸收的回流装置　　　　　　　　图 6-8　带有干燥管的回流装置
1—圆底烧瓶;2—冷凝管;3—单孔塞;4—导气管;　　　　　1—圆底烧瓶;2—冷凝管;3—干燥管
5—漏斗;6—烧杯

为防止体系被封闭,干燥管内不要填装粉末状干燥剂。可在管底塞上脱脂棉或玻璃棉,然后填装颗粒状或块状干燥剂,如无水氯化钙等,最后在干燥剂上塞以脱脂棉或玻璃棉。干燥剂和脱脂棉或玻璃棉都不能装(或塞)得太实,以免堵塞通道,使整个装置成为封闭体系而造成事故。

带有干燥管的回流装置适用于水汽的存在会影响反应正常进行的实验(如利用格氏反应或付氏反应来制取物质的实验)。

(四)带有搅拌器、测温仪及滴液漏斗的回流装置

这种回流装置见图 6-9。与普通回流装置不同的是增加了搅拌器、测温仪和滴加液体反应物的装置。

搅拌能使反应物之间充分接触,使反应物各部分受热均匀,并使反应放出的热量及时散开,从而使反应顺利进行。使用搅拌装置,既可缩短反应时间,又能提高反应的产率。常用的搅拌装置是电动搅拌器。

用于回流装置中的电动搅拌器一般具有密封装置。实验室用的密封装置有三种:简易密封装置、液封装置和聚四氟乙烯密封装置。

一般实验可采用简易密封装置,如图 6-9(a)所示。其制作方法是(以三颈瓶作反应器为例):给三颈瓶的中口配上塞子,在塞子中央钻一光滑、垂直的孔洞,插入长 6~7cm、内径比搅拌棒稍大一些的玻璃管,使搅拌棒可以在玻璃管内自由地转动。取一段长约 2cm、弹性较好、内径能与搅拌棒紧密接触的橡皮管,套于玻璃管上端,然后自玻璃管下端插入已制好的搅拌棒,这样,固定在玻璃管上端的橡皮管因与搅拌棒紧密接触而起到了密封作用。在搅拌棒与橡皮管之间涂抹几滴甘油,可起到润滑和加强密封的作用。

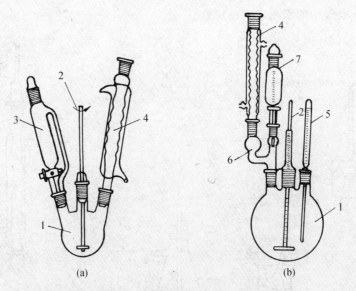

图 6-9　带有搅拌器、测温仪及滴加液体反应物的回流装置

(a)不需测温的装置；(b)需要测的装置

1—三颈瓶；2—搅拌器；3—恒压漏斗；4—冷凝管

5—温度计；6—Y型双口接管；7—滴液漏斗

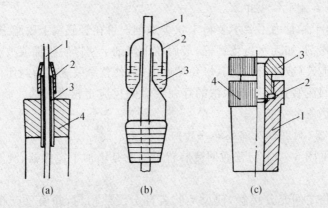

图 6-10　带有搅拌器、测温仪及滴加液体反应物的回流装置

(a)简易密封装置；(b)液封装置；(c)聚四氟乙烯密封装置

1—搅拌棒；	1—搅拌棒；	1—塞体；
2—橡皮管；	2—玻璃密封管；	2—胶垫；
3—橡皮管；	3—填充液；	3—塞盖；
4—瓶塞；		4—滚花

　　液封装置如图 6-10(b)所示。其主要部件是一个特制的玻璃封管，可用石蜡油作填充液（油封闭器），也可用水银作填充液（汞封闭器）进行密封。

　　聚四氟乙烯密封装置如图 6-10(c)所示。主要由置于聚四氟乙烯瓶塞和螺旋压盖之间的硅橡胶密封圈起密封作用。

　　密封装置装配好后，将搅拌棒的上端用橡皮管与固定在电动机转轴上的一短玻璃棒连接，下端距离三颈瓶底约5mm。在搅拌中要避免搅拌棒与塞中的玻璃管或瓶底相碰撞。三颈瓶的中间颈要用铁夹夹紧与电动搅拌器固定在同一铁架台上。进一步调整搅拌器或三颈瓶的位置，使装置正直。先用手转动搅拌器，应无内外玻璃互相碰撞声。然后低速开动搅拌器，试验运转情况，当搅拌棒和玻璃管、瓶底间没有摩擦的声音时，方可认为仪器装配合格，否则需要重新调整。最后再装配三颈瓶另外两个颈口中的仪器。先在一侧口中装配一个双口接管。双口接管安装冷凝管和滴液漏斗。冷凝管和滴液漏斗也要用铁夹夹紧固定在上述铁架台上。再于另一侧口中装配温度计。再次开动搅拌器，如果运转正常，才能投入物料进行实验。

　　向反应器内滴加物料，常采用滴液漏斗、恒压漏斗或分液漏斗。滴液漏斗的特点是当漏斗颈伸入液面下时仍能从伸出活塞的小口处观察到滴加物料的速度。恒压漏斗的特点是当反应器内压力大于外界大气压时仍能向反应器中顺利地滴加反应物。使用分液漏斗滴加物料，必须从漏斗颈口处观察滴加速度，当颈口伸入到液面下时，就无从观察了。

　　带有搅拌器、测温仪及滴液漏斗的回流装置适用于在非均相溶液中进行、需要严格控制反应温度及逐渐加入某一反应物，或产物为固体的反应。如 β—萘乙醚的制备实验。

　　（五）带有水分离器的回流装置

　　此装置是在反应容器和冷凝管之间安装一个水分离器，见图 6－11。

　　带有水分离器的回流装置常用于可逆反应体系，如乙酸异戊酯的制备实验。当反应开始后，反应物和产物的蒸汽与水蒸气一起上升，经过回流冷凝管被冷凝后流到水分离器中，静置后分层，反应物与产物由侧管流回反应器，而水则从反应体系中被分出。由于反应过程中不断除去了生成物之一的水，因此使平衡向反应产物方向移动。

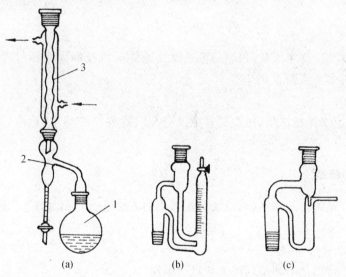

图 6－11　带有水分离器的回流装置
1—圆底烧瓶；2—水分离器；3—冷凝管

　　当反应物及产物的密度小于水时，采用图 6－11(a)所示装置。加热前先将水分离器中装满水并使水面略低于支管口，然后放出比反应中理论出水量稍多些的水。若反应物及产物的密度大于水时，则应采用图 6－11(b)或(c)所示的水分离器。采用图 6－11(b)所示的水分离器时，应在加热前用原料通过抽吸的方法将刻度管充满；若需分出大量的水，则可采用 6－11(c)所示的水分离器。该水分离器不需事先用液体填充。使用带有水分离器的回流装置，可在出水量达到理论出水量后停止回流。

二、回流操作要点

(一)选择反应容器和热源

根据反应物料量的不同,选择不同规格的反应容器,一般以所盛物料量占反应器容积的 1/2 左右为宜。若反应中有大量气体或泡沫产生,则应选用容积稍大些的反应器。

实验室中,加热方式较多,如水浴、油浴、火焰加热和电热套等。可根据反应物料的性质和反应条件的要求,适当地选用。

(二)装配仪器

以热源的高度为基准,首先固定反应容器,然后按由下到上的顺序装配其他仪器。所有仪器应尽可能固定在同一铁架台上。各仪器的连接部位要严密。冷凝管的上口与大气相通,其下端的进水口通过胶管与水源连接,上端的出水口接下水道。整套装置要求正确、整齐和稳妥。

(三)加入物料

原料物及溶剂可事先加入反应瓶中,再安装冷凝管等其他装置;也可在装配完毕后由冷凝管上口用漏斗加入液体物料。沸石应事先加入。

(四)加热回流

检查装置各连接处的严密性后,须先通冷却水,再开始加热。最初宜缓慢升温,然后逐渐升高温度使反应液沸腾或达到要求的反应温度。反应时间以第一滴回流液落入反应器中开始计算。

(五)控制回流速度

调节加热温度及冷却水流量,控制回流速度使液体蒸汽浸润面不超过冷凝管有效冷却长度的 1/3 为宜。中途不可断水。

(六)停止回流

停止回流时,应先停止加热,待冷凝管中没有蒸汽后再停冷却水,稍冷后按由上到下的顺序拆除装置。

三、粗产物的精制

由化学反应装置制得的粗产物,需要采用适当的方法进行精制处理,才能得到纯度较高的产品。

(一)液体粗产物的精制

液体粗产物通常用萃取和蒸馏的方法进行精制。

1. 萃取

在实验室中,萃取大多在分液漏斗中进行,当需要连续萃取时,可采用索氏提取器。选择合适的有机溶剂可将有机产物从水溶液中提取出来,也可将无机产物中的有机杂质除去;通过水萃取可将反应混合物中的酸碱催化剂及无机盐洗去;用稀酸或稀碱可除去反应混合物中的碱性或酸性杂质。

2. 蒸馏

利用蒸馏的方法,不仅可以将挥发性与不挥发性物质分离开来,也可以将沸点不同的物质进行分离。当被分离组分的沸点差在 30℃ 以上时,采用普通蒸馏即可。当沸点差小于 30℃

时,可采用分馏柱进行简单分馏。蒸馏和简单分馏又是回收溶剂的主要方法。有些沸点较高、加热时未达到沸点温度即容易分解、氧化或聚合的物质,需采用减压蒸馏的方式将其与杂质分离。对于那些反应混合物中含有大量树脂状或不挥发性杂质,或液体产物被反应混合物中较多固体物质所吸附时,可用水蒸汽蒸馏的方法将不溶于水的产物从混合物中分离出来。

（二）固体粗产物的精制

固体粗产物可用沉淀分离、重结晶或升华的方法来精制。

1. 沉淀分离

沉淀分离法是选用合适的化学试剂将产物中的可溶性杂质转变成难溶性物质,再经过滤分离除去。这是一种化学方法。要求所选试剂能够与杂质生成溶解度很小的沉淀,并且在自身过量时容易除去。

2. 重结晶

选用合适的溶剂,根据杂质含量多少的不同,进行一次或多次重结晶,即可得到固体纯品。若粗产物中含有有色杂质、树脂状聚合物等难以用结晶法除去的杂质时,可在结晶过程中加入吸附剂进行吸附。常用的吸附剂有活性炭、硅胶、氧化铝、硅藻土及滑石粉等。

当被分离混合物中有关组分性质相近、用简单的结晶方法难以分离时,也可采用分级结晶法。分级结晶法还适用于混合物中不同组分在同一溶剂中的溶解度受温度影响差异较大的情况。

重结晶一般适用于杂质含量约在百分之几的固体混合物。若杂质过多,可在结晶前根据不同情况,分别采用其他方法进行初步提纯,如水蒸汽蒸馏、减压蒸馏、萃取等,然后再进行重结晶处理。

3. 升华

利用升华的方法可得到无水物及分析用纯品。升华法纯化固体物质需要具备两个条件:一是固体物质应有相当高的蒸汽压;二是杂质的蒸气压与被精制物的蒸汽压有显著的差别(一般是杂质的蒸汽压低)。若常压下不具有适宜升华的蒸汽压,可采用减压的方式,以增加固体物质的气化速度。

升华法特别适用于纯化易潮解及易与溶剂起离解作用的物质。

对于一些产物与杂质结构类似,理化性质相似,用一般方法难以分离的混合物,采用色谱分离有时可以达到有效的分离目的而得到纯品。其中液相色谱法适用于固体和具有较高蒸汽压的油状物质的分离,气相色谱法适用于容易挥发的物质的分离。

（三）干燥

无论液体产物还是固体产物,在精制过程中,常需要通过干燥以除去其中所含少量水分或其他溶剂。液体产物中的水分或溶剂,可使用干燥剂或通过选择合适的溶剂形成二元共沸混合物经蒸馏除去。固体产物中的水分或溶剂可根据物质的性质选用自然干燥、加热干燥、红外线干燥、冷冻干燥或干燥器等方法进行干燥。

· 思考题

1. 制备实验中常用的回流装置有几种类型? 各有什么特点?

2. 在回流操作中应注意哪些问题?

3. 精制液体粗产物常用哪些方法? 精制固体粗产物常用哪些方法?

4. 利用升华法纯化固体物质需要具备什么条件?

实验 6-2　　乙酸乙酯的制备

一、实验目的

(1) 熟悉酯化反应的原理,掌握酯类化合物的合成方法。

(2) 初步掌握蒸馏和分液洗涤的基本操作。

二、实验原理

主反应:

$$CH_3COOH + CH_3CH_2OH \longrightarrow CH_3COOC_2H_5$$

副反应:

$$2C_2H_5OH \xrightarrow{H_2SO_4,140℃} C_2H_5-O-C_2H_5 + H_2O$$

$$C_2H_5OH + H_2SO_4 \longrightarrow CH_3COOH + SO_2\uparrow + H_2O$$

三、仪器和药品

仪器:

三口烧瓶	(100mL)	1个;
滴液漏斗		1个;
温度计	(100℃)	1支;
分液漏斗		1个;
球形冷凝管	(200mm)	1支;
烧杯	(150mL)	2个;
锥形瓶	(50mL)	1个;
水浴锅		1个;
电热套和调压器		1套。

药品:

95％乙醇;浓硫酸;冰醋酸;饱和碳酸钠溶液;饱和食盐水;

饱和氯化钙溶液;无水硫酸钠或无水硫酸镁;pH 试纸。

四、实验步骤

(1) 往干燥的三口烧瓶中,加入 2 mL95％乙醇,在冷水浴冷却下,边振摇边缓缓加入 2mL 浓硫酸,混匀。

(2) 将 18mL95％乙醇(0.35mol)与 8mL(0.14 mol)冰醋酸[①]混合均匀,倒入滴液漏斗

[①] 醋酸的熔点 16.7℃。冬季,室温低时会凝成冰状。遇此情况可用温水浴加热试剂瓶使其熔化。

中①。用小火加热烧瓶，使反应混合液温度升到 110～120℃左右，开启滴液漏斗的活塞，慢慢地把乙醇与醋酸的混合液滴入烧瓶，这时应有液体蒸馏出来，控制滴加速度与蒸出液体的速度大致相等并维持反应混合物温度在 110～120℃之间，约 45min 后，滴加完毕。继续加热数分钟。直到反应液温度升高到 130℃并不再有液体馏出为止。

（3）F 往馏出液中徐徐加入饱和碳酸钠溶液约 8mL，边加边搅拌，直至无二氧化碳气体逸出，用 pH 试纸检验，酯层应呈中性。将此混合液转移到分液漏斗中，分去水层，酯层用 8mL 饱和食盐水洗涤一次②，再用 15mL 饱和氯化钙溶液分两次洗涤，分去下层液体，酯层用无水硫酸钠或无水硫酸镁干燥③。

（4）水浴蒸馏，收集产品，计算沸程④和产率。

• 思考题

1. 酯化反应的特点是什么？本实验采取哪些措施来提高酯的产率？

2. 粗酯中含有哪些杂质？在精制中依次用哪些溶液洗涤，各起什么作用？

3. 为什么粗酯要用饱和溶液洗涤？粗酯可选用哪些干燥剂干燥？为何不能用无水氯化钙干燥？

实验 6-3　溴乙烷的制备

一、实验目的

（1）学习以结构上相对应的醇为原料制备一卤代烷的实验原理和方法。
（2）掌握低沸物蒸馏的基本操作。

二、实验原理

在实验室里，可以利用浓氢溴酸（47.5%，也可用溴化钠和浓硫酸）与醇作用而制得溴乙烷：

$$NaBr + H_2SO_4 \longrightarrow HBr + NaHSO_4$$
$$C_2H_5OH + HBr \rightleftharpoons C_2H_5Br + H_2O$$

虽然上式制备溴乙烷的反应是可逆的。但是，可以采用增加其中一种反应物的浓度或设法使产物溴乙烷及时离开反应系统的方法，使平衡向右移动。本实验正是这两种措施并用。以使反应顺利完成。

此外尚存在下列副反应：

$$2C_2H_5OH \xrightarrow{H_2SO_4} C_2H_5OC_2H_5 + H_2O$$

---

① 如所用滴液漏斗不是等压滴液漏斗，加料时常由于液面下的压力大于外界气压而加不进瓶中，这时可将漏斗颈口向上提至接近接近液面，以确保物料顺利滴加。如所用漏斗为分液漏斗，务须使漏斗颈口在液面之上，否则不仅加入物料常发生困难，而且还无法观察滴加的速度。

② 在用氯化钙溶液洗涤前必须先用食盐水洗去碳酸钠，否则它与氯化钙反应生成碳酸钙沉淀，给分离带来困难。

③ 为了提高乙酸乙酯的产率，必须充分洗涤和干燥。因为乙酸乙酯与水或醇能形成恒沸混合物，使产物沸点下降而影响产量。

④ 纯品乙酸乙酯的沸点为 77.06℃，折光率 1.3723。

$$C_2H_5OH \xrightarrow{H_2SO_4} CH=CH_2+H_2O$$

$$2HBr+H_2SO_4（浓）\longrightarrow Br_2+SO_2+H_2O$$

三、仪器和药品

仪器：

圆底烧瓶 100mL	1 支；
分液漏斗	1 支；
温度计　　（100℃）	1 支；
球形冷凝管（200mm）	1 支；
烧杯　　　（150mL）	2 个；
锥形瓶　　（50mL）	1 个；
水浴锅	1 个。

药品：

95％乙醇；浓硫酸；溴化钠。

四、实验步骤

1. 溴乙烷的生成

在 100mL 圆底烧瓶中，加入 10mL(0.17mol)95％乙醇及 9mL 水。在不断振荡和冷却下，缓缓加入浓硫酸 19 mL（0.34mol），混合物冷却至室温，在搅拌下加入研细的溴化钠[①] 15g (0.15mol)和几粒沸石。将烧瓶等装配成蒸馏装置，接受器内外均应放入冰水混合物，以防止产品的挥发损失。接液管末端应浸没在接受器内液面以下，其支管用橡皮管导入下水道或室外(为什么？)。

通过石棉网用小火加热烧瓶，使反应平稳地发生[②]，直到接受器内无油滴滴出为止。约40min 左右，反应即可结束。此时必须趁热将反应瓶内的无机盐硫酸氢钠倒入废液缸内，以免因冷却结块而给清洗带来困难。

2. 产品的精制

将馏出液小心地转入分液漏斗，分出有机层(哪一层？)置于干净的三角烧瓶中(三角烧瓶最好仍浸在冰水中)，在振荡下逐滴滴入浓硫酸以除去乙醚、水、乙醇等杂质，滴加硫酸约 1～2mL，使溶液明显分层。再用分液漏斗分去硫酸层(是上层还是下层？)。

经硫酸处理后的溴乙烷转入蒸馏烧瓶中，加入沸石，在水浴上加热蒸馏，为避免损失，接受器浸在冰水中。收集 35～40℃馏分，产量约 10g。

纯溴乙烷为无色液体，沸点为 38.40℃，折光率 $n_D^{20}=1.4239$。

• 思考题

1. 醇与溴氢酸的反应是可逆反应，本实验采取了哪些措施，使反应不断向右方进行？

2. 为什么必须将反应混合物冷至室温再加入研细的溴化钠？为何要边加边搅拌？

---

① 溴化钠应预先研细，并在搅拌下加入，以防结块而影响氢溴酸的产生。若用含结晶水的溴化钠(NaBr·2H₂O)，其量须用摩尔数换算，并相应减少加入的水量。

② 应严格控制反应使其平稳地发生，接收器内外采取较好的冷却措施，也可使用一般的蒸馏装置来制备溴乙烷。

3. 粗溴乙烷中含有哪些杂质？应如何将它们除去？

4. 溴乙烷与水在一起时，溴乙烷为何沉在水下？而溴乙烷与浓硫酸在一起时，又出现何种现象？为什么？

5. 蒸馏溴乙烷前为什么必须将浓硫酸层分干净？

实验 6－4 乙酰苯胺的制备

一、实验目的

(1) 掌握苯胺乙酰化反应的原理和实验操作。

(2) 进一步熟悉固体有机物提纯的方法——重结晶。

二、实验原理

芳香族伯胺的芳环和氨容易起反应，在有机合成上为了保护氨基，往往先把它乙酰化变为乙酰苯胺，然后再进行其它反应，最后水解除去乙酰基。

乙酰苯胺可通过苯胺与冰醋酸，醋酸酐或乙酰氯等试剂作用制得。其中苯胺与乙酰氯反应最激烈，醋酸酐次之，冰醋酸最慢，但用冰醋酸作乙酰化试剂价格便宜，操作方便。本实验是用冰醋酸作乙酰化试剂的。

$$\langle\!\!\!\bigcirc\!\!\!\rangle\!\!-\!NH_2 + CH_3COOH \xrightarrow{\Delta} \langle\!\!\!\bigcirc\!\!\!\rangle\!\!-\!NHCOCH_3 + H_2O$$

三、仪器和药品

仪器：

250mL 圆底烧瓶	1个；
温度计（200℃）	1支；
烧杯 （500mL）	2个。

药品：

95％乙醇；浓硫酸；冰醋酸；饱和碳酸钠溶液；饱和食盐水；

饱和氯化钙溶液；无水硫酸钠或无水硫酸镁；pH 试纸。

四、实验步骤

在 250mL 圆底烧瓶中，放置 10mL 新蒸馏过的苯胺（10.2g，0.1lmol），15mL 冰醋酸（15.7g，0.26mol）及少许锌粉（约 0.1g）[①]，装上一分溜柱，柱顶插一支温度计，用一个支管试管收集蒸出的水和乙酸，全部装置如下图所示。圆底烧瓶放在石棉网上用小火加热回流，保持温度计读数于 105℃约 1h，反应生成的水及少量醋酸被蒸出，当温度下降则表示反应已经完成，在搅拌下趁热将反应物倒入盛有 250mL 冷水的烧杯中[②]，冷却后抽滤，用冷水洗涤粗产品。

---

① 加锌的目的是防止苯胺在反应中被氧化。

② 若让反应混合物冷却，则固体析出沾在瓶壁上不易处理。

将粗产品移至 500mL 烧杯中,加入 300mL 水,置烧杯于石棉网上加热使粗产品溶解[①],稍冷即过滤,滤液冷却[②],乙酰苯胺结晶析出,抽滤。用少许冷水洗涤,产品放在空气中晾干后测定其熔点。产量约 10g。纯乙酰苯胺的熔点为 114℃。

- 思考题

1. 用冰乙酸酰化制备乙酰苯胺的方法如何提高产率?为什么要安装分馏柱?

2. 根据方程式计算,反应完成时理论上应产生几毫升水?为什么实际收集的液体量多于理论量?

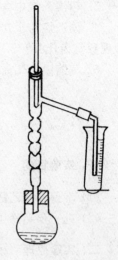

图 6 - 12　制备乙酰苯胺的装置

实验 6 - 5　阿斯匹林的制备

一、实验目的

(1) 熟悉酚羟基乙酰化反应的原理,掌握阿斯匹林的合成方法。

(2) 初步掌握重结晶和抽滤操作。

二、实验原理

水杨酸的化学名称叫邻羟基苯甲酸,无色针状结晶,熔点 159℃,pKa=2.98,是酸性比苯甲酸(pKa=4.21)和对羟基苯甲酸(pKa=4.56)都强的酸。水杨酸本身就是一个可以止痛,治疗风湿病和关节炎的药物。

水杨酸是一个具有双官能团的化合物,一个是酚羟基,一个是羧基。羟基和羧基都可发生酯化反应,当与乙酸酐作用时就可以得到乙酰水杨酸,即阿斯匹林。如与过量的甲醇反应就可生成水杨酸甲酯,它是第一个作为冬青树的香味成分被发现的,因此通称为冬青油。乙酰水杨酸是一种非常普遍的治疗感冒的药物,有解热止痛的作用。

至于反应进行的完全与否可以通过三氯化铁进行检测,未反应的水杨酸可与三氧化铁水溶液反应形成深紫色的溶液,这是因为水杨酸有一个酚羟基,和稀的三氯化铁溶液反应呈正结果。纯净的阿斯匹林不会产生紫色。

主反应式:

$$\text{水杨酸} + \text{乙酸酐} \xrightarrow{H^+} \text{乙酰水杨酸} + CH_3COOH$$

---

① 100℃时 100mL 水溶解乙酰苯胺 5.55g;80℃时,溶解 3.45g;50℃时,溶解 0.84g;20℃时,溶解 0.46g。

② 若滤液有颜色,则加入活性炭 1～2g,在搅拌下,慢慢加热煮沸趁热过滤,滤渣用 50mL 热水冲洗,洗液并入滤液中,冷却使乙酰苯胺重新结晶析出。注意!不要将活性炭加入沸腾的溶液中。否则,沸腾的溶液易溢出容器外。

副反应：

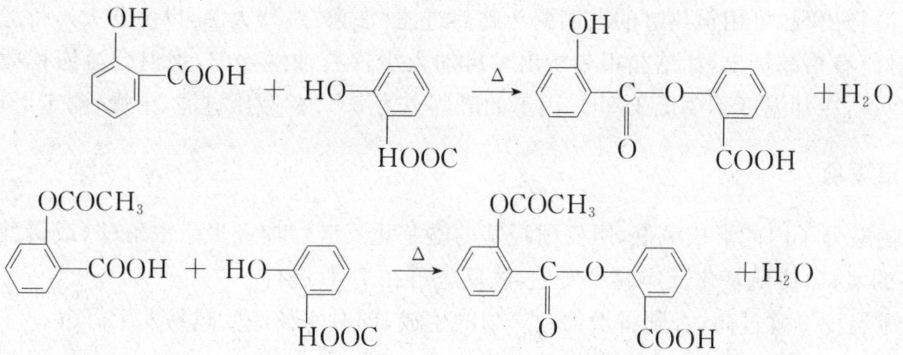

三、仪器和药品

仪器：

三颈瓶	（100mL）	1个；
温度计	（100℃）	1支；
球形冷凝管	（200mm）	1支；
烧杯	（150mL）	1个；
锥形瓶	（50mL）	1个；
抽滤装置	（250mL）	1套；
表面皿	（80mm）	1个；
电热套和调压器		1套。

药品：

0.02mol 水杨酸；0.05mol 乙酸酐；饱和碳酸钠；1％三氯化铁；浓硫酸；浓盐酸；苯。

四、实验步骤

1. 酰化

取 2g 水杨酸放入 125mL 锥形瓶中，加人 5mL 乙酸酐，随后用滴管加入 6 滴浓硫酸，摇动锥形瓶使水杨酸全部溶解后，在水浴上加热 5～10min，放置冷却至室温，即有乙酰水杨酸结晶析出。如无结晶析出，可用玻璃棒摩擦锥形瓶壁促其结晶，或放入冰水中冷却使结晶产生。结晶析出后再加 50mL 水，继续在冰水中冷却，直至结晶全部析出为止。减压过滤，用少量水洗涤，继续减压将溶剂尽量抽干。然后把结晶放在表面皿上，在空气中放置干燥。称重并计算产率。

2. 结晶抽滤

将粗品放入 150mL 烧杯中，边搅拌边加入 25mL 饱和碳酸氢钠溶液，加完后继续搅拌几分钟，直至无二氧化碳气泡产生为止。用布氏漏斗过滤，并用 5～10mL 水冲洗漏斗，将滤液合并，倾入预先盛有 3～5mL 浓盐酸和 10mL 水的烧杯中，搅拌均匀，即有乙酰水杨酸沉淀开始析出。在冰浴中冷却，使结晶完全析出后，减压过滤，结晶用玻璃铲或干净玻璃塞压紧，尽量抽去滤液，再用冷水洗涤 2～3 次，抽去水分，将结晶移至表面皿上干燥，测定熔点并计算产率。乙酰水杨酸熔点 135～136℃。为了检验产品纯度，可取少量结晶加入 1％三氧化铁溶液中观察有无颜色反应。

为了得到更纯的产品,可将上述结晶加入到 10mL 热苯中,安装冷凝管在水浴上加热回流。如有不溶物出现,可用预热过的玻璃漏斗趁热过滤(注意:避开火源,以免着火),待滤液冷至室温,此时应有结晶析出,如结晶很难析出时可加入少许石油醚摇匀,把混合溶液稍微在冰水中冷却(注意:冷却温度不要低于 5℃,因苯的凝固点为 5℃)。减压过滤,干燥,测定熔点。

五、注意事项

(1) 水杨酸分子内能形成氢键,阻碍酚羟基的酰基化反应。加入少量浓硫酸(或磷酸),可破坏水杨酸的氢键,使酰基化反应容易发生,故反应可在 70℃进行。

(2) 反应温度不宜过高,否则将增加副产物的生成,同时水杨酸受热易发生分解。

• 思考题

1. 制备乙酰水杨酸时,反应物中为何加入少量浓硫酸?反应温度应控制在什么范围?为何温度不宜过高?

2. 反应中产生的副产物是什么?如何将产品与副产物分开?

3. 制备乙酰水杨酸时,为什么仪器必须干燥?

4. 试设计一个实验,鉴定乙酰水杨酸的粗品、结晶以及母液中是否含有水杨酸,并说明重结晶的效果。

实验 6-6　甲基橙的制备

一、实验目的

(1) 了解重氮化反应和偶联反应的原理与条件,掌握甲基橙的制备方法。

(2) 熟悉低温操作技术。

(3) 进一步巩固重结晶操作技术。

二、实验原理

1. 重氮化反应

$$H_2N \!-\!\!\langle\ \rangle\!\!-\! SO_3H + NaOH \longrightarrow H_2N \!-\!\!\langle\ \rangle\!\!-\! SO_3Na + H_2O$$

$$H_2N \!-\!\!\langle\ \rangle\!\!-\! SO_3Na + 3HCl + NaNO_2 \xrightarrow{0\sim5℃} HO_3S \!-\!\!\langle\ \rangle\!\!-\! N_2Cl + 2NaCl + 2H_2O$$

2. 偶联反应

$$HO_3S \!-\!\!\langle\ \rangle\!\!-\! N_2Cl + \langle\ \rangle\!\!-\! N(CH_3)_2 \xrightarrow[0\sim5℃]{CH_3COOH} \left[HO_3S \!-\!\!\langle\ \rangle\!\!-\! N \!=\! N \!-\!\!\langle\ \rangle\!\!-\! \overset{+}{\underset{H}{N}}(CH_3)_2 \right] CH_3COO^-$$

$$\left[HO_3S \!-\!\!\langle\ \rangle\!\!-\! N \!=\! N \!-\!\!\langle\ \rangle\!\!-\! \overset{+}{\underset{H}{N}}(CH_3)_2 \right] CH_3COO^- + 2NaOH \longrightarrow$$

$$NaO_3S \!-\!\!\langle\ \rangle\!\!-\! N \!=\! N \!-\!\!\langle\ \rangle\!\!-\! N(CH_3)_2 + CH_3COONa + H_2O$$

芳香族伯胺在酸性介质中,与亚硝酸作用生成重氮盐的反应叫做重氮化反应。

重氮盐与芳胺或酚可发生偶联反应,生成有颜色的偶氮化合物。在偶联反应中,介质的酸碱性对反应影响很大。酚类偶联,须在中性或弱碱性介质中进行,而胺类偶联,须在中性或弱酸性介质中进行。

大多数重氮盐很不稳定,温度高容易发生分解,所以重氮化反应与偶联反应都需要在低温下进行。重氮化反应必须在强酸性介质中进行,以防止重氮盐与未起反应的芳胺发生偶联反应。

三、仪器和药品

仪器:

100mL 烧杯;温度计(100℃);水浴锅;抽滤瓶。

药品:

5%氢氧化钠溶液;对氨基苯磺酸;亚硝酸钠;浓盐酸;淀粉－碘化钾试液[①];N,N-二甲基苯胺。

四、实验步骤

1. 重氮盐的制备

在 100mL 烧杯中放置 10mL5%氢氧化钠溶液和 2.1g 对氨基苯磺酸晶体。玻棒搅拌下温热使溶解[②]。另溶解 0.8g 亚硝酸钠于 6mL 水中。将溶解好的亚硝酸钠水溶液加入上述烧杯内,搅拌均匀后将烧杯置于冰盐浴中冷却至 0～5℃。另将 3mL 浓盐酸与 10mL 水配成溶液。在不断搅拌下,将配制好的盐酸水溶液慢慢滴加到上述烧杯内的混合溶液中,并控制温度在 5℃以下。滴加完后用淀粉－碘化钾试液检验是否立即变蓝[③]。然后在冰盐浴中放置 15 分钟使重氮化反应进行完全。

2. 偶合反应

在另一小烧杯中将 1.2gN,N-二甲基苯胺溶于 1mL 冰醋酸中。在不断搅拌下,将此溶液慢慢加到上述冷却的重氮盐溶液中。加完后,继续搅拌 15 分钟使偶合反应进行完全。然后慢慢加入 25mL5%氢氧化钠溶液,直至反应物变为橙色,这时反应液呈弱碱性[④],粗制的甲基橙呈细粒状沉淀析出。将反应物在沸水浴上加热 5 分钟使沉淀溶解,冷却至室温后再在冰水浴中冷却,使甲基橙成晶体析出。抽滤,晶体用少量水洗涤,压干[⑤]。

3. 重结晶

若要制得纯度较高的产品,可用溶有少量氢氧化钠(约 0.15g)的沸水(每克粗产品约需 25mL)进行重结晶(包括加活性炭脱色),可得到鲜艳橙色的小鳞片状甲基橙结晶。

产量:约 2g。纯甲基橙是橙黄色片状晶体,pH3.1(红)～4.4(橙黄)。

4. 定性检验(显色试验)

溶解少许甲基橙于水中,观察溶液的颜色。然后加入 2 滴 5%盐酸,观察颜色的变化。再

---

① 可用淀粉-碘化钾试液:按(0.2g 淀粉:15mL 水:20%KI 2 滴)的比例配制而成。

② 对氨基苯磺酸是两性化合物,其酸性比碱性强,所以它能溶于碱中而不能溶于酸中。

③ 若不显蓝色,尚需酌情补加亚硝酸钠溶液。

④ 若是中性,则继续加入少量碱液至恰呈碱性(因为强碱性下又易生成树脂状聚合物而得不到所需产物)。

⑤ 湿的甲基橙在空气中受光的照射后,颜色会很快变深,故一般得紫红色粗产物。如再依次用少量乙醇、乙醚洗涤晶体,可使其迅速干燥。

用 3 滴 5%氢氧化钠中和,观察颜色的变化。

• 思考题

1. 重氮盐的制备为什么在低温,强酸条件下进行?

2. 对氨基苯磺酸进行重氮化反应时,为什么要先加碱把它变成钠盐?

3. 本实验的偶合反应是在什么条件下进行的?

4. 试用反应式表示甲基橙作为酸碱滴定指示剂在酸、碱介质中的颜色变化,并说明其原因。

实验 6-7　肉桂酸的制备

一、实验目的

熟悉水蒸汽蒸馏的操作方法。

二、实验原理

反应式:

$$\underset{}{\text{C}_6\text{H}_5\text{CHO}} + \underset{}{(\text{CH}_3\text{CO})_2\text{O}} \longrightarrow \underset{}{\text{C}_6\text{H}_5\text{CH}=\text{CH}-\text{COOH}} + \text{CH}_3\text{COOH}$$

三、仪器和药品

仪器:

100mL 圆底烧瓶;500mL 圆底烧瓶;球形冷凝管;锥形瓶。

药品:

无水醋酸钾;乙酸酐;固体碳酸钠;活性炭;浓盐酸;70%乙醇;冰水。

四、实验步骤

(1) 在 100mL 圆底烧瓶中,加 3g 无水醋酸钾,7.5mL 乙酸酐和几粒沸石,装上回流冷凝管,在石棉网上加热回流 2 小时。

(2) 回流结束,趁热将反应液倒入 500mL 圆底烧瓶中,并用少量热水洗反应瓶 3 次,将洗液并入 500mL 烧瓶中,慢慢加入 5~8 克固体碳酸钠,使溶液呈碱性,进行水蒸汽蒸馏至馏出液无油珠状为止。

(3) 在上述圆底烧瓶中,加少量活性炭,装回流冷凝管,回流 10 分钟,趁热过滤,将滤液转移到锥形瓶中,冷却至室温,搅拌下缓慢加浓盐酸使溶液呈酸性,冷却,待晶体全部析出,抽滤,冷水洗涤晶体,干燥后称重,产品约 4g。

(4) 粗品在 70%乙醇或热水中进行重结晶。熔点 131.5~132℃。肉桂酸有顺反异构体,常以反式存在,其熔点为 133℃。

五、注意事项

无水醋酸钾需新鲜烘焙。方法是将含水醋酸钾放入蒸发皿中加热,先在自己的结晶水中熔化,水分蒸发后又结成固体,再猛烈加热使其熔融,不断搅拌,趁热倒在金属板上,冷后研碎,置于干燥器中待用。

- 思考题

1. 制备中,反应液回流完毕后以什么形式存在? 加入固体碳酸钠使溶液呈碱性,此时溶液中有几个化合物?

2. 缩合反应之后,为什么要用水蒸气蒸馏的方法除去苯甲醛?

3. 加盐酸酸化时,发生了什么反应? 试写出反应方程式。

第七章　物质的定量分析

【知识目标】

1. 掌握滴定分析、仪器分析的基本概念、基本知识和基本计算;

2. 掌握定量分析中仪器的基本操作方法,对天平、滴定分析等仪器操作应比较熟练;

3. 能独立完成样品的测试。能准确记录实验现象和数据,并能正确分析处理实验数据,写出实验报告;

4. 培养学生严格、认真、实事求是的科学态度和严格、细致、整洁的良好实验习惯。

【技能目标】

1. 掌握分析天平的称量操作;

2. 掌握酸式滴定管、碱式滴定管、容量瓶、吸管的正确使用;

3. 学会标准滴定溶液的制备和标定方法。

4. 学会 721 或 722 分光光度计和气相色谱仪的正确使用和操作方法。

第一节　概述

一、定量分析的过程和方法

定量分析的任务是测定物质中各组分的含量。要完成一项定量分析工作,通常包括采样、制样、试样的分解、消除干扰、分析测定和数据处理及分析结果的表示等步骤。关于分析测定和数据处理及分析结果的表示等内容将在后面章节讲解。下面仅就样品的采集与制备、试样的分解、消除干扰、分析方法的选择作简单介绍。

（一）定量分析的过程

1. 样品的采集与制备

样品的采集简称采样,是为了进行检验而从大量物料中抽取一定量具有代表性的样品。在实际工作中,必须正确地采取具有足够代表性的"平均试样",并将其制备成分析试样。否则测定结果再准确也是毫无意义的。

（1）采样的原则。一般情况下,经常使用随机采样和计数采样的方法。对不同的分析对象,从各组分在试样中的分布情况看,有分布得比较均匀和分布得不均匀两种。因此采样及制备样品的具体步骤应根据分析的要求、试样的性质、均匀程度、数量多少等来决定。这些步骤和细节在有关产品的国家标准和部颁标准中都有详细规定。

（2）样品的制备。从较大数量的原始样品制成试验样品(简称试样)的过程,叫做样品的制备。试样应符合检验要求,并在数量上满足检验和备查的需要。样品制备过程中,不得改变样品的组成,不得使样品受到污染和损失。

样品制备一般应包括粉碎、混合、缩分 3 个步骤。应根据具体情况,一次或多次重复操作,直至得到符合要求的试样。

2. 样品的分解

在一般分析工作中,除了少数情况下使用干法外,通常都用湿法分析,即先将样品分解,使被测组分定量地转入溶液中,然后进行分析测定。

(1)无机试样的分解方法。

①溶解法 溶解法是将试样溶解于水、酸、碱或其他溶剂中。其操作简单、快速,应优先采用。

②熔融法 熔融法是利用酸性或碱性熔剂与试样混合,在高温下进行反应,将试样中的被测组分转化成易溶于水或酸的化合物。

③烧结法 烧结法又称半熔法,是在低于熔点的温度下,让试样与固体试剂发生反应。

(2)有机试样的分解方法。

①干法灰化法 是以大气中的氧作氧化剂,在高温下将有机物燃烧掉,留下无机残留物,以供分析。典型的分解方式有氧瓶燃烧法和定温灰化法。

②湿法硝化法 常用硝酸、硫酸或混合酸分解试样。试样在凯氏烧瓶中加热,试样中有机物分解完全,金属元素转化成硝酸盐或硫酸盐,非金属元素转化成相应的阴离子。此法适用于测定有机物中的金属、硫、卤素等元素。

3. 干扰的消除

复杂物质中常含有多种组分,在测定其中某一组分时,共存的其他组分可能对测定产生干扰,故应设法消除。

4. 测定方法的选择

根据被测组分的性质、含量和对分析结果准确度的要求,结合实验室的具体情况,选择合适的化学分析或仪器分析方法进行测定。

一般对高含量组分的测定来说,分析方法要求有较高的准确度,对灵敏度要求较低,通常可选择化学分析法;对低含量的组分来说,要求有较高的灵敏度,对准确度要求不高,允许有较大的相对误差,常选择仪器分析法。

(二)定量分析的方法

定量分析的方法一般分为两大类,即化学分析法和仪器分析法。

1. 化学分析法

以化学反应为基础的分析方法称为化学分析法,它包括重量分析法和滴定分析法。

通过化学反应使试样中的待测组分转化为另一种纯粹的、固定化学组成的化合物,再称量该化合物的重量,求得待测组分含量的方法,称为重量分析法。

将已知准确浓度的试剂溶液,滴加到待测物质溶液中,使之与待测组分发生反应,根据试剂的浓度和加入的准确体积,计算出待测组分的含量,这样的分析方法称为滴定分析法。

化学分析法通常用于待测组分的质量分数在1%以上。其中重量分析的准确度较高,但分析操作速度较慢,耗时较长,目前应用较少。滴定分析操作简便,省时快速,测定结果准确度较高(相对误差在0.2%左右),是原材料、成品、生产过程中产品质量监控和科学实验上常用的检测手段之一。

2. 仪器分析法

借助光电仪器通过测量试样溶液的光学性质、电学性质等物理或物理化学性质来求出待测组分含量的方法,称为仪器分析法。其分析灵敏度高,操作简便快速,适宜于低含量组分的测定。由于仪器分析中关于试样的处理、方法准确度的校准等往往用到化学分析的操作技术,故化学分析法是仪器分析方法的基础。在实际分析测定中,两者应互为补充。

二、定量分析结果的表示

定量分析的任务是测定试样组分的含量,根据试样的质量、测量所得数据和分析过程中有关反应的计量关系,计算试样中有关组分的含量。

（一）以被测组分的化学形式表示法

分析结果常以被测组分实际存在形式的含量表示。例如测得试样中氮的含量后,常根据实际情况,以 NH_3、NO_3^-、N_2O_5、NO_2^- 或 N_2O_3 等形式的含量表示分析结果;而电解质溶液的分析结果常以所存在离子的含量表示。

如被测组分的实际存在形式不清楚,则分析结果常以氧化物或元素形式的含量表示。例如矿石分析中,各种元素的含量常以氧化物形式表示,如 CaO、Fe_2O_3 等。在金属材料和有机分析中,常以元素形式(如 Fe、Cu 和 C、S、H、O 等)的含量表示分析结果。

（二）以被测组分含量的表示法

1. 固体试样

固体试样中被测组分 B 的含量通常以质量分数(w_B)表示。常用的是百分含量表示,其计算式为:

$$w_B = \frac{被测组分质量(g)}{试样质量(g)} \times 100\%$$

2. 液体试样

液体试样中被测组分含量有下列几种表示方法:

(1) 被测组分 B 的质量分数(w_B)

$$w_B = \frac{被测组分 B 的体积}{试样溶液的体积} \times 100\%$$

例如 $w_{NaCl} = 10\%$,即表示 100g NaCl 溶液中含 10g NaCl。

(2) 被测组分 B 的体积分数(φ_B)

$$\varphi_B = \frac{被测组分 B 的体积}{试样溶液的体积} \times 100\%$$

例如 $\varphi_{HCl} = 5\%$,即表示 100mLHCl 溶液中含 HCl 5mL。

(3) 被测组分的质量浓度(ρ_B)

$$\rho_B = \frac{被测组分 B 的质量}{试样溶液的体积}$$

例如 $\rho_{NaCl} = 50g/L$,即表示 1L NaCl 溶液中含 NaCl 50g。

（三）定量分析结果计算的注意事项

用不同的分析方法测定组分的含量,由于原理不同,分析结果的计算过程将有所区别,具体计算方法详见有关章节。定量分析结果计算应注意如下事项:

(1) 一定要清楚测定的原理,正确写出有关化学反应方程式并配平,找出各物质之间的正确的化学计量关系。

(2) 注意所取试样的量和测定用量之间的关系,即稀释倍数。

(3) 注意计算过程中单位的换算。

(4) 根据对分析结果准确度的要求,计算时应对测量数据按照有效数字的计算规则进行修约,分析结果保留规定位数的有效数字。

三、定量分析的误差问题

在实际测量中,由于受到分析方法、测量仪器、采用试剂和分析人员主观条件等多方面的影响,测得结果与真实值之间往往存在一定的差别,这种差别叫误差。误差是客观存在的,这就要求了解产生误差的原因及误差出现的规律,以便采取有效的措施尽量减少误差,并对所得的数据进行分析处理,使测定结果尽可能接近真实值。

（一）误差产生的原因

在定量分析中,根据误差的产生原因和误差的性质,可将误差分为以下几种:

1. 系统误差

系统误差又称为可测误差。它是由某种固定的原因所造成的,对分析结果的影响比较固定,在同一条件下重复测定时,它会重复出现。因此,增加测定次数,不能使系统误差减小。但是,这种误差往往可以测定出来,并能设法减少或加以校正。系统误差产生的主要原因是:

（1）方法误差。是由于分析方法本身所造成的误差。在滴定分析中,反应进行不完全,干扰离子影响,滴定终点与理论终点不相符,以及其他副反应的发生等,都会系统地影响测定结果。

（2）仪器误差。主要是仪器本身不够准确或未经校准所引起的误差。例如天平、砝码和量器刻度不够准确等。

（3）试剂误差。由于试剂不纯和蒸馏水中含有微量杂质所引起的误差。

（4）操作误差。主要是指在正常操作情况下,由于分析工作者操作不够规范引起的误差。如滴定读数习惯偏高或偏低等原因造成的误差。

2. 随机误差

随机误差,又称偶然误差,它是由于某些偶然的因素造成的。如测定时环境的温度、湿度和气压有微小波动,仪器性能的微小变化,分析人员对各份试样处理时的微小差别等。其影响时大时小,时正时负,难以察觉和控制。但随着测量次数增多,就可发现它的统计规律性(如图 7-1-1)。

（1）大小相等的正、负误差出现几率相等。

（2）小误差出现的机会多,大误差出现的机会少,特别大误差出现的机会极小。

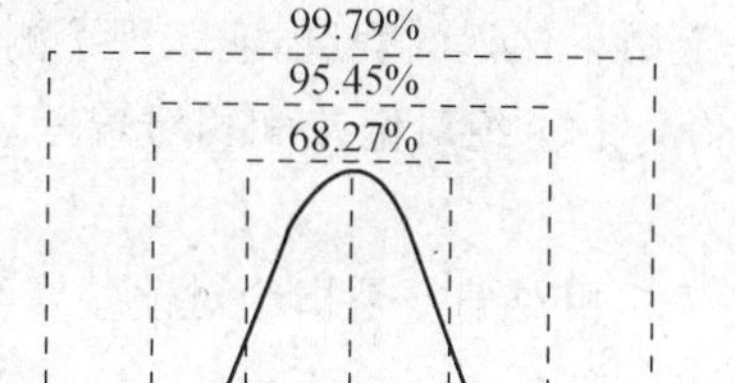

图 7-1 误差的正态分布曲线

（二）误差的减免

1. 系统误差的减免方法

（1）对照试验。用标准试样或标准方法来检验所选用的分析方法是否可靠,分析结果是否正确。

①用标准试样作对照试验。为消除方法误差,用所选方法对已知组分的标准试样做多次测定,若测定结果符合要求,则说明所选方法是可行的。

②用标准方法作对照试验。此法是国标、部标或经典方法与所选用的分析方法,对同试样进行测定,比较两种分析方法所得结果,如果结果符合允许误差范围,则表明所选用的方法可靠。

（2）空白试验。在没有待测试样的情况下,按测定条件和分析步骤所进行的测定叫空白试验。它可以检验和消除由试剂和蒸馏水不纯或由仪器引入杂质所产生的系统误差。

（3）校准仪器。由仪器不准所产生的系统误差可用仪器校正来减免。作精密测量时,则必须校准仪器。

2．随机误差的减免方法

在消除系统误差的前提下,平行测定次数越多,平均值越接近真实值,所以采用多次测定取平均值的方法减少随机误差。一般平行测定 3～4 次即可,对结果准确度要求较高的,可作 5～6 次平行测定,最多不超过 10 次。

（三）分析结果的准确度与精密度

1．准确度

准确度是指通过一定分析方法所获得的分析结果与假定的真实值之间的符合程度。准确度用误差（E）来表示。E 越小,分析结果的准确度越高,说明测量值和真值越接近;反之,E 越大,分析结果的准确度越低。误差有绝对误差（E）与相对误差（E_r）之分。

如果以 x_i 表示测量值或测量的均值,μ 表示真实值,则误差表达式如下:

$$E = x_i - \mu$$

$$E_r = \frac{x_i - \mu}{\mu} \times 100\%$$

与绝对误差相比,相对误差能更确切反映测定结果的准确度,因此,分析结果的准确度常用相对误差表示。

E 和 E_r 都有正负之分,正号表示偏高,负号表示偏低。

2．精密度

在实际工作中,真实值常常是不知道的,因此无法求得分析结果的准确度。在这种情况下分析结果的好坏可用精密度来判定。精密度是指在相同条件下,对同一试样进行多次平行测定结果接近的程度,它表现了测定结果的再现性,用偏差来表示。现介绍几种常用的表示方法:

（1）绝对偏差和相对偏差。绝对偏差是指单次测定结果与平均值的差值。即:

$$d_i = x_i - \bar{x}$$

相对偏差是指绝对偏差在平均值中所占的百分率。即:

$$d_r = \frac{d_i}{\bar{x}} \times 100\%$$

（2）平均偏差与相对平均偏差。平均偏差（$\bar{d}$）又称算术平均偏差,常用来表示一组测定结果的精密度,因为它考虑了全部的测量数据。具体表达式为:

$$\bar{d} = \frac{1}{n} \sum_{i=1}^{n} |x_i - \bar{x}|$$

式中,x_i:为任意一个测得值;$\bar{x}$:为测量值的算术平均值;n:为测量次数。

考虑到测量值本身的大小不同,对测量精度的要求也不同,实际应用时常使测量平均值参与计算,用相对平均偏差表示。

$$相对平均偏差 = \frac{\bar{d}}{\bar{x}} \times 100\%$$

（3）标准偏差。用平均偏差表示精密度比较简单,但测量中如果出现一两个大偏差,往往因为小偏差数较多,使大偏差得不到应有的反映。考虑到大偏差数的影响较大,实际应用时也常用标准偏差表示精密度。

在一般的分析工作中,只作有限次数($n<20$)的测定,在有限次数的测定时的标准偏差称为样本标准偏差,以 s 表示,计算式为:

$$s = \sqrt{\frac{\sum\limits_{i=1}^{n}(x_i - \overline{x})^2}{n-1}}$$

同样地,考虑到测量值本身大小对测量精度有不同的要求,使测量平均值参与计算,用样本相对标准偏差表示精密度。

相对标准偏差也叫变异系数,是指标准偏差在平均值中所占的百分数,用 CV 表示:

$$CV = \frac{s}{\overline{x}} \times 100\%$$

(4) 公差。"公差"是生产部门对于分析结果允许误差的一种表示方法。是用公差范围来表示允许误差的大小。如果分析结果超出允许的公差范围,称为"超差",该项分析工作应重做。

3. 准确度与精密度的关系

从准确度和精密度的定义可知,二者既有差别,又有联系。精密度是保证准确度的先决条件,准确度高一定需要精密度好,但精密度高,不一定准确度也高,只有在消除了系统误差之后,精密度好,准确度才高。

- **思考题**

1. 定量分析过程一般包括哪些步骤? 常用的定量分析方法有哪些?

2. 下列情况分别引起什么误差? 如果是系统误差,应如何消除?

(1) 砝码被腐蚀;

(2) 天平两臂不等长;

(3) 容量瓶和移液管不配套;

(4) 天平称量时最后一位读数估计不准。

3. 已知分析天平能称准至 $\pm 0.1\text{mg}$,要使试样称量误差不大于 0.1%,则至少要称取试样多少克?

实验 7-1　分析天平的称量练习

一、实验目的

(1) 了解分析天平的构造,学会正确的称量方法。

(2) 初步掌握减量法的称样方法。

(3) 了解在称量中如何运用有效数字。

二、仪器和药品

仪器:

分析天平和砝码;台秤和砝码;小烧杯(25mL 或 50mL)2 只;称量瓶 1 只。

药品:

试剂或试样(因初次称量,宜采用不易吸潮的结晶状试剂或试样)。

三、实验步骤

(1) 准备 2 只洁净、干燥并编有号码的小烧杯,先在台秤上粗称其质量(准确到 0.1g),记在记录本上。然后进一步在分析天平上精确称量,准确到 0.1mg(为什么?)。

(2) 取一只装有试样的称量瓶,粗称其质量,再在分析天平上精确称量,记下质量为 m_1 g。然后自天平中取出称量瓶,将试样慢慢倾入上面已称出质量的第一只小烧杯中。倾样时,由于初次称量,缺乏经验,很难一次倾准,因此要试称,即第一次倾出少一些,粗称此量,根据此质量估计不足的量(为倾出量的几倍),继续倾出此量,然后再准确称量,设为 m_2 g,则 $m_1 - m_2$ 即为试样的质量。例如要求称量 0.2~0.4g 试样,若第一次倾出的量为 0.15g(不必称准至小数点后第四位,为什么?)则第二次应倾出相当于第一次倾出的量,其总量即在需要的范围内,第一份试样称好后,再称第二份试样于第二只烧杯中,称出称量瓶加剩余试样的质量,设为 m_3 g,则 $m_2 - m_3$ 即为第二份试样的质量。

(3) 分别称出两个"小烧杯十试样"的质量,记为 m_4 和 m_5。

(4) 结果的检验:①检查 $m_1 - m_2$ 是否等于第 1 只小烧杯中增加的质量;$m_2 - m_3$ 是否等于第 2 个小烧杯中增加的质量;如不相等,求出差值,要求称量的绝对差值小于 0.5mg。②再检查倒入小烧杯中的两份试样的质量是否合乎要求(即在 0.2~0.4g 之间)。③如不符合要求,分析原因并继续再称。

四、注意事项

(1) 开启天平前,应对天平状态进行检查。

(2) 取放物品和砝码时,一定要关闭天平。

(3) 减量法称样时要注意回磉。

(4) 操作时按要求摆放仪器。

五、实验报告示例

实验　分析天平的称量

(一) 实验日期:　　年　　月　　日

(二) 方法摘要:用减量法称取试样 2 份,每份 0.2~0.4g。

(三) 数据记录:

记录项目	I	II	III
(称量瓶+试样)的质量(倒出前)	m_1　17.6549g	m_2　17.3338g	
(称量瓶+试样)的质量(倒出后)	m_2　17.3338g	m_3　16.9823	
称出试样的质量	0.3211g	0.3515g	
(烧杯+称出试样)的质量	m_4　28.5730g	m_5　27.7275g	
空烧杯质量	28.2516g	27.3658g	
称出试样的质量	0.3214g	0.3517g	
绝对差值	0.0003g	0.0002g	

（四）问题讨论

（1）结果分析。

（2）经验教训，心得体会。

（3）意见和建议。

• 思考题

1. 什么是天平的零点和平衡点？电光天平的零点应怎样调节？如果偏离太大，又应该怎样调节？

2. 为什么天平横梁没有托住以前，绝对不允许把任何物品放入托盘或从托盘上取下？

3. 减量法称量是怎样进行的？增量法称量是怎样进行的？他们各有什么优缺点？宜在何种情况下进行？

4. 在称量的记录和计算中，如何正确运用有效数字？

第二节　滴定分析技术及仪器操作方法

一、滴定分析

（一）滴定分析概述

一种已知准确浓度的试剂溶液即标准溶液，使用滴定管滴加标准溶液的操作过程称为滴定。滴加的标准溶液与待测组分恰好反应完全的这一点，称为化学计量点。在化学计量点时，反应往往没有易为人眼所能察觉到的任何外部特征，因此通常都是向待测溶液中加入指示剂（如酚酞等），利用指示剂颜色的突变来判断。当指示剂变色时停止滴定，这时称为滴定终点。实际分析操作中，滴定终点与理论上的化学计量点往往不能恰好符合，它们之间往往存在很小的差别，由此而引起的误差称为终点误差。

（二）标准溶液

标准溶液的配制有直接法和间接法

1. 直接法

在分析天平上准确称取一定量已干燥的物质溶于蒸馏水后，转移到容量瓶内稀释至刻度，摇匀即可。然后算出该溶液的准确浓度。用直接法配制标准溶液的物质，必须具备下列条件：

（1）物质必须有足够的纯度，含量 ≥ 99.9%，其杂质的含量应少到滴定分析所允许的误差限度以下。一般可用基准试剂或优级纯试剂。

（2）物质的组成与化学式应完全符合。若含结晶水，其含量也应与化学式相符。

（3）稳定。

但是用来配制标准溶液的物质大多不能满足上述条件，如 $NaOH$ 极易吸收空气中的 CO_2 和水分，称得的质量不能代表纯 $NaOH$ 的质量。因此，对一类物质，若不能用直接法配制标准溶液，可用间接法配制。

2. 间接法

粗略地称取一定量物质或量取一定量体积溶液，配制成接近于所需要浓度的溶液。其准确浓度必须用基准物或已知准确浓度的另一种物质的标准溶液来测定。这种确定浓度的操作，称为标定。

如欲配制 0.1mol·L⁻¹ NaOH 标准溶液,可先配成约为 0.1mol·L⁻¹ 的溶液,然后用该溶液滴定经准确称量的邻苯二甲酸氢钾,根据两者完全作用时 NaOH 溶液的用量和邻苯二甲酸氢钾的质量,即可算出 NaOH 溶液的准确浓度。

在上述标定手续中,邻苯二甲酸氢钾即为基准物。作为基准物,除了必须满足以直接法配制标准溶液的物质所应具备的三个条件外,为了降低称量误差,在可能的情况下,最好还需具有较大的摩尔质量。如邻苯二甲酸氢钾和草酸都可作为标定 NaOH 的基准物,但前者的摩尔质量大于后者,因此更适宜于用作基准物。

(三) 滴定分析结果的计算

滴定分析是用标准溶液去滴定被测物质的溶液,此时滴定分析结果计算的依据为:当滴定到化学计量点时,它们的物质的量之间关系恰好符合其化学反应所表示的化学计量关系。

1. 被测组分的物质的量 n_A 与滴定剂的物质的量 n_B 的关系

在直接滴定法中,设被测物 A 与滴定剂 B 间的反应为:

$$aA + bB = cC + dD$$

当滴定到达化学计量点时 α mol A 恰好与 β mol B 作用完全,即:

$$n_A : n_B = a : b$$

若被测物是溶液,其体积为 V_A,浓度为 c_A,到达化学计量点时用去浓度为 c_B 的滴定剂的体积为 V_B,则

$$c_A V_A = \frac{a}{b} c_B V_B$$

例如,用 Na_2CO_3 作基准物标定 HCl 溶液的浓度时,其反应式是:

$$2HCl + Na_2CO_3 = 2NaCl + H_2CO_3$$

则

$$n_{HCl} = 2n_{Na_2CO_3}$$

有关溶液稀释的计算中,因为溶液稀释后,浓度虽然降低了,但所含溶质的物质的量没有改变,所以 $c_1 \cdot V_1 = c_2 \cdot V_2$

式中:c_1,V_1 分别为稀释前溶液的浓度和体积;c_2,V_2 分别为稀释后溶液的浓度和体积。

若在间接法滴定中涉及两个或两个以上反应,则应从总的反应中找出实际参加反应物质的物质的量之间的关系。例如在酸性溶液中以 $KBrO_3$ 为基准物质标定 $Na_2S_2O_3$ 溶液的浓度时反应

$$BrO_3^- + 6I^- + 6H^+ = 3I_2 + 3H_2O + Br^-$$
$$I_2 + 2S_2O_3^{2-} = 2I^- + S_4O_6^{2-}$$
$$BrO_3^- = 6S_2O_3^{2-}$$
$$n_{S_2O_3^{2-}} = 6n_{BrO_3^-}$$

2. 被测物百分含量的计算

若称取试样的质量为 G,测得被测物的质量为 m,则被测物在试样中的百分含量(质量分数)W_A 为

$$W_A = \frac{m}{G} \times 100\%$$

在滴定分析中,$aA + bB = cC + dD$

当滴定到达化学计量点时 $a$mol A 恰好与 $b$mol B 作用完全,即:

$$n_A : n_B = a : b$$

若被测物是溶液,其体积为 V_A,浓度为 c_A,到达化学计量点时用去浓度为 c_B 的滴定剂的体积为 V_B,则

$$n_A = c_A \cdot V_A = \frac{a}{b} \cdot c_B \cdot V_B$$

$$n_A = \frac{m}{M_A}$$

即
$$W_A = \frac{a}{b} \cdot \frac{c_B \cdot V_B \cdot M_A}{G} \times 100\%$$

这是滴定分析中计算被测物的百分含量的一般通式。

3. 计算示例

例1:欲配制 $0.1\,mol \cdot L^{-1}$ HCl 溶液 500 mL,应取 $6mol \cdot L^{-1}$ 盐酸多少毫升?

解:设应取盐酸 xmL,则

$$6x = 0.1 \times 500$$

$$x = 8.3\text{mL}$$

例2:选用邻苯二甲酸氢钾作基准物,标定 $0.1\,mol \cdot L^{-1}$ NaOH 溶液的准确浓度。应称取基准物多少克? 如改用草酸($H_2C_2O_4 \cdot 2H_2O$)作基准物,应称取多少克?(控制消耗被标定溶液体积约 25mL)

解:以邻苯二甲酸氢钾作基准物时,其滴定反应式为

$$KHC_8H_4O_4 + OH^- === KC_8H_4O_{4-} + H_2O$$

所以

$$n_{NaOH} = n_{KHC_8H_4O_4}$$

$$c_{NaOH} \cdot V_{NaOH} = \frac{m_{KHC_8H_4O_4}}{M_{KHC_0H_4O_4}}$$

$$m_{KHC_8H_4O_4} = c_{NaOH} \cdot V_{NaOH} \cdot M_{KHC_8H_4O_4}$$

$$= 0.1 \times 25 \times 10^{-3} \times 204.2 \approx 0.5\text{g}$$

若以草酸作基准物质,其滴定反应式为

$$H_2C_2O_4 + 2OH^- = C_2O_4^{2-} + 2H_2O$$

$$n_{NaOH} = 2\,n_{H_2C_2O_4 \cdot 2H_2O}$$

$$c_{NaOH} \cdot V_{NaOH} = 2\frac{m_{H_2C_2O_4 \cdot 2H_2O}}{M_{H_2C_2O_4 \cdot 2H_2O}}$$

$$m_{H_2C_2O_4 \cdot 2H_2O} = \frac{1}{2} c_{NaOH} \cdot V_{NaOH} \cdot M_{H_2C_2O_4 \cdot 2H_2O}$$

$$= \frac{0.1 \times 25 \times 10^{-3} \times 126.1}{2} \approx 0.16\text{g}$$

由此可见,采用邻苯二甲酸氢钾作基准物可减少称量上的相对误差。

例3:有一 $KMnO_4$ 标准溶液,已知其浓度为 $0.02010\,mol \cdot L^{-1}$,如果称取试样 0.2718g,溶解后将溶液中的 Fe^{3+} 还原成 Fe^{2+},然后用 $KMnO_4$ 标准溶液滴定,用去 26.30mL,求试样中含铁量,分别以 %Fe、%Fe_2O_3 表示之(质量分数)。

解：此滴定反应是：

$$5Fe^{2+} + MnO_4^- + 8H^+ \Longrightarrow 5\ Fe^{3+} + Mn^{2+} + 4H_2O$$

$$n_{Fe} = 5\ n_{KMnO_4} = 5c_{KMnO_4} \cdot V_{KMnO_4}$$

$$n_{Fe_2O_3} = \frac{5}{2}n_{KMnO_4} = \frac{5}{2}c_{KMnO_4} \cdot V_{KMnO_4}$$

$$\%Fe = 5\ c_{KMnO_4} \cdot V_{KMnO_4} \cdot M_{Fe} \times 100 \div G_{试样}$$

$$= \frac{5 \times 0.02010 \times 26.30 \times 10^{-3} \times 55.85}{0.2718} \times 100 = 54.31$$

$$\%\ Fe_2O_3 = \frac{5}{2}c_{KMnO_4} \cdot V_{KMnO_4} \cdot M_{Fe_2O_3} \times 100 \div G_{试样}$$

$$= \frac{5 \times 0.02010 \times 26.30 \times 10^{-3} \times 159.7}{2 \times 0.2718} \times 100$$

$$= 77.65$$

二、酸碱滴定法

（一）酸碱标准溶液的配制

1. 酸标准溶液

最常用酸标准溶液是 HCl 溶液，常用的浓度为 $0.1\ mol \cdot L^{-1}$，但有时也需用到浓度高达 $1\ mol \cdot L^{-1}$ 和低到 $0.01mol \cdot L^{-1}$ 的标准溶化。HCl 标准溶液相当稳定，妥善保存的 HCl 标准溶液，其浓度可以经久不变。

HCl 标准溶液一般用间接法配制成近似浓度的溶液，然后用基准物标定。常用的基准物有无水碳酸钠和硼砂。

无水碳酸钠：其优点是容易获得纯品。但由于 Na_2CO_3 易吸收空气中的水分，因此用前应在 270℃ 左右干燥，然后密封于瓶内，保存于干燥器中备用。称量时动作要快，以免吸收空气中水分而引入误差。

Na_2CO_3 基准物的缺点是容易吸水，且由于 Na_2CO_3 摩尔质量较小，其称量而造成的误差也稍大，此外终点时变色也不甚敏锐。

硼砂（$Na_2B_4O_7 \cdot 10H_2O$）：其优点是容易制得纯品、不易吸水，由于硼砂摩尔质量较大，其称量而造成的误差较小。但当空气中相对湿度小于 39% 时，容易失去结晶水，因此应把它保存在相对湿度为 60% 的恒湿器中（糖饱和溶液的干燥器，其上部空气的相对湿度即为 60%）。

硼砂基准物的标定反应为：

$$Na_2B_4O_7 + 2HCl + 5\ H_2O \Longrightarrow 4H_3BO_3 + 2\ NaCl$$

以甲基红指示终点，变色明显。

2. 碱标准溶液

碱标准溶液一般用 NaOH 配制，最常用浓度为 $0.1\ mol \cdot L^{-1}$，但有时也需用到浓度高达 $1\ mol \cdot L^{-1}$ 和低到 $0.01\ mol \cdot L^{-1}$ 的标准溶液。NaOH 在空气中易吸收 CO_2 生成 Na_2CO_3，而且还可能含有其它杂质，因此常采用间接法配制成近似浓度的碱溶液，然后加以标定。

含有 Na_2CO_3 的标准碱溶液在用甲基橙作指示剂滴定强酸时，不会因 Na_2CO_3 的存在而引入误差；如用来滴定弱酸，用酚酞作指示剂，滴到酚酞出现浅红色时，Na_2CO_3 仅交换 1 个质子，即作用生成 $NaHCO_3$，于是就会引起一定的误差。因此应配制和使用不含 CO_3^{2-} 的标准碱溶液。

最常用的方法是称取一定量 NaOH(A. R),加入蒸馏水,搅拌,使之溶解,配成 50% 的浓溶液。在这种浓溶液中 Na_2CO_3 的溶解度很小,待 Na_2CO_3 沉降后,吸取上层澄清液,稀释至所需浓度。

由于 NaOH 固体一般只在其表面形成一薄层 Na_2CO_3,因此亦可称取较多的 NaOH 固体于烧杯中,以蒸馏水洗涤二三次,每次用水少许,以洗去表面的少许 Na_2CO_3,倾去洗涤液,留下固体 NaOH,配成所需浓度的碱溶液。

配制不含 CO_3^{2-} 的碱溶液,所用蒸馏水应不含 CO_2。

长期使用的标准溶液,最好装入下口瓶中,瓶塞上部最好装一碱石灰管。

标定 NaOH 溶液,可用的基准物有 $H_2C_2O_4 \cdot 2H_2O$、KHC_2O_4、苯甲酸等,但最常用的是邻苯二甲酸氢钾。这种基准物容易用重结晶法制得纯品,不含结晶水,不吸潮,容易保存,标定时,由于称量而造成的误差也较小。

标定反应为:

$$KHC_8H_4O_4 + NaOH \Longrightarrow KNaC_8H_4O_4 + H_2O$$

由于邻苯二甲酸的 $pK_{a_2} = 5.54$,因此采用酚酞指示终点时,变色相当敏锐。

(二)酸碱滴定法的应用

1. 硼酸的测定

H_3BO_3 的 $pK_a = 9.24$,不能用标准碱溶液直接滴定。但是 H_3BO_3 可与一些多羟基化合物,如乙二醇、丙二醇、甘露醇等反应,生成配合酸(要求在碳键的一侧含有相邻的两个 −OH 的多元醇,否则将由于空间阻碍,而不能形成配合酸)。

这种配合酸的离解常数在 10^{-6} 左右,因而使弱酸得到强化,用 NaOH 标准溶液滴定时化学计量点的 pH 值在 9 左右,可用酚酞或百里酚酞指示终点。

2. 铵盐的测定

测定铵盐可用下列两种方法,一是蒸馏法,即置铵盐试样于蒸馏瓶中,加入过量 NaOH 溶液后加热煮沸,蒸馏出的 NH_3 吸收在过量的 H_2SO_4 标准溶液或 HCl 标准溶液中,过量的酸用 NaOH 标准碱溶液回滴,用甲基红或甲基橙指示终点,测定过程的反应式如下:

$$NaOH + HCl(剩余) \Longrightarrow NaCl + H_2O$$

也可用硼酸溶液吸收蒸馏出的 NH_3,而生成的 $H_2BO_3^-$ 是较强的碱,可用标准酸溶液滴定,用甲基红和溴甲酚绿混合指示剂指示终点。使用硼酸吸收 NH_3 的改进方法,仅需配制一种标准酸溶液。测定过程的反应式如下:

$$NH_3 + H_3BO_3 \Longrightarrow NH_{4+} + H_2BO_3^-$$

$$HCl + HM2BO_3^- \Longrightarrow H_3BO_3 + Cl^-$$

蒸馏法测定 NH_{4+} 比较准确,但较费时。

另一种较为简便的 NH_4^+ 测定方法是甲醛法。甲醛与 NH_4^+ 有如下反应:

$$4NH_4^+ + 6HCHO = (CH_2)_6N_4H^+ + 3H^+ + 6H_2O$$

按化学计量关系生成的酸(包括 H^+ 和质子化的六次甲基四胺),可用标准碱溶液滴定。计算结果时应注意反应中 4 个 NH_4^+ 反应后生成 4 个可与碱作用的 H^+,因此当用 NaOH 滴定时,NH_4^+ 与 NaOH 的化学计量关系为 1:1。由于反应产物六次甲基四胺是一种极弱的有机弱碱,可用酚酞指示终点。

3. 工业醋酸纯度的测定

醋酸主要用于有机合成工业生产醋酸纤维、合成树脂、有机溶剂、合成药物等,醋酸为无色液体,有强烈的刺激性酸味,与水互溶,当浓度达99％以上时,在14.8℃便成为晶体,故称之为冰醋酸,对皮肤有腐蚀作用。

醋酸为弱酸,用 NaOH 标准溶液滴定,选酚酞为指示剂。溶液由无色变为粉红色,且半分钟不褪为终点。其反应为

$$HAc + NaOH \Longrightarrow NaAc + H_2O$$

醋酸的浓度可用每升溶液含 HAc 的克数来表示。工业醋酸的浓度较大,必须稀释后再进行滴定。可用移液管吸取试液,于容量瓶中稀释,再吸取稀释的试液进行滴定。

三、配位滴定法

(一)EDTA 标准溶液的配制

1. EDTA 标准溶液的配制

乙二胺四乙酸(简称 EDTA)难溶于水,常温下其溶解度为 $0.2\ g \cdot L^{-1}$,溶解度小,在分析中通常使用其二钠盐配制标准溶液。乙二胺四乙酸二钠盐的溶解度为 $120\ g \cdot L^{-1}$,可配成 $0.3\ mol \cdot L^{-1}$ 以上的溶液,其水溶液的 pH≈4.8,通常采用间接法配制标准溶液。

2. EDTA 标准溶液标定

标定 EDTA 溶液常用的基准物有 Zn、ZnO、$CaCO_3$、Bi、Cu、MgO、Ni、Pb 等。通常选用其中与被测物组分相同的物质作基准物,这样,滴定条件较一致,可减小误差。

如测定 Ca^{2+} 时,EDTA 溶液则宜用 $CaCO_3$ 作基准物进行标定,标定时调节酸度至 pH≥12,用钙指示剂,以 EDTA 溶液滴定至溶液由酒红色变纯蓝色,即为终点。

(二)配位滴定法的应用

在配位滴定中,采用不同的滴定方式,不仅可以扩大配位滴定的应用范围,而且可以提高滴定的选择性。常用的滴定方式有以下几种:

1. 直接滴定法

直接滴定法就是将水样调节到所需的酸度,加入必要的其它试剂和指示剂,直接用 EDTA 标准溶液滴定的方法。这种方法操作简便,是配位滴定中的最基本方法,如水的总硬度的测定。但对于下列几种情况则无法直接滴定。

(1) 待测离子(如 SO_4^{2-}、PO_4^{3-})不能与 EDTA 形成配合物,或待测离子(如 Na^+)与 EDTA 形成的配合物不稳定。

(2) 待测离子(如 Ba^{2+}、Sr^{2+})虽能与 EDTA 形成稳定的配合物,但缺少敏锐的指示剂。

(3) 待测离子(如 Al^{3+}、Cr^+)与 EDTA 的配位速度很慢,本身又易水解或封闭指示剂。

为了能扩大应用范围,提高滴定精度,须对滴定方法作适当的改进和变更。

2. 间接滴定法

间接滴定法就是往待测溶液中加入一定量过量的、能与 EDTA 形成稳定配合物的金属离子作沉淀剂,以沉淀待测离子,过量的沉淀剂用 EDTA 滴定(或者将沉淀分离、再溶解后,用 EDTA 滴定其中的金属离子),最后利用沉淀待测离子消耗沉淀剂的量,间接地计算出待测离子的含量。上述第(1)种情况,可以采用间接滴定法。

3. 返滴定法

返滴定法就是往待测溶液中加入一定量过量的 EDTA 标准溶液,使待测离子完全配合后,再用其他金属离子标准溶液滴定过量的 EDTA。上述的第(2)和(3)两种情况均可采用返滴定法。

4. 置换滴定法

置换滴定法是利用置换反应,置换出配合物中的另一金属离子或 EDTA,然后再进行滴定的方法。上述的第(1)和(3)两种情况都可采用置换滴定法。

四、氧化还原滴定法

氧化还原滴定法是以氧化还原反应为基础的滴定分析方法。

在分析中,根据滴定剂的不同,氧化还原滴定法可分为:高锰酸钾法、重铬酸钾法、碘量法、溴酸钾法和铈量法等。

(一)高锰酸钾法

高锰酸钾法是以强氧化剂 $KMnO_4$ 为标准溶液,在强酸性溶液中进行滴定的氧化还原法。在强酸性溶液中,$KMnO_4$ 被还原为 Mn^{2+},反应为:

$$MnO_4^- + 8H^+ + 5e \Longrightarrow Mn^{2+} + 4H_2O$$

酸化时通常采用硫酸,而不用盐酸,因 Cl^- 离子具有还原性,干扰滴定,只有在 HCl 不影响测定时才使用。不用 HNO_3 是因其含氮氧化物容易产生副反应,故也很少使用。

1. 高锰酸钾标准溶液

(1) $KMnO_4$ 标准溶液的配制。市售的高锰酸钾常含有少量杂质,如 MnO_2、硫酸盐、氯化物及硝酸盐等,而 $KMnO_4$ 溶液在放置过程中由于自身强氧化能力,易和水中的有机物、空气中的尘埃及氨等还原性物质作用;$KMnO_4$ 能自行分解,见光分解更快,因此只能用间接法配制高锰酸钾标准溶液。

为了配制较稳定的 $KMnO_4$ 溶液,应称取稍多于理论量的 $KMnO_4$ 固体,溶于一定体积的蒸馏水中,加热煮沸 1h,冷却或放置暗处保存两周,(用 G_4 微孔玻璃漏斗)过滤除去析出的 MnO_2 沉淀,溶液装入棕色瓶中,避光保存,待标定。

(2) $KMnO_4$ 标准溶液的标定。标定 $KMnO_4$ 溶液的基准物质有 $Na_2C_2O_4$、$H_2C_2O_4 \cdot 2H_2O$、As_2O_3、纯铁丝和 $(NH_4)_2Fe(SO_4)_2 \cdot 6H_2O$ 等。其中 $Na_2C_2O_4$ 不含结晶水,容易提纯,是最常用的基准物质,纯品在 $105 \sim 110℃$ 烘 2h,冷却即可使用。

在 H_2SO_4 溶液中,MnO_4^- 与 $C_2O_4^{2-}$ 的反应为:

$$2MnO_4^- + 5C_2O_4^{2-} + 16H^+ \Longrightarrow 2Mn^{2+} + 10CO_2\uparrow + 8H_2O$$

为了使此反应能定量地较迅速地进行,应注意下述滴定条件:

①温度。在室温下此反应的速度缓慢,因此应将溶液加热至 $75 \sim 85℃$;但温度不宜过高,否则在酸性溶液中会使部分 $H_2C_2O_4$ 发生分解:

$$H_2C_2O_4 \Longrightarrow CO_2\uparrow + CO\uparrow + H_2O$$

②酸度。溶液保持足够的酸度,一般在开始滴定时,溶液的酸度约为 $0.5 \sim 1 \ mol \cdot L^{-1}$。酸度不够时,往往容易生成 MnO_2 沉淀;酸度过高又会促使 $H_2C_2O_4$ 分解。

③滴定速度。MnO_4^- 与 $C_2O_4^{2-}$ 的反应是由反应产生的 Mn^{2+} 起自动催化作用而加快反应速率的,滴定开始时,加入的第一滴 $KMnO_4$ 红色溶液褪色很慢,所以开始滴定时滴定速度要慢些,在 $KMnO_4$ 红色没有褪去以前,不要加入第二滴。等几滴 $KMnO_4$ 溶液已起作用后,滴定

速度就可以稍快些,但不能让 $KMnO_4$ 溶液像流水似的流下去,否则加入的 $KMnO_4$ 溶液来不及与 $C_2O_4^{2-}$ 反应就会在热的酸性溶液中发生分解:

$$4MnO_4^- + 12H^+ = 4Mn^{2+} + 5O_2 + 6H_2O$$

④终点判定。$KMnO_4$ 法滴定终点是不太稳定的,这是由于空气中的还原性气体及尘埃等杂质落入溶液中能使 $KMnO_4$ 缓慢分解,而使粉红色消失,所以经过半分钟不褪色即可认为终点已到。

标定后 $KMnO_4$ 标准溶液如果长期使用,仍应定期标定。

2. 高锰酸钾法应用示例

(1) 过氧化氢的测定。商品双氧水中的过氧化氢含量一般为 30%,可用 $KMnO_4$ 标准溶液直接滴定,其反应为:

$$2MnO_4^- + 5H_2O_2 + 6H^+ = 2Mn^{2+} + 5O_2 + 8H_2O$$

此滴定在室温时可在硫酸介质中顺利进行,开始时反应进行较慢,但反应产生的 Mn^{2+} 可起催化作用,使以后的反应加速。

H_2O_2 不稳定,在其工业品中一般加入某些有机物如乙酰苯胺等作稳定剂。这些有机物大多能与 MnO_4^- 作用而干扰 H_2O_2 的测定。此时过氧化氢宜采用碘量法或铈量法测定。

(2) 水样中化学耗氧量(COD)的测定。COD 是量度水体受还原性物质污染程度的综合性指标。它是指水体中还原性物质所消耗的氧化剂的量,换算成氧的质量浓度(以 $mg \cdot L^{-1}$ 计)。测定时在水样中加入 H_2SO_4 及一定量过量的 $KMnO_4$ 溶液,置沸水浴中加热,使其中的还原性物质氧化。用一定量过量的 $Na_2C_2O_4$ 溶液还原剩余的 $KMnO_4$ 溶液,再以 $KMnO_4$ 标准溶液返滴定剩余的 $Na_2C_2O_4$ 溶液。本法适用于地表水、地下水、饮用水和生活污水中 COD 的测定。由于 Cl^- 对此法有干扰,故含 Cl^- 高的工业废水中 COD 的测定要采用 $K_2Cr_2O_7$ 法。

反应式为:

$$4MnO_4^- + 5C + 12H^+ = 4Mn^{2+} + 5CO_2 \uparrow + 6H_2O$$
$$2MnO_4^- + 5C_2O_4^{2-} + 16H^+ = 2Mn^{2+} + 10CO_2 \uparrow + 8H_2O$$

(二) 重铬酸钾法

重铬酸钾($K_2Cr_2O_7$)是一种强氧化剂,在酸性溶液中能氧化还原性物质,本身还原为 Cr^{3+}。半反应为:

$$Cr_2O_7^{2-} + 14H^+ + 6e = 2Cr^{3+} + 7H_2O$$

重铬酸钾法分直接法和间接法,一般常用二苯胺磺酸钠或邻氨基苯甲酸等作指示剂,指示终点的到达。

应该指出,$K_2Cr_2O_7$ 有毒,使用时应注意废液处理,以免污染环境。

1. $K_2Cr_2O_7$ 标准溶液

$K_2Cr_2O_7$ 非常稳定,容易提纯为基准试剂,在 140~150℃ 干燥后,可直接配制成一定浓度的标准溶液;$K_2Cr_2O_7$ 溶液非常稳定,只要保存在密闭容器中,可长期贮存而浓度不变;重铬酸钾法选择性较好,用 $K_2Cr_2O_7$ 进行滴定时,在室温下不受 Cl^- 还原作用的影响,可用盐酸酸化。

2. 应用示例

(1) 铁的测定。重铬酸钾法测定铁是利用下列反应:

$$6Fe^{2+} + Cr_2O_7^{2-} + 14H^+ = 6Fe^{3+} + 2Cr^{3+} + 7H_2O$$

试样(铁矿石等)一般用 HCl 溶液加热分解。在热的浓 HCl 溶液中,将铁氧化为亚铁,然

后用 $K_2Cr_2O_7$ 标准溶液滴定。铁的还原方法,常用的还原剂是 $SnCl_2$(亦有用 Zn、Al、H_2S、SO_2 及汞齐等作还原剂的),多余的 $SnCl_2$ 可以借加入 $HgCl_2$ 而除去:

$$SnCl_2 + 2\ HgCl_2 \Longrightarrow SnCl_4 + Hg_2Cl_2 \downarrow$$

但是 $HgCl_2$ 有剧毒! 为了避免对环境的污染,近年来采用了各种不用汞盐的测定铁的方法。

重铬酸钾测铁与高锰酸钾测铁相比有如下特点:

由于重铬酸钾的电极电位与氯的电极电位相近,因此在溶液中进行滴定时,不会因氧化 Cl^- 而发生误差。

滴定时需要采用二苯胺磺酸钠等氧化还原指示剂。终点时溶液由绿色(Cr^{3+} 的颜色)突变为紫色或紫蓝色。滴定过程中不断产生的 Fe^{3+} 对终点观察有干扰,为了减少终点误差,需要在试液中加入磷酸,使 Fe^{3+} 生成无色的稳定的 $Fe(PO_4)_2^{3-}$ 配位阴离子,降低了 Fe^{3+} 的浓度,这样既消除了 Fe^{3+} 离子的黄色影响,又降低了 Fe^{3+}/Fe^{2+} 电对的电极电位。从而避免了因 Fe^{3+} 影响而造成指示剂引起的终点误差。

(2) 水样中化学耗氧量的测定。在酸性介质中以 $K_2Cr_2O_7$ 为氧化剂,测定水样种化学耗氧量的方法记作 COD_{Cr}。

化学需氧量的测定原理是在强酸性的水样中加入一定量(过量)的 $K_2Cr_2O_7$ 标准溶液,在回流加热和 Ag_2SO_4 催化作用下,使有机物、还原性物质充分被氧化,并促进不易氧化的直链烃被氧化。过量的 $K_2Cr_2O_7$ 以试亚铁灵为指示剂,用硫酸亚铁铵或硫酸亚铁标准溶液进行滴定,溶液由黄色经蓝绿色至红褐色即为终点。根据用去的硫酸亚铁铵用量及加入水样中 $K_2Cr_2O_7$ 的量,即可计算水中的化学需氧量。以 $mg \cdot L^{-1}$ 表示。

(三) 碘量法

碘量法是利用 I_2 的氧化性和 I^- 的还原性来滴定的方法。

$$I_2 + 2e \Longrightarrow 2\ I^-$$

I_2 是较弱的氧化剂,可与较强的还原剂作用。I^- 是中等强度的还原剂,可与许多氧化剂作用。因此,碘量法又分为直接和间接碘量法。

直接碘量法:也称碘滴定法,是在微酸性或近中性溶液中可直接用 I_2 标准溶液滴定较强的还原性物质的方法。

间接碘量法:也称滴定碘法,在一定条件下利用 I^- 的还原作用,使 I^- 被氧化后生成游离态的 I_2,再用还原性的 $Na_2S_2O_3$ 标准溶液滴定 I_2。滴定条件必须在中性或弱酸溶液中进行。基本反应为:

$$2\ I^- - 2e \Longrightarrow I_2$$
$$I_2 + 2S_2O_3^{2-} \Longrightarrow 2\ I^- + S_4O_6^{2-}$$

利用这一方法可以测定许多氧化性物质,如 Cu^{2+}、ClO^-、IO_3^- 等;还可以测定能与 CrO_4^{2-} 定量反应生成沉淀的 Pb^{2+}、Ba^{2+} 等。

碘量法的终点常用淀粉指示剂来确定。在有少量 I^- 存在下,I_2 与淀粉反应形成蓝色吸附配合物,根据蓝色的出现或消失来指示终点。滴定中所使用的淀粉溶液应用新配制的,应在近终点(溶液呈浅黄色)时加入淀粉指示剂,其与 I_2 反应生成蓝色的吸附化合物,用 $Na_2S_2O_3$ 溶液滴定至蓝色恰好消失即为终点。如果淀粉加入过早,则滴定到化学计量点后,仍有少量 I_2 与淀粉粒子结合,造成结果偏低。

应该注意,碘量法的反应条件为中性或弱酸性。因为在碱性溶液中将发生下列副反应:

$$Na_2S_2O_3 + 4\,I_2 + 10NaOH =\!=\!= 2\,Na_2SO_4 + 8NaI + 5\,H_2O$$

$$3\,I_2 + 6OH^- =\!=\!= IO_3^- + 5\,I^- + 3H_2O$$

而在酸性溶液中,$Na_2S_2O_3$会分解,且 I^- 也容易被空气中的 O_2 所氧化:

$$S_2O_3^{2-} + 2H^+ =\!=\!= SO_2 + S\!\downarrow + H_2O$$

$$4\,I^- + 4\,H^+ + O_2 =\!=\!= 2\,I_2 + 2\,H_2O$$

碘量法误差的主要来源有两个方面,即 I_2 的易挥发性和 I^- 的易氧化性。为此,应采取适当措施,以减小误差。

①加入过量的 KI,与 I_2 反应生成易溶的 I_3^-,以增加 I_2 的溶解度,减少 I_2 的挥发。

②KI 与氧化性物质间的反应,应在室温下于碘量瓶中密闭进行,并放置于暗处避免阳光照射,以防止 I^- 的氧化。

③反应析出的 I_2 要立即进行滴定,且滴定时不要剧烈摇动,以减少 I_2 的挥发。

1. 标准溶液

碘量法中常使用 $Na_2S_2O_3$ 和 I_2 两种标准溶液。

(1) 硫代硫酸钠标准溶液。硫代硫酸钠标准溶液的配制　硫代硫酸钠($Na_2S_2O_3 \cdot 5H_2O$)一般都含有少量杂质,如 S、Na_2SO_3、Na_2SO_4、Na_2CO_3、NaCl 等,且易风化,必须用间接法配制。此外,$Na_2S_2O_3$ 溶液不稳定,其主要原因是:

①溶解的 CO_2 的作用:

$$Na_2S_2O_3 + H_2CO_3 =\!=\!= NaHCO_3 + NaHSO_3 + S\!\downarrow$$

水中溶解的 CO_2 可促使 $Na_2S_2O_3$ 分解;此分解反应在配成溶液后的十天内进行。

②空气中的 O_2 作用:

$$Na_2S_2O_3 + O_2 =\!=\!= 2\,Na_2SO_4 + 2\,S\!\downarrow$$

③细菌的作用:

$$Na_2S_2O_3 \xrightarrow{\text{细菌}} Na_2SO_3 + S\!\downarrow$$

此作用是使 $Na_2S_2O_3$ 溶液浓度变化的主要原因。

④光线促进 $Na_2S_2O_3$ 分解。配制溶液时,为了赶去溶解在水中的 CO_2 和杀死水中的细菌,应使用新煮沸并冷却了的蒸馏水,并加入少量 Na_2CO_3,使溶液呈碱性,以防止 $Na_2S_2O_3$ 分解。为了避免光线促进 $Na_2S_2O_3$ 溶液分解,配制好的 $Na_2S_2O_3$ 溶液应贮存在棕色试剂瓶中,放置暗处,经 8~14 天再进行标定。已标定好的溶液经过一段时间后应重新标定。若保存得好(低温保存在密闭棕色瓶内),可两个月标定一次。如果发现溶液变混浊,应弃去,重新配制。

(2) 硫代硫酸钠标准溶液的标定。标定 $Na_2S_2O_3$ 溶液的基准物质有纯碘、$K_2Cr_2O_7$、KIO_3、$KBrO_3$ 及纯铜等。除碘外,其他物质都是在酸性溶液中与 KI 作用析出 I_2,再用 $Na_2S_2O_3$ 溶液滴定。$K_2Cr_2O_7$ 是最常用的基准物,标定反应如下:

$$Cr_2O_7^{2-} + 6I^- + 14H^+ =\!=\!= 2Cl^{3+} + 3I_2 + 7H_2O$$

$$I_2 + 2S_2O_3^{2-} =\!=\!= 2\,I^- + S_4O_6^{2-}$$

$K_2Cr_2O_7$ 与 KI 反应慢,应注意下列条件:

① 溶液的酸度越大,反应越快。但酸度太大时,I^- 容易被空气中的 O_2 氧化,一般保持酸度 $0.4\ mol \cdot L^{-1}$ 为宜。

② 提高 I^- 的浓度可加速反应,同时使 I_2 形成 I_{3-},减少挥发。KI 的用量应为理论计算量的 2~3 倍。

③ 在暗处放置 5~10min,等待反应完全。

滴定时应保持溶液为弱酸性或近中性。可在滴定前,用蒸馏水稀释以降低其酸度,同时还可以减少 Cr^{3+} 的绿色对终点的影响。用 $Na_2S_2O_3$ 溶液滴定至溶液呈浅黄绿色(少量 I_2 与 Cr^{3+} 的混合色)时,加入淀粉,再继续滴定至溶液由蓝色变为亮绿色即为终点。放置 5~10min 后,溶液又会出现蓝色,这是由于空气氧化 I^- 所引起的,属于正常现象。若滴定至终点后,溶液迅速变蓝,可能是酸度不足或放置时间不够所造成的,应弃去重做。

2. 碘标准溶液

用升华法制得的纯碘,可以直接配制标准溶液。但通常是用市售的纯碘先配制成近似浓度的溶液,然后再进行标定。碘微溶于水,易溶于 KI 溶液,形成 I_3^-。配制时,应将 I_2 和 KI 在少量水中研磨溶解,再用水稀释配制成近似浓度的溶液。贮于棕色试剂瓶中,经标定确定其准确浓度。

碘溶液应避免与橡皮等有机物接触,也要防止见光、遇热,否则浓度将发生变化。

标定碘溶液浓度时,可以用 $Na_2S_2O_3$ 标准溶液,也可用 As_2O_3(俗称砒霜,剧毒)作为基准物质进行标定。As_2O_3 难溶于水,但易溶于碱性溶液,生成亚砷酸盐:

$$As_2O_3 + 6NaOH \Longrightarrow 2Na_3AsO_3 + 3H_2O$$

以 I_2 溶液滴定时,反应为:

$$AsO_3^{3-} + I_2 + H_2O \Longrightarrow AsO_4^{3-} + 2I^- + 2H^+$$

此反应是可逆的。反应在微碱性溶液中(加入 $NaHCO_3$ 使溶液的 $pH \approx 8$)进行。

3. 应用示例

(1) 硫化钠总还原能力的测定。在弱酸性溶液中,I_2 能氧化 H_2S:

$$H_2S + I_2 \Longrightarrow S\downarrow + 2H^+ + 2I^-$$

这是用直接碘量法测定硫化物。为了防止 S^{2-} 在酸性条件下生成 H_2S 而损失,在测定时应用移液管加硫化钠试液于过量酸性碘溶液中,反应完毕后,再用 $Na_2S_2O_3$ 标准溶液回滴多余的碘。硫化钠中常含有 Na_2SO_3 及 $Na_2S_2O_3$ 等还原性物质,它们也与 I_2 作用,因此测定结果实际上是硫化钠的总还原能力。

(2) 硫酸铜中铜的测定。二价铜盐与 I_2 的反应如下:

$$2Cu^{2+} + 4I^- \Longrightarrow 2CuI\downarrow + I_2$$

析出的碘用 $Na_2S_2O_3$ 标准溶液滴定,就可计算出铜的含量。

上述反应是可逆的,为了促使反应趋于完全,必须加入过量的 KI。由于 CuI 沉淀强烈地吸附 I_2,会使测定结果偏低。

如果加入 KSCN 使 CuI 转化为溶解度更小的 CuSCN 沉淀,则不仅可以释放出被 CuI 吸附的 I_2,而且反应时再生出来的 I^- 可与未作用的 Cu^{2+} 反应。这样,就可以使用较少的 KI 而能使反应进行得更完全。但是 KSCN 只能在接近终点时加入,否则 SCN^- 可能被 Cu^{2+} 氧化而使结果偏低。

为了防止铜盐水解,反应必须在酸性溶液中进行(一般控制 pH 在 3~4 之间)。酸度过低,反应速度慢,终点拖长;酸度过高,则 I^- 被空气氧化为 I_2 的反应因 Cu^{2+} 催化而加速,使结果偏高。又因大量 Cl^- 与 Cu^{2+} 配合,影响测定结果,因此酸化时应用 H_2SO_4 而不用 HCl(少量

HCl 不干扰)溶液。

　　矿石(铜矿等)、合金、炉渣或电镀液中的铜,也可应用碘量法测定。对于固体试样,可选用适当的溶剂溶解后,再用上述方法测定。

　　(四)溴酸钾法

　　溴酸钾法是利用溴酸钾作氧化剂的滴定方法。$KBrO_3$ 是一种强氧化剂,在酸性溶液中与还原性物质作用,BrO_3^- 被还原为 Br^-,其半反应为:

$$BrO_3^- + 6H^+ + 6e \Longrightarrow Br^- + 3H_2O$$

　　溴酸钾法可用来直接测定一些能与 $KBrO_3$ 迅速反应的物质,即直接溴酸钾法。

　　但 $KBrO_3$ 本身和还原剂的反应进行得很慢,实际上常在 $KBrO_3$ 标准溶液中加入过量的 KBr(或在滴定前加入),当溶液酸化时,BrO_3^- 即氧化 Br^- 而析出游离的 Br_2,

$$BrO_3^- + 5Br^- + 6H^+ \Longrightarrow 3Br_2 + 3H_2O$$

此游离 Br_2 能氧化还原性物质。这种方法称为间接溴酸钾法。

　　1. 标准溶液配制与标定

　　溴酸钾很容易从水溶液中重结晶而提纯,在 180℃烘干,即可直接配制成标准溶液。也可先配制成近似浓度的溶液,再用基准物(如 As_2O_3)或用间接碘量法标定其准确浓度。

　　2. 应用示例

　　溴酸钾法常与碘量法配合使用,用于测定苯酚。测定时,可于苯酚试样溶液中加入已知过量的 $KBrO_3$- KBr 标准溶液,以 HCl 溶液酸化后,$KBrO_3$ 与 KBr 反应产生一定量的游离 Br_2,此 Br_2 与苯酚发生取代反应,待反应完全后,加入过量的 KI 溶液与剩余的 Br_2 作用,所析出的 I_2 用 $Na_2S_2O_3$ 标准溶液滴定。从加入的 $KBrO_3$ 量中减去剩余量,即可计算出试样中苯酚的含量。

　　必须注意:Br_2 与苯酚作用生成的三溴苯酚为白色沉淀,难溶于水,易吸附和包藏 Br_2 而影响分析结果。应用相同的方法还可以测定甲酚、间苯二酚及苯胺等。

　　五、沉淀滴定法

　　沉淀滴定法是以沉淀滴定为基础的滴定分析法,目前应用较多的是银量法。

　　银量法即生成难溶银盐反应的测定方法。根据终点所用的指示剂的不同,银量法可分为三种,即莫尔法——铬酸钾作指示剂;佛尔哈德法——铁铵矾($NH_4Fe(SO_4)_2 \cdot 12H_2O$)作指示剂;法扬司法——吸附指示剂。滴定方式可以分为直接法和间接法。

　　(一)标准溶液

　　1. $AgNO_3$ 标准溶液

　　(1) $AgNO_3$ 标准溶液配制。市售的 $AgNO_3$ 常含有杂质如金属银、氧化银等。因此,常采用间接法配制 $AgNO_3$ 标准溶液。在台秤上称取所需 $AgNO_3$,溶于不含 Cl^- 的蒸馏水中,将溶液转入棕色细口瓶中,置暗处保存,以减缓因见光而分解的作用。

　　(2) $AgNO_3$ 标准溶液的标定。准确称取所需 NaCl 基准物质,配制成一定浓度的 NaCl 标准溶液。准确移取一定体积 NaCl 标准溶液,以 K_2CrO_4 为指示剂,用 $AgNO_3$ 溶液滴定。至白色沉淀中出现砖红色,即为终点。根据 NaCl 的用量和滴定所消耗的 $AgNO_3$ 标准溶液体积,计算 $AgNO_3$ 标准溶液的浓度。

　　基本反应为:

$$Cl^- + Ag^+ \Longrightarrow AgCl\downarrow$$
$$2\ Ag^+ + CrO_4^{2-} \Longrightarrow Ag_2CrO_4\downarrow$$

注意：AgCl 沉淀吸附 Cl^-，导致终点提前出现，因此，滴定时必须充分摇动，使被吸附的 Cl^- 释放出来，以获得准确的滴定结果。

指示剂 K_2CrO_4 的用量对滴定终点判断有影响，用量一般以溶液中浓度为 5×10^3 mol · L^{-1} 为宜。

2. KSCN 标准溶液

KSCN 试剂一般含有杂质而且易潮解，因此只能用间接法配制 KSCN 标准溶液，用 $AgNO_3$ 标准溶液进行标定。

以铁铵矾为指示剂，用配好的 KSCN 溶液滴定一定体积已知准确浓度的 $AgNO_3$ 溶液，由 $Fe(SCN)^{2+}$ 配离子的红色指示终点。反应为：

$$Ag^+ + SCN^- \Longrightarrow AgSCN\downarrow 白色$$
$$Fe^{3+} + SCN^- \Longrightarrow Fe(SCN)^{2+}红色$$

由 $AgNO_3$ 标准溶液浓度和体积计算 KSCN 溶液浓度。

（二）银量法的应用

1. 莫尔法的应用

莫尔法指在中性或弱碱性介质中，用 K_2CrO_4 作指示剂的一种银量法。主要用于测定 Cl^-、Br^-。

以水中含氯量的测定为例，在含有 Cl^- 的中性或弱碱性溶液中，加入适量 K_2CrO_4 溶液，用 $AgNO_3$ 标准溶液滴定，因为 AgCl 溶解度比 Ag_2CrO_4 小，所以首先有 AgCl 生成，滴定到终点时，过量一滴 $AgNO_3$ 溶液就与 CrO_4^{2-} 反应，生成 Ag_2CrO_4 砖红色沉淀指示终点的到达。

滴定时溶液的酸度应控制在 pH＝$6.0\sim10.5$ 范围，如果有铵盐存在，pH 应控制在 $6.5\sim7.2$ 之间。如果酸度太大，Ag_2CrO_4 沉淀溶解，CrO_4^{2-} 与 H^+ 发生如下反应：

$$2\ H^+ + 2CrO_4^{2-} \Longrightarrow 2HCrO_4^- \Longrightarrow Cr_2O_7^{2-} + H_2O$$

若溶液碱性太强，则会生成棕黑色 Ag_2O 沉淀，反应为：

$$2\ Ag^+ + 2OH^- \Longrightarrow 2AgOH\downarrow$$
$$2\ AgOH \Longrightarrow Ag_2O + H_2O$$

因此溶液若为酸性或强碱性，应先用酚酞作指示剂，用 $NaHCO_3$、$Na_2B_4O_7$ 或稀 HNO_3 中和，然后再进行滴定。

2. 佛尔哈德法

佛尔哈德法是在酸性介质中用铁铵矾 $NH_4Fe(SO_4)_2 \cdot 12H_2O$ 作指示剂指示终点的一种银量法。根据滴定方式不同，佛尔哈德法又分为直接测定法和间接测定法。

（1）直接测定 Ag^+。在 Fe^{3+} 存在下，溶液呈酸性时，用 NH_4SCN 溶液滴定。反应如下：

$$Ag^+ + SCN^- \Longrightarrow AgSCN\downarrow（白色）$$
$$Fe^{3+} + SCN^- \Longrightarrow FeSCN^{2+}（红色）$$

滴定通常在 $0.1\sim1$ mol · L^{-1} HNO_3 介质中进行，因为在碱性或中性溶液中 Fe^{3+} 将生成 $Fe(OH)_3$ 沉淀，从而影响终点的确定。酸度也不宜过高，因 HSCN 的 K_a 为 1.4×10^{-1}，会使 SCN^- 浓度降低，影响终点确定。另外在滴定过程中，AgSCN 沉淀能吸附溶液中的 Ag^+，使 Ag^+ 浓度降低，从而使终点提前出现。所以滴定过程中必须用力摇动，使被吸附的 Ag^+ 释出，提高测定的准确度。

(2) 间接滴定法。也称返滴定法，可以测 Cl^-、Br^-、I^- 和 SCN^-。测定时先加入过量的 $AgNO_3$ 标准溶液，然后用 KSCN 或 NH_4SCN 标准溶液回滴过量的 Ag^+。例如测 Cl^-，可先加入已知过量的 $AgNO_3$ 标准溶液，然后加指示剂铁铵矾，再用 KSCN 标准溶液返滴过量的 Ag^+。反应的先后顺序如下：

$$Ag^+（过量）+ Cl^- =\!=\!= AgCl\downarrow（白色）$$
$$Ag^+（剩余量）+ SCN^- =\!=\!= AgSCN\downarrow（白色）$$
$$Fe^{3+} + SCN^- =\!=\!= FeSCN^{2+}（红色）$$

由此可知，在 AgCl 存在下，用 SCN^- 滴定剩余 Ag^+ 会遇到困难。因为 AgCl 比 AgSCN 的溶解度大，所以会发生转化反应影响滴定结果。

$$AgCl + SCN^- =\!=\!= Cl^- + AgSCN$$

为了避免上述转化作用，可先把生成的 AgCl 沉淀过滤除去，然后再滴定滤液中剩余的 Ag^+。也可在加 KSCN 标准溶液之前，加入 $1\sim2$ mL 硝基苯，用力摇动使 AgCl 沉淀进入硝基苯中，这样也能防止转化，从而得到较准确的结果。

六、滴定分析仪器及操作技术

(一) 玻璃量器

定量分析中常用的玻璃量器可分为量入容器(容量瓶、量筒、量杯等)和量出容器(滴定管、吸量管、移液管等)两类，前者液面的对应刻度为量器内的容积，后者液面的相应刻度为已放出的溶液体积。

量器按准确度和流出时间分成 A、A_2、B 三种等级。A 级的准确度比 B 级一般高 1 倍。A_2 级的准确度介于于 A、B 之间，但流出时间与 A 级相同。量器的级别标志，用"一等"、"二等"，"Ⅰ"、"Ⅱ"或"<1>"、"<2>"等表示，无上述字样符号的量器，则表示无级别的，如量筒、量杯等。

(二) 滴定管及其使用

滴定管是滴定时用来准确测量流出的操作溶液体积的量器。常量分析最常用的是容积为 50mL 的滴定管，其最小刻度是 0.1 mL，最小刻度间可估计到 0.01 mL，因此读数可达小数后第二位，一般读数误差为 ±0.02 mL。另外，还有容积为 10 mL、5 mL、2 mL 和 1 mL 的微量滴定管。滴定管一般分为两种：一种是具塞滴定管，常称酸式滴定管（如图 7-2 a）；另一种是无塞滴定管，常称碱式滴定管（如图 7-2 b）。酸式滴定管用来装酸性及氧化性溶液，但不适于装碱性溶液，因为碱性溶液能腐蚀玻璃，时间长一些，旋塞便不能转动。碱式滴定管的一端连接一橡皮管或乳胶管，乳胶管内装有玻璃珠，以控制溶液的流

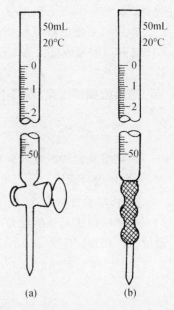

图 7-2 滴定管

出，乳胶管下面接一尖嘴玻璃管。碱式滴定管用来装碱性及无氧化性溶液，凡是能与乳胶起反应的溶液，如高锰酸钾、碘和硝酸银等溶液，都不能装入碱式滴定管。滴定管除无色的外，还有棕色的，用以装见光易分解的溶液，如 $AgNO_3$、$KMnO_4$ 等溶液。

此外,现在已有一种新型滴定管,外形与酸式滴定管一样,但其旋塞用聚四氟乙烯材料制作,可用于酸、碱、氧化性等溶液的滴定。由于聚四氟乙烯旋塞有弹性,通过调节旋塞尾部的螺帽,可调节旋塞与旋塞套间的紧密度,因而,此类通用滴定管无需涂凡士林。

图7-3　涂凡士林

1. 酸式滴定管(简称酸管)的准备

(1)使用前,首先应检查旋塞与旋塞套是否配合紧密。如不密合,将会出现漏水现象,则不宜使用。其次,应进行充分的清洗。根据沾污的程度,可采用下列方法:

① 用自来水冲洗。

② 用滴定管刷蘸合成洗涤剂刷洗,但铁丝部分不得碰到管壁(如用泡沫塑料刷代替毛刷更好)。

③ 用前法不能洗净时,可用铬酸洗液洗。加入 5～10 mL 洗液,边转动边将滴定管放平,并将滴定管口对着洗液瓶口,以防洗液流出。洗净后将一部分洗液从管口放回原瓶,最后打开旋塞,将剩余的洗液从出口管放回原瓶,必要时可加满洗液进行浸泡。

④ 可根据具体情况采用针对性洗涤液进行清洗,如管内壁留有残存的二氧化锰时,可选用亚铁盐溶液或过氧化氢加酸溶液进行清洗。被油污等沾污的滴定管可采用合适的有机溶剂清洗。

用各种洗涤剂清洗后,都必须用自来水充分洗净,并将管外壁擦干,以便观察内壁是否挂水珠。

(2)为了使旋塞转动灵活并克服漏水现象,需将旋塞涂油(如凡士林油等)。操作方法如下:

① 取下旋塞小头处的小橡皮圈,再取出旋塞。

② 用吸水纸将旋塞和旋塞套擦干,并注意勿使滴定管壁上的水再次进入旋塞套。

③ 用手指将油脂涂抹在旋塞的大头上,另用纸卷或火柴梗将油脂涂抹在旋塞套的小口内侧(如图7-3(a))。也可用手指均匀地涂一薄层油脂于旋塞两头(图7-3b)。油脂涂得太少,旋塞转动不灵活,且易漏水;涂得太多,旋塞孔容易被堵塞。不论采用哪种方法,都不要将油脂涂在旋塞孔上、下两侧,以免旋转时堵塞旋塞孔。

④ 将旋塞插入旋塞套中。插时,旋塞孔应与滴定管平行,径直插入旋塞套,不要转动旋塞,这样可以避免将油脂挤到旋塞孔中去。然后,向同一方向旋转旋塞柄,直到旋塞和旋塞套上的油脂层全部透明为止。套上小橡皮圈。

经上述处理后,旋塞应转动灵活,油脂层没有纹络。

(3)用自来水充满滴定管,将其放在滴定管架上静置约 2min,观察有无水滴漏下。然后将旋塞旋转180°,再如前检查。如果漏水,应该拔出旋塞,用吸水纸将旋塞和旋塞套擦干后重新涂油。

若出口管尖被油脂堵塞,可将它插入热水中温热片刻,然后打开旋塞,使管内的水突然流下,将软化的油脂冲出。油脂排出后即可关闭旋塞。

管内的自来水从管口倒出,出口管内的水从旋塞下端放出。注意,从管口将水倒出时,不可打开旋塞,否则旋塞 L 的油脂会冲入滴定管,使内壁重新被沾污。然后用蒸馏水洗三次。第一次用 10 mL 左右,第二及第三次各 5 mL 左右。洗涤时,双手持滴定管管身两端无刻度处,边转动边倾斜滴定管,使管内壁得到充分洗涤。然后直立,打开旋塞将水放掉,同时冲洗出口管。也可将大部分水从管口倒出,再将其余的水从出口管放出。每次放掉水时应尽量不使水残留在管内,最后,将管的外壁擦干。

2. 碱式滴定管(简称碱管)的准备

使用前应检查乳胶管和玻璃珠是否完好。若胶管已老化,玻璃珠过大(不易操作)或过小(漏水),应予以更换。

图 7 - 4　碱式滴定管排出气泡

碱管的洗涤方法与酸管相同,在需要用洗液洗涤时,可除去乳胶管,用塑料乳头堵塞碱管下口进行洗涤。如必须用洗液浸泡,则将碱管倒夹在滴定管架上,管口插入洗液瓶中,乳胶管处连接抽气泵,用手捏玻璃珠处的乳胶管,吸取洗液,直到充满全管,然后放手,任其浸泡。浸泡完毕后,轻轻捏乳胶管,将洗液缓慢放出。也可更换一根装有玻璃珠的乳胶管,将玻璃珠往上捏,使其紧贴在联管的下端,这样便可直接倒入洗液浸泡。

在用自来水冲洗或用蒸馏水清洗碱管时,应特别注意玻璃珠下方死角处的清洗。为此,在捏乳胶管时应不断改变方位,使玻璃珠的四周都洗到。

3. 操作溶液的装入

装入操作溶液前,应将试剂瓶中的溶液摇匀,使凝结在瓶内壁上的水珠混入溶液,这在天气比较热、室温变化较大时更为必要。混匀后将操作溶液直接倒入滴定管中,不得用其他容器(如烧杯、漏斗等)来转移。此时,左手前三指持滴定管上部无刻度处,并可稍微倾斜,右手拿住细口瓶往滴定管中倒溶液。小瓶可以手握瓶身(瓶签向手心),大瓶则放在桌上,手拿瓶颈使瓶慢慢倾斜,让溶液慢慢沿滴定管内壁流下。

用摇匀的操作溶液将滴定管洗三次(第一次 10 mL,大部分溶液可由上口倒出,第二、三次各 5 mL,可以从出口管放出,洗法同前)。应特别注意的是,一定要使操作溶液洗遍全部内壁,并使溶液接触管壁 1~2min,以便与原来残留的溶液混合均匀。每次都要打开旋塞冲洗出口管,并尽量放出残留液。对于碱管,仍应注意玻璃球下方的洗涤。最后,关好旋塞,将操作溶液倒入,直到充满至"0"刻度以上为止。

注意检查滴定管的出口管是否充满溶液,酸管出口管及旋塞透明,容易检查(有时旋塞孔中暗藏着的气泡,需要从出口管放出溶液时才能看见),碱管则需对光检查乳胶管内及出口管内是否有气泡或有未充满的地方。为使溶液充满出口管,在使用酸管时,右手拿滴定管上部无刻度处,并使滴定管倾斜约 30°,左手迅速打开旋塞使溶液冲出(下面用烧杯承接溶液),这时出口管中应不再留有气泡。若气泡仍未能排出,可重复操作。如仍不能使溶液充满,可能是出口管未洗净,必须重洗。在使用碱管时,装满溶液后,应将其垂直地夹在滴定管架上,左手拇指和食指拿住玻璃珠所在部位并使乳胶管向上弯曲,出口管斜向上,然后在玻璃珠部位往一旁轻轻捏橡皮管,使溶液从管口喷出(如图 7 - 4)(下面用烧杯接溶液),再一边捏乳胶管一边把乳胶管放直,注意应在乳胶管放直后,再松开拇指和食指,否则出口管仍会有气泡。最后,将滴定管的外壁擦干。

4. 滴定管的读数

读数时应遵循下列原则:

(1) 装满或放出溶液后,必须等 1~2min,使附着在内壁的溶液流下来,再进行读数。如果放出溶液的速度较慢(例如,滴定到最后阶段,每次只加半滴溶液时),等 0.5~1 min 即可读数。每次读数前要检查一下管壁是否挂水珠,管尖是否有气泡。

(2) 读数时,滴定管可以夹在滴定管架上,也可以用手拿滴定管上部无刻度处。不管用哪一种方法读数,均应使滴定管保持垂直。

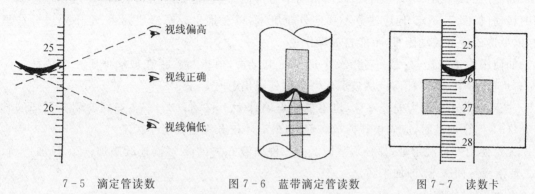

7-5　滴定管读数　　　　　　图 7-6　蓝带滴定管读数　　　　　图 7-7　读数卡

(3) 对于无色或浅色溶液,应读取弯月面最低点。读数时,视线在弯月面下缘最低点处,且与液面成水平(图 7-5);溶液颜色太深时,可读液面两侧的最高点。此时,视线应与该点成水平。注意初读数与终读数应采用同一标准。

用"蓝带"滴定管滴定无色溶液时,滴定管上有两个弯月面相交于滴定管蓝线的某一点上(图 7-6),读数时视线应与此点在同一水平面上,如为有色溶液,则视线仍与液面两侧的最高点相切。

(4) 必须读到小数点后第二位,即要求估计到 0.01mL。注意,估计读数时,应该考虑到刻度线本身的宽度。

(5) 为了便于读数,可在滴定管后衬一黑白两色的读数卡。读数时,将读数卡衬在滴定管背后,使黑色部分上缘在弯月面下约 1mm,弯月面的反射层即全部成为黑色(图 7-7)。读此黑色弯月面下缘的最低点。但对深色溶液读两侧最高点时,可以用白色卡片作为背景。

7-8　酸管旋塞操作　　　　　　图 7-9　碱管的操作　　　　　图 7-10　滴定操作

（6）若为乳白板蓝线衬背滴定管，应当取游线上下两尖端相对点的位置读数。

（7）读取初读数前，应将管尖悬挂着的溶液除去。滴定至终点时应立即关闭旋塞，并注意不要使滴定管中溶液有稍微流出，否则终读数值将包括流出的半滴溶液。因此，在读取终读数前，应注意检查出口管尖是否悬有溶液，如有，则此次读数不能取用。

5. 滴定管的操作方法

进行滴定时，应将滴定管垂直地夹在滴定管架上。

如使用的是酸管，左手无名指和小指向手心弯曲，轻轻地贴着出口管，用其余三指控制旋塞的转动（如图7-8）。但应注意不要向外拉旋塞，以免推出旋塞造成漏水；也不要过分往里扣，以免造成旋塞转动困难，不能自如操作。

如使用的是碱管，左手无名指及小指夹住出口管，拇指与食指在玻璃球所在部位往一旁（左右均可）捏乳胶管，使溶液从玻璃珠旁空隙处流出（如图7-9）。

注意：（1）不要用力捏玻璃珠，也不能使玻璃珠上下移动；（2）不要捏到玻璃珠下部的乳胶管；（3）停止加液时，应先松开拇指和食指，最后才松开无名指与小指。

无论使用哪种滴定管，都必须掌握下面三种加液方法：（1）逐滴连续滴加；（2）只加一滴；（3）使液滴悬而未落，即加半滴。

6. 滴定操作方法

滴定操作可在锥形瓶或烧杯内进行，并以白瓷板作背景。在锥形瓶中进行滴定时，用右手前三指拿住瓶颈，使瓶底高出瓷板约2～3cm。同时调节滴定管的高度，使滴定管的下端伸入瓶口约1cm。左手按前述方法滴加溶液，右手运用腕力摇动锥形瓶，边滴加边摇动（图7-10）。滴定操作中应注意以下几点：

（1）摇瓶时，应使溶液向同一方向作圆周运动（左、右旋均可），但勿使瓶口接触滴定管，也不得溅出溶液。

（2）滴定时，左手不能离开旋塞任其自流。

（3）注意观察液滴落点周围溶液颜色的变化。

（4）开始时，应边摇边滴，滴定速度可稍快，但不要使溶液流成"水线"。接近终点时，应改为加一滴，摇几下。最后，每加半滴，即摇动锥形瓶，直至溶液出现明显的颜色变化。加半滴溶液的方法如下：微微转动旋塞，使溶液悬挂在出口管嘴上，形成半滴，用锥形瓶内壁将其沾落，再用洗瓶以少量蒸馏水吹洗瓶壁。

用碱管滴加半滴溶液时，应先松开拇指与食指，将悬挂的半滴溶液沾在锥形瓶内壁上，再放开无名指与小指。这样可以避免出口管尖出现气泡。

（5）每次滴定都应从0.00开始（或从0附近的某一固定刻线开始），这样可减小误差。在烧杯中进行滴定时，将烧杯放在白瓷板上，调节滴定管的高度，使滴定管下端伸入烧杯内1 cm左右。滴定管下端应在烧杯中心的左后方处，但不要靠壁过近。右手持搅拌棒在右前方搅拌溶液。在左手滴加溶液（如图7-11）的同时，搅拌棒应作圆周搅动，但不得接触烧杯壁和底。

当加半滴溶液时，用搅拌棒下端承接悬挂的半滴溶液，放入溶液中搅拌。注意，图7-11在烧杯中搅拌棒只能接触液滴，不要接触滴定管尖。

滴定结束后，滴定管内剩余的溶液弃去，不得将其倒回原瓶，以免沾污整瓶操作溶液。随即洗净滴定管，并用蒸馏水充满全管，备用。

（三）移液管及其使用

用于准确地移取小体积液体的量器称为移液管。移液管属于量出容器，种类较多。

无分度吸管通称移液管（如图 7 - 12 a），它的中腰膨大，上下两端细长，上端刻有环形标线，膨大部分标有它的容积和标定时的温度。将溶液吸入管内，使液面与标线相切，再放出，则放出的溶液体积就等于管上标示的容积。常用移液管的容积有 5 mL、10 mL、25 mL 和 50 mL 等多种。由于读数部分管径小，其准确性较高。

有分刻度的移液管又称吸量管（如图 7 - 12b），可以准确量取所需的刻度范围内某一体积的溶液，但其准确度差一些。将溶液吸入，读取与液面相切的刻度（一般在零），然后将溶液放出至适当刻度，两刻度之差即为放出溶液的体积。

移液管在使用前应按下法洗到内壁不挂水珠：将移液管插入洗液中，用吸耳球将洗液慢慢吸至管容积 1/3 处，用食指按住管口，把管横过来涮洗，然后将洗液放回原瓶。如果内壁严重污染，则应把移液管放入盛有洗液的大量筒或高型玻璃缸中，浸泡 15min 到数小时，取出后用自来水及纯水冲洗。用纸擦干外壁。

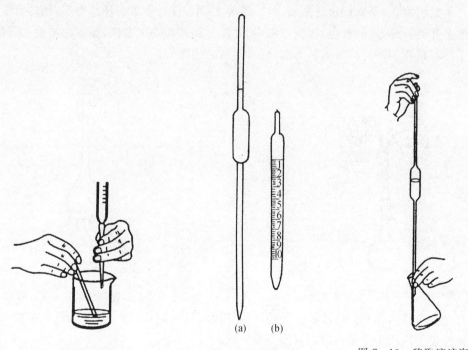

7 - 11　在烧杯中滴定　　　　　图 7 - 12　移液管　　　　图 7 - 13　移取溶液姿势

移取溶液前，先用少量该溶液将移液管内壁润洗 2～3 次，以保证转移的溶液浓度不变。然后把管口插入溶液中（在取液过程中，注意保持管口在液面之下），用吸耳球把溶液吸至稍高于刻度处，迅速用食指（不要用拇指）按住管口。取出移液管，使管尖端靠着贮瓶口，用拇指和中指轻轻转动移液管，并减轻食指的压力，让溶液慢慢流出，同时平视刻度，到溶液弯月面下缘与刻度相切时，立即按紧食指。然后使准备接受溶液的容器倾斜成 45°，将移液管移入容器中，移液管保持竖直，管尖靠着容器内壁，放开食指（图 7 - 13），让溶液自由流出。待溶液全部流出后，按规定再等 15s 至 30s，取出移液管。在使用非吹出式的吸管或无分度移液管时，切勿把残留在管尖的溶液吹出。移液管用毕，应洗净，放在移液管架上。

（四）容量瓶及其使用

容量瓶是一种细颈梨形的平底瓶，具磨口玻璃塞或塑料塞，瓶颈上刻有标线，属于量入型容器。瓶上标有其容积和标定时的温度。大多数容量瓶只有一条标线，当液体充满至标线时，瓶内所装液体的体积和瓶上标示的容积相同。常用的容量瓶有 10 mL、50 mL、100 mL、250 mL、500 mL、1 000 mL 等多种规格。容量瓶主要用于把精密称量的物质准确地配成一定容积的溶液，或将准确容积的浓溶液稀释成准确容积的稀溶液，这种过程通常称为"定容"。

容量瓶使用前也要清洗，洗涤原则和方法同前。

如果要由固体配制准确浓度的溶液，通常将固体准确称量后放入烧杯，加少量纯水（或适当溶剂）使其溶解，然后定量地转移到容量瓶中。转移时，玻棒下端要靠在瓶颈内壁，使溶液沿瓶壁流下（如图 7-14）。溶液流尽后，将烧杯轻轻顺玻棒上提，使附在玻棒与烧杯之间的液滴回到烧杯中。再用洗瓶挤出的水流冲洗烧杯数次，每次按上法将洗涤液完全转移入容量瓶中，然后用纯水稀释。当水加至容积的 2/3 处时，旋摇容量瓶，使溶液混合（注意：不能加盖瓶塞，更不能倒转容量瓶）。在加水至接近标线时，可以用滴管逐滴加水，至弯月面最低点恰好与标线相切。盖紧瓶塞，一手食指压住瓶塞，另一手的大、中、食三个指头托住瓶底，倒转容量瓶，使瓶内气泡上升到顶部，摇动数次，再倒过来，如此反复倒转摇动十多次，使瓶内溶液充分混合均匀。为了使容量瓶倒转时溶液不致渗出，瓶塞与瓶必须配套。

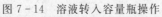

图 7-14　溶液转入容量瓶操作　　　　图 7-15　检醒漏水和溶液混匀操作

不宜在容量瓶内长期存放溶液。如溶液需使用较长时间，应将它转移入试剂瓶中，该试剂瓶应预先经过干燥或用少量该溶液润洗二至三次。

由于温度对量器的容积有影响，所以使用时要注意溶液的温度、室温以及量器本身的温度。

（五）量器的校准

参见实验部分

实验 7-2　滴定分析基本操作练习

一、实验目的

（1）掌握滴定分析仪器的洗涤方法。

（2）掌握滴定管、容量瓶、移液管的正确使用和操作方法。

（3）学会观察和判定滴定终点。

二、仪器和药品

仪器：

50mL 滴定管,酸式、碱式各 1 支；

容量瓶(250mL、150mL)各 1 个；

液管(50mL、25mL、10mL)各 1 支；

量管(5mL、1mL)各 1 支；

锥形瓶(250mL)3 个；

烧杯、量筒、洗瓶、吸耳球等

试剂：

$0.1\ mol \cdot L^{-1} NaOH$；$0.1\ mol \cdot L^{-1} HCl$；甲基橙和酚酞指示剂

三、实验内容

1. 滴定管的使用

（1）清洗酸式和碱式滴定管各 1 支。

（2）练习并掌握酸式滴定管的旋塞涂脂的方法和滴定管内气泡的消除方法。

（3）练习并初步掌握酸式和碱式滴定管的滴定操作以及控制液滴大小和滴定速度的方法（一般速度控制在每分钟 10 mL,临近终点时要加一滴,摇几下。最后,每加半滴即摇动锥形瓶,直至溶液出现明显颜色变化）。

（4）练习并掌握滴定管的正确读数方法。

（5）NaOH 溶液与 HCl 溶液的浓度的比较:取洗净酸碱滴定管各一支(检查是否漏水),先用蒸馏水将滴定管内壁冲洗 2～3 次。然后用配制好的盐酸标准溶液将酸式滴定管淌洗 2～3次,再于管内装满该酸溶液;用 NaOH 标准溶液将碱式滴定管淌洗 2～3 次,再于管内装满该碱溶液。然后排出两滴定管管尖空气泡。

分别将两滴定管液面调节至 0.00 刻度,或零点稍下处(为什么?),静止一分钟后,精确读取滴定管内液面位置(能读到小数点后几位?)立即将读数记录在实验原始数据记录本上。

取锥形瓶(250mL)1 只,洗净后放在碱式滴定管下,以每分钟约 10 mL 的速度放出约 20 mLNaOH 溶液于锥形瓶中,加入 1～2 滴甲基橙指示剂,用 HCl 溶液滴定至溶液由黄色变橙色为止,读取并记录 NaOH 溶液及 HCl 溶液的精确体积。反复滴定几次,记下读数,分别求出体积比(V_{NaOH}/V_{HCl}),直至三次测定结果的相对平均偏差在 0.1% 之内,取其平均值。

以酚酞为指示剂,用 NaOH 溶液滴定 HCl 溶液,终点由无色变微红色,其他步骤同上。

（6）滴定操作中应注意问题:

① 滴定时,左手不能离开旋塞任溶液自流。

② 注意观察液滴落点周围溶液颜色的变化。

③ 洗涤时要注意保管好酸式滴定管的旋塞和容量瓶磨口塞,保护好移液管尖,防止损坏。

2. 容量瓶、移液管的使用:

（1）洗净 1 支 25mL 移液管,按照操作要求认真、多次练习移液管的使用方法。

（2）取清洁的 250mL 容量瓶 1 只，按照操作要求认真、多次练习标准溶液的配制方法。从烧杯或移液管向容量瓶中转移溶液时，要求操作准确，而不强调迅速。

四、记录和计算

见实验报告示例。

五、实验报告示例

在预习时要求在实验记录本上写好下列示例之（一）、（二），画好（三）之表格和做好必要的计算。实验过程中把数据记录在表中，实验后完成计算及讨论。

实验　酸碱溶液的配制和浓度的比较

（一）日期：　年　　月　　　日
（二）方法摘要：

1. 配制 $0.1\ mol\cdot L^{-1}NaOH$、$0.1\ mol\cdot L^{-1}HCl$ 溶液各 200mL。
2. 以甲基橙、酚酞为指示剂进行 HCl 溶液与 NaOH 溶液的浓度比较滴定，反复练习。
3. 计算 NaOH 溶液与 HCl 溶液的体积比。

（三）记录和计算：

NaOH 溶液与 HCl 溶液浓度的比较：

①以甲基橙为指示剂；

②以酚酞为指示剂（格式同上）。

记 录 项 目　　次　序	I	II	III
NaOH 终读数 NaOH 初读数	mL mL	mL mL	mL mL
V_{NaOH}			
HCl 终读数 HCl 初读数	mL mL	mL mL	mL mL
V_{HCl}			
V_{NaOH}/V_{HCl}			
平均 V_{NaOH}/V_{HCl}			
个别测定的绝对偏差			
相对平均偏差			

- 思考题

1. 滴定管是否洗涤干净应怎样检查？使用未洗净的滴定管对滴定有什么影响？
2. 滴定管中存在气泡对滴定有什么影响？应怎样赶去气泡？

3. 容量瓶、移液管可否加热、烘干？

4. 吸量管在吸取标准溶液前为什么需用该标准溶液润洗？承受溶液的容器(如锥形瓶等)能否用该标准溶液润洗？为什么？

5. 使用移液管的操作要领是什么？为何要使液体垂直流下？为何放完液体后要停一定时间？最后留于管尖的半滴液体应如何处理？为什么？

6. 吸量管和移液管有何区别？使用吸量管时应注意些什么？

7. 在 HCl 溶液与 NaOH 溶液浓度比较的滴定中，分别甲基橙和酚酞作指示剂，所得的溶液体积比是否一致？为什么？

实验 7-3　仪器的校准练习

一、实验目的

(1) 学习滴定管、容量瓶、移液管的校准方法，并了解容量器皿校准的意义。

(2) 进一步掌握滴定管、容量瓶、移液管的使用方法。

二、实验原理

容量器皿的容积与其所标出的体积并非完全相符，因此，在准确度要求较高的分析工作中，必须对容量器皿进行校准。

由于玻璃具有热胀冷缩的特性，在不同温度下容量器皿的容积也有所不同。因此在校准玻璃容量器皿时，必须规定一个共用的温度值，这一规定温度值称标准温度，国际上规定玻璃容量器皿的标准温度为 $20\,^{\circ}\mathrm{C}$。即在校准时都将玻璃容量器皿的容积校准到 $20\,^{\circ}\mathrm{C}$ 时的实际容积。

容量器皿常应用两种校准方法：相对校准和绝对校准。

相对校准是要求对两种容器之间的容积有一定的比例关系时常采用的一种校准方法。例如 25 mL 移液管量取液体的体积应等于 250 mL 容量瓶量取体积的 1/10。

绝对校准是测定容量器皿的实际容积，常用的标准方法为衡量法，也称称量法。用天平称得容量器皿容纳或放出纯水的质量，然后根据水的质量和密度，计算出容量器皿在标准温度 $20\,^{\circ}\mathrm{C}$ 时的实际容积。在换算时要考虑到三方面的影响：①水的密度随着温度的改变而改变；②玻璃器皿的容积随着温度的改变而改变；③在空气中称量时空气浮力的影响。

实际应用时，只要称出被校准的容量器皿容纳或放出纯水的质量，再除以该温度时水的密度值，便是该容量器皿在 $20\,^{\circ}\mathrm{C}$ 时的实际容积。

三、仪器

50mL 滴定管，酸式、碱式各	1 支；
容量瓶(250 mL)	1 个；
移液管(25 mL)	1 支；
吸量管(5 mL)	1 支；
磨口具塞(或橡皮塞锥形瓶(50 mL)	3 个；

普通温度计　　　　　　　　　　（0～100℃公用）。

四、实验步骤

1. 滴定管的校准(称量法)

(1) 将已烘干的 50 mL 磨口具塞锥形瓶在分析天平上称其质量(在校准称量过程中,锥形瓶的外部要始终保持干燥)。

(2) 将已洗净处理后的滴定管(50 mL)盛满蒸馏水,调至"0.00"刻度。以每分钟不超过 10 mL 的流速,从滴定管中放出 10 mL 水于已称量的锥形瓶中,盖紧塞子,称出"瓶+水"的质量,"瓶+水"的质量与具塞锥形瓶的质量之差即为放出之水的质量。用同样的方法称量滴定管从 10 mL 到 20 mL,20 mL……等刻度间的水的质量(若为 25 mL 滴定管每次放 5 mL 左右),记录称量水的质量数据,并计算滴定管各部分的实际容积和校准值。

重复校准一次。两次相应的校准值之差应小于 0.02 mL。求出其平均值。

现将在温度为 25℃时校准某一支滴定管的实验数据列于表 7-1。

表 7-1　滴定管的校准

水的温度 ＝25℃　　　　　　　　　　　　　　　　　　　　　1mL 水的质量=0.9961g

滴定管读数 mL	(瓶+水)的质量 g	读出的总容积 mL	总水质量 g	总实际容积 mL	总校准容积 mL
1.03	29.20 (空瓶)				
10.13	39.28	10.10	10.08	10.12	+0.02
20.10	49.19	20.07	19.99	20.07	1.00
30.17	59.27	30.14	30.07	30.19	+0.05
40.20	69.24	40.17	40.04	40.20	+0.03
49.99	79.07	49.96	49.87	50.07	+0.11

(3) 参照实验表 7-1 格式作记录,实验完毕后进行计算(记录格式在预习时应画好)。

(4) 绘制校准曲线。

2. 移液管和容量瓶的相对校准

将 25 mL 移液管和 250 mL 容量瓶洗净晾干,用 25 移液管准确移取蒸馏水 10 次于容量瓶中,仔细地观察弯月面下缘是否与标线相切,若不相切,另作一标志(重复 2 至 3 次)。使用时可采用这一校准的标志。如为初次练习,使用移液管操作不熟练,此记号仅供参考。

• 思考题

1. 影响滴定分析量器校准的主要因素有哪些?

2. 称量用的锥形瓶为何要用"具塞"的? 不具塞行不行?

3. 在校准滴定管时,为什么具塞磨口锥形瓶的外壁必须干燥? 锥形瓶的内壁是否一定要干燥?

4. 为什么移液管和容量瓶之间的相对校准比两者分别校准更为重要?

5. 进行容量器皿校准时,应注意哪些问题?

6. 某 250 mL 容量瓶,其实际容量比标称容量小 1 mL,若称取试样 0.5g,溶解后转入此容量瓶定容,并移取 25 mL 进行滴定,则由试样引入的相对误差为多少?

实验 7-4　盐酸标准溶液的制备和混合碱的分析

一、实验目的

(1) 学习盐酸溶液配制和浓度的标定方法。
(2) 掌握双指示剂法测定混合碱中各组分含量的原理和方法。
(3) 掌握双指示剂法测定混合碱中各组分含量的操作技能和计算方法。

二、实验原理

浓盐酸易挥发,因此只能用间接法配制近似浓度的 HCl 溶液,然后用基准物质无水 Na_2CO_3 标定 HCl 标准溶液的准确浓度。标定时的反应式为:

$$Na_2CO_3 + 2HCl == 2NaCl + CO_2 \uparrow + H_2O$$

由于 Na_2CO_3 易吸收空气中的水分,因此在使用前,应预先在 180℃ 下使之充分干燥,并保存于干燥器中,标定时常以甲基橙为指示剂。

混合碱一般指 NaOH 和 Na_2CO_3 或 Na_2CO_3 和 $NaHCO_3$ 的混合物,其各组分含量可以在同一份试液中用两种不同的指示剂来测定,这种测定方法即所谓"双指示剂法"。此法方便、快速,生产中应用普遍。

常用的两种指示剂是酚酞和甲基橙。在试液中先加酚酞,用 HCl 标准溶液滴定至红色刚刚褪去。由于酚酞的变色范围在 pH8~10,此时不仅 NaOH 完全被中和,Na_2CO_3 也被滴定成 $NaHCO_3$,记下此时 HCl 标准溶液的耗用量 V_1。再加入甲基橙指示剂,溶液呈黄色,滴定至终点时溶液呈橙色,此时 $NaHCO_3$ 被滴定成 H_2CO_3($H_2O + CO_2$),标准溶液的耗用量为 V_2。根据 V_1、V_2 可以计算出混合碱试样中 NaOH 和 Na_2CO_3 或 Na_2CO_3 和 $NaHCO_3$ 的含量。

1. 当 $V_1 > V_2$ 时,式样为 NaOH 和 Na_2CO_3 的混合物。两组分含量计算式如下

$$\%NaOH = \frac{(V_1 - V_2) \times c_{盐酸} \times M_{氢氧化钠}}{m_{试样}} \times 100$$

$$\%Na_2CO_3 = \frac{2V_2 \times c_{盐酸} \times M_{碳酸钠}}{2 \times m_{试样} \times 1000} \times 100$$

2. 当 $V_1 < V_2$ 时,式样为 Na_2CO_3 和 $NaHCO_3$ 的混合物。两组分含量计算式如下

$$\%NaHCO_3 = \frac{(V_2 - V_1) \times c_{盐酸} \times M_{氢氧化钠}}{m_{试样}} \times 100$$

$$\%Na_2CO_3 = \frac{2V_1 \times c_{盐酸} \times M_{碳酸钠}}{2 \times m_{试样} \times 1000} \times 100$$

注意:HCl 标准溶液总的耗用量为 $V_1 + V_2$

式中:c—溶液的浓度,单位 mol·L^{-1};

　　M—物质的摩尔质量,单位为 g·L^{-1};

　　V—体积,单位为 mL。

双指示剂法中,由于酚酞指示剂在该实验中由微红色变为白色,人眼观察这种变色不够灵敏,常选用甲酚红和百里酚蓝混合指示剂代替。甲酚红的变色范围为 pH6.7(黄)～8.4(红),百里酚蓝的变色范围 pH8.0(黄)～9.6(蓝),混合后的变色点是 pH8.3,酸色是黄色,碱色呈紫色,在 pH8.2 时为樱桃色,变色较敏锐。

三、仪器和药品

仪器:

    50 mL 酸式滴定管 1 支;分析天平和砝码。

药品:

    浓盐酸;混合碱试样(固体);无水碳酸钠(基准物质);酚酞指示剂;甲基橙指示剂;甲酚红和百里酚蓝混合指示剂

四、实验步骤

1. $0.1\ mol \cdot L^{-1}$ HCl 溶液的配制和标定

通过计算求出配制 1 000mL $0.1\ mol \cdot L^{-1}$ HCl 溶液所需浓盐酸(相对密度 1.19,约 $12\ mol \cdot L^{-1}$)的体积。然后,用小量筒量取此量的浓盐酸,加入蒸馏水中,并稀释成 1 000mL,贮于玻塞细口瓶中,充分摇匀,贴上标签(在配制溶液后均须立即贴上标签,注明试剂名称,配制日期,使用者姓名,并留一定位置以备填入此溶液的准确浓度)。

准确称取已烘干的无水碳酸钠三份(其重量按消耗 20～35mL $0.1\ mol \cdot L^{-1}$ HCl 溶液计,请自己计算),置于 3 只 250mL 锥形瓶中,加水约 30mL,温热,摇动使之溶解,以甲基橙为指示剂,以 $0.2\ mol \cdot L^{-1}$ HCl 标准溶液滴定至溶液由黄色转变为橙色。记下 HCl 标准溶液的耗用量,并计算出 HCl 标准溶液的浓度。

2. 混合碱试样的测定

准确称取混合碱试样 1.5～2.0g 于 100 mL(或 250 mL)烧杯中,加蒸馏水使之溶解后,将溶液移入 250 mL 容量瓶中,用蒸馏水稀释至刻度,充分摇匀。用移液管准确移取试液 25 mL 三份,分别置于 250 mL 锥形瓶中,加酚酞指示剂 1～2 滴,用 $0.1 mol \cdot L^{-1}$ HCl 标准溶液滴定,边滴加边充分摇动,以免局部 Na_2CO_3 直接被滴至 H_2CO_3。滴定至酚酞恰好褪色为止,记下所用 HCl 标准溶液的体积 V_1。然后再加 2 滴甲基橙指示剂,此时溶液呈黄色,继续以 HCl 标准溶液滴定至溶液呈橙色,记下所用 HCl 标准溶液的体积 V_2。

五、数据记录与处理

(1) HCl 溶液的标定。

(2) 混合碱试样的测定。

数据记录表格式可参照如下报告实例:

实验　盐酸溶液的配制和标定

（一）日期：　年　月　　日

（二）方法摘要：

（1）配制 $0.1 mol \cdot L^{-1}$ HCl 溶液 500mL。

（2）以甲基橙为指示剂，用基准试剂级的 Na_2CO_3（用时应预先在 180℃下使之充分干燥，并保存于干燥器中）进行标定。

（三）记录和计算：

HCl 溶液浓度的标定：

记录项目＼平行测定次数	1	2	3
（称量瓶＋Na_2CO_3）的质量（前）	g	g	g
（称量瓶＋Na_2CO_3）的质量（后）	g	g	g
Na_2CO_3 的质量			
HCl 体积终读数	mL	mL	mL
HCl 体积初读数	mL	mL	mL
V_{HCl}			
c_{HCl}			
$\bar{c}_{HCl}$			
个别测定的绝对偏差			
相对平均偏差			

$$c_1 = \frac{m_1}{V_1 \times 0.1060} =$$

$$c_2 = \frac{m_2}{V_2 \times 0.1060} =$$

$$c_3 = \frac{m_3}{V_3 \times 0.1060} =$$

• 思考题

1. 用于滴定的锥形瓶或烧杯，是否需要预先干燥？是否需要用标准溶液润洗？为什么？

2. 配制 HCl 溶液所用水的体积，是否需要准确量取？为什么？

3. 在每次滴定完成后，为什么要将标准溶液加至滴定管零点或近零点，然后进行第二次滴定？

4. 混合碱中的 NaOH 及 Na_2CO_3 含量是怎样测定的？

5. 如欲测定混合碱的总碱度，应采用何种指示剂？试拟出测定步骤及总碱度的计算公式。

6. 采用双指示剂法测定混合碱，在同一份溶液中测定，试判断下列情况下，混合碱中存在的成分是什么？ ① $V_1 = 0$；② $V_2 = 0$；③ $V_1 = V_2 > 0$

实验 7-5　工业乙酸含量的测定

（设计实验）

一、实验目的

（1）巩固所学的基础理论知识,基本操作技能和基本实验方法。

（2）考查滴定分析操作掌握情况,安排这次设计实验,作为实验考查成绩之一。

二、实验要求

整个实验由学生自己设计实验方案,其内容主要为:(1)方法原理;(2)需用的仪器(规格、数量)、试剂(规格、浓度及配制方法);(3)实验步骤(试样的取用,标准溶液和指示剂,终点变化及注意事项);(4)实验记录;(5)结果计算。

要求独立完成实验,并将分析结果写成报告,交老师批阅。

三、提示

（1）工业醋酸浓度大,须稀释后再滴定;

（2）稀释前先估算取样体积。

实验 7-6　EDTA 标准溶液的配制和标定

一、实验目的

（1）学习 EDTA 标准溶液的配制和标定方法。

（2）掌握配位滴定的原理,了解配位滴定的特点。

（3）熟悉钙指示剂或二甲酚橙指示剂的使用。

二、实验原理

在分析中通常采用间接法,使用其二钠盐配制标准溶液。

标定 EDTA 溶液用的基准物通常选用其中与被测物组分相同的物质作基准物,这样滴定条件较一致,可减小误差。

EDTA 溶液若用于测定水的硬度时,则宜用 $CaCO_3$ 为基准物,首先可加 HCl 溶液,其反应如下:

$$CaCO_3 + 2HCl = CaCl_2 + CO_2 + H_2O$$

然后把溶液转移到容量瓶中并稀释,制成钙标准溶液。吸取一定量钙标准溶液,调节酸度至 $pH \geqslant 12$,用钙指示剂,以 EDTA 溶液滴定至溶液由酒红色变纯蓝色,即为终点。其变色原理如下:

钙指示剂(常以 H_3Ind 表示)在水溶液中按下式解离:

$$H_3Ind = 2H^+ + HInd^{2-}$$

在 pH$\geqslant$12 的溶液中,HInd^{2-}与 Ca^{2+}离子形成比较稳定的配离子,其反应如下:

$$HInd^{2-} + Ca^{2+} = CaInd^- + H^+$$

纯蓝色　　　　　　　酒红色

溶液呈酒红色。当用 EDTA 溶液滴定时,由于 EDTA 能与 Ca^{2+}离子形成比 CaInd$^-$配离子更稳定的配离子,因此在滴定终点附近,CaInd$^-$配离子不断转化为较稳定的 CaY^{2-}配离子,而钙指示剂则游离了出来,其反应可表示如下:

$$CaInd^- + H_2Y^{2-} + OH^- = CaY^{2-} + HInd^{2-} + H_2O$$

酒红色　　　　　　无色　　纯蓝色

用此法测定钙时,若有 Mg^{2+}离子共存(在调节溶液酸度为 pH$\geqslant$12 时,Mg^{2+}离子将形成 Mg(OH)$_2$沉淀),则 Mg^{2+}离子不仅不干扰钙的测定,而且使终点比 Ca^{2+}离子单独存在时更敏锐。当 Ca^{2+}、Mg^{2+}离子共存时,终点由酒红色到纯蓝色,当 Ca^{2+}离子单独存在时则由酒红色到紫蓝色。所以测定单独存在的 Ca^{2+}离子时,常常加入少量 Mg^{2+}离子。

EDTA 溶液若用于测定 Pb^{2+}、Bi^{3+}离子,则宜以 ZnO 或金属锌为基准物,以二甲酚橙为指示剂。在 pH$\approx$5～6 的溶液中,二甲酚橙指示剂本身显黄色,与 Zn^{2+}离子的配合物呈紫红色。EDTA 与 Zn^{2+}离子形成更稳定的配合物,因此用 EDTA 溶液滴定至近终点时,二甲酚橙游离了出来,溶液由紫红色变为黄色。

三、仪器和药品

仪器:

台秤;1 000 mL 细口瓶;小烧杯;表面皿;称量瓶;干燥器;25 mL 移液管。

药品:

(1) 以 CaCO$_3$为基准物时所用试剂:

乙二胺四乙酸二钠(固体,A. R.);

CaCO$_3$(固体,G. R. 或 A. R.);

镁溶液(溶解 lgMgSO$_4$·7H$_2$O 于水中,稀释至 200 mL);

100 g·L^{-1}NaOH 溶液;

钙指示剂(固体指示剂);

1+1NH$_3$·H$_2$O。

(2) 以 ZnO 为基准物时所用试剂:

ZnO(G. R. 或 A. R.);

1+1HCl;

1+1 NH$_3$·H$_2$O;

二甲酚橙指示剂;

200 g·L^{-1}六亚甲基四胺溶液。

四、实验步骤

1. 0.02 mol·L^{-1}EDTA 溶液的配制

在台秤上称取乙二胺四乙酸二钠 7.6g,溶解于 300～400 mL 温水中,稀释至 1L,如混浊,应过滤。转移至 1 000 mL 细口瓶中,摇匀。

2. 以 $CaCO_3$ 为基准物标定 EDTA 溶液

(1)0.02 mol·L^{-1}标准钙溶液的配制:置碳酸钙基准物于称量瓶中,在 110℃干燥 2h,置干燥器中冷却后,准确称取 0.5～0.6g 于小烧杯中,盖以表面皿,加水润湿,再从杯嘴边逐滴加入数毫升 1＋1HCl 至完全溶解,用水把溅到表面皿上的溶液淋洗入杯中,加热近沸,待冷却后移入 250 mL 容量瓶中,稀释至刻度,摇匀。

(2)标定:用移液管移取 25 mL 标准钙溶液,置于锥形瓶中,加入约 25 mL 水、2 mL 镁溶液、5 mL100 g·L^{-1} NaOH 溶液及约 10mg(绿豆大小)钙指示剂,摇匀后,用 EDTA 溶液滴定至溶液由红色变至蓝色,即为终点。

3. 以 ZnO 为基准物①标定 EDTA 溶液

(1)锌标准溶液的配制:准确称取在 800～1 000℃灼烧过(需 20min 以上)的基准物 ZnO 0.5～0.6 g 于 100 mL 烧杯中,用少量水润湿,然后逐滴加入 1＋1HCl 边加边搅至完全溶解为止。然后,将溶液定量转移入 250 mL 容量瓶中,稀释至刻度并摇匀。

(2)标定:移取 25 mL 锌标准溶液于 250 mL 锥形瓶中,加约 30 mL 水,2～3 滴二甲酚橙指示剂,先加 1＋1 氨水至溶液由黄色刚变橙色(不能多加),然后滴加 200 g·L^{-1} 六亚甲基四胺至溶液呈稳定的紫红色后再多加 3 mL,用 EDTA 溶液滴定至溶液由红紫色变亮黄色,即为终点。

五、注意事项

(1) 配位反应进行的速度较慢(不像酸碱反应能在瞬间完成),故滴定时加入 EDTA 溶液的速度不能太快,在室温低时,尤要注意。特别是近终点时,应逐滴加入,并充分振摇。

(2) 配位滴定中,加入指示剂的量是否适当对于终点的观察十分重要,宜在实践中总结经验,加以掌握。

(3) 用酸溶解 $CaCO_3$ 时,酸须从杯嘴边逐滴加入,以防止反应过于激烈而产生 CO_2 气泡,使 $CaCO_3$ 粉末飞溅损失。

- 思考题

1. 为什么通常使用乙二胺四乙酸二钠盐配制 EDTA 标准溶液,而不用乙二胺四乙酸?

2. 以 HCl 溶液溶解 $CaCO_3$ 基准物时,操作中应注意些什么?

3. 以 $CaCO_3$ 为基准物,使用钙指示剂标定 EDTA 溶液时,应控制溶液的酸度为多少? 为什么? 怎样控制?

4. 以 ZnO 为基准物,使用二甲酚橙标定 EDTA 溶液浓度的原理是什么? 溶液的 pH 应控制在什么范围? 若溶液为强酸性,应怎样调节?

5. 配位滴定法与酸碱滴定法相比,有哪些不同点? 操作中应注意哪些问题?

实验 7-7　水的硬度的测定

(配位滴定法)

一、实验目的

(1) 了解水的硬度的测定意义和常用的硬度表示方法。

（2）掌握 EDTA 法测定水的硬度的原理和方法。

（3）掌握铬黑 T 和钙指示剂的应用，了解金属指示剂的特点。

二、实验原理

一般含有钙、镁盐类的水叫硬水（硬水和软水尚无明确的界限，硬度小于5°的，一般可称软水）。硬度有暂时硬度和永久硬度之分。

暂时硬度——水中含有钙、镁的酸式碳酸盐，遇热即成碳酸盐沉淀而失去其硬性。

永久硬度——水中含有钙、镁的硫酸盐、氯化物、硝酸盐，在加热时亦不沉淀，但在锅炉运行温度下，溶解度低的可析出而成为锅垢。

暂硬和永硬的总和称为"总硬"。由镁离子形成的硬度称为"镁硬"，由钙离子形成的硬度称为"钙硬"。

水中钙、镁离子含量，可用 EDTA 配位滴定法测定。钙硬测定原理与以 $CaCO_3$ 为基准物标定 EDTA 标准溶液浓度相同。总硬则以铬黑 T 为指示剂，控制溶液的酸度为 pH≈10，以 EDTA 标准溶液滴定之。由 EDTA 溶液的浓度和用量，可算出水的总硬，由总硬减去钙硬即为镁硬。

水的硬度的表示方法有多种，随各国的习惯而有所不同。有将水中的盐类都折算成 $CaCO_3$ 而以 $CaCO_3$ 的量作为硬度标准的。也有将盐类合算成 CaO 而以 CaO 的量来表示的。本书采用我国目前常用的表示方法：以度（°）计，以每升水中含 10mgCaO 为硬度 1°。

$$硬度(°) = \frac{c_{EDTA} \times V_{EDTA} \times M_{氧化钙}}{V_水} \times 100$$

式中：c_{EDTA}——EDTA 标准溶液的浓度，单位为 mol·L^{-1}；

V_{EDTA}——滴定时用去的 EDTA 标准溶液的体积，单位为 mL；（若此量为滴定总硬时所耗用的，则所得硬度为总硬；若此量为滴定钙硬时所耗用的，则所得硬度为钙硬。）

$V_水$——水样体积，单位为 mL；

$M_{氧化钙}$——CaO 的摩尔质量，单位为 g·L^{-1}。

三、试剂

0.02 mol·L^{-1}EDTA 标准溶液；

NH_3-NH_4Cl 缓冲溶液（pH≈10）；

100 g·L^{-1}NaOH 溶液；

钙指示剂；

铬黑 T 指示剂。

四、实验步骤

（1）EDTA 的标定：参见实验 7-7 中的第四部分第 2 点。

（2）总硬的测定：量取澄清的水样 100 mL 放入 250 mL 或 500 mL 锥形瓶中，加入 5 mL NH_3-NH_4Cl 缓冲溶液①，摇匀。再加入约 0.01g 铬黑 T 固体指示剂，再摇匀，此时溶液呈酒红色，以 0.02 mol·L^{-1}EDTA 标准溶液滴定至纯蓝色，即为终点。

（3）钙硬的测定：量取澄清水样 100 mL，放入 250 mL 锥形瓶内，加 4 mL100 g·L⁻¹ NaOH 溶液，摇匀，再加入约 0.01g 钙指示剂，再摇匀。此时溶液呈淡红色。用 0.02 mol·L⁻¹EDTA 标准溶液滴定至呈纯蓝色，即为终点。

（4）镁硬的确定：由总硬减去钙硬即得镁硬。

五、注意事项

（1）此实验中水的取样量仅适于硬度按 $CaCO_3$ 计算为 10～250 mg·L⁻¹ 的水样。若硬度大于 250 mg·L⁻¹$CaCO_3$，则取样量应相应减少。

（2）若水样不是澄清的，必须过滤。过滤所用的仪器和滤纸必须是干燥的。最初和最后的滤 f 液宜弃去。非属必要，一般不用纯水稀释水样。

（3）如果水中有铜、锌、锰等离子存在，则会影响测定结果。应将其分离或掩蔽。

- 思考题

1. 如果对硬度测定中的数据要求保留二位有效数字，应如何量取 100mL 水样？

2. 用 EDTA 配位滴定法怎样测出水的总硬？用什么指示剂？产生什么反应？终点变色如何？试液的 pH 应控制在什么范围？如何控制？测定钙硬又如何？

3. 用 EDTA 法测定水的硬度时，哪些离子的存在有干扰？如何消除？

4. 当水样中 Mg^{2+} 离子含量低时，以铬黑 T 作指示剂测定水中 Ca^{2+}、Mg^{2+} 离子总量，终点不明晰，因此常在水样中先加少量 MgY^{2-} 配合物，再用 EDTA 滴定，终点就敏锐。这样做对测定结果有无影响？说明其原理。

实验 7-8　高锰酸钾标准溶液的制备和过氧化氢含量的测定

一、实验目的

（1）掌握高锰酸钾标准溶液的配制和标定方法。
（2）掌握应用高锰酸钾法测定双氧水中 H_2O_2 含量的原理和方法。

二、实验原理

市售的高锰酸钾常含有少量杂质，因此须用间接法来配制。正确配制的 $KMnO_4$ 溶液应是中性，不含 MnO_2 等杂质，应避光保存。这样，浓度就比较稳定，但如果长期使用，仍应定期标定。

$KMnO_4$ 标准溶液常用还原剂草酸钠 $Na_2C_2O_4$ 作基准物来标定。$Na_2C_2O_4$ 不含结晶水，容易精制。用 $Na_2C_2O_4$ 标定 $KMnO_4$ 溶液的反应如下：

$$2MnO_4^- + 5C_2O_4^{2-} + 16H^+ == 2Mn^{2+} + 10CO_2 \uparrow 8H_2O$$

滴定时可利用 MnO_4^- 离子本身的颜色指示滴定终点。

商品双氧水中 H_2O_2 的含量，可用高锰酸钾法测定。在酸性溶液中 H_2O_2 还原 MnO_4^- 离子：

$$5 H_2O_2 + 2MnO_4^- + 6H^+ == 2Mn^{2+} + 5O_2 + 8 H_2O$$

此滴定在室温时可在 H_2SO_4 或 HCl 介质中顺利进行，但和滴定草酸一样，滴定开始时反应较慢。

三、试剂

$KMnO_4$（固）；$Na_2C_2O_4$（A. R. 或基准试剂）；$1\ mol \cdot L^{-1} H_2SO_4$ 溶液。

四、实验步骤

1. $0.02\ mol \cdot L^{-1} KMnO_4$ 溶液的配制

称取计算量的 $KMnO_4$ 溶于适当量的水中，加热煮沸 $20\sim30min$（随时加水以补充因蒸发而损失的水）。冷却后在暗处放置 $7\sim10d$（天），然后用玻璃砂芯漏斗或玻璃纤维过滤除去 MnO_2 等杂质。滤液贮于洁净的玻塞棕色瓶中，放置暗处保存。如果溶液经煮沸并在水浴上保温 1h，冷却后过滤，则不必长期放置，就可以标定其浓度。

2. $KMnO_4$ 溶液浓度的标定

准确称取计算量的（自己计算）烘过的 $Na_2C_2O_4$ 基准物于 250 mL 锥形瓶中，加水约 20mL 使之溶解，再加 30 mL 1 mol · L⁻¹ H_2SO_4 溶液并加热至 $75\sim85℃$，立即用待标定的 $KMnO_4$ 溶液滴定（不能沿瓶壁滴入）至呈粉红色经 30s 不褪，即为终点。重复测定 $2\sim3$ 次。根据滴定所消耗的 $KMnO_4$ 溶液体积和基准物的质量，计算 $KMnO_4$ 溶液的浓度。

3. 过氧化氢含量的测定

称取 $0.15\sim0.20g$ 约 30% 双氧水于盛有 $20\sim30$ mL 水和 30 mL 1 mol · L⁻¹ H_2SO_4 的锥形瓶中，用 $0.02\ mol \cdot L^{-1} KMnO_4$ 标准溶液滴定至溶液呈粉红色 30s 不褪，即为终点。

五、注意事项

（1）通常是在强酸溶液中反应，滴定过程中若发现产生棕色浑浊应加入 H_2SO_4 补救，但若已经达到终点，则加 H_2SO_4 已无效，这时应该重作实验。

（2）加热可使反应加快，但不应热至沸腾，否则容易引起部分草酸分解，适宜的温度是 75 ~ 85℃（手触烧杯壁感觉烫手）。

（3）$KMnO_4$ 溶液应装在玻塞滴定管中，由于 $KMnO_4$ 溶液颜色很深，不易观察溶液弯月面的最低点，因此应该从液面最高边上读数。滴定时，第一滴 $KMnO_4$ 溶液褪色很慢，在第一滴 $KMnO_4$ 溶液没有褪色以前，不要加入第二滴，等几滴溶液已经起作用之后，滴定的速度就可以稍快些。

· 思考题

1. 配制 $KMnO_4$ 标准溶液时为什么要把 $KMnO_4$ 水溶液煮沸一定时间（或放置数天）？配好的 $KMnO_4$ 溶液为什么要过滤后才能保存？过滤时是否能用滤纸？

2. 配好的 $KMnO_4$ 溶液为什么要装在棕色瓶中（如果没有棕色瓶应该怎样办？）置于暗处保存？

3. 用 $Na_2C_2O_4$ 标定 $KMnO_4$ 溶液浓度时，为什么必须在大量 H_2SO_4（可以用 HCl 或 HNO_3 溶液吗？）存在下进行？酸度过高或过低有无影响？为什么要加热至 $75\sim85℃$ 后才能滴定？溶液温度过高或过低有什么影响？

4. 用 $KMnO_4$ 溶液滴定 $Na_2C_2O_4$ 溶液时，$KMnO_4$ 溶液为什么一定要装在玻塞滴定管中？为什么第一滴 $KMnO_4$ 溶液加入后红色褪去很慢，此后褪色较快？

5. 在此测定中，H_2O_2 与 $KMnO_4$ 的化学计量关系为何？如何计算双氧水中 H_2O_2 百分含量？

6. 为什么含有乙酰苯胺等有机物作稳定剂的过氧化氢试样不能用高锰酸钾法而能用碘量法或铈量法准确测定？

实验 7-9　亚铁盐含量的测定

一、实验目的

(1) 学习用基准物质直接配制标准溶液的方法。

(2) 掌握用重铬酸钾法测定铁含量的原理和方法。

二、实验原理

测定硫酸亚铁($FeSO_4 \cdot 7H_2O$)试剂中铁含量是以 $H_2SO_4-H_3PO_4$ 混合酸为介质，苯胺磺酸钠为指示剂，用 $K_2Cr_2O_7$ 标准溶液滴定 Fe^{2+}，反应如下：

$$Cr_2O_7^{2-}+6Fe^{2+}+14H^+=\!=\!=2Cr^{3+}+6Fe^{3+}+7H_2O$$

在 $H_2SO_4-H_3PO_4$ 混合酸溶液中，Fe^{2+} 易被空气氧化，故在加入 $H_2SO_4-H_3PO_4$ 混合酸后，应立即进行滴定。反应产物 Cr^{3+} 的颜色影响终点的观察，为此，在加混合酸之前，应将溶液稀释。

三、试剂

$K_2Cr_2O_7$ 基准物质；

$H_2SO_4-H_3PO_4$ 混合酸，将 150 mL 浓 H_2SO_4 缓缓加入 700 mL 水中，冷却后加入 150 mL 浓 H_3PO_4，混匀；

$FeSO_4 \cdot 7H_2O$ 试剂；二苯胺磺酸钠溶液(0.2%水溶液)。

四、实验步骤

1. 重铬酸钾标准溶液的配制

准确称取经烘干并冷却的基准物质 $K_2Cr_2O_7$ 2.5g 左右于 150mL 小烧杯中，加蒸馏水溶解后定量转移至 500mL 容量瓶中，用水稀释至刻度，摇匀。根据 $K_2Cr_2O_7$ 的质量，计算其准确浓度。

2. 硫酸亚铁试剂中铁含量的测定

准确称取约 0.6g 硫酸亚铁试样于 250 mL 锥形瓶中，溶于 150 mL 水中，加入 15 mL $H_2SO_4-H_3PO_4$ 混合酸和 5～6 滴 0.2%二苯胺磺酸钠指示剂，立即用 $K_2Cr_2O_7$ 标准溶液滴定至溶液呈稳定的紫红色为止。平行测定三次。

根据 $K_2Cr_2O_7$ 标准溶液的浓度和体积，计算硫酸亚铁试剂中 $FeSO_4 \cdot 7H_2O$ 的百分含量。

· 思考题

1. 为什么 $K_2Cr_2O_7$ 标准溶液可用直接法配制？

2. $K_2Cr_2O_7$ 基准试剂若事先未经烘干处理，对测定结果有何影响？

3. 用 $K_2Cr_2O_7$ 法测定铁含量时，加入 $H_2SO_4-H_3PO_4$ 混合酸目的何在？

实验 7－10　氯化物中氯离子含量的测定(莫尔法)

一、实验目的

(1) 学习 $AgNO_3$ 标准溶液的配制和标定方法。

(2) 掌握沉淀滴定法中以 K_2CrO_4 为指示剂,测定氯离子的方法原理。

二、实验原理

某些可溶性氯化物中氯含量的测定常采用莫尔法,即在中性或弱碱性溶液中,以 K_2CrO_4 为指示剂,用 $AgNO_3$ 标准溶液进行滴定。由于 AgCl 定量沉淀后,即生成砖红色的 Ag_2CrO_4 沉淀,表示达到终点。

三、试剂

$AgNO_3$ 固体;NaCl 基准物质;K_2CrO_4(5%溶液)。

四、实验步骤

1. $0.05\ mol \cdot L^{-1} AgNO_3$ 溶液的配制和标定

在台秤上称取所需 $AgNO_3$,溶于 500 mL 不含 Cl^- 的水中,将溶液转入棕色细口瓶中,置暗处保存,以减缓因见光而分解。

准确称取所需 NaCl 基准物质(自己计算)于 250 mL 烧杯中,加 100 mL 水溶解,定量转入 250 mL 容量瓶中,加水稀释至标线,摇匀。准确移取 25 mL NaCl 标准溶液于 250 mL 锥形瓶中,加 25 mL 水,1 mL 5% K_2CrO_4 溶液,在不断摇动下用 $AgNO_3$ 溶液滴定。至白色沉淀中出现砖红色,即为终点。根据 NaCl 的用量和滴定所消耗的 $AgNO_3$ 标准溶液体积,计算 $AgNO_3$ 标准溶液的浓度。

2、试样分析:

准确称取一定量氯化物试样(自己计算),置于 250 mL 烧杯中,加水溶解后,转入 250 mL 容量瓶中,加水稀释到标线,摇匀。准确移取 25 mL 试液于 250 mL 锥形瓶中,加入 25 mL 水及 1 mL 5% K_2CrO_4 溶液,在不断摇动下,用 $AgNO_3$ 标准溶液滴定,至白色沉淀中呈现砖红色,即为终点。平行测定三次,计算样品中氯的含量。

五、注意事项

(1) 如果 pH>10.5,则产生 Ag_2O 沉淀;pH<6.5 时则大部分 CrO_4^{2-} 转变成 $Cr_2O_7^{2-}$,使终点推迟出现。如果有铵盐存在,为了避免产生 $Ag(NH_3)_2^+$,滴定时溶液的 pH 值应控制在 6.5~7 的范围内,当 NH_4^+ 的浓度大于 $0.1\ mol \cdot L^{-1}$ 时,便不能用莫尔法进行测定。

(2) 如果测定天然水中氯离子的含量,可将 $0.05\ mol \cdot L^{-1} AgNO_3$ 标准溶液稀释 5 倍。取水样 50 mL,进行滴定。

(3) 准确分析时,须做空白试验。

• 思考题

1. 莫尔法测 Cl^- 时,为什么溶液 pH 须控制在 6.5～10.5 之间?

2. 用 K_2CrO_4 作指示剂时,其浓度太大和太小对测定有何影响?

3. 滴定过程中,为什么要充分摇动溶液?

第三节 分光光度法

一、基本原理

(一) 光的性质

光是一种电磁辐射,具有波和粒子的二象性。光具有一定的能量(E),它与光波频率(ν)或波长(λ)的关系为:

$$E = h\nu = h \frac{c}{\lambda}$$

式中,h 为普朗克常数,c 为光速。

从上式可知,波长越长能量越小,波长越短能量越大。

可见光就是我们平时可以直接用肉眼观察到的光,其波长范围为 400～760nm。在该范围内,不同波长的可见光呈现不同的颜色,波长与颜色的关系如图 7-16 所示。我们将具有不同颜色的光,称为色光。各种色光之间并无严格的界限,绿色与黄色之间有各种不同色调的黄绿色。

图 7-16 可见光的颜色与波长   图 7-17 互补光示意图

人们日常所见的白光,就是由上述色光按一定比例混合而产生的一种综合效果,故称白光为混合光。如果把图 7-17 中位置相对应的两种色光按一定强度比例混合,就可以得到白光,这两种色光通常称为互补色。如青光与红光互补,绿光与紫光互补。

只具有一种波长用棱镜不能再分解的光,叫单色光。从严格意义上来讲,单色光就是具有唯一波长的光,上述的色光也不能称为单色光,最多只能称为近似的单色(相对于人眼的分辨率),因为每种色光都具有一定的波长范围。如绿色光就包括 500～560nm 的各种单色光。

(二) 溶液的颜色与溶液对光的选择性吸收

不同溶液会呈现不同的颜色,是由于溶液对不同波长的光选择性吸收的结果。在白光的照射下,如果可见光几乎全部被吸收,则溶液呈黑色;如果全部不吸收或吸收极少,则溶液呈无色;如果只吸收或最大程度吸收某种波长的色光,则溶液呈被吸收色光的互补色。

使用不同波长的单色光分别通过某一固定浓度和厚度的有色溶液,测量该溶液对各种单色光的吸光度,以波长 λ 为横坐标,吸光度 A 为纵坐标作图,所得曲线叫光吸收曲线,该曲线能够很清楚地描述溶液对不同波长单色光的吸收能力。图 7-18 是四种不同浓度 $KMnO_4$ 溶液的光吸收曲线。从图中可以看出,不管浓度大小,在可见光范围内,$KMnO_4$溶液对波长525nm附近的绿色光吸收最多,而对紫色和红色光吸收很少。光吸收最大处的波长叫最大吸收波长,常用λ_{max}表示。

（三）光的吸收定律

实践证明,当一束平行的单色光通过均匀、非散射的稀溶液时,溶液对光的吸收程度与溶液的浓度及液层厚度的乘积成正比。此定量关系称为光的吸收定律,也叫朗伯—比尔定律。它的数学表达式是:

$$\lg \frac{I_0}{I} = Kcb$$

式中,I_0为入射光的强度,I为透射光的强度,K为比例常数,c为溶液的浓度,b为液层的厚度。

式中的$\lg \frac{I_0}{I}$一项表示溶液对光的吸收程度,常用A表示,称为吸光度。所以:

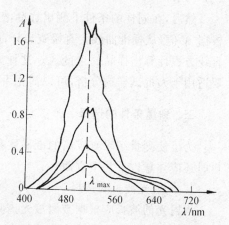

图 7 - 18 $KMnO_4$ 溶液的光吸收曲线

$$A = Kcb$$

比例常数K与入射光的波长、溶液的性质及温度有关,它反映了在一定条件下,溶液对某一波长光的吸收能力。

若c的单位用$mol \cdot L^{-1}$,b的单位用cm,则K就用ε表示,其单位为$L/(mol \cdot cm)$,称为摩尔吸光系数。它表示当溶液浓度为$1 \, mol \cdot L^{-1}$、液层厚度为$1cm$时溶液对某波长单色光的吸光度。摩尔吸光系数ε是各种有色物质在一定波长入射光照射下的特征常数,ε值越大,表示有色物质对该波长光的吸收能力越大,测定起来灵敏度也就越高。由于ε值受波长影响,我们平时所讲的有色物质的摩尔吸光系数是指在最大波长处的摩尔吸光系数,以ε_{max}表示。

比色分析中常把$\frac{I}{I_0}$称为透光度或透光率,用T表示。它反映了透过溶液的光强度在原入射光中所占比例,T越大,说明透过溶液的光越多,而被溶液吸收的光越少,所以透光度T也能间接的表示溶液对光的吸收程度。吸光度A与透光度T的关系如下:

$$A = \lg \frac{I_0}{I} = -\lg \frac{I}{I_0} = -\lg T$$

光吸收定律是分光光度法的理论基础。实际测定时,一般采用相对标准方法,即在一定条件下,测定已知浓度标准溶液的吸光度A,确定$A \sim c$具体函数,然后在同样条件下测出样品的吸光度,从而求出样品浓度,而不是直接用理论值代入$A = Kcb$计算。

应用光吸收定律,一定要注意它的适用条件。在实际测试时,如果单色光不纯或者溶液浓度过大,都会导致溶液的吸光度与浓度不成直线关系,而偏离光吸收定律。光的吸收定律不仅适用于可见光,也适用于紫外光和红外光。

二、分光光度法

分光光度法是采用被待测溶液吸收的单色光作入射光源,测量溶液吸光度的一种分析方法。

分光光度法可以采用标准曲线法。即:在朗伯-比尔定律的浓度范围内,配制一系列不同浓度的溶液,显色后在相同条件下分别测定它们的吸光度值,然后以各标准溶液的浓度 c 为横坐标,对应的吸光度 A 为纵坐标作图,得到一条直线,该直线称为标准曲线或工作曲线,如图 7－19 所示。

然后,在同样的条件下测出样品溶液的吸光度 A_x 值。根据 A_x 值,从标准曲线上直接查出样品的含量 c_x,或利用直线方程计算出样品的含量 c_x。这种方法准确度较好,主要适用于大批试样的分析,可以简化手续,加快分析速度。

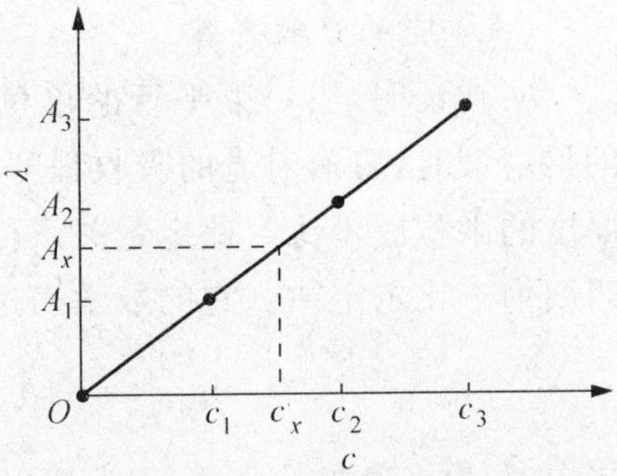

图 7－19　标准曲线图

三、测量条件的选择

为了使测量结果有较高的准确度和灵敏度,在具体测量时还应注意以下几个方面:

1. 入射光波长的选择

入射光的波长应根据被测液光谱吸收曲线选择。一般选最大吸收波长,因为此时的灵敏度最高。如果有干扰物质在此波长也有较大的吸收,则可选择灵敏度稍低,但能避免干扰的入射光波长。

2. 控制吸光度读数范围

根据理论推导及测试经验,将标准溶液和待测溶液的吸光度读数控制在 0.2～0.8 范围内,能够使测量的相对误差最小。对此,可根据朗伯-比尔定律改变试液浓度或选用不同厚度的比色皿,使吸光度读数处在该范围内。

3. 参比溶液的选择

在测定中,利用参比溶液调节仪器零点,即将其透光率调到 100％处(吸光度为 0),作为相对标准,以消除比色皿、溶剂等对入射光的反射和吸收所带来的误差。若参比溶液选择不当,则对测量读数的准确度有相当大的影响。

选择参比溶液的原则是:

①使测得的被测溶液的吸光度能准确地反映被测组分的浓度。

②参比溶液的性质要稳定,在整个测试过程中,其本身的吸光度不变。

四、分光光度计

(一) 分光光度计的分类

分光光度计是分光光度法所必需的仪器,种类很多,一般按测定波长范围来分类,如表 7－2 所示。

(二) 分光光度计的基本构成

尽管分光光度计的种类、型号很多,但都是由下列基本部件构成。

光　源 → 单色器 → 吸收池 → 检测系统

表 7 - 2　分光光度计的分类

分　类	工作波长范围(nm)	光　源	单色器	检测器	典型仪器
可见光分光 光度计	360～760 330～800	钨灯 卤钨灯	玻璃棱镜 光栅	光电管	721 型 722 型
紫外可见分光 光度计	200～1000	氢灯和钨灯	石英棱镜或光栅	光电管或 光电倍增管	751 型 WFD－8 型
红外分光光度 计	760～40000	硅碳棒或 辉光灯	岩盐或 萤石棱镜	热电堆或 测辐射热器	WFD－3 型 WFD－7 型

（1）光源。在吸光度的测量中，提供所需波长范围内的连续光谱，并具有足够的光强度及稳定性。一般用电致光源。为满足光源性能要求，其电源应具有稳压装置且能按需要连续调节输出电压。

（2）单色器。将光源发出的连续光谱分解为单色光装置。由棱镜或光栅等色散元件及狭缝和透镜组成。它能分解出测定波长范围内的任意单色光，其单色光的纯度取决于色散元件的色散率和狭缝的宽度。

（3）吸收池（也称比色皿）。用于盛放被测溶液，并让单色光从中穿过的无色透明器皿。由玻璃（适用于可见光）或石英（适用于紫外光）制成。仪器中一般配有厚度为 0.5、1、2、3cm 的比色皿各一套，同一套比色皿本身的透光度相同。

（4）检测系统。用于测定被测溶液的吸光度的装置。它包括检测器和显示仪表两部分。检测器的作用是将透过吸收池的光转变为光电流，目前用得较多的检测器是光电管和光电倍增管。显示仪表的作用是测定光电流的大小，并转换成透光度（$T\%$）和吸光度（A）显示出来，显示方式有指针式和数字式两种。

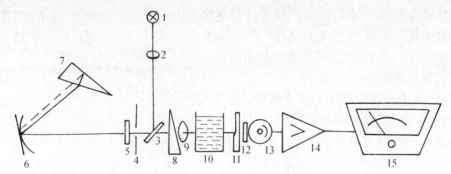

图 7 - 20　721 型分光光度计原理图

1—光源；2、9—聚光透镜；3—反射镜；4—弯曲狭缝；5、12—保护玻璃；6—准直镜；7—棱镜；
8—光亮调节器；10—吸收池；11—光门；13—光电管；14—直流入大器；15—微安表

（三）721 型分光光度计

721 型分光光度计是实验室用得最广泛的可见光分光光度计，其结构原理如图 7 - 20。

由光源 1 发出的白光，经聚光透镜 2 至平面反射镜 3，转 90°进入入口狭缝 4，经准直镜 6 变成一束平行光射入背面镀铝棱镜 7，色散后的光从铝面反射回来，再经过准直镜 6 反射至出口狭缝 4（出、入口狭缝是仪器中同一弯曲狭缝的不同位置）。由于棱镜和刻有波长的转盘相连，转动转盘即可转动棱镜角度，使所需单色光通过出口狭缝，并根据转盘上的刻度读出单色光的波长。射出的单色光经光亮调节器 8、聚光透镜 9 进入吸收池 10，被溶液吸收后照射到光电管 13 上,产生的光电流经放大器 14 放大输入微安表 15,在微安表的标尺上可直接读出吸光度或透光率。

721 型分光光度计的操作方法

仪器外形如图 7-21 所示。

(1) 仪器电源接通之前,应检查调零旋钮 和"100%T"调节旋钮是否处在起始位置。如不是,应分别按反时针方向轻轻旋转至不能再动。检查电表指针是否指"0",如不指"0",可调节电表上的调整螺丝使指针指"0"。使灵敏度选择旋钮处于"1"档(最低档)。

(2) 打开电源开关 2,指示灯即亮,打开比色皿暗箱盖 10(光闸关闭),使电表指针位于透光率为"0"位。仪器预热 20min。旋转波长调节旋钮 7,选择需要的单色光波长,其波长数可由读数窗口 8 显示。调节调零旋钮 6,使电表指针重新处于透光率为"0"位。

(3) 将盛有参比溶液和待测溶液的比色皿置于暗箱中的比色皿架上,盛放参比溶液的比色皿放在第一格内,待测溶液放在其他格内。

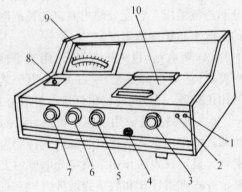

(4) 将比色皿暗箱盖盖上,此时与盖子联动的光闸被推开,占据第一格的参比溶液恰好对准光路,使光电管受到透射光的照射,旋转"100%T"调节旋钮 5,使指针在透光率为"100"处。

(5) 如果旋动"100%"调节旋钮,电表的指针不能指在"100%"处,可把灵敏度选择旋钮 3 旋至"2"档或"3"档,重新调"0"和"100"。灵敏度档选择的原则是保证能调到"100%"的情况下,尽可能采用灵敏度较低档,使仪器有更高的稳定性。

(6) 反复几次调"0"和"100",即打开比色皿暗箱盖,调整"0"调节旋钮,使电表指针指"0";盖上暗箱盖,旋动"100%"调节旋钮,使电表指什指"100",仪器稳定后即可测量。

图 7-21　721 型分光光度计图

1—电源指示灯;2—电源开关;3—灵敏度选择旋钮;4—比色皿定位拉杆;5—"100%T"调节旋钮;6—调零旋钮;7—波长调节旋钮;8—波长读数盘;9—读数电表;10—比色皿暗箱盖

(7) 拉出比色皿定位拉杆 4,使待测溶液进入光路,从电表 9 上读出溶液的吸光度值。

(8) 测量完毕,将各调节旋钮恢复至初始位置,关电源,取出比色皿,洗净倒置晾干。

实验 7-11　邻二氮菲分光光度法测定微量铁

一、实验目的

(1) 掌握邻二氮菲分光光度法测定铁的原理和方法。

(2) 熟悉绘制吸收曲线的方法,正确选择测定波长。

(3) 学会制作标准曲线的方法。

(4) 通过邻二氮菲分光光度法测定微量铁,掌握 721 型(或 7220 型)分光光度计的正确使用方法,并了解仪器的主要构造。

二、实验原理

邻二氮菲与 Fe^{2+} 在 pH 2~9.0 溶液中形成橙红色配合物。本实验用 HAc—NaAc 缓冲溶液，pH 为 5.6~6.0，显色反应如下：

$$Fe^{2+} + 3C_{12}H_8N_2 \rightarrow [Fe(C_{12}H_8N_2)_3]^{2+}$$

配合物的配合比为 3∶1。Fe^{3+} 与邻二氮菲作用形成蓝色配合物，稳定性较差，因此在实际应用中常加入还原剂使 Fe^{3+} 还原为 Fe^{2+}，与显色剂邻二氮菲作用。常用盐酸羟胺作还原剂。测定时，用 HAc—NaAc 缓冲溶液控制溶液酸度在 pH 5.6~6.0，酸度高反应进行较慢；酸度太低，则 Fe^{2+} 离子易水解。

Bi^{3+}、Cd^{2+}、Hg^{2+}、Zn^{2+}、Ag^+ 等离子与邻二氮菲作用生成沉淀，干扰测定。实验证实，相当铁量 40 倍的 Sn^{2+}、Al^{3+}、Zn^{2+}、Ca^{2+}、Mg^{2+}、SiO_3^{2-}，20 倍的 Cr^{3+}、Mn^{2+}、VO_3^-、PO_4^{3-}，5 倍的 Co^{2+}、Ni^{2+}、Cu^{2+} 等离子不干扰测定。本法测定铁的选择性高。测定试样时应考虑上述离子的影响。

三、仪器和药品

仪器：

  721 型（或 7220 型）分光光度计；

  容量瓶 50mL 10 只；

  移液管 10mL 1 支；

  吸量管 5mL 4 支。

药品：

  铁标准溶液 $100\mu g \cdot mL^{-1}$：准确称取 0.8634g 分析纯 $NH_4Fe(SO_4)_2 \cdot 12H_2O$，置于烧杯中，加入 10mL $6mol \cdot L^{-1}$ HCl 和少量水，溶解后，定量转移到 1L 容量瓶中，加水稀释至刻度，充分摇匀；

  铁标准溶液 $10\mu g \cdot mL^{-1}$：用移液管移取上述铁标准溶液 10 mL，置于 100 mL 容量瓶中，加入 $6 mol \cdot L^{-1}$ HCl 2.0 mL，然后加水稀释至刻度，充分摇匀；

  盐酸羟胺溶液，10%（新鲜配制）；

  邻二氮菲溶液 0.1%（新鲜配制）；

  HAc-NaAc 缓冲溶液（pH≈5.0）称取 136g NaAc，加水使之溶解，在其中加入 120 mL 冰醋酸，加水稀释至 500 mL。

四、实验步骤

1. 系列标准溶液的配制

用吸量管移取 $10\mu g \cdot mL^{-1}$ 铁标准溶液 0.0、1.0、2.0、4.0、6.0、8.0、10.0 mL 分别放入记有 1#，2#，…，7# 的七个 50 mL 容量瓶中，分别加入 1 mL 10% 盐酸羟胺溶液、2.0 mL 0.1% 邻二氮菲溶液和 5 mL HAc-NaAc 缓冲溶液，加水稀释至刻度充分摇匀，放置 5 分钟。

2. 邻二氮菲-Fe 吸收曲线的绘制

用 3cm 比色皿、以 1# 溶液（空白溶液）为参比溶液，用 721 型分光光度计在 440~560nm 波长范围内测定 4# 溶液的吸光度 A 值，波长间隔 10 nm。在临近最大吸收波长附近应间隔

2～5 nm,注意每改变一次波长,都要用参比溶液调一次 100％(透光率)。然后以波长为横坐标,所测 A 值为纵坐标,绘制吸收曲线,并找出最大吸收峰的波长,以 λ_{max} 表示。

3. 标准曲线的绘制

仍以 1# 溶液为参比溶液,选择 λ_{max} 为测定波长,分别测定 2# ～7# 溶液的吸光度 A 值,以铁含量为横坐标,A 值为纵坐标,绘制标准曲线。

4. 水样分析

另取 3 只 5 mL 容量瓶,分别加入 5.00 mL(或 10.00 mL,以铁含量在标准曲线范围内为合适)水样,按步骤 1 中同样方法显色,在 λ_{max} 处用 3cm 比色皿以 1# 溶液为参比溶液平行测定 A 值,求其平均值。在标准曲线上找出对应其 A 值的铁浓度,计算出水样中的铁含量。

• 思考题

1. 邻二氮菲分光光度法测定铁时为何要加入盐酸羟胺溶液?

2. 吸收曲线与标准曲线有何区别? 在实际应用中有何意义?

3. T％与 A 两者关系如何? 测定条件指哪些?

4. 邻二氮菲与铁的显色反应,其主要条件有哪些?

5. 简述 721 型分光光度计主要构造。测量时应注意什么?

第八章　化学和物理变化参数的测定技术

【知识目标】
1. 了解化学物理变化参数的测定原理;
2. 基本掌握化学反应热效应、平衡常数、反应速率和溶液 pH 值的测定方法;
3. 具备用图解法处理实验数据的能力。

【技能目标】
1. 学会精密数字温度差仪、贝克曼温度计、电导率仪、阿贝折光仪、旋光仪、酸度计和电位差计等仪器的使用方法;
2. 掌握恒温槽、量热装置的安装与使用方法。

第一节　化学反应热效应的测定

在一定条件下,化学反应过程中放出或吸收的热量称为该化学反应的热效应。化学反应的热效应是极为重要的热力学数据。准确地测定这些数据,在化工计算和生产实际中具有非常重要的意义。

一、测定原理

实验室测定化学反应热效应通常测其恒容化学热效应,可以通过下列方式加以换算。

热力学第一定律是量热测定的基础,它表明了内能、热和功之间的数量关系。当体系的热容可视为常数时,对于恒容不做非体积功的过程

$$Q_V = \Delta U = C_V \Delta T \tag{8-1}$$

根据热力学关系式,对于理想气体的反应过程

$$Q_P = Q_V + \Delta nRT \tag{8-2}$$

式中 Δn 为反应前后气体物质的量的变化数。

热效应测定的原理是:在绝热的条件下,将被测物质置于某量热体系中进行化学反应时,所产生的热效应会使量热体系的温度发生变化。测量反应前后体系温度的变化值 ΔT 及体系的热容 C_V,根据热力学第一定律即可计算出该反应的热效应 Q_V:

$$Q_V = C_V \Delta T \tag{8-3}$$

二、量热体系热容的测定

量热体系的热容是指在反应条件下使量热体系温度升高 1℃ 所需的热量。体系热容 C 的测定通常有以下两种方法。

1. 化学反应标定法

利用某些已知其准确热效应的标准物质(例如苯甲酸的燃烧热,强酸的中和反应热等),使其在量热体系中反应,在绝热条件下,测定量热体系的温度变化值 ΔT,即可计算体系的热容 C。

$$C=\frac{Q_{标}}{\Delta T} \tag{8-4}$$

2. 电热标定法

在量热计中装入一个已知电阻的电加热器，通入一定量的电流，测定其电流 $I(A)$，电压 U (V) 及通电时间 $t(s)$，由焦耳定律计算通电所产生的热效应 $Q_{电}$，在绝热条件下，再测定量热计体系的温度变化 ΔT，即可计算体系的热容 C。

$$C=\frac{Q_{电}}{\Delta T}=\frac{I^2Rt}{\Delta T}=\frac{IUT}{\Delta T}$$

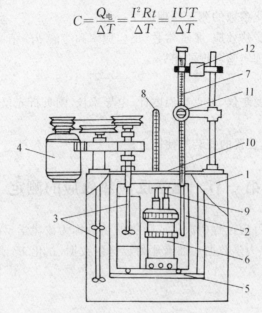

图 8-1　氧弹式量热计

1—外壳(夹层装水)；2—量热容器(即内桶)；3—搅拌器；4—搅拌马达；5—绝热支柱；6—氧弹；
7—贝克曼温度计；8—普通温度计；9—电极；10—胶盖子；11—放大镜；12—定时电振动装置

实验 8-1　燃烧热的测定

一、实验目的

(1) 用氧弹式量热计测量萘的燃烧热。

(2) 了解氧弹式量热计的构造、原理和使用方法。

二、实验原理

物质的热效应是指 1mol 物质在恒温下完全燃烧时放出的热量。所谓完全燃烧是指物质中的 C，H 及 S 等燃烧后分别生成 CO_2(气)，H_2O(液)及 SO_2(气)等。在恒容条件下测得的热效应称恒容热效应(Q_V)。若反应体系中的气体物质均可视为理想气体，根据热力学推导，Q_p 与 Q_V 的关系为：

$$Q_p=Q_v+RT\sum_{B}v_B \tag{8-5}$$

式中：　T——反应温度

Q_p——恒压热效应

Q_V——恒容热效应

v_B——燃烧反应方程式中各气体物质的化学计量数。产物取正值,反应物取负值。

燃烧热通常是用氧弹式量热计(图8-1)测定。测得的是恒容热效应Q_V,通过式(8-5)即可计算出恒压热效应Q_p。

图8-1为氧弹式量热计。图8-2为氧弹量热计装置示意图,内筒3为仪器的主体,是本实验研究的体系。为了尽量减少体系与环境的热交换。采用了水夹套1和空气绝热层2,1中的水温与测量温度相近,仪器上方用热绝缘板覆盖。内筒3中盛满水,用以吸收燃烧反应放出的热量。搅拌器5可使内筒水温迅速达到均匀。

燃烧反应前后水温的变化可用贝克曼温度计6精确测量。

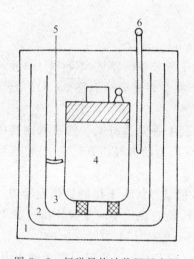

图8-2　氧弹量热计装置示意图

1—水夹套;2—空气隔热层;3—内筒;

4—弹体;5—搅拌器;6—温度计

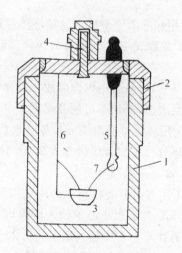

图8-3　氧间剖面示意图

1—弹体;2—弹盖;3—燃烧皿;4—出气道;

5—进气管兼电极;6—另一电极;7—燃烧丝

图8-3为氧弹剖面示意图。待测物质置于燃烧皿3中,用燃烧丝7与两电极5,6相连(电极5由进气管兼),弹体内充入$2.5×10^3~3.0×10^3$kPa的氧气。当两电极通电,待测物及燃烧丝即燃烧,放出的热量大部分被内筒中的水吸收,尚有部分为量热计体系(包括氧弹、搅拌器、贝克曼温度计等)所吸收。用贝克曼温度计测出燃烧前后量热计的温度变化值代入下式即可求出Q_V。

$$mq_v + qW = V\rho C\Delta T + K\Delta T \tag{8-6}$$

式中　　m—待测物的质量(g);

　　　　q_v——每克待测物质在恒容条件下燃烧时放出的热量(J·g^{-1});

　　　　q——每克燃烧丝燃烧后产生的热量,若用铁丝则$q=6699$ J·g^{-1};

　　　　W——燃烧掉的燃烧丝的质量(g);

　　　　V——内筒中水的体积(mL);

　　　　ρ——水的密度(g·cm^{-3});

　　　　C——水的热容(J·g^{-1}·K^{-1});

　　　　ΔT——燃烧前后体系温度的变化(K);

K——量热计体系的总热容(又称量热计水当量(J·K^{-1})。

三、仪器与药品

仪器:

弹式量热计	1 套;	贝克曼温度计	1 支;
容量瓶(1000mL)	1 个;	温度计	1 支;
镊子、小扳手	各一把;	压片机、镍丝或铁丝、酸洗石棉。	

药品:

分析纯的苯甲酸和萘;台秤;分析天平;氧气瓶等。

四、实验步骤

1. 用标准苯甲酸标定量热计热容量 K

(1) 截取 8~10cm 镍丝或铁丝,准确称量(精确到 0.0002g)。

(2) 准确称量(精确到 0.0002g)已预先压成片状的干燥苯甲酸样品(不超过 1g)放入燃烧皿 3(图 8-3),然后把燃烧皿放在氧弹金属弯杆的环上,并装好燃烧丝 7(图 8-3)。燃烧丝应触及样品表面,但切不可触及坩埚。

(3) 用移液管吸取 10mL 蒸馏水放入氧弹圆筒中,装上弹盖并拧紧。然后将钢瓶中的氧气通过进气管向氧弹缓缓充入 2.0×10^3~2.5×10^3kPa 压力的氧气。氧气充毕,将氧弹浸没在水中,检查是否漏气。

(4) 用万用电表检查并确认氧弹的两极为通路后,把氧弹放入干燥的量热容器中。然后将 3 000mL 自来水小心地倒入内筒,调节贝克曼温度计,使它在水中时水银柱指示在 1~2℃之间。另往水夹套中加入适量的自来水,使其温度较内筒约高 0.7℃。

(5) 将点火插头插在氧弹电极上。装好搅拌器,把已调节好的贝克曼温度计插入内筒,使水银球位于氧弹高度的一半处,应注意勿与内筒或弹壁相碰。然后开动内、外筒搅拌器,经 3~5min 后,待贝克曼温度计指示温度均匀上升,即开始记录。

每套量热计均附有定时电动振动器,每隔 0.5min 振动贝克曼温度计一次,以消除温度计毛细管壁对水银柱升降的粘滞现象。每次振动后读取温度,即每隔 0.5min 读取温度一次。

为了便于处理实验结果,测定记录的全过程分为三个阶段。

①初期:即样品燃烧前的阶段,共读取温度 11 次,即 10 个时间间隔。

②主期:样品燃烧阶段,在初期最末一次读取温度的瞬间,扳动点火开关,点火时间不得超过 1s。主期指自点火开始,到温度不再上升而开始下降时为止。

③末期:共读取温度 10 次。

(6) 从量热计内筒取出氧弹,缓缓打开放气阀,使气体缓缓放出,降至常压。拧开并取下弹盖,仔细检查氧弹内筒,若发现弹筒中有烟黑或未燃尽的样品微粒,则这次实验无效。

(7) 为了求算实验中燃烧掉的燃烧丝的放热量,应该将尚剩下的燃烧丝称量,以求得实际燃烧掉的燃烧丝的质量。同时,为了在总热效应中扣除原氧弹中的 H_2O、O_2 与空气中的 N_2 作用生成 HNO_3 水溶液的热效应,必须用少量蒸馏水(每次 10mL)洗涤弹筒及内件 3~4 次,洗涤液均收集在 250mL 锥形瓶中。微沸 5min 后,加酚酞指示剂,用浓度为 0.1ml·L^{-1} 的 NaOH 溶液滴定至粉红色,得到消耗掉的 NaOH 溶液体积 V_{OH^-}。

2. 测定萘的恒容燃烧热效应

实验步骤同上。

五、注意事项

(1) 氧弹充气时,严禁钢瓶、阀门、工具扳手及操作者手上沾有油脂,以防燃烧和爆炸。

(2) 开启阀门时,人不要站在钢瓶出气处,头不要在钢瓶头之上,以保证人身安全。

(3) 开启总阀门前,氧气表调压阀应处于关闭状态,以免突然打开时发生意外。

(4) 钢瓶内压力不得低于 10×10^5 Pa,否则不能使用。

六、数据记录与处理

将量热计系统热容及萘的燃烧热的测量数据,分别按下表列出:

燃烧丝的质量:

(燃烧丝＋样品)的质量:

样品的质量 m:

剩余燃烧丝的质量:

已燃烧的燃烧丝质量 W:

室温:＿＿＿＿＿　大气压力:＿＿＿＿＿

前　　期		反　应　期		后　　期	
时间 t/s	温度 T/K	时间 t/s	温度 T/K	时间 t/s	温度 T/K

1. 求算 ΔT 值

根据实验数据绘出 $T-t$ 曲线,如图 8-4 或图 8-5。

连结 $FHDG$ 折线。H 为开始燃烧之点,D 为最高温度读数点。若室温为 J,过 J 作平行于横轴的直线,此直线与 HD 交于 I,过 I 点作与横轴垂直的直线 ab,将 FH,GD 线段外延,分别与 ab 将于 A 和 C,则 AC 间的温差即为所求的 ΔT 值。

2. K 值的求算

根据式(8-6),K 的值可以表示为:

$$K = \frac{mq_v + qW}{\Delta T} - V\rho C \tag{8-7}$$

将实验数据代入上式,即可求出 K 值。从附录十中查得室温下水的密度 ρ。

3. 计算萘的燃烧热

将有关实验数据代入式(8-6),计算 q_v:

$$K = \frac{V\rho C\Delta T + K\Delta T - qW}{m} \tag{8-8}$$

1mol 萘在恒容条件下燃烧所产生的热量 Q_V 应为

$$Q_V = Mq_V$$

M 为萘的摩尔质量,再根据式(8-5),即可计算出萘的燃烧热 Q_p。

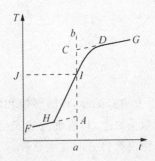

图 8-4　绝热良好时的 $T-t$ 曲线图

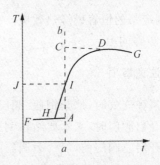

图 8-5　绝热较差时的 $T-t$ 曲线图

若考虑生成 HNO_3 水溶液的热效应,则应用下式进行计算:

$$Q_V = [V_\rho C \Delta T + K \Delta T - qW - (-5.98)V_{OH^-}]\frac{M}{m}$$

$$(8-9)$$

V_{OH^-}——滴定洗弹液所消耗的 $0.1mol \cdot L^{-1} NaOH$ 溶液的体积(L);

-5.98——相当于被 $1L\ 0.1mol \cdot L^{-1} NaOH$ 溶液所中和的 HNO_3 水溶液的生成热($J \cdot L^{-1}$)

• 思考题

1. 将实验测定的萘的燃烧热与手册上的数据对比,计算实验误差,并予以讨论。

2. 在使用氧气钢瓶及氧气减压阀时,应注意哪些规则?

3. 试述贝克曼温度计与普通水银温度计的区别及其使用方法。

4. 写出萘燃烧过程的反应方程式。如何根据实验测得的 Q_V 求出 Q_p?

附:贝克曼温度计

在物理化学实验中,常使用贝克曼温度计。其构造见图 8-6。它与普通水银温度计的区别在于测温端水银球内的水银储量可以借助顶端的水银贮槽来调节;贝克曼温度计不能测得体系的温度,但可以精密测量体系变化的温差。

贝克曼温度计上的标度通常只有 $5℃$ 的量程,每 $1℃$ 间隔约长 $5cm$,中间分为 100 等分,故可以直接读出 $0.01℃$。如果用放大镜观察,可以估计到 $0.002℃$,测量精度较高。

贝克曼温度计在使用前须根据待测体系的温度及温差值的大小、正负来调节水银球中的水银量。

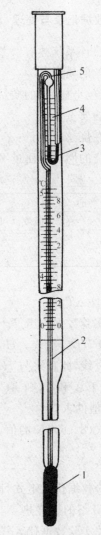

图 8-6　贝克曼温度计
1—水银球;2—毛细管;3—水银贮槽;
4—温度标尺;5—毛细管尖口

调节方法如下:

(1) 首先确定所使用的温度范围。若为温度升高的实验(如燃烧热的测定),则水银柱指示的起始温度应调节在1℃左右;若为温度降低实验(如凝固点降低法测物质的摩尔质量)则水银柱应调节在4℃左右。

(2) 进行水银贮量的调节。首先将温度计倒持,使水银球中的水银与水银槽中的水银在毛细管尖口处相连接,然后利用水银的重力或热胀冷缩原理使水银从水银球转移到水银贮槽或从水银贮槽转移到水银球中。达所需转移量时,迅速将温度计正向直立,用左手轻击右手的手腕处,把毛细管尖口处的水银拍断。放入待测介质中,观察水银柱位置是否合适,如不合适,可重复调节操作,直至调好为止。

贝克曼温度计较贵重,下端水银球的玻璃壁很薄,中间毛细管又细又长,极易损坏,在使用时不要同任何硬物相碰,不能骤冷、骤热或重击,用完后必须立即放回盒内,不可任意搁置。

第二节　反应平衡常数的测定

一、平衡常数测定的原理

在一定的条件下,当一个反应的正反应速度和逆反应速度相等时,反应物和产物浓度就不再随时间的变化而改变,这种状态称为化学平衡。化学反应平衡常数是化学平衡状态的重要特征之一,平衡常数可以用热力学方法来计算,也可通过实验测定。用实验方法测定化学反应平衡常数时,首先要确定反应是否达到平衡状态,通常可用以下几种方法来判断。

(1) 在外界条件不变时,无论再经过多长时间,反应体系中各物质的浓度不再发生变化,可以认为反应已达平衡。

(2) 在一定温度下,如果任意改变各物质的初始浓度,所测得的平衡常数相等,则说明反应体系已达平衡。

(3) 从反应物开始正向进行反应和从生成物开始逆向进行反应分别得到的平衡常数相等时,则反应已达到平衡。

在反应已达到平衡后,可以通过测定反应体系各物质的浓度或相关物理量来求得反应的平衡常数。

二、平衡常数测定的常用方法

(一) 化学分析法

利用化学分析的方法可直接测定平衡体系中各物质浓度,进而求得平衡常数,但在分析过程中会因加入试剂而扰乱平衡,使测得的浓度并非是真正的平衡浓度,因此要设法使平衡状态不被打破,通常采用以下几种方法。

(1) 将平衡体系急骤冷却,在低温下进行化学分析。

(2) 若反应有催化剂存在,则除去催化剂,使反应停止。

(3) 若在溶液中进行反应,则可以加入大量的溶剂将溶液稀释。

(二) 分光光度法

由于物质对光的吸收具有选择性,所以反应平衡体系中物质的组成可用分光光度法来进行测定。根据朗伯-比尔定律,当入射光、溶液的温度及厚度不变时,吸光度随溶液的浓度而变化。因此通过对溶液吸光度的测定可以推算溶液的浓度,并计算反应平衡常数。

（三）电导率法

某些液相反应的物质组成和溶液的电导率存在一定的关系,所以可利用溶液电导率的测定来计算平衡常数。

此外,也可利用物质的其他一些常用物理量与物质浓度的对应关系先求出体系的组成,再计算出平衡常数。例如通过体系的折射率、旋光角、压力或体积的改变等来测定物质的浓度。物理方法测定的优点是快速、简便、在测定时不会扰乱或破坏体系的平衡状态,在实验室中较为常用。

实验 8-2　电导率法测定 HAc 的电离常数

一、实验目的

（1）测定 KCl 水溶液的电导率,计算它的极限摩尔电导率。

（2）用电导法测量醋酸在水溶液中的解离平衡常数。

（3）掌握 DDS-11A 型电导率仪的测量原理和使用方法。

二、实验原理

（1）关于电导和电导率。电导和电导率详见第三章第七节（溶液电导率的测定）

在讨论电解质溶液的导电能力时,常用摩尔电导率 Λ_m 这个量,它与电导率 κ、溶液浓度 c 之间的关系如下:

$$\Lambda_m = K/C \tag{8-10}$$

式（8-10）中 Λ_m 是电解质溶液的浓度为 c（$mol \cdot m^{-3}$）时的摩尔电导率,它的单位是 $S \cdot m^2 \cdot mol^{-1}$。

（2）Λ_m 总是随溶液浓度的降低而增大。对强电解质稀溶液而言,其变化规律可用科尔劳施（Kohlrausch）经验公式表示:

$$\Lambda_m = \Lambda_m^{\infty} - A\sqrt{c} \tag{8-11}$$

式（8-11）中 Λ_m^{∞} 为无限稀释时的摩尔电导率,也称极限摩尔电导率。对特定的电解质和溶剂来说,在一定温度下,A 是一个常数。所以,将 Λ_m 对 $\sqrt{c}$ 作图得到的直线外推,可求得该强电解质溶液的极限摩尔电导率 Λ_m^{∞}。

对于弱电解质的 Λ_m^{∞},通常是根据离子独立运动定律,从正、负两种离子的极限摩尔电导率加和求得:

$$\Lambda_m^{\infty} = \Lambda_{m,+}^{\infty} + \Lambda_{m,-}^{\infty} \tag{8-12}$$

式（8-12）中 $\Lambda_{m,+}^{\infty}$、$\Lambda_{m,-}^{\infty}$ 分别表示正、负两种离子在无限稀释时的摩尔电导率。在 25℃ 时,据此求得醋酸的 Λ_m^{∞} 为 $3.907 \times 10^{-2} S \cdot m^2 \cdot mol^{-1}$。

（3）弱电解质的稀溶液中,离子的浓度很低,离子间的相互作用可以忽略,可认为它在浓度 c 时的解离度 α 等于它的摩尔电导率 Λ_m 与极限摩尔电导率 Λ_m^{∞} 之比,即:

$$\alpha = \frac{\Lambda_m}{\Lambda_m^\infty} \tag{8-13}$$

对 1－1 型弱电解质,例如醋酸,当它在溶液中达到解离平衡时,解离平衡常数 K_c 与浓度为 c 时的解离度 α 之间有如下关系:

$$K_c = \frac{c\alpha^2}{(1-\alpha)} \tag{8-14}$$

合并式(8-13)、式(8-14)两式,即得:

$$K_c = \frac{c\Lambda_m^2}{\Lambda_m^\infty (\Lambda_m^\infty - \Lambda_m)} \tag{8-15}$$

式(8-15)可改写为

$$\frac{1}{\Lambda_m} = \frac{c\Lambda_m}{K_c (\Lambda_m^\infty)^2} + \frac{1}{\Lambda_m^\infty} \tag{8-16}$$

这就是奥斯特瓦德(Ostwald)稀释定律。根据式(8-16),以 $1/\Lambda_m$ 对 $c\Lambda_m$ 作图可得一直线,其斜率为 $\dfrac{\Lambda_m}{K_c (\Lambda_m^\infty)^2}$,即可求得 K_c。

三、仪器与药品

仪器:

DDS－11A 型电导率仪	1 台;	铂黑电导电极	1 支;
恒温槽装置	1 套;	移液管(25mL)	1 支;
三角烧瓶	3 只。		

药品:

　　KCl 溶液($c=0.0100$ mol·L^{-1});HAc 溶液($c=0.100$ mol·L^{-1});纯水。

四、实验步骤

(1) 调节恒温槽温度至指定温度(25.0℃或30.0℃±0.1℃)。将电导率仪的"校正、测量"开关扳在"校正"位置,打开电源开关预热数分钟。电导率仪的原理和使用方法详见第三章第七节"溶液电导率的测定"。

(2) 用移液管准确量取 0.0100 mol·L^{-1}KCl 溶液 25.00mL,放入三角烧瓶中。在另一三角烧瓶中,放入供电导法测定用的纯水。将它们放置在恒温槽内恒温 5～10mim。

(3) 将电导电极用 0.0100 mol·L^{-1}KCl 溶液淋洗 3 次,用滤纸吸干(注意滤纸不能擦及铂黑)后,置入已恒温的 KCl 溶液中。把电导率仪的频率开关扳到"高周"档,量程开关扳到"×10^3"档,调整电表指针至满刻度后,将"校正、测量"开关扳在"测量"位置,测量 0.0100 mol·L^{-1}KCl 溶液的电导,读取数据 3 次,取平均值。根据式(3-14),求出电极常数。

(4) KCl 溶液的电导率的测定。

① 把电极常数调节器旋在已求得的电极常数的位置。重新调整电表指针至满刻度。测量 0.0100 mol·L^{-1}KCl 溶液的电导率。此时仪表示值应与该实验温度下 0.0100 mol·L^{-1} KCl 溶液电导率的文献值一致。如果不一致,应重复步骤 3 的操作。在调整好以后,就不能再旋动电极常数调节器。

② 取一支洁净的 25mL 移液管,准确量取 25.00mL 已恒温的纯水,加至原先的 KCl 溶液

中,使 KCl 溶液的浓度稀释为 0.0050 mol·L^{-1}。恒温 2min,测定其电导率,读取数据 3 次,取平均值。在此后的测量中,随着被测溶液电导率的变化,要调整电导率仪的量程开关及其对应的频率(高、低周)开关,以达到使电表指针在表头上的偏转最大为目的,从而能较精确地进行测量。

③ 依次分别加入 50.0,100,200mL 已恒温的纯水,恒温 2min 后,测量各个被稀释了的 KCl 溶液的电导率。

(5) 醋酸溶液电导率的测定。

① 将电导电极分别用蒸馏水及 0.0100 mol·L^{-1}HAc 溶液各淋洗 3 次,用滤纸吸干。

② 用移液管准确量取 0.100 mol·L^{-1}HAc 溶液 25.00mL,放入三角烧瓶中。将它们放置在恒温槽内,恒温 5mim 后,测定其电导率。

③ 依次分别加入 25.0,50.0,25.0mL 已恒温的纯水,恒温 2min 后,测量各个被稀释了的 HAc 溶液的电导率。

(6) 纯水的电导率测定。将电导电极用蒸馏水淋洗 3 次,置入已恒温的纯水中。把电导率仪的频率开关扳到"低周"档,量程开关扳到"×1"档。恒温 2min 后,测量纯水的电导率。

(7) 实验结束后,将电导电极用蒸馏水洗净,养护在蒸馏水中。关闭各仪器开关。

五、数据记录与处理

1. 数据记录

室温:_____   大气压力:_____

恒温槽温度:_____

0.0100 mol·L^{-1}KCl 溶液的电导,G/S=_____

电极常数,$(l/A)/m^{-1}$=_____

纯水的电导率,$\kappa(H_2O)/S \cdot m^{-1}$=_____

表 8-1　KCl 溶液的电导率测定

$c/mol \cdot m^{-3}$	10.0	5.00	2.50	1.25	0.625
$\kappa/S \cdot m^{-1}$					
$\Lambda_m/S \cdot m^2 \cdot mol^{-1}$					
$\sqrt{c}/mol^{\frac{1}{2}} \cdot m^{-\frac{3}{2}}$					

2. 数据处理

(1) 以 KCl 溶液的 Λ_m 对 $\sqrt{c}$ 作图,由直线的截距求出 KCl 的 Λ_m^{∞}。

(2) 以 HAc 溶液的 $1/\Lambda_m$ 对 $c\Lambda_m$ 作图,由直线的斜率求算 K_c(与表 8-2 中的 K_c 值比较)。

c	κ'	κ	Λ_m	α	$K_c \times 10^2$	$1/\Lambda_m$	$c\Lambda_m$
$mol \cdot m^{-3}$	$S \cdot m^{-1}$	$S \cdot m^{-1}$	$S \cdot m^2 \cdot mol^{-1}$		$mol \cdot m^{-3}$	$S^{-1} \cdot m^{-2} \cdot mol$	$S \cdot m$

注:κ' 为所测 HAc 水溶液的电导率,κ 为 κ' 扣去同温下纯水的电导率 $\kappa(H_2O)$ 后的数值。

六、注意事项

(1) 电解质溶液的电导率随温度的变化而改变,因此,在测量时应保持被测体系处于恒温条件下。

(2) 电极接线不能潮湿,否则会引起测量上的误差。

(3) 由于空气中的 CO_2 溶于水后会使溶液的电导率增大,因此,测量纯水电导率时操作应尽可能迅速。

(4) 在测量时,如果预先不知道被测溶液电导率的大小,应先把量程开关置于最大电导率测量档($\times 10^4$),然后逐档下降至某档,过满刻度再增大一档,以防仪表表针被打弯。

• 思考题

1. 为什么要测定电极常数? 如何测定?

2. 如果配制醋酸溶液的水不纯,将对结果产生什么影响?

实验 8-3　分配系数的测定

一、实验目的

(1) 测定苯甲酸在苯—水体系中的分配系数。

(2) 确定苯甲酸分子在苯相和在水相中的存在形式。

二、实验原理

实验证明,如果某种物质能溶于两种不互溶的液体 α 和 β 中,则在一定的温度和压力下,将此物质加入到含有 α 和 β 的体系中,当达到溶解平衡时,该物质在两溶剂中的浓度之比为一常数,而与所加物质的量无关。这就是分配定律。如果此物质在 α 和 β 两种溶剂中皆不发生缔合和解离现象,即其在两种溶剂中的分子形态相同,则分配定律的数学表达式为:

$$\frac{c_\alpha}{c_\beta} = K \tag{8-17}$$

式中 c_α 和 c_β 分别表示平衡时溶质在溶剂 α 和 β 中的浓度,K 称为分配系数,其值与温度有关。上式只适用于稀溶液,若溶液浓度较大,则应以活度代替浓度。

如果溶质在两种溶剂中的分子状态不相同,例如,在 α 溶剂中以单分子形式存在,而在 β 溶剂中以 n 个分子缔合的形式存在,则分配定律的数学表达为:

$$\frac{c_\alpha}{\sqrt[n]{c_\beta}} = K'$$

或 $$\frac{c_\alpha}{c_\beta} = K \qquad\qquad (8-18)$$

式中 n 为溶质在 β 溶剂中的缔合度，c_β 是缔合分子在 β 溶剂中的浓度。若将式(8-18)取对数，则有：

$$\lg c_\beta = -\lg K + n\lg c_\alpha$$

以 $\lg c_\beta$ 对 $\lg c_\alpha$ 作图，得一直线，直线的斜率即为缔合度 n。

三、仪器与药品

仪器：

磨口锥形瓶(150mL)	4 个；	锥形瓶(200mL)	8 个；
碱式滴定管(25mL)	1 支；	分液漏斗(150mL)	4 个；
2mL,5mL,25mL,50mL 移液管		各 1 支。	

药品：

苯甲酸(A.R.)；　　　　　苯(A.R.)；NaOH(A.R.)；

酚酞指示剂；　　　　　　蒸馏水(经煮沸除去 CO_2)。

四、实验步骤

(1) 新配制约 $0.05\,mol \cdot L^{-1}$ 的 NaOH 溶液，并准确标定其浓度。

(2) 在已干燥并编号的 4 个分液漏斗中，用移液管各加入 50mL 蒸馏水，再分别加入 1.0,1.3,1.7,2.0g 苯甲酸，再用移液管各加入 25.00mL 苯，塞好塞子，轮流摇动，使其充分混合。如此摇动半小时后，静置数分钟，待体系清晰分层后，将下面的水层放入干燥的 150mL 磨口锥形瓶中，苯层仍留在分液漏斗中，盖紧塞子，防止苯挥发。

(3) 苯层中苯甲酸浓度的测定。用移液管从苯层液体中吸取 2mL 溶液于锥形瓶中，加入 25mL 蒸馏水，在通风橱内加热至沸，冷却后，以酚酞为指示剂，用已标定好的 NaOH 溶液滴定至溶液刚刚出现粉红色，并在摇动下保持 0.5min 至不褪色为止。记下消耗的 NaOH 溶液的体积 V_{NaOH}。再取一份样品，重复测定，求出苯层中苯甲酸的浓度 $c_{苯甲酸/苯}$。

(4) 水层中苯甲酸浓度的测定。用移液管从水层中吸取 5.00mL 溶液于锥形瓶中，加入 25.00mL 蒸馏水，以酚酞作指示剂，按上述方法用 NaOH 溶液滴定之。进行重复测定，取其平均值，求出水层中苯甲酸的浓度 $c_{苯甲酸/水}$。

对四个分液漏斗中的苯层和水层分别按步骤 3 和 4 进行测定。逐一求出所含苯甲酸的浓度。

五、数据记录与处理

(1) 将实验数据列表。

编号	溶剂层	苯　层			水　层		
		V_{NaOH}	$c_{苯甲酸/苯}$	$\bar{c}_{苯甲酸/苯}$	V_{NaOH}	$c_{苯甲酸/水}$	$\bar{c}_{苯甲酸/水}$
1	(1)						
	(2)						
2	(1)						
	(2)						
3	(1)						
	(2)						
4	(1)						
	(2)						

苯甲酸的浓度是：

$$c = \frac{n(苯苯甲酸的物质的量)}{V(混合物体积)}$$

（2）分别计算：

$$\frac{c_{苯甲酸/水}}{c_{苯甲酸/苯}}; \frac{c^2_{苯甲酸/水}}{c^2_{苯甲酸/苯}}; \frac{c_{苯甲酸/水}}{c^2_{苯甲酸/苯}}。$$

列下表，并对结果予以解释：

编号	$\dfrac{c_{苯甲酸/水}}{c_{苯甲酸/苯}}$	$\dfrac{c^2_{苯甲酸/水}}{c^2_{苯甲酸/苯}}$	$\dfrac{c_{苯甲酸/水}}{c^2_{苯甲酸/苯}}$
1			
2			
3			
4			

（3）以 $\lg c_{苯甲酸/苯}$ 对 $\lg c_{苯甲酸/水}$ 作图，由直线斜率求出缔合度 n，与计算结果比较。

（4）写出苯甲酸在苯—水体系的分配定律形式。

- 思考题

1. 在本实验中摇动分液漏斗时，应注意什么？

2. 测定苯层中的苯甲酸浓度，为什么要加水？为何加水后又加热至沸？

3. 在用碱式滴定管滴定 NaOH 标准溶液时，应注意什么？滴定的准确与否对分配系数的计算有什么影响？

注：$0.05 mol \cdot L^{-1}$ 的 NaOH 溶液的标定。

（1）称取 $2.0 \sim 2.2 g$ 分析纯 NaOH，加入少量蒸馏水使之溶解，取上层清液在 1000mL 容量瓶中稀释至刻度。

（2）准确称取邻苯二甲酸氢钾 2～3 份，每份重约 $0.2 \sim 0.3 g$，分别放在 250mL 锥形瓶中，加入 20～30mL 水使其溶解，滴入酚酞指示剂 2 滴，用待标定的 NaOH 溶液滴定，至溶液刚好出现粉红色，在摇动下保持 0.5min 不褪色为止，记下读数，按下式计算 NaOH 溶液的准确浓度。

$$c_{NaOH} = \frac{W}{V_{NaOH} \times M_r}$$

式中 c_{NaOH}，V_{NaOH} 分别为 NaOH 溶液的浓度和体积，W、M_r 分别为邻苯二甲酸氢钾的质量和物质的量。

（3）将已标定好的 NaOH 溶液保存于塑料瓶或带橡皮塞的试剂瓶中。

第三节　相图的测绘

一、相变参数的测定

相平衡是应用热力学的原理和方法来研究多相体系的状态随温度、压力、组成的变化而改变的规律。相平衡的研究方法通常有两种。

（1）数学表达式，它是利用热力学基本公式推导出体系的温度，压力与各相组成之间的关系，并把这种关系用数学公式表达出来。

（2）利用几何图形将体系的温度、压力与组成之间的关系表示出来，这种图形称为相图。二元或多元体系的相图通常以组成为自变量，而纵坐标则大多取温度。

用实验的方法测定相平衡实际上就是测绘相图，即通过实验测定体系的温度（或压力）同组成之间的关系，由此确定在不同温度（或压力）下的相变情况，从而作出对应的相图。

二、相图的测绘方法

（一）平衡蒸馏法

对于气—液共存的体系，常用平衡蒸馏的方法来绘制相图。测绘这类相图时，要求同时测定溶液的沸点及气-液平衡时两相的组成。其测定原理是，将待测体系置于平衡蒸馏器中，使待测体系在一定压力和温度下处于气-液平衡状态后，采集气相的冷凝液和液相的样品进行组成分析，作出沸点—组成图。

（二）热分析法

热分析法测绘相图的基本原理是，将固体样品加热熔融成一均匀液相，然后让其缓慢而均匀地冷却，并每隔一定时间读体系温度一次，如果体系内不发生相变化，则温度随时间均匀下降。如果体系内有相变化，例如晶体析出，则由于放出凝固热（相变热）而使温度下降减慢或暂时不变，因此我们可以根据体系在冷却过程中温度与时间的关系作图，绘出的冷却曲线称为步冷曲线。步冷曲线上出现的转折点或水平线段，就是体系发生相变的温度。不同的组成有不同的步冷曲线，根据各条步冷曲线的相变温度和组成的关系就可绘制相图。

实验 8－4　双液系沸点—组成图的测绘

一、实验目的

（1）测定环己烷-乙醇液系在常压下的气-液平衡数据，绘制体系在 101 325Pa 压力下的沸点-组成图，并确定体系的恒沸温度及恒沸混合物的组成。

（2）了解阿贝折射仪的测量原理和使用方法。

二、实验原理

两种常温时为液态的物质混合而成的二组分体系称为二元液系。把两种完全互溶的挥发性液体混合后,在一定温度下,通常两种组分具有不同的挥发能力,因而经过气、液间相变达到平衡后,各组分在气、液二相中浓度是不同的。因此若在恒压下将溶液蒸馏,测定馏出物(气相)和蒸馏液(液相)的组成,就能得到平衡时气、液两相的组成并绘出沸点–组成图(即 T-X 图)。

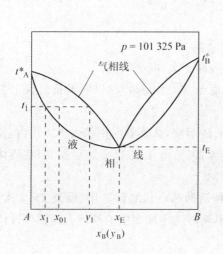

图 8-7　二元气液平衡相图

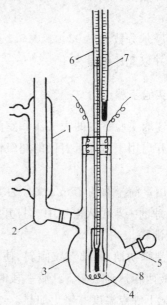

图 8-8　沸点仪

1—冷凝管;2—半球形底部;3—盛液容器;
4—电热丝;5—液相取样口;6—测量温度计;
7—辅助温度计;8—小玻管

T-X 相图是进行蒸馏或分馏操作分析的重要工具之一。通过分馏使溶液浓缩或分出组成在生产中或实验室里都有广泛的应用,所以这种相图具有很大的实用价值。

本实验测定的环己烷–乙醇的 T-X 相图如图 8-7 所示。图中横坐标表示二元体系 A、B 的组成(以 B 的摩尔分数表示),纵坐标表示不同组成溶液的沸点。显然,两个端点 t_A^*,t_B^* 即指纯 A 与纯 B 的沸点。若某一组成为 X_{01},在 t_1 ℃时则其平衡气液组成分别为 Y_1 与 X_1。

当用不同组成的溶液进行测定时,可得到一系列 t-X-Y 数据,由此可得到一张由液相线与气相线组成的完整相图。图 8-7 相图的特点是当体系组成为 X_E 时,在 t_E ℃沸腾,此时气相组成与液相组成是一样的。因为 t_E 是所有组成的最低者,所以用环己烷–乙醇测得的此类相图称为具有最低恒沸点的 T-X 相图。

本实验以沸点仪测定环己烷–乙醇体系不同组成的溶液的沸点,其装置如图 8-8 所示。

用电热丝直接浸入溶液中加热,以减少过热暴沸现象。沸点仪上的冷凝器使平衡蒸气聚在小球 2 内,然后从中取样分析气相组成,从支管 5 中取样分析液相组成。分析所用仪器为阿贝折光仪。因为在一定温度下,纯物质具有一定的折射率。由两种物质形成溶液时,溶液的折射率就与其组成有关。预先测定一系列已知组成溶液的折射率,得到折射率–组成对照表,参见附录十三。此后即可根据测得的气相冷凝液及液相的折射率,从表上查得气、液两相的组成。

三、仪器与药品

仪器：
　　沸点仪一套；1KVA 变压器；阿贝折光仪；超级恒温槽；长、短取样管；25mL 量筒。
药品：
　　摩尔分数为 0.03,0.10,0.20,0.40,0.60,0.80,0.90,0.97 的环己烷-乙醇混合溶液，并以此序编号为 1#、2#…8# 溶液。

四、实验步骤

(1) 读取实验室内的大气压和室温，实验结束后再读一次，取平均值。

(2) 开启用于恒温折射仪的超级恒温槽，调节温度至 30(±0.2)℃(以阿贝折光仪上温度计为准)。

(3) 用量筒量取约 25mL 编号为 1# 的环己烷－乙醇溶液，从支管 5 中加入沸点仪内，使温度计水银球的一半浸入溶液中。打开冷凝水，接通电源，调节电压在 15～20V 左右，将液体缓缓加热至沸腾。

(4) 沸腾初期，将沸点仪倾斜，使小球 2 中的液体返回沸点仪底部 3 中，反复 2～3 次，以加速气、液两相达到平衡。沸腾一段时间后，冷凝液不断淋洗小球 2 中的液体。待温度计读数恒定后，记下沸点温度并停止加热。

(5) 用长取样管吸取小球中的气相冷凝液，测定其折射率，另用短取样管自支管吸取液相混合物，测其折射率。每相样品重复测读二次折射率，取平均值。

(6) 将沸点仪中的溶液倒回原试剂瓶中，用量筒量取 2# 样品的 25mL 溶液加入沸点仪中，同上操作测定其沸点和气液两相样品的折射率。

(7) 依次测完 3#～8# 溶液后，关掉电源及水源。

五、数据记录与处理

1. 数据记录

室温：_____　　　　大气压力：_____

记录表格：

溶液编号	沸点/℃			液相分析		气相分析	
	t_b(直读)	t_b(校正)	t_b(101325Pa)	折射率	$x_{环己烷}$	折射率	$y_{环己烷}$
1							
2							
3							
…							

2. 数据处理

(1) 对温度计读数作示值校正和露丝校正。

(2) 对沸点作压力校正。对于环己烷-乙醇二元液系，为了将实验大气压力下的沸点数据换算成正常沸点，可以由 van Laar 及 Antoine 式导出如下的公式：

$$t_b(101325\text{Pa})/℃ = t_b(p)/℃ + \frac{1}{p/\text{Pa}}(0.712 + 0.0234y) \times (t_b(p)/℃ + 273)(101235 - p/\text{Pa})$$

式中:$t_b(p)$是实验大气压力下的沸点;$t_b(101325\text{Pa})$是正常沸点;y为环己烷在气相中的物质的量分数。

(3) 由附录十三确定各个样品的组成。

(4) 绘制环己烷-乙醇二元液系在101325Pa下的沸点一组成图,并由图确定体系的恒沸点及恒沸混合物的组成。绘图所用方格纸不小于120mm×180mm。

六、注意事项

(1) 沸点仪内没有溶液时,千万不能接通加热电源(调压器也应关在零位),否则将会引起温度计爆裂,产生汞毒害。

(2) 电热丝应全部浸没于待测溶液中,否则通电加热会引起有机液体燃烧。加热电压不能大于20V(在本实验所用电热丝时),过大会引起溶液燃烧或烧断电热丝或烧坏变压器,只要能使待测溶液沸腾即可。

(3) 只有在切断加热电源后才能取样分析。

(4) 取样管在取样前要保持干燥,可用吸球将管中液体吹出。

(5) 取样分析时,先取气相样品,再取液相样品。

(6) 实验过程中冷凝管中冷却水流量足够大,以使气相能全部冷凝。

• 思考题

1. 沸点仪冷凝管下部小球的体积过大或过小对测定结果有什么影响?

2. 实验中每个同学测定的 $1^\#\sim8^\#$ 混合物溶液都是从同一个试剂瓶取出的,那么最后的测定结果是否会完全一致? 为什么?

实验8-5　二元合金相图的绘制

一、实验目的

(1) 用热分析法绘制 Bi-Sn 合金相图。

(2) 了解热分析法的测量技术与热电偶测量温度的方法。

二、实验原理

热分析法(步冷曲线法)是绘制相图的基本方法之一:通常的做法是先将金属或合金全部熔化,然后让其在一定的环境中自行冷却,每隔一定时间记录一次温度,并画出温度随时间变化的步冷曲线(见图8-9)。

当熔融的体系均匀冷却时,如果体系不发生相变,则体系的温度随时间的变化是均匀的,冷却速率较快(如图中 ab 线

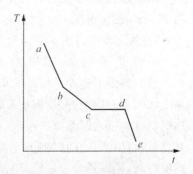

图8-9　步冷曲线

段);若在冷却过程中发生了相变,由于在相变过程中伴随有放热效应,所以体系的温度随时间变化的速率发生改变,冷却速率减慢,步冷曲线上出现转折(如图中 b 点)。当溶液继续冷却到

某一点时(如图中 c 点),此时溶液体系以低共熔混合物的固体析出。在低共熔混合物全部凝固以前,体系温度保持不变,因此步冷曲线上出现水平线段(如图中 cd 线段),当溶液完全凝固后,温度才迅速下降(如图中 de 线段)。

由此可知,对组成一定的二组分低共熔混合物体系,可以根据它的步冷曲线得出有固体析出时的温度和低共熔点温度。根据一系列组成不同的体系其步冷曲线中的各转折点,即可画出二组分体系的相图(温度-组成图)

与步冷曲线相对应的相图如图 8-10 所示。

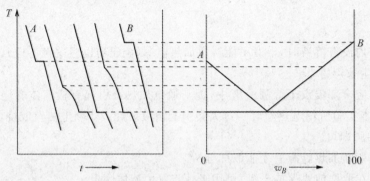

图 8-10　步冷曲线与相图

三、仪器与药品

仪器:

　　电炉 2 个;调压器 2 个;保温瓶 1 个;热电偶 1 支;硬质玻璃试管 5 支;自动平衡记录仪 1 台。

药品:

　　纯锡;纯铋;松香;液体石蜡。

四、实验步骤

1. 配制样品

用感量为 0.1g 的台秤分别配制含 Bi(质量分数)为 30%、57%(低共熔混合物组成)、80% 的 Bi-Sn 混合物各 40g;另外称纯 Bi、纯 Sn 各 40g,分别放入 5 个试管中。

2. 测定步冷曲线

按图 8-11 安装,XWT 自动记录仪的工作原理参见本实验后的附:"电子电位差计"。

依次测量上述 5 个样品的步冷曲线。方法如下:将装有样品的试管放入立式小电炉内,样品上面覆盖一层松香,以防止金属被氧化。热电偶热端插入加有少量液体石蜡的细玻璃管中,热电偶冷端浸入保温瓶的冰水(含冰)中。接通电源,样品熔化后,用装热电偶的细玻璃管将熔融金属搅拌均匀。同时将热电偶热端插入熔融金属中心距试管底约 1cm 处,让样品在试管内缓慢冷却,同时开动记录仪,记录步冷曲线:冷却速度不能太快,最好保持在每分钟降温 6～8℃。

五、数据记录与处理

已知纯 Sn、纯 Bi 的熔点分别为 232℃ 和 271℃。从工作曲线上查出组成 Bi 质量分数为 30%，57%，80% 时样品的熔点温度，以横坐标表示质量分数，纵坐标表示温度，绘出 Bi – Sn 二组分合金相图。

在绘制的相图上，用相律分析低共熔混合物、熔点曲线及各区域内的相数和自由度。

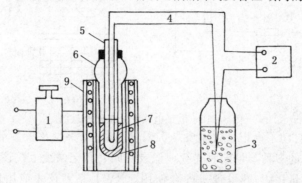

图 8 – 11　冷却曲线测定装置图

1—调压器；2—记录仪；3—保温瓶；4—热电偶；5—细玻璃管；6—试管；7—液体石蜡；8—样品；9—电炉

六、注意事项

（1）记录仪校正零点后，不能再动零位调节钮。

（2）熔化样品时，升温不能太快。待金属熔化后，即可停止加热。

（3）为使步冷曲线上有明显的相变点，必须将热电偶结点放在熔融体的中间偏下处，同时将熔体搅匀。保温炉调压器电压为：纯金属 50～60V，混合物 20V 左右。夏天可适当降低。

（4）热电偶冷端始终浸在保温瓶的冰水中。

• 思考题

1. 总质量相同但组成不同的 Bi – Sn 合金的步冷曲线水平段的长度有何不同？为什么？

2. 步冷曲线上为什么会出现转折点？纯金属、低共熔混合物及合金的转折点各有几个？曲线形状为何不同？

3. 某 Bi – Sn 合金样品已失去标签，用什么方法可以确定其组成？

附：电子电位差计

电子电位差计是一种自动平衡显示仪表，可以自动测量和记录各种直流输出的电量。测量电路采用桥式电路（图 8 – 12），图中 R_1，R_2，R_3，R_4 和滑线电阻 R_P 组成一电桥，稳压直流电源 $E_稳$ 接在电桥的 C，D 两端。选定合适的 R_1，R_2，R_3，R_4 阻值后，移动滑线电阻 R_P 的滑动点 B，则 A，B 两点间的电压 E_{AB} 可以在从负到正一段范围内连续变动。在电压 E_{AB} 输入晶体管放大器 J 的回路中，串接被测电动势 E_x（如热电偶产生的热电势）时，放大器 J 中得到的输入讯号电压为 $E_x + E_{AB}$ 的代数和，当 $E_x + E_{AB}$ 不为零时，经放大器放大，驱动可逆电机 M，带动滑线电阻 R_P 的滑动接点 B 和记录笔 F（图中虚线所示）从 B 移动至 B'，使得 B' 和 A 点间的电压 $E_{AB'}$ 恰好与 E_x 的代数和为零，这时放大器无电流输出，可逆电机 M 停止转动。滑线电阻接触点 B 的位置可以表示出被测电动势 E_x 的值，而 B 点的位置可以由记录笔 F 在记录纸上指示出来。

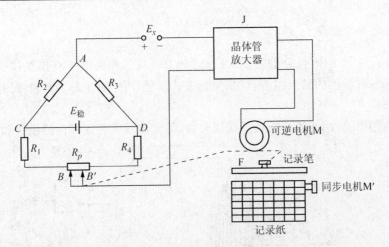

图 8-12　电子电位差计工作原理图

XWT 系列台式自动平衡记录仪主要是实现单参量、双参量及多参量测量和记录的仪表，它能将同一时刻发生的多种参量同时连续地记录在同一张记录纸上。该仪表常被工矿企业及科研单位用作自动测量，并与热电偶等配合使用。XWT 系列仪表应用自动平衡电位差计原理，其原理方块图列于图 8-13。

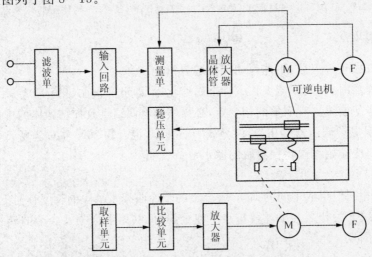

图 8-13　XWT 仪表工作原理方块图

XWT 仪表的操作程序如下：

在仪表通电前应检查仪表电源插头是否已妥善接地："电源"、"走纸变速器"、"记录"开关是否处于断开位置；各量程开关是否置于"最大量程"位置上。如均已按规定做好，可将信号插头接到各测量放大单元的插座上。然后，接通电源，等待片刻后（约 30s），将测量开关接通，用调零电位器把记录笔调至记录纸的始点或适当位置。根据记录辐度将量程开关调至适宜的量程位置，同时再对零位进行适当的调整。将"走纸变速"量程开关拨至所需要的速度，开始记录。

第四节　电池电动势和溶液 pH 值的测定

可逆电池电动势的测定有着广泛的应用。例如氧化还原反应的平衡常数、溶液的 pH 值、难溶盐的溶度积、电解质溶液平均活度系数以及某些热力学函数的变化值（ΔG、ΔH、ΔS）等，都可通过电池电动势的测定来求得，但首先必须把在溶液中进行的反应设计成可逆电池，不然就不能应用电动势测定的方法。

电池的电动势不能直接用伏特计来测量，因为当伏特计与电池接通后，电池立刻放电，电池内发生化学变化，电极被极化，溶液浓度改变，电池电动势也不能保持稳定。而且电池本身有内阻，所以伏特计量得的电位降不等于电池的电动势。电动势的测量一般采用直流电位差计，同时还需配用工作电源，标准电池和检流计。现在还有一种精密的直流数字电压表也可直接用于测量电池的电动势、热电偶的毫伏值等。

一、电动势的测定原理

电位差计是按照对消法（也称补偿法）测量原理而设计的一种平衡式电压测量仪器。图 8-14 是对消法测量电动势的原理示意图，从图上可知，电位差计由三个回路组成，即工作电流回路、标准回路和测量回路。

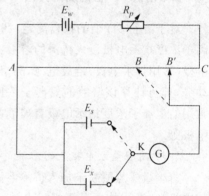

（1）工作电流回路。也叫电源回路。从工作电源正极开始，经滑线电阻 AC 再经工作电流调节电阻 R_p 回到工作电源负极，其作用是借助于调节 R_p 使在 AC 上产生一定的电位降。

（2）标准回路。也叫校正回路，是校准工作电流回路。从标准电池的正极开始（换向开关扳向 E_s 一方），经滑线电阻上 AB 段，再经检流计 G 回到标准电池负极。其作用是校准工作电流回路以标定 AC 上的电位降。令 $V_{AB} = IR_{AB} = E_s$（借助于调节 R_p 使 G 中电流 I_G 为零来实现）使 AB 段上电位降 V_{AB}（称为补偿电压）与标准电池的电动势 E_s 相对消，即大小相等而方向相反。

图 8-14　对消法测量原理示意图
E_w—工作电源；Re—可变电阻；AC—均匀滑线电阻；E_s—标准电池；E_x—待测电池；G—检流计；K—换向开关

（3）测量回路。从待测电池的正极开始（换向开关板向 E_x 一方）经滑线电阻上 AB' 段，再经检流计 G 回到待测电池负极。其作用是用校正好的滑线电阻 AC 上的电位降来测量未知电池的电动势，在保持校准后的工作电流 I 未变（即固定 R_P）的条件下，在 AC 上寻找出 B' 点，使得 G 中电流为零（$I_G = 0$），从而 $V_{AB'} = IR_{AB'} = E_x$。使 AB' 段上电位降 $V_{AB'}$（称为补偿电压）与待测电池的电动势 E_x 相对消，即大小相等而方向相反。

$$E_x = IR_{AB'} = \frac{E_s \cdot R_{AB'}}{R_{AB}} \tag{8-19}$$

由于 E_s、$R_{AB'}$ 和 R_{AB} 都是已知，所以就能求出未知电源的电动势 E_x。

从以上的工作原理可见，用直流电位差计测量电动势时，电位差计在工作过程中不从被测电池中取用电流，因此在被测电池内部没有电压降，故测得结果即为电池的电动势。另外从

$E_x = \dfrac{E_S \cdot R_{AB'}}{R_{AB}}$ 可知,测量结果的准确度取决于标准电池和电阻的准确度而这二者的数值都是可以准确知道的,所以只要配用的检流计灵敏度很高,则测量结果的准确度就很高。

二、电动势的测量方法

电动势的测定常用以下两种方法。

(一)电位差计测定

直流电位差计采用补偿测量法,以标准电池的电动势作为实际标准,直接测量电动势或电压。测量时几乎不损耗被测对象的能量,测量结果稳定、可靠,而且有很高的准确度。常见的有 UJ-1 型、UJ-25 型等。

(二)数字电压表测定

现代电子工业为电学测量提供了数字电压表等一类全新的电子仪器,它们具有快速、灵敏、数字化等优点。可直接自动测量电动势并显示结果。常用的有 PZ28 型、PZ57/2 型直流数字电压表、pHS-4 型 pH 计等。

三、溶液 pH 值的测定方法

对于溶液 pH 值的仪器测定,我们通常用氢离子浓度指示电极浸入待测的溶液中,并与参比电极(常用甘汞电极)组成电池,测得该电池的电动势,即可计算该溶液的氢离子浓度和 pH 值。常用的氢离子浓度指示电极有玻璃电极、醌氢醌电极等。

(一)用醌氢醌电极测定溶液的 pH 值

将少量醌氢醌粉末加入待测溶液中,并插入铂电极,与饱和甘汞电极组成电池,用电位差计测定该电池的电动势,即可计算该溶液的 pH 值。

(二)用玻璃电极测定溶液的 pH 值

玻璃电极的基本构造如图 8-15 所示。

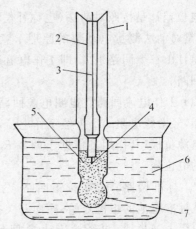

图 8-15　玻璃电极构造图

1、2—玻璃管;3—角线;4—Ag、AgCl 电极;

5—0.1mol·L^{-1}盐酸溶液;

6—待测含 H$^+$离子溶液;7—玻璃球膜

以玻璃电极作为指示电极浸入待测溶液中,与饱和甘汞电极组成电池,用酸度计测量该电池的电动势后,与已知 pH 值的标准缓冲溶液进行比较,就能在酸度计上直接读出溶液的 pH 值。由于玻璃电极的内阻很大,所以不能用电位差计来直接测量该电动势。

实验 8-6　溶液 pH 值的测定

一、实验目的

(1)掌握电位法测定溶液 pH 值的原理和方法。

(2)掌握酸度计的使用方法。

二、实验原理

通过电池电动势的测定，求溶液的 pH 值，可设计如下电池：

$$Hg\,|\,Hg_2Cl_2(s)\,|\,KCl(饱和)\,\|\,饱和含有醌氢醌的待测 pH 值溶液\,|\,Pt$$

此电池的电动势：

$$E = \varphi_{Q/H_2Q} - \varphi_{甘汞} \tag{8-20}$$

醌氢醌为等摩尔的醌（Q）和氢醌（H_2Q）的混合物，在水中的溶解度很小，作为电池正极时的电极反应为：

$$\underset{(Q)}{C_6H_4O_2} + 2H^+ + 2e \longrightarrow \underset{(H_2Q)}{C_6H_4(OH)_2}$$

其电极电势为：

$$\varphi_{Q/H_2Q} = \varphi^\theta_{Q/H_2Q} - \frac{RT}{nF}\ln\frac{a_{H_2Q}}{a_Q a^2_{H^+}} \tag{8-21}$$

由于醌、氢醌在溶液中的浓度相等且很低，故可认为 $a_{H_2Q} = a_Q$，则：

$$\varphi_{Q/H_2Q} = \varphi^\theta_{Q/H_2Q} - \frac{RT}{F}\ln a_{H^+} \tag{8-22}$$

因为

$$pH = \ln a_{H^+} \tag{8-23}$$

所以

$$\varphi_{Q/H_2Q} = \varphi^\theta_{Q/H_2Q} - \frac{2.303RT}{F}pH \tag{8-24}$$

将(8-23)代入(8-24)，则：

$$E = \left(\varphi^\theta_{Q/H_2Q} - \frac{2.303RT}{F}pH\right) - \varphi_{甘汞} \tag{8-25}$$

所以

$$pH = \frac{F}{2.303RT}(\varphi^\theta_{Q/H_2Q} - E - \varphi_{甘汞}) \tag{8-26}$$

因此，测定了电池的电动势，根据式(8-27)便可以求得溶液的 pH 值。

式(8-26)中的 φ^θ_{Q/H_2Q} 和 $\varphi_{甘汞}$ 的数值与温度有关：

$$\varphi^\theta_{Q/H_2Q}/V = 0.6994 - 0.00074\,(\,t\,/\,℃ - 25)$$

$$\varphi_{甘汞}/V = 0.2415 - 0.000761\,(\,t\,/\,℃ - 25)$$

将玻璃电极与饱和甘汞电极组成电池，该电池的电动势可用下式表示：

$$E = \varphi_{甘汞} - \left(\varphi^\theta_{玻} - \frac{2.303RT}{F}pH\right)$$

$$pH = \frac{F}{2.303RT}(E - \varphi_{甘汞} + \varphi^\theta_{玻})$$

上式中 $\varphi^\theta_{玻}$ 为玻璃电极的标准电极电势，其值因不同的玻璃电极而异，因此在酸度计的设计中需要已知 pH 值的缓冲溶液定位后，方可测定试样的 pH 值。

三、仪器与药品

仪器：

UJ-25 型电位差计	1台；	直流辐射式检流计	1台；
饱和甘汞电极	1只；	铂电极	1根；

标准电池	1 只;	甲电池	2 节;
pHS－2 型酸度计	1 台;	烧杯(50mL)3 只。	

药品:

醌氢醌;饱和 KCl 溶液;

c(HAc) = 0.2 mol · L^{-1} HAc 溶液;

c(NaCl) = 0.2 mol · L^{-1} NaAc 溶液。

四、实验步骤

1. 醌氢醌电极制备

将少量醌氢醌固体加入待测溶液中,使成饱和溶液,再插入干净铂电极即成。

2. 测量电池电动势

将饱和甘汞电极插入未知 pH 值待测的溶液中,和醌氢醌电极组成电池,用电位差计测定该电池的电动势。

3. 溶液 pH 值的测定

用 pHS－2 酸度计(见图 8-16)测定上述待测溶液的 pH 值,测定步骤如下:

(1) 将玻璃电极和甘汞电极连接在酸度计上,并接通电源。

(2) 在小烧杯中放入标准 pH 缓冲溶液,将电极浸入溶液中。

(3) 按下 pH 按键 7,左上角指示灯亮,预热数分钟。

(4) 将温度补偿器调至被测溶液温度的数值。

(5) 将分档旋钮 2 放在"6"位,调节零点调节器 10,使仪表指针位于"1.0"位置处。

(6) 将分档旋钮 2 放在"校正"位置,调节校正调节器 3,使仪表指针指在满刻度线位置。

(7) 重复操作步骤(4)、(5)至稳定。

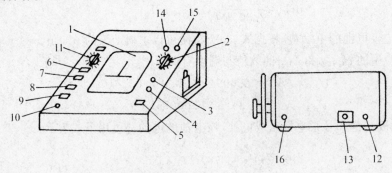

图 8-16　PHS－2 型酸度计

1—指示表;2—pH—mV 分档开关;3—校正调节器;4—定位调节器;5—读数开关;6—电源按键;

7—pH 按键;8—＋mv 按键;9—＋mv 按键;10—零点调节器;11—温度补偿器;12—斜率调节器

(8) 选择分档旋钮 2 在适当位置处(接近标准缓冲溶液的 pH 值),按下读数键 5,调节定位调节器 4 使仪表指针指在此标准缓冲溶液的 pH 值处(即分档旋钮 2 上的数值加上仪表指针的指示值)。重复调节定位调节器 4 使仪表指示稳定为止。仪器校正完毕。

(9) 取出电极,用蒸馏水清洗干净,并用滤纸吸干。换上待测溶液,将电极浸入溶液,分档旋钮 2 置于估计接近被测溶液的 pH 值位置,按下读数键 5(若指针打出左面刻度,则应调节分档旋钮 2 逐步减小。若指针打出右面刻度,则应将分档旋钮 2 逐步增大),待读数稳定后,读出待测溶液的 pH 值。

（10）实验完毕，还原读数键，取出电极，洗净后浸入蒸馏水中。

五、数据记录与处理

（1）根据实验温度计算醌氢醌电极的标准电极电位和饱和甘汞电极的电极电位。

（2）根据测得的电池电动势计算待测缓冲溶液的 pH 值。

（3）根据实验中用酸度计测得的缓冲溶液的 pH 值，与上面用电动势法测定计算得到的 pH 值相比较，求相对误差。

溶　液	醌氢醌电极法					玻璃电极法 相对误差
	φ^0_{Q/H_2Q}	φ 饱和甘汞	电动势 E	pH 值	pH 值	
待测未知 pH 值溶液						

六、注意事项

（1）醌氢醌电极不宜在 pH＞8 的情况下使用，因为此时氢醌会发生电离并容易氧化，影响其浓度。另外，绝不能在含有硼酸或硼酸盐的溶液中使用醌氢醌电极，因氢醌要与其生成络合物。在有其他强氧化剂或强还原剂时，亦不宜使用该电极。

（2）开始测量时，若出现数值不稳定的现象，可能是因为醌氢醌尚未平衡，可多测几次，以保证达到平衡。

（3）标准缓冲溶液的 pH 值应选择与待测未知溶液的 pH 值相近。

（4）若待测 pH 溶液与标准 pH 缓冲溶液温度不同，则须重新进行温度补偿和校正调节。

（5）玻璃电极球泡的玻璃很薄，使用时不能与玻璃杯及硬物相碰，防止球泡破碎。电极在使用之前须在蒸馏水内浸一昼夜。

· 思考题

1. 为什么可以认为醌和氢醌的活度相等（即 $a_{H_2Q}=a_Q$）？

2. 使用醌氢醌电极应注意些什么？

实验 8-7　电动势的测定

一、实验目的

（1）测定 Cu-Zn 电池的电动势和铜、锌电极的电极电位。

（2）了解对消法测定电池电动势的原理。

（3）了解甘汞电极、标准电池、检流计和电位差计的原理、结构和使用方法。

二、实验原理

原电池是由两个"半电池"所组成,每一个"半电池"构成一个电极。由不同的半电池可以组成各式各样的原电池。电池在放电的过程中,正极进行还原反应,负极进行氧化反应,而电池反应就是电池中两个电极反应的总和,电池的电动势为组成该电池的两个半电池的电极电位的差值:

$$E = \varphi_+ - \varphi_- = \varphi_{右} - \varphi_{左} \tag{8-27}$$

式中:φ_+、$\varphi_{右}$——为正极电极电势;φ_-、$\varphi_{左}$为负极电极电势。

下面以 Cu−Zn 电池为例。

电池结构 $Zn \mid ZnSO_4(a_{Zn^{2+}}) \parallel CuSO_4(a_{Cu^{2+}}) \mid Cu$

负极反应 $Zn \rightleftharpoons Zn^{2+} + 2e$

正极反应 $Cu^{2+} + 2e \rightleftharpoons Cu$

电池反应 $Zn + Cu^{2+} \rightleftharpoons Zn^{2+} + Cu$

电池的电动势 E 可用下式表示:

$$E = E^{\theta} + \frac{RT}{nF} \ln \frac{a_{Cu^{2+}}}{a_{Zn^{2+}}} \tag{8-28}$$

式中 E^{θ}——标准电动势 $\varphi^{\theta}_{Cu^{2+}/Cu} - \varphi^{\theta}_{Cu^{2+}/Cu}$,即当溶液中锌离子的活度 $a_{Zn^{2+}}$ 和铜离子的活度 $a_{Cu^{2+}}$ 均等于 1 时的电池的电动势;

        R——通用气体常数(8.314J·mol⁻¹·K⁻¹);

        R——通用气体常数($8.314J \cdot mol^{-1} \cdot K^{-1}$);

        F——法拉第常数($96\,485J \cdot mol^{-1} \cdot V^{-1}$);

        n——反应的电荷数,此处 $n=2$

      $a_{Zn^{2+}}$、$a_{Cu^{2+}}$——锌离子与铜离子的活度。

电池电动势不能用伏特计直接测量,而要用电位差计测量。因为,当把电池与伏特计接通后,由于电池中发生的化学反应,在构成的电路中便有电流通过,电池中溶液浓度不断变化,因而电池电动势也发生变化。另外电池本身也存在内电阻。因此,伏特计量出的电池两极间的电势差比电池电动势小。利用对消法,电池在无电流(或极小电流)通过时测量两极间的电势差,其数值等于电池电动势。电位差计就是利用对消法原理测量电池电动势的仪器。

三、仪器与药品

仪器:

UJ−25 型电位差计	1台;	直流辐射式检流计	1台;
标准电池	1只;	甲电池	2节;
饱和甘汞电极	1只;	烧杯(50mL)	3只;
移液管(10mL)	2支;	移液管(15mL)	1支;
锌电极(含 0.1 mol·L⁻¹ZnSO₄溶液)		1只;	
铜电极(含 0.1 mol·L⁻¹CuSO₄溶液)		1只;	
导线等。			

药品:

饱和 KCl 溶液;0.1 mol·L⁻¹ZnSO₄溶液;0.1 mol·L⁻¹CuSO₄溶液。

四、实验步骤

1. 准备下列几种电极（半电池）

$Zn(s) | ZnSO_4(aq, 0.1mol \cdot L^{-1})$

$Cu(s) | CuSO_4(aq, 0.01mol \cdot L^{-1})$

$Hg(l) | Hg_2Cl_2(s) | KCl(aq, 饱和)$

制作时，电极金属要加以处理，对于锌电极先进行汞齐化；以稀硫酸浸洗锌电极后用水洗涤，再用蒸馏水淋洗。然后将其浸入 $Hg_2(NO_3)_2$ 溶液中 $3\sim5s$，取出后用滤纸擦亮其表面，然后再用蒸馏水洗净。汞齐化的目是消除金属表面机械应力不同的影响，使它获得重复性好的电极电势，汞齐化时必须注意汞有剧毒，所用过的滤纸应丢在带水的盆中，绝不允许随便丢在地上。铜电极以细砂纸擦亮或以稀硫酸浸洗后，再用蒸馏水淋洗干净后擦干。

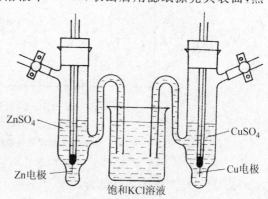

取一个洁净的电极管，插入已处理好的电极金属，并塞紧封口使不漏气，然后由支管吸入所需的溶液即成，吸入溶液的方法是：将电极管的口浸入盛有所需溶液的 50mL 小烧杯中，用吸球自支管抽气，将溶液吸入电极管至浸没金

图 8-17　Cu-Zn 电池

属高一点即可。停止抽气，用夹子夹紧支管口的橡皮管。

2. 组成电池

将饱和 KCl 溶液注入 50mL 的小烧杯中，作为盐桥，再将上面制备的锌电极和铜电极以盐桥连起来，即得 Cu-Zn 电池装置。如图 8-17 所示。

(1) $Zn(s) | ZnSO_4(aq, 0.1mol \cdot L^{-1}) \| CuSO_4(aq, 0.1mol \cdot L^{-1}) | Cu(s)$

同法组成下列电池：

(2) $Zn(s) | ZnSO_4(aq, 0.1mol \cdot L^{-1}) \| KCl(aq, 饱和) | Hg_2Cl_2(s) | Hg(l)$

(3) $Hg(l) | Hg_2Cl_2(s) | KCl(aq, 饱和) \| CuSO_4(aq, 0.1mol \cdot L^{-1}) | Cu(s)$

3. 连接线路

用导线将标准电池、工作电池、待测电池和检流计分别按照电位差计接线上所标明的极性接入电位差计。UJ-25 型电位差计面板如图 8-18 所示。

4. 校正电位差计

(1) 根据标准电池上所附温度计读得的温度，计算标准电池在该温度时的电动势。

$E_t / V = 1.0186 - 4.06 \times 10^{-5}(t/℃ - 20) - 5 \times 10^{-7}(t/℃ - 20)^2$，将电位差计上的标准电池温度补偿旋钮 4 调节在该电动势处。

(2) 将电位差计上转换开关 2 扳向"N"处。

(3) 依次转动工作电流调节旋钮"粗"、"中"、"细"、"微"直至按下电计按钮"粗"、"细"时，检流计中都无电流流过，调节过程如下：先按下电计按钮"粗"（时间不要超过 $1s$，按一下即松开），观察检流计中光点摆动方向，然后调节工作电流调节旋钮，使检流计光点在按下电计按钮"粗"时指零，然后再按下电计按钮"细"（同样按一下即松开），调节工作电流调节旋钮使检流计

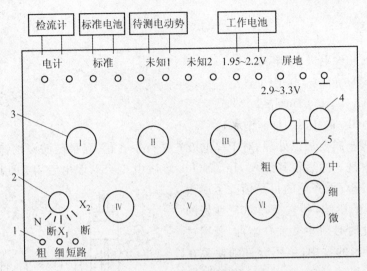

图 8-18　UJ-25 型进流电位差计面板示意图

1—电计按钮；2—转换开关；3—电势测量旋钮(6)；

4—标准电池温度补偿旋钮；5—工作电流调节旋钮

指零。

5. 测量待测电池的电动势

(1) 将转换开关扳向 X_1（或 X_2）。

(2) 依次从大到小旋转电势测量旋钮 3，直至按下电计按钮"粗"、"细"时，检流计中都无电流流过。调节过程同上。此时电位差计上电势测量旋钮小窗口内的读数即为待测电池的电动势，记下此时的室温。

6. 实验完毕

拆下线路，将仪器复原，检流计必须处于短路位置。将玻璃仪器洗涤干净，将玻璃电极浸泡在蒸馏水中。

五、数据记录与处理

(1) 根据饱和甘汞电极的电极电位温度校正公式，计算室温下饱和甘汞电极的电极电位；

$$E_{饱和甘汞} / V = 0.2415 - 7.61 \times 10^{-4}(t / ℃ - 25)$$

(2) 计算时物质的浓度要用活度表示。在 25℃时，$0.1\ mol \cdot L^{-1}$ ZnSO$_4$ 溶液的离子平均活度系数为 0.15，的离子平均活度系数为 0.16。

(3) 根据电池 (2)(3) 的实测电动势和室温时饱和甘汞电极的电极电位，用式

$E = \varphi_+ - \varphi_- = \varphi_右 - \varphi_左$，计算出锌的电极电位 $\varphi_{Zn^{2+}(0.1 mol \cdot L^{-1})/Zn}$ 和铜的电极电位 $\varphi_{Cu^{2+}(0.1 mol \cdot L^{-1})/Cu}$。

(4) 根据能斯特方程，计算出在实验温度时电池 (1)(2)(3) 的电动势理论值。

$$E_{(1)} = (\varphi^\theta_{Cu^{2+}/Cu} - \varphi^\theta_{Zn^{2+}/Zn}) - \frac{RT}{nF} ln \frac{a_{Zn^{2+}}}{a_{Cu^{2+}}}$$

$$E_{(2)} = \varphi_{饱和甘汞} - (\varphi^\theta_{Zn^{2+}/Zn} + \frac{RT}{nF} \ln a_{Zn^{2+}})$$

$$E_{(3)} = \varphi^\theta_{Cu^{2+}/Cu} + \frac{RT}{nF} \ln a_{Cu^{2+}}) - \varphi_{饱和甘汞}$$

上列计算式中的 φ^{θ} 值,在书中只能查到25℃的值,所以必须进行温度校正,计算式如下:

$$\varphi^{\theta}_{Cu^{2+}/Cu}/V = 0.337 + 1 \times 10^{-5}(\,t/℃ - 25)$$

$$\varphi^{\theta}_{Zn^{2+}/Zn}/V = -0.763 + 1 \times 10^{-4}(\,t/℃ - 25)$$

式中,t 为实验时室温。

(5) 根据上面计算所得的电池(2)(3)的电动势理论值,用式(8-27)计算出锌的电极电位 $\varphi_{Zn^{2+}(0.1mol \cdot L^{-1})/Zn}$ 和铜的电极电位 $\varphi_{Cu^{2+}(0.1mol \cdot L^{-1})/Cu}$ 的理论值。

(6) 将(1)(2)(3)电动势的理论值与实验值进行比较,计算相对误差,并讨论产生误差的原因。

电　　池	$E_{(\varphi)}$实验测定值	$E_{(\varphi)}$计算理论值	相对误差
Zn—Cu 电池			
Zn—甘汞电池			
甘汞—Cu 电池			
$Cu^{2+}(0.1mol \cdot L^{-1})/Cu$			
$Zn^{2+}(0.1mol \cdot L^{-1})/Zn$			

六、注意事项

(1) 连接线路时,切勿将标准电池、工作电池和待测电池的正、负极接错或接错位置。检流计的接线可不考虑极性要求。

(2) 电位差计在使用时,一定要先按"粗"电计按钮,待检流计光点调到零附近后,再按"细"按钮,以免检流计偏转过猛而被打坏。此外,按按钮的时间要短促,以防止过多的电量通过标准电池或被测电池,造成严重的极化现象,破坏了被测电池的电化学可逆状态。

(3) 检流计不用时一定要短路,在使用过程中,若发现检流计中光点振荡不已时,可按下电位差计上的"短路"按钮。

(4) 在测量过程中,若检流计光点一直往一边偏转,则有可能是:①电极的正负接错;②线路接触不良或断路;③电极管内有气泡;④工作电池电压太低或太高。此时应进行检查,排除故障后再重新进行实验。

(5) 在实验过程中,由于工作电池的电动势会发生变化,因此在测量过程中经常要重新校正电位差计。

(6) 使用饱和甘汞电极时,电极内应充满饱和氯化钾溶液(溶液内有固体氯化钾存在)。

• 思考题

1. 为什么不能用电压表直接测量原电池的电动势?

2. 为什么每次测量前均需用标准电池对电位差计进行标定?

3. 在测量过程中,若检流计光点总是往一个方向偏转,可能是什么原因?

第五节　化学反应速率的测定

化学反应的快慢可用反应速率 r 来表示。反应速率是指单位体积内反应体系中某一化学反应引起的物质的量(反应物或产物)随时间的变化率。

测定反应速率,研究浓度、温度、压力、介质、催化剂等因素对反应速率的影响,可为选择合适的化学反应条件提供依据。

一、测定原理

对于一简单反应

$$bB + dD \rightarrow gG + rR$$

通常可将反应速率方程表示为

$$r_B = -\frac{dc_B}{dt} = kc_B^a c_D^\beta \tag{8-29}$$

式中　k——反应速率常数,其值与温度、催化剂和溶剂等因素有关,单位与反应级数有关;

c_B、c_D——反应 B、D 的物质的量浓度;

α、β——反应 B、D 的反应分级数;

r_B——B 物质的化学反应速率。

若在一定温度下,测得反应的时间—浓度数据后,代入反应速率方程式便可确定反应级数,从而求得反应速率及反应速率常数。

二、测定方法

因为反应速率是以浓度(反应物或产物的)随时间的变化率来表示的,所以测定反应速率必须测得反应的时间—浓度数据。

反应时间一般可用秒表来测定。反应过程中物质的浓度可采用化学或物理方法进行测定。

(一) 化学测定法

化学测定法是从反应体系中直接取样,用化学分析法(如滴定分析法、称量分析法等)测定样品中各物质的浓度。由于取出的样品仍可继续进行反应,所以必须采用骤冷、迅速冲稀、除去催化剂或加阻化剂等方法使反应停止后再进行分析。此法的优点是测试设备简单,测得的浓度是绝对浓度。缺点是操作麻烦,不能连续测定,也不易实现自动化。

(二) 物理测定法

根据反应体系中某些物理量同组分的浓度有着确定的函数关系,在不同时刻测定反应体系中相关物理量的变化从而求得浓度的变化,这种方法称物理测定法。通常测定的物理量有:压力、体积、折射率、旋光度、吸光度、电导率等。对于不同的反应可以选择不同的物理量进行测定。此法较化学测定法迅速而方便,可跟踪反应连续测定,易于实现自动化。但是测得的浓度不是绝对浓度。

实验 8-8　水解反应速率常数的测定

一、实验目的

（1）掌握测定蔗糖水解反应速率常数的方法。
（2）进一步巩固旋光仪的正确操作技术。

二、实验原理

在酸的作用下，蔗糖发生水解反应生成葡萄糖与果糖

$$C_{12}H_{22}O_{11} \quad + \quad H_2O \xrightarrow{H^+} C_6H_{12}O_6 \quad + \quad C_6H_{12}O_6$$
　　　　（蔗糖）　　　　　　　　　　　　　　　（葡萄糖）　　（果糖）

当蔗糖溶液浓度较稀时，由于水是大量存在的，尽管有少量水分子参与了反应，但反应前后水的浓度变化极小，可近似认为反应过程中的水的浓度没有变化，作为催化剂的 H^+ 浓度也不变，因此蔗糖水解反应可视为一级反应。其反应速率方程为

$$-\frac{dc}{dt} = kc \tag{8-30}$$

式中 k ——反应速率常数；

c ——时间 t 时反应物蔗糖的物质的量浓度，$mol \cdot L^{-1}$。

若反应开始时，即（$t=0$）时蔗糖的浓度为 c_0；时间为 t 时，蔗糖的浓度为 c。对上式定积分可得

$$\ln \frac{c_0^2}{c} = kt$$

或

$$\ln c = -kt + \ln c \tag{8-31}$$

若测得不同时间 t 时的 c 值，以 $\ln c$ 对 t 作图，可得一条直线，由直线斜率可求得反应速率常数 k。

蔗糖、葡萄糖和果糖都是旋光性物质，旋光性物质的旋光度 α 与其溶液的浓度成正比。所以可用反应过程中溶液旋光度的变化来表示蔗糖浓度的变化。

若反应开始时溶液的旋光度为 α_0，反应至 t 时溶液旋光度为 α_t，反应结束即蔗糖全部水解后溶液的旋光度为 α_∞，则上式可表示为

$$\ln \frac{(\alpha_0 - \alpha_\infty)}{(\alpha_t - \alpha_\infty)} = kt$$

或

$$\ln(\alpha_t - \alpha_\infty) = -kt + \ln(\alpha_0 - \alpha_\infty) \tag{8-32}$$

由式（8-32）可知，若以 $\ln(\alpha_t - \alpha_\infty)$ 对 t 作图为一直线，从直线斜率可求得反应速率常数 k

$$k = -斜率$$

本实验用旋光仪跟踪反应过程中溶液的浓度变化，测定在不同时间 t 时的旋光度 α_t 及反应结束时的 α_∞ 来求算反应速率常数 k。

需要说明的是，蔗糖和葡萄糖都是右旋性物质，果糖是左旋性物质，而且果糖的左旋性比

葡萄糖的右旋性大,所以在反应过程中溶液由右旋性逐渐变为左旋性。

三、仪器和药品

仪器:

旋光仪	1台;	超级恒温槽	1台;
电热水浴恒温锅	1个;	计时器(秒表)	1个;
具塞锥形瓶(100mL)	1个;	移液管(25mL)	3个;
烧杯(100 mL)	1个;	台秤	1个。

药品:

蔗糖溶液(20%);盐酸溶液(3 mol·L^{-1})。

四、实验步骤

1. 旋光仪的使用

旋光仪的使用方法请详见第三章第六节。

2. 旋光仪零点的校正

蒸馏水为非旋光性物质,可用其校正仪器的零点($\alpha=0$ 时仪器对应的刻度)。

接通旋光仪电源,开启开关预热 5 min。将旋光管洗净后,将管一端加上盖子,装满蒸馏水,使液体形成一凸液面,在样品的另一端加上盖子,此时管内应无气泡。旋上套盖,使玻璃片紧贴于水面,勿使漏水。旋盖时用力不能太猛,旋盖不宜太紧。用滤纸擦干旋光管外壁及两端玻璃片,将其放入旋光仪中。

转动检偏镜,使视场内观察到明暗相等的三分视野为止,观察检偏镜的旋角 α 是否为零,重复三次,如为零则无零位误差;不为零,则说明有零位误差,记下检偏镜的旋角 α,重复三次,取其平均值。此平均值即为零点,用来校正仪器的系统误差。

3. 蔗糖水解反应液旋光度的测定

用移液管吸取 25mL 20%蔗糖溶液置于一干燥锥形瓶中,用另一支移液管吸取 25mL 3 mol·L^{-1} HCl 溶液放入该锥形瓶中。当盐酸流入一半时记下时间,作为反应的起始时刻。全流入后混合均匀,用少量此液荡洗旋光管 2~3 次,再装满旋光管,用滤纸擦净管外的溶液后,放入旋光仪,测量各时间的旋光度,第一个数据要求离反应起始时间 1~2min。

测定时,将三分视野调节亮度相等后,先记时间,后读旋光度。

为了多读一些数据以消除偶然误差,在反应开始的 10min 内每分钟读数一次,10min 以后,每 2min 测量一次,20min 以后每 5min 读数一次,从 30min 起每 10min 读数一次,从 50min 起每 15min 读数一次。如读数相差不大可结束实验。

4. α_∞ 的测定

将盛有剩余混合液的锥形瓶放入 60℃ 的电热水浴恒温锅中(可在开始测定 α_0 时即放入)温热 1 小时,取出冷却至室温,测定其旋光度 α_∞。

实验完毕一定要洗净旋光管并擦干,以免酸腐蚀旋光管的金属旋盖。

五、数据记录与处理

(1) 将所记录的实验数据和处理结果填入下表。

实验温度_____℃；　大气压_____Pa；　α_∞_____

时间 $t/$ min	α_t	$\alpha_t - \alpha_\infty$	$\ln(\alpha_t - \alpha_\infty)$

（2）以 $\ln(\alpha_t - \alpha_\infty)$ 为纵坐标，t 为横坐标作图，由所得直线的斜率计算反应速率常数 k。

六、注意事项

在进行反应终了液制备中，水浴温度不可过高，否则发生副反应，溶液颜色变黄，加热过程中应避免溶液蒸发，使糖的浓度改变从而影响 α_∞ 的测定。

- 思考题

1. 为什么蔗糖可用粗天平称量？
2. 如在本实验中未进行旋光仪零点校正，对实验结果有何影响？为什么？
3. 测定 α_t 与 α_∞ 是否要用同一根旋光管？为什么？
4. 测定 α_∞ 时，是否需要清洗旋光管？为什么？

实验 8-9　乙酸乙酯皂化反应速率常数的测定

一、实验目的

（1）用电导法测定乙酸乙酯皂化反应的速率常数和活化能。
（2）验证这一反应为二级反应，了解二级反应的特点，学会用图解计算法求出二级反应的速率常数。
（3）熟悉电导率仪的使用方法

二、实验原理

乙酸乙酯的皂化是一个典型的二级反应，其化学计量式为：
$$CH_3COOC_2H_5 + OH^- \rightarrow CH_3COO^- + C_2H_5OH$$
在反应过程中各物质浓度随时间而改变，不同时间的生成物或反应物的浓度可用化学分析法测定（例如用标准酸溶液滴定求 OH^- 的浓度），也可用物理化学分析法测定（如测量电导）。本实验选用电导法测定。为了处理问题时方便，在设计这个实验时，反应物 $CH_3COOC_2H_5$ 和 $NaOH$ 采用相同的起始浓度 a。设反应时间为 t 时，反应所生成的 CH_3COO^-（即 Ac^-）和 C_2H_5OH 的浓度为 x，那么 $CH_3COOC_2H_5$ 和 $NaOH$ 的浓度为 $(a-x)$，即：

$$CH_3COOC_2H_5 + NaOH \longrightarrow CH_3COONa + C_2H_5OH$$

$t = 0$ 时	a	a	0	0
$t = t$ 时	$a-x$	$a-x$	x	x
$t = \infty$ 时	$\to 0$	$\to 0$	$\to a$	$\to a$

可得该反应的动力学方程式为：

$$\frac{\mathrm{d}x}{\mathrm{d}t} = k(a-x)(a-x) = k(a-x)^2$$

对上式取定积分可得：

$$k = \frac{1}{t} \cdot \frac{x}{a(a-x)} \tag{8-33}$$

和

$$t = \frac{1}{ka} \cdot \frac{x}{(a-x)} \tag{8-34}$$

将 $\dfrac{x}{(a-x)}$ 对 t 作图，若所得图形为一直线，则证明该反应为二级反应，从直线的斜率可求出反应速率常数 k 值的大小。

用电导法测定 k 值的理论依据是：

(1) 溶液中 OH^- 离子的电导率比 Ac^- 离子的电导率大得多(即反应物与生成物的电导率差别很大)。因此，随着反应的进行，OH^- 离子浓度不断减少，溶液的电导率也就随着下降。

(2) 在稀溶液中，每种强电解质的电导率 L，与其浓度成正比，溶液的总电导率就等于组成溶液的电解质的电导率之和(由离子独立运动定律可得出)。

依据上述两点，对乙酸乙酯皂化反应来说，反应物与生成物只有 NaOH 和 NaAc(即 CH_3COONa)是强电解质。如果反应是在稀溶液下进行则：

$$L_0 = k_1 a$$
$$L_\infty = k_2 a$$
$$L_t = k_1(a-x) + k_2 x$$

式中 k_1，k_2 是与温度、溶剂、电解质 NaOH 及 NaAc 的性质有关的比例常数。L_0、L_∞ 分别为反应起始和终了时溶液的总电导率。(注意：此时只有一种电解质)L_t 为时间 t 时溶液的总电导率。由以上三式可得：

$$x = \frac{L_0 - L_t}{L_0 - L_\infty} \cdot a \tag{8-35}$$

将式(8-34)代入式(8-35)得：

$$t = \frac{1}{k \cdot a} \cdot \left(\frac{L_0 - L_t}{L_t - L_\infty} \right) \tag{8-36}$$

即

$$L_t = \frac{1}{k \cdot a} \cdot \frac{L_0 - L_t}{t} + L_\infty \tag{8-37}$$

以 L_t 对 $\dfrac{L_0 - L_t}{t}$ 作图可得一直线，其斜率等于 $\dfrac{1}{k \cdot a}$，由此可求出反应速率常数 k。

反应速率常数 k 与温度 T 的关系一般可用阿累尼乌斯方程式表示：

$$\ln k = -\frac{E_a}{RT} + B \tag{8-38}$$

式中 E_a 为该反应的活化能。

式(8-38)亦可写成定积分的形式：

$$\ln\frac{k_2}{k_1} = \frac{E_a}{R} \cdot \frac{T_2 - T_1}{T_1 \cdot T_2} \tag{8-39}$$

测定不同温度下的 k 值，就可以求出反应的活化能 E_a。

三、仪器和药品

仪器：

DDS-11A 型电导率仪	1 台；	恒温槽	1 套；
试管	2 个；	秒表	1 块；
25mL 移液管	2 支；	70mL 移液管	2 支；
洗耳球	1 个；	250mL 容量瓶	1 个；
150mL(或 100mL)锥形瓶 1 个；			
100mL 烧杯	1 个；	1mL 具刻度移液管	1 支

药品：

  0.0200 mol·L⁻¹ 的标准 NaOH 溶液；   乙酸乙酯(A.R.)。

四、实验步骤

1. 乙酸乙酯反应液的配制

配制 250mL 乙酸乙酯溶液，其浓度要与 NaOH 标准溶液浓度相同。配制时所需乙酸乙酯的体积可根据它的密度及摩尔质量算出。

计算公式为：

$$V = \frac{M \times c}{4\rho} \left(根据 \frac{\rho \times V}{M} \times \frac{1000}{250} = c\right) \tag{8-40}$$

式中 M 为乙酸乙酯摩尔质量(kg·mol⁻¹)；ρ 为乙酸乙酯的密度(kg·m⁻³)，c 为氢氧化钠的浓度(mol·L⁻¹)，V 为所需乙酸乙酯的体积(mL)，计算 V 之后，在 250mL 容量瓶中装入 2/3 体积的蒸馏水。再用 1mL 刻度移液管吸取所需乙酸乙酯的体积，滴入容量瓶中，加水至刻度，混合均匀待用。

2. L_0 的测定

调恒温槽至 25℃。用移液管取 25mL0.02mol·L⁻¹ 的 NaOH 溶液于一干燥的 100mL 锥形瓶内，再用另一支移液管移取 25mL 蒸馏水加入瓶内，NaOH 溶液稀释一倍。将电导电极用蒸馏水淋洗后，再用少量稀释后的 NaOH 溶液(约 5mL)淋洗，然后将电导电极插入锥形瓶里的 NaOH 溶液中，把锥形瓶放到恒温槽内恒温 10min。调节电导率仪并开始测量。使用电导率仪时，注意先将开关拨到校正位置，然后打开电源，预热数分钟，再将开关 3 拨到"高周"，使电极常数旋钮指向相应的电极常数，把量程开关拨至"×10³"档红点处。电极插头插好，当仪表稳定后，旋动调整旋钮 9 使指针满档，然后将开关 4 拨至"测量"档，读取表盘红字读数。然后重新对电导率仪进行校正一次，再测量一次，记录测量的数据。

3. L_t 的测定

取两支已干燥好的洁净试管,用移液管移取 10mL0.02mol·L^{-1} 的 NaOH 溶液放入试管;另用一移液管取 10mL 乙酸乙酯溶液放入另一支试管,塞好塞子后置于恒温槽内。恒温 10min 后取出两试管迅速混合,待倒入一半溶液时开启秒表记录反应时间,混合时在试管内来回倾倒 2~3 次以使溶液混合均匀。将淋洗过的电导电极浸入溶液后置于恒温槽内。按测定 L_0 的方法,测定混合溶液的电导率。4min 之后开始记录第一个电导率数值,此后每隔 2min 测一次,共测 6 次,然后改为每 4min 测电导率一次,测 6 次后改为 8min 测电导率一次,再测 3 次(共测 15 个数据)。

4. 测量结束

以上测量完成后,将试管洗净,用电吹风干燥。再按上述 2、3 步骤测定在 35℃ 条件下乙酸乙酯皂化反应的 L_0、L_t 值。

实验完后,将电极用蒸馏水淋洗干净,并插入有蒸馏水的小烧杯中,以备下一批同学使用。

五、注意事项

(1) 温度对反应速率及溶液电导率值影响颇为显著,应尽量使反应体系在恒温槽下进行反应。

(2) 配制的乙酸乙酯反应液浓度必须与 NaOH 浓度相等。

(3) 用电导率仪进行每一次测量,必须先校正,然后进行数据测量。

六、数据记录与处理

(1) 数据记录。

实验室温度:

时间 t/min	4	6	8	10	12	14	18	22	26	30	34	38	46	54	62
电导率 L_t/S·m^{-1}															
$(L_t-L_0)/t$															

起始浓度 $a=$ _____　　$L_0=$ _____

(2) 以 L_t 对 $(L_t-L_0)/t$ 作图,由所得直线斜率求 25℃ 时反应速率常数 k_1。

(3) 同法求出 35℃ 时的反应速率常数 k_2。

(4) 由上面所求出的反应速率常数 k_1、k_2 按阿累尼乌斯公式(式(8-40))计算该反应的活化能:

$$\ln \frac{k_2}{k_1} = \frac{E_a}{R} \cdot \frac{T_2 - T_1}{T_1 \cdot T_2}$$

式中,k_1、k_2 分别为温度 25℃ 及 35℃ 时测得的反应速率常数。T_1、T_2 为按热力学温标表示的反应温度。R 为摩尔气体常数,等于 8.314 J·mol^{-1}·K^{-1},E_a 即反应的活化能。

• 思考题

1. 为什么本实验中乙酸乙酯与 NaOH 溶液浓度必须足够的稀?

2. 为什么在测定 L_0 时必须将所配 NaOH 溶液用蒸馏水稀释一倍?

3. 影响实验测定 L_0 及 L_t 数据的因素有哪些?

4. 能否用其他方法确定 L_0 的值?

附录

附录一　国际单位制(SI)

摘自中华人民共和国国家标准 GB3100－1993《量和单位》

1. 国际单位制的基本单位

量　的　名　称	单　位　名　称	单　位　符　号
长度	米	m
质量	千克或公斤	kg
时间	秒	s
电流	安[培]	A
热力学温度	开[尔文]	K
物质的量	摩[尔]	Mol
发光强度	坎[德拉]	Cd

注：方括中的字可以省略。去掉方括号的字即为其名称的简称,下同。

2. 本书用到的国际单位制的导出单位

量　的　名　称	单　位　名　称	单　位　符　号
能[量]、功、热量	焦[尔]	J
电压、电动势、电势	伏[特]	V
压力	帕[斯卡]	Pa
电量	库[仑]	C
频率	赫[兹]	Hz
力	牛[吨]	N

3. 习惯中用到的可与国际单位制并用的我国法定计量单位

量的名称	单位名称	单位符号	与 SI 单位的关系
时间	分	min	$1min=60s$
	[小]时	h	$1h=60min=3600s$
温度	度	℃	$273.15+℃=K$
质量	吨	t	$1t=10^3 kg$
体积	升	L	$1L=10^{-3} m^3$

4. 国际单位帛的词冠

倍数与分数	名称	符号	例
10^3	千	k	$1kJ = 10^3 J$
10^{-3}	毫	M	$1mm = 10^{-3} m$
10^{-6}	微	μ	$1\mu m = 10^{-6} m$
10^{-9}	纳	n	$1nm = 10^{-9} m$
10^{-12}	皮	p	$1pm = 10^{-12} m$

附录二　我国选定的非国际单位制单位

量的名称	单位名称	单位符号	换算关系和说明
时间	分 [小]时 天[日]	min h d	$1 \text{ min} = 60s$ $1 \text{ h} = 60\text{min} = 3\,600s$ $1 \text{ d} = 24h = 86\,400s$
平 面 角	[角]秒 [角]分 度	(″) (′) (∘)	$1'' = (\pi/64800)\text{rad}$（π 为圆周率） $1' = 60'' = (\pi/10800)\text{rad}$ $1° = 60' = (\pi/180)\text{rad}$
旋转速度	转每分	r/min	$1 \text{ r/min} = (1/60)s^{-1}$
长度	海里	n mile	$1 \text{ n mile} = 1852m$（只用于航程）
速度	节	kn	$1 \text{ kn} = 1 \text{ n mile/h}$ 　　$= (1852/3600)\text{m}./s$（只用于航程）
质量	吨 原子质量单位	t u	$1 \text{ t} = 10^3 kg$ $1 \text{ u} \approx 1.6605655 \times 10^{-27} kg$
体积	升	L,(l)	$1 \text{ L} = 1 \text{ dm}^3 = 10^{-3} m^3$
能	电子伏	eV	$1eV \sim 1.6021892 \times 10^{-19} J$
级差	分贝	dB	

附录三　常用酸溶液和碱溶液的相对密度和浓度

1. 碱

相对密度 (15℃)	NH₃ 溶液		NaOH 溶液		KOH 溶液	
	g/100g	mol/L	g/100g	mol/L	g/100g	mol/L
0.88	35.0	18.0				
0.90	28.3	15				
0.91	25.0	13.4				
0.92	21.8	11.8				
0.94	15.6	8.6				
0.96	9.9	5.6				
0.98	4.8	2.8				
1.05			4.5	1.25	5.5	1.0
1.10			9.0	2.5	10.9	2.1
1.15			13.5	3.9	16.1	3.3
1.20			18.0	5.4	21.2	4.5
1.25			22.5	7.0	26.1	5.8
1.30			27.0	8.8	30.9	7.2
1.35			31.8	10.7	35.5	8.5

2. 酸

相对密度 (15℃)	HCl 溶液		HNO₃ 溶液		H₂SO₄ 溶液	
	g/100g	mol/L	g/100g	mol/L	g/100g	mol/L
1.02	4.13	1.15	3.70	0.6	3.1	0.3
1.04	8.16	2.3	7.26	1.2	6.1	0.6
1.05	10.2	2.9	9.0	1.5	7.4	0.8
1.06	12.2	3.5	10.7	1.8	8.8	0.9
1.08	16.2	4.8	13.9	2.4	11.6	1.3
1.10	20.0	6.0	17.1	3.0	14.4	1.6
1.12	23.8	7.3	20.2	3.6	17.0	2.0
1.14	27.7	8.7	23.3	4.2	19.9	2.3
1.15	29.6	9.3	24.8	4.5	20.9	2.5
1.19	37.2	12.2	30.9	5.8	26.0	3.2
1.20			32.3	6.2	27.3	3.4
1.25			39.8	7.9	33.4	4.3
1.30			47.5	9.8	39.2	5.2
1.35			55.8	12.0	44.8	6.2
1.40			65.3	14.5	50.1	7.2
1.42			69.8	15.7	52.2	7.6
1.45					55.0	8.2
1.50					59.8	9.2
1.55					64.3	10.2
1.60					68.7	11.2
1.65					73.0	12.3
1.70					77.2	13.4
1.84					95.6	18.0

附录四　一些弱酸、弱碱的电离常数(298K)

弱电解质	化学式	解离常数	弱电解质	化学式	解离常数
次氯酸	$HClO$	3.2×10^{-8}	乙酸	CH_3COOH	1.8×10^{-5}
氢氰酸	HCN	6.2×10^{-10}	草酸	$(COOH)_2$	$k_1=5.4\times10^{-2}$ $k_2=5.4\times10^{-5}$
氢氟酸	HF	6.6×10^{-4}	氯乙酸	$ClCH_2COOH$	1.40×10^{-3}
碳酸	H_2CO_3	$k_1=4.2\times10^{-7}$ $k_2=5.61\times10^{-11}$	苯甲酸	C_6H_5COOH	6.46×10^{-5}
氢硫酸	H_2S	$k_1=5.70\times10^{-8}$ $k_2=7.10\times10^{-15}$	氨水	$NH_3\cdot H_2O$	1.8×10^{-5}
亚硫酸	H_2SO_3	$k_1=1.26\times10^{-2}$ $k_2=6.3\times10^{-8}$	羟氨	NH_2OH	9.12×10^{-9}
甲酸	$HCOOH$	1.77×10^{-4}	苯胺	$C_6H_5NH_2$	4.27×10^{-10}

附录五　一些难溶电解质的溶度积常数(298K)

化合物	K_{sp}	化合物	K_{sp}	化合物	K_{sp}
$AgBr$	5.35×10^{-13}	$Ca(OH)_2$	5.02×10^{-6}	$MnCO_3$	2.24×10^{-11}
$AgCl$	1.77×10^{-10}	$CaSO_4$	4.93×10^{-5}	$Mn(OH)_2$	1.90×10^{-13}
Ag_2CO_3	8.46×10^{-12}	CdS	8.0×10^{-27}	MnS(无定形)	2.5×10^{-10}
Ag_2CrO_4	1.12×10^{-12}	$Cu(OH)_2$	2.2×10^{-20}	MnS(结晶)	2.5×10^{-13}
AgI	8.52×10^{-17}	CuS	6.3×10^{-36}	$PbCl_2$	1.70×10^{-5}
Ag_2S	6.3×10^{-50}	$Fe(OH)_2$	4.87×10^{-17}	$PbCO_3$	7.4×10^{-14}
Ag_2SO_4	1.20×10^{-5}	$Fe(OH)_3$	2.79×10^{-39}	$PbCrO_4$	2.8×10^{-13}
$Al(OH)_3$	1.3×10^{-33}	FeS	6.3×10^{-18}	PbI_2	9.8×10^{-9}
$BaCO_3$	2.58×10^{-9}	Hg_2Cl_2	1.43×10^{-18}	PbS	8.0×10^{-28}
$BaCrO_4$	1.17×10^{-10}	Hg_2S	1.0×10^{-47}	$PbSO_4$	2.53×10^{-8}
$BaSO_4$	1.08×10^{-10}	HgS(红)	4.0×10^{-53}	$Sn(OH)_2$	1.4×10^{-28}
$CaCO_3$	3.36×10^{-9}	HgS(黑)	1.6×10^{-52}	$Sn(OH)_4$	1×10^{-56}
$CaCrO_4$	7.1×10^{-4}	$MgCO_3$	6.82×10^{-6}	$ZnCO_3$	1.46×10^{-10}
CaF_2	3.45×10^{-11}	$Mg(OH)_2$	5.61×10^{-12}	$Zn(OH)_2$	3.0×10^{-17}

附录六 标准电极电势(位)(298K)

电对	电极反应	φ^-/V	电对	电极反应	φ^-/V
Li^+/Li	$Li^+ + e \rightleftharpoons Li$	-3.045	Cu^{2+}/Cu^+	$Cu^{2+} + e \rightleftharpoons Cu^+$	0.170
K^+/K	$K^+ + e \rightleftharpoons K$	-2.925	Cu^{2+}/Cu	$Cu^{2+} + 2e \rightleftharpoons Cu$	0.340
Ba^{2+}/Ba	$Ba^{2+} + 2e \rightleftharpoons Ba$	-2.910	O_2/OH^-	$O_2 + 2H_2O + 4e \rightleftharpoons 4OH^-$	0.401
Ca^{2+}/Ca	$Ca^{2+} + 2e \rightleftharpoons Ca$	-2.870	Cu^+/Cu	$Cu^+ + e \rightleftharpoons Cu$	0.520
Na^+/Na	$Na^+ + e \rightleftharpoons Na$	-2.714	I_2/I^-	$I_2 + e \rightleftharpoons I^-$	0.535
Mg^{2+}/Mg	$Mg^{2+} + 2e \rightleftharpoons Mg$	-2.370	Fe^{3+}/Fe^{2+}	$Fe^{3+} + e \rightleftharpoons Fe^{2+}$	0.771
Al^{3+}/Al	$Al^{3+} + 3e \rightleftharpoons Al$	-1.660	Ag^+/Ag	$Ag^+ + e \rightleftharpoons Ag$	0.799
Mn^{2+}/Mn	$Mn^{2+} + 2e \rightleftharpoons Mn$	-1.170	Hg^{2+}/Hg	$Hg^{2+} + 2e \rightleftharpoons Hg$	0.854
Zn^{2+}/Zn	$Zn^{2+} + 2e \rightleftharpoons Zn$	-0.763	Br_2/Br^-	$Br_2 + 2e \rightleftharpoons 2Br^-$	1.065
Cr^{3+}/Cr	$Cr^{3+} + 3e \rightleftharpoons Cr$	-0.740	O_2/H_2O	$O_2 + 4H^+ + 4e \rightleftharpoons 2H_2O$	1.229
Fe^{2+}/Fe	$Fe^{2+} + 2e \rightleftharpoons Fe$	-0.440	MnO_2/Mn^{2+}	$MnO_2 + 4H^+ + 2e \rightleftharpoons Mn^{2+} + 2H_2O$	1.230
Cd^{2+}/Cd	$Cd^{2+} + 2e \rightleftharpoons Cd$	-0.403	$Cr_2O_7^{2-}/Cr^{3+}$	$Cr_2O_2-_7 + 14H^+ + 6e \rightleftharpoons 2Cr^{3+} + 7H_2O$	1.330
$PbSO_4/Pb$	$PbSO_4 + 2e \rightleftharpoons Pb + SO_4^{2-}$	-0.356	Cl_2/Cl^-	$Cl_2 + 2e \rightleftharpoons 2Cl^-$	1.360
Co^{2+}/Co	$Co^{2+} + 2e \rightleftharpoons Co$	-0.290	PbO_2/Pb^{2+}	$PbO_2 + 4H^+ + 2e \rightleftharpoons Pb^{2+} + 2H_2O$	1.455
Ni^{2+}/Ni	$Ni^{2+} + 2e \rightleftharpoons Ni$	-0.250	MnO_4^-/Mn^{2+}	$MnO_4^- + 8H^+ + 5e \rightleftharpoons Mn^{2+} + 4H_2O$	1.510
Sn^{2+}/Sn	$Sn^{2+} + 2e \rightleftharpoons Sn$	-0.136	MnO_4^-/MnO_2	$MnO_4^- + 4H^+ + 3e \rightleftharpoons MnO_2 + 2H_2O$	1.680
Pb^{2+}/Pb	$Pb^{2+} + 2e \rightleftharpoons Pb$	-0.126	$PbO_2/PbSO_4$	$PbO_2 + SO_4^{2-}-7 + 4H^+ + 2e \rightleftharpoons PbSO_4 + 2H_2O$	1.690
Fe^{3+}/Fe	$Fe^{3+} + 3e \rightleftharpoons Fe$	-0.037	H_2O_2/H_2O	$H_2O_2 + 2H^+ + 2e \rightleftharpoons H_2O$	1.770
H^+/H_2	$H^+ + 2e \rightleftharpoons H_2$	0.000	Co^{3+}/Co^{2+}	$Co^{3+} + e \rightleftharpoons Co^{2+}$	1.800
Sn^{4+}/Sn^{2+}	$Sn^{4+} + 2e \rightleftharpoons Sn^{2+}$	0.154	O_3/O_2	$O_3 + 2H^+ + 2e \rightleftharpoons O_2 + H_2O$	2.070

附录七　水在不同温度下的饱和蒸气压

$t/℃$	p/mmHg	p/Pa	$t/℃$	p/mmHg	p/Pa
0	4.579	610.5	21	18.650	2 466.5
1	4.926	656.7	22	19.827	2 643.4
2	5.294	705.8	23	21.068	2 808.8
3	5.685	757.9	24	22.377	2 983.3
4	6.101	813.4	25	23.756	3 167.2
5	6.543	872.3	26	25.209	3 360.9
6	7.013	935.0	27	26.738	3 564.9
7	7.513	1 001.6	28	28.349	3 779.5
8	8.045	1 072.6	29	30.043	4 005.2
9	8.609	1 147.8	30	31.824	4 242.8
10	9.209	1 227.8	31	33.695	4 492.3
11	9.844	1 312.4	32	35.663	4 754.7
12	10.518	1 402.3	33	37.729	5 030.1
13	11.231	1 497.3	34	39.898	5 319.3
14	11.987	1 598.1	35	42.175	5 622.9
15	12.788	1 704.9	40	55.324	7 375.9
16	13.634	1 817.7	45	71.88	9 583.2
17	14.630	1 937.2	50	92.51	12 334
18	15.477	2 063.4	60	149.38	19 916
19	16.477	2 196.7	80	355.1	47 343
20	17.535	2 337.8	100	760	101 325

附录八　水在不同温度下的粘度

温度 $t/℃$	0	1	2	3	4	5	6	7	8	9
0	1.787	1.728	1.671	1.618	1.567	1.519	1.472	1.428	1.386	1.346
10	1.307	1.271	1.235	1.202	1.169	1.139	1.109	1.081	1.053	1.027
20	1.002	0.9779	0.9548	0.9325	0.9111	0.8904	0.8705	0.8513	0.8327	0.8148
30	0.7975	0.7808	0.7647	0.7491	0.7340	0.7194	0.7052	0.6915	0.6783	0.6654
40	0.6529	0.6408	0.6291	0.6178	0.6067	0.5960	0.5856	0.5755	0.5656	0.5561

注:纵向温度为十位数;横向温度为个位数。

附录九 水在不同温度下的折射率

$t/℃$	n_D	$t/℃$	n_D	$t/℃$	n_D	$t/℃$	n_D
14	1.33348	22	1.33281	32	1.33164	42	1.33023
15	1.33341	24	1.33262	34	1.33136	44	1.32992
16	1.33333	26	1.33241	36	1.33107	46	1.32959
18	1.33317	28	1.33219	38	1.33079	48	1.32927
20	1.33299	30	1.33192	40	1.33051	50	1.32894

附录十 不同温度下水、乙醇、汞的密度

$t/℃$	水	乙醇	汞	$t/℃$	水	乙醇	汞
5	0.9999	0.8020	13.583	18	0.9986	0.7911	13.551
6	0.9999	0.8012	13.581	19	0.9984	0.7902	13.549
7	0.9999	0.8003	13.578	20	0.9982	0.7894	13.546
8	0.9998	0.7995	13.576	21	0.9980	0.7886	13.544
9	0.9998	0.7987	13.573	22	0.9978	0.7877	13.541
10	0.9997	0.7978	13.571	23	0.9975	0.7869	13.539
11	0.9996	0.7970	13.568	24	0.9973	0.7860	13.536
12	0.9995	0.7962	13.566	25	0.9970	0.7852	13.534
13	0.9994	0.7953	13.563	26	0.9968	0.7843	13.532
14	0.9992	0.7945	13.561	27	0.9965	0.7835	13.529
15	0.9991	0.7936	13.559	28	0.9962	0.7826	13.527
16	0.9989	0.7928	13.556	29	0.9959	0.7818	13.524
17	0.9988	0.7919	13.554	30	0.9956	0.7809	13.522

附录十一　几种常见金属的熔点

金属物质	$t_m/℃$	金属物质	$t_m/℃$	金属物质	$t_m/℃$
钠(Na)	97.8	铬(Cr)	1863	锡(Sn)	231.97
镁(Mg)	650	锰(Mn)	1246	铂(Pt)	1769.0
铝(Al)	660.45	铁(Fe)	1538	金(Au)	1064.43
钾(K)	63.71	锌(Zn)	419.58	铅(Pb)	327.50
钙(Ca)	842	钼(Mo)	2623	铀(U)	1135
钒(V)	1910	银(Ag)	961.93	铜(Cu)	1084.87
汞(Hg)	-38.84				

附录十二　常见配离子的稳定常数(298K)

配离子	$K_稳$	配离子	$K_稳$
$[Ag(CN)_2]^-$	$1.3×10^{21}$	$[Zn(En)_3]^{2+}$	$1.29×10^{14}$
$[Cd(CN)_4]^{2-}$	$6.02×10^{18}$	$[FeF_6]^{3-}$	$1.0×10^{16}$
$[Fe(CN)_6]^{4-}$	$1.0×10^{35}$	$[Ag(NH_3)_2]^+$	$1.12×10^7$
$[Fe(CN)_6]^{3-}$	$1.0×10^{42}$	$[Co(NH_3)_6]^{3+}$	$1.58×10^{35}$
$[Hg(CN)_4]^{2-}$	$2.5×10^{41}$	$[Cu(NH_3)_4]^{2+}$	$2.09×10^{13}$
$[Zn(CN)_4]^{2-}$	$5.0×10^{16}$	$[Fe(NH_3)_2]^{2+}$	$1.6×10^2$
$[Cu(EDTA)]^{2-}$	$5.0×10^{18}$	$[Ni(NH_3)_6]^{2+}$	$5.49×10^8$
$[Zn(EDTA)]^{2-}$	$2.5×10^{16}$	$[Zn(NH_3)_4]^{2+}$	$2.88×10^9$
$[Ag(En)_2]^+$	$5.00×10^7$	$[Ag(S_2O_3)_2]^{3-}$	$2.88×10^{13}$

注意配位体的简写符号：En：乙二胺($NH_2CH_2—CH_2NH_2$)；EDTA：乙二胺四乙酸根离子。

附录十三　30℃下环己烷—乙醇二元系的折射率－组成对照表

（组成以环己烷的物质的量分数表示）

折射率	0	1	2	3	4	5	6	7	8	9
1.357	0.000	0.001	0.002	0.003	0.005	0.006	0.007	0.008	0.009	0.010
1.358	0.012	0.013	0.014	0.015	0.016	0.017	0.018	0.020	0.021	0.022
1.359	0.023	0.024	0.025	0.026	0.028	0.029	0.030	0.031	0.032	0.033
1.360	0.035	0.036	0.037	0.038	0.039	0.040	0.041	0.043	0.044	0.045
1.361	0.046	0.047	0.048	0.049	0.051	0.052	0.053	0.054	0.055	0.056
1.362	0.057	0.059	0.060	0.061	0.062	0.063	0.064	0.065	0.067	0.068
1.363	0.069	0.070	0.071	0.072	0.073	0.074	0.076	0.077	0.078	0.079
1.364	0.080	0.081	0.082	0.084	0.085	0.086	0.087	0.088	0.089	0.090
1.365	0.092	0.093	0.094	0.095	0.096	0.097	0.098	0.100	0.101	0.012
1.366	0.103	0.104	0.105	0.016	0.108	0.109	0.110	0.111	0.112	0.113
1.367	0.114	0.116	0.117	0.118	0.119	0.120	0.121	0.122	0.124	0.125
1.368	0.126	0.127	0.128	0.129	0.130	0.132	0.133	0.134	0.135	0.136
1.369	0.137	0.138	0.139	0.141	0.142	0.143	0.144	0.145	0.146	0.147
1.370	0.149	0.150	0.151	0.152	0.153	0.154	0.155	0.157	0.158	0.159
1.371	0.160	0.161	0.162	0.164	0.165	0.166	0.167	0.169	0.170	0.171
1.372	0.172	0.173	0.175	0.176	0.177	0.178	0.180	0.181	0.182	0.183
1.373	0.184	0.186	0.187	0.188	0.189	0.191	0.192	0.193	0.194	0.195
1.374	0.197	0.198	0.199	0.200	0.201	0.203	0.204	0.205	0.206	0.208
1.375	0.209	0.210	0.211	0.212	0.214	0.215	0.216	0.217	0.219	0.220
1.376	0.221	0.222	0.224	0.225	0.226	0.228	0.229	0.230	0.232	0.233
1.377	0.234	0.236	0.237	0.238	0.239	0.241	0.242	0.243	0.245	0.246
1.378	0.247	0.249	0.250	0.251	0.253	0.254	0.255	0.257	0.258	0.259
1.379	0.261	0.262	0.263	0.265	0.266	0.267	0.269	0.270	0.271	0.272
1.380	0.274	0.275	0.276	0.278	0.279	0.280	0.282	0.283	0.284	0.286
1.381	0.287	0.288	0.290	0.291	0.293	0.294	0.295	0.297	0.298	0.299
1.382	0.301	0.302	0.304	0.305	0.306	0.308	0.309	0.310	0.312	0.313
1.383	0.315	0.316	0.317	0.319	0.320	0.322	0.323	0.324	0.326	0.327
1.384	0.328	0.330	0.331	0.333	0.334	0.335	0.337	0.338	0.339	0.341
1.385	0.342	0.344	0.345	0.346	0.348	0.349	0.350	0.352	0.353	0.355
1.386	0.356	0.358	0.359	0.361	0.362	0.364	0.365	0.367	0.368	0.370
1.387	0.371	0.373	0.374	0.376	0.378	0.379	0.381	0.382	0.384	0.385
1.388	0.387	0.388	0.390	0.391	0.393	0.395	0.396	0.398	0.399	0.401
1.389	0.402	0.404	0.405	0.407	0.408	0.410	0.411	0.413	0.415	0.416
1.390	0.418	0.419	0.421	0.422	0.424	0.425	0.427	0.428	0.430	0.431

（续表）

折射率	0	1	2	3	4	5	6	7	8	9
1.391	0.433	0.435	0.436	0.438	0.440	0.441	0.443	0.444	0.446	0.448
1.392	0.449	0.451	0.453	0.454	0.456	0.458	0.459	0.461	0.463	0.464
1.393	0.466	0.467	0.469	0.471	0.472	0.474	0.476	0.477	0.479	0.481
1.394	0.482	0.484	0.485	0.487	0.489	0.490	0.492	0.494	0.495	0.497
1.395	0.499	0.500	0.502	0.504	0.505	0.507	0.508	0.510	0.512	0.513
1.396	0.515	0.517	0.518	0.520	0.522	0.524	0.525	0.527	0.529	0.531
1.397	0.532	0.534	0.536	0.538	0.539	0.541	0.543	0.545	0.546	0.548
1.398	0.550	0.552	0.553	0.555	0.557	0.559	0.560	0.562	0.564	0.565
1.399	0.567	0.569	0.571	0.572	0.574	0.576	0.578	0.579	0.581	0.583
1.400	0.585	0.586	0.588	0.590	0.295	0.593	0.595	0.597	0.599	0.600
1.401	0.602	0.604	0.606	0.608	0.610	0.611	0.613	0.615	0.617	0.619
1.402	0.621	0.623	0.625	0.626	0.628	0.630	0.632	0.634	0.636	0.638
1.403	0.640	0.641	0.643	0.645	0.647	0.649	0.651	0.653	0.655	0.657
1.404	0.658	0.660	0.662	0.664	0.666	0.668	0.670	0.672	0.673	0.675
1.405	0.677	0.678	0.681	0.683	0.685	0.687	0.688	0.690	0.692	0.694
1.406	0.696	0.698	0.700	0.702	0.704	0.706	0.708	0.710	0.712	0.714
1.407	0.716	0.718	0.720	0.722	0.724	0.726	0.728	0.730	0.732	0.734
1.408	0.736	0.738	0.740	0.742	0.744	0.746	0.749	0.751	0.753	0.755
1.409	0.757	0.759	0.761	0.763	0.765	0.767	0.769	0.771	0.773	0.775
1.410	0.777	0.779	0.781	0.783	0.785	0.787	0.789	0.791	0.793	0.795
1.411	0.797	0.799	0.801	0.803	0.806	0.808	0.810	0.812	0.814	0.816
1.412	0.819	0.821	0.823	0.825	0.827	0.829	0.832	0.834	0.836	0.838
1.413	0.840	0.842	0.845	0.847	0.849	0.851	0.853	0.855	0.857	0.860
1.414	0.862	0.864	0.866	0.868	0.870	0.873	0.875	0.877	0.879	0.881
1.415	0.883	0.886	0.888	0.890	0.892	0.894	0.896	0.899	0.901	0.903
1.416	0.905	0.907	0.910	0.912	0.914	0.916	0.919	0.921	0.923	0.925
1.417	0.928	0.930	0.932	0.934	0.937	0.939	0.941	0.943	0.946	0.948
1.418	0.950	0.952	0.955	0.957	0.959	0.961	0.963	0.966	0.968	0.970
1.419	0.972	0.975	0.977	0.979	0.981	0.984	0.986	0.988	0.990	0.993
1.420	0.995	0.997	1.000							

注：纵向析射率为前四位有效数字；横向折射率为带五位有效数字。

附录十四　国际原子量表

中文	符号	相对原子质量	中文	符号	相对原子质量	中文	符号	相对原子质量
锕	Ac	227.03	锗	Ge	72.61	镨	Pr	140.90765
银	Ag	107.8682	氢	H	1.00794	铂	Pt	195.078
铝	Al	26.981538	氦	He	4.002602	钚	Pu	244.06
镅	Am	243.06	铪	Hf	178.49	镭	Ra	226.03
氩	Ar	39.948	汞	Hg	200.59	铷	Rb	85.4678
砷	As	74.9216	钬	Ho	164.93032	铼	Re	186.207
砹	At	209.99	碘	I	126.90447	铑	Rh	102.9055
金	Au	196.96655	铟	In	114.818	氡	Rn	222.02
硼	B	10.811	铱	Ir	192.217	钌	Ru	101.07
钡	Ba	137.327	钾	K	39.0983	硫	S	32.065
铍	Be	9.012182	氪	Kr	83.904	锑	Sb	121.760
铋	Bi	208.98038	镧	La	138.9055	钪	Sc	44.9559
锫	Bk	247.07	锂	Li	6.941	硒	Se	78.96
溴	Br	79.904	铹	Lr	260.11	硅	Si	28.0855
碳	C	12.0107	镥	Lu	174.967	钐	Sm	150.36
钙	Ca	40.078	钔	Md	258.10	锡	Sn	118.710
镉	Cd	112.411	镁	Mg	24.3050	锶	Sr	87.62
铈	Ce	140.116	锰	Mn	54.938049	钽	Ta	180.9479
锎	Cf	251.08	钼	Mo	95.94	铽	Tb	158.92534
氯	Cl	35.453	氮	N	14.0067	锝	Tc	97.907
锔	Cm	247.07	钠	Na	22.98977	碲	Te	127.60
钴	Co	58.9332	铌	Nb	92.90638	钍	Th	232.0381
铬	Cr	51.9961	钕	Nd	144.24	钛	Ti	47.867
铯	Cs	132.90545	氖	Ne	20.1797	铊	Tl	204.3833
铜	Cu	63.546	镍	Ni	58.6934	铥	Tm	168.93421
镝	Dy	162.500	锘	No	259.10	铀	U	238.02891
铒	Er	167.259	镎	Np	237.05	钒	V	50.9415
锿	Es	252.08	氧	O	15.9994	钨	W	183.84
铕	Eu	151.964	锇	Os	190.23	氙	Xe	131.293
氟	F	18.9984	磷	P	30.97376	钇	Y	88.90585
铁	Fe	55.845	镤	Pa	231.0588	镱	Yb	173.04
镄	Fm	257.10	铅	Pb	207.2	锌	Zn	65.409
钫	Fr	223.02	钯	Pd	106.42	锆	Zr	91.224
镓	Ga	69.723	钷	Pm	144.91			
钆	Gd	157.25	钋	Po	208.98			

附录十五　常用试剂的配制

1. 氯化亚铜氨溶液

称取 0.5g 氯化亚铜,溶解于 10mL 浓氨水中,再用水稀释至 25mL。过滤,除去不溶性杂质。

氯化亚铜氨溶液应为无色透明液体。但由于亚铜盐在空气中很容易被氧化成二价铜盐,使溶液变成蓝色,将会掩蔽乙炔亚铜的红色沉淀。此时可将上述滤液稍稍加热,边搅拌边缓慢加入羟胺盐酸盐,至蓝色消失为止。

羟胺盐酸盐是强还原剂,可使生成的 Cu^{2+} 还原成 Cu^+:

$$4Cu^{2+} + 2NH_2OH = 4Cu^+ + N_2O + 4H^+ + H_2O$$

2. 饱和溴水

称取 15g 溴化钾,溶解于 100mL 蒸馏水中,再加入 10g 溴,摇匀即可。

3. 碘-碘化钾溶液

称取 20g 碘化钾,溶解于 100mL 蒸馏水中,再加入 10g 研细的碘粉。搅拌使其完全溶解,得深红色溶液,保存在棕色试剂瓶中,于避光处放置。

4. 卢卡斯试剂

称取 34g 无水氯化锌,在蒸发皿中加热熔融,并不断搅拌。稍冷后,放入干燥器中冷至室温。

将盛有 23mL 浓盐酸(相对密度 1.19)的烧杯置于冰-水浴中冷却(以防氯化氢逸出),边搅拌边加入上述干燥的无水氯化锌。

此试剂极易吸水失效,所以一般是临用前配制。

5. 饱和亚硫酸氢钠溶液

称取 67g 亚硫酸氢钠,溶解于 100mL 蒸馏水中,再加入 25mL 不含醛的无水乙醇,混匀后若有晶体析出,须过滤除去。

饱和亚硫酸氢钠溶液不稳定,容易分解和氧化,因此不能久存,宜在实验前临时配制。

6. 1％酚酞溶液

称取 1g 酚酞,溶解于 90mL95％乙醇中,再加水稀释至 100mL。

7. 铬酸试剂

称取 25g 铬酸酐(CrO_3),加入 25mL 浓硫酸,搅拌均匀成糊状物。在不断搅拌下,将此糊状物小心倒入 75mL 蒸馏水中,混匀,即得到澄清的橘红色溶液。

8. 苯酚溶液

称取 5g 苯酚,溶解于 50mL5％氢氧化钠溶液中。

9. β—萘酚溶液

称取 5gβ—萘酚,溶解于 50mL5％氢氧化钠溶液中。

10. α—萘酚乙醇溶液

称取 2g α-萘酚,溶解于 20mL95％乙醇中,用 95％乙醇稀释至 100mL,贮存在棕色瓶中。一般在使用前配制。

11. 2,4-二硝基苯肼试剂

（1）称取 1.2g 2,4-二硝基苯肼,溶解于 50mL 30％高氯酸溶液中。搅拌均匀,贮存在棕色瓶中。

（2）将 2,4-二硝基苯肼溶解于 2mol/L 盐酸溶液中,配成饱和溶液。

12. 希夫试剂（又称品红试剂）

称取 0.2g 品红盐酸盐,溶解于 100mL 热水中,放置冷却后,加入 2g 亚硫酸氢钠和 2mL 浓盐酸,再用蒸馏水稀释至 200mL。

13. 斐林试剂

斐林试剂由斐林溶液 A 和斐林溶液 B 组成。使用时将两者等体积混合,配制方法如下。

斐林溶液 A:称取 7g 硫酸铜晶体（$CuSO_4 \cdot 5H_2O$）,溶解于 100mL 蒸馏水中,得淡蓝色溶液。

斐林溶液 B:称取 34.6g 酒石酸钾钠和 14g 氢氧化钠,溶解于 100mL 水中。

14. 本尼迪克试剂

本尼迪克试剂是斐林试剂的改进,性质稳定,可长期保存,使用方便。配制方法如下。

称取 4.3g 硫酸铜晶体（$CuSO_4 \cdot 5H_2O$）,溶解于 50mL 蒸馏水中,制成溶液 A。

称取 43g 柠檬酸钠及 25g 无水碳酸钠,溶解于 200mL 蒸馏水中,制成溶液 B。

在不断搅拌下,将 A 溶液缓慢加入到 B 溶液中,混匀后贮存在试剂瓶中。

本尼迪克试剂除用于鉴定醛酮外,还可用于检验糖尿病人的尿糖含量。在病人的尿样中滴加本尼迪克试剂,如出现红色沉淀记为"＋＋＋＋",黄色沉淀记为"＋＋＋",绿色沉淀记为"＋＋";若蓝色溶液不变,则检验结果为阴性

15. 苯肼试剂

（1）在 100mL 的烧杯中,加入 5mL 苯肼和 50mL 10％醋酸溶液,再加入 0.5g 活性炭,搅拌后过滤,将滤液保存在棕色试剂瓶中。

（2）称取 5g 苯肼盐酸盐,溶解于 160mL 蒸馏水中,再加入 0.5g 活性炭,搅拌脱色后过滤。在滤液中加入 9g 醋酸钠晶体,搅拌使其溶解,贮存在棕色试剂瓶中。

苯肼盐酸盐与醋酸钠经复分解反应生成苯肼醋酸盐,后者是弱酸弱碱盐,在水溶液中发生分解,生成苯肼:

$$C_6H_5NHNH_2 \cdot HCl + CH_3COONa \rightarrow C_6H_5NHNH_2 \cdot CH_3COOH + NaCl$$
$$C_6H_5NHNH_2 \cdot CH_3COOH \rightarrow C_6H_5NHNH_2 + CH_3COOH$$

游离的苯肼难溶于水,所以不能直接使用。

16. 羟胺试剂

称取 1g 盐酸羟胺,溶解于 200mL 95％乙醇中,加入 1mL 甲基橙指示剂,再逐滴加入 5％氢氧化钠乙醇溶液,至混合液颜色刚刚变为橙黄色（pH 为 3.7～3.9）为止。贮存在棕色试剂瓶中。

17. 蛋白质溶液

取 25mL 蛋清,加入 100mL 蒸馏水,搅拌均匀后,用 2～3 层纱布过滤,滤除球蛋白即得清亮的蛋白质溶液。

18. 蛋白质－氯化钠溶液

取 20mL 新鲜蛋清,加入 30mL 蒸馏水和 50mL 饱和食盐水,搅拌溶解后,用 2～3 层纱布过滤。此溶液中含有球蛋白和清蛋白。

19. 茚三酮试剂

称取 0.1g 茚三酮,溶解于 50mL 蒸馏水中。此溶液不稳定,配制后应在两日内使用,久置易变质失灵。

20. 1% 淀粉溶液

称取 1g 可溶性淀粉,溶解于 5mL 冷蒸馏水中,搅成稀浆状,然后在搅拌下将其倒入 94mL 沸水中,即得到近于透明的胶状溶液,放冷后贮存在试剂瓶中。

附录十六　常用有机溶剂的纯化

在有机化学实验中,经常使用各类溶剂作为反应介质或用来分离提纯粗产物。由于反应的特点和物质的性质不同,对溶剂规格的要求也不相同。有些反应(如格氏试剂的制备反应)对溶剂的要求较高,即使微量杂质或水分的存在,也会影响实验的正常进行。这种情况下,就需对溶剂进行纯化处理,以满足实验的正常要求。这里介绍几种实验室中常用的有机溶剂的纯化方法。

1. 无水乙醚

市售乙醚中常含有微量水、乙醇和其他杂质,不能满足无水实验的要求。可用下述方法进行处理,制得无水乙醚。

在 250mL 干燥的圆底烧瓶中,加入 100mL 乙醚和几粒沸石,装上回流冷凝管。将盛有 10mL 浓硫酸的滴液漏斗通过带有侧口的橡胶塞安装在冷凝管上端。

接通冷凝水后,将浓硫酸缓慢滴入乙醚中,由于吸水作用产生热,乙醚会自行沸腾。

当乙醚停止沸腾后,拆除回流冷凝管,补加沸石后,改成蒸馏装置,用干燥的锥形瓶作接收器。在接液管的支管上安装一支盛有无水氯化钙的干燥管,干燥管的另一端连接橡胶管,将逸出的乙醚蒸气导入水槽中。

用事先准备好的热水浴加热蒸馏,收集 34.5±2℃ 馏分 70~80mL,停止蒸馏。烧瓶内所剩残液倒入指定的回收瓶中(切不可向残液中加水!)。

向盛有乙醚的锥形瓶中加入 1g 钠丝,然后用带有氯化钙干燥管的塞子塞上,以防止潮气侵入并使产生的气体可逸出。放置 24h,使乙醚中残存的痕量水和乙醇转化为氢氧化钠和乙醇钠。如发现金属钠表面已全部发生作用,则需补加少量钠丝,放置至无气泡产生,金属钠表面完好,即可满足使用要求。

2. 绝对乙醇

市售的无水乙醇一般只能达到 99.5% 的纯度,而许多反应中需要使用纯度更高的绝对乙醇,可按下法制取。

在 250mL 干燥的圆底烧瓶中,加入 0.6g 干燥纯净的镁丝和 10mL 99.5% 的乙醇,安装回流冷凝管,冷凝管上口附加一支无水氯化钙干燥管。

在沸水浴上加热至微沸,移去热源,立刻加入几粒碘(注意此时不要振荡),可见随即在碘粒附近发生反应,若反应较慢,可稍加热,若不见反应发生,可补加几粒碘。

当金属镁全部作用完毕后,再加入 100mL 99.5% 乙醇和几粒沸石,水浴加热回流 1h。

改成蒸馏装置,补加沸石后,水浴加热蒸馏,收集 78.5±2℃ 馏分,贮存在试剂瓶中,用橡胶塞或磨口塞封口。

此法制得的绝对乙醇,纯度可达 99.99%。

3. 丙酮

市售丙酮中往往含有甲醇、乙醛和水等杂质,可用下述方法提纯。

在 250mL 圆底烧瓶中,加入 100mL 丙酮和 0.5g 高锰酸钾,安装回流冷凝管,水浴加热回流。若混合液紫色很快消失,则需补加少量高锰酸钾,继续回流,直到紫色不再消失为止。

改成蒸馏装置,加入几粒沸石,水浴加热蒸出丙酮,用无水碳酸钾干燥 1h。

将干燥好的丙酮倾入 250mL 圆底烧瓶中,加入沸石,安装蒸馏装置(全部仪器均需干燥!)。水浴加热蒸馏,收集 55.0~56.5℃馏分。

4. 乙酸乙酯

市售的乙酸乙酯常含有微量水、乙醇和乙酸。可先用等体积的 5%碳酸钠溶液洗涤,再用饱和氯化钙溶液洗涤,酯层倒入干燥的锥形瓶中,加入适量无水碳酸钾干燥 1h 后,蒸馏,收集 77.0~77.5℃馏分。

5. 石油醚

石油醚是低级烷烃的混合物。根据沸程范围不同可分为 30~60℃、60~90℃ 和 90~120℃ 等不同规格。

石油醚中常含有少量沸点与烷烃相近的不饱和烃,难以用蒸馏法进行分离,此时可用浓硫酸和高锰酸钾将其除去。方法如下。

在 150mL 分液漏斗中,加入 100mL 石油醚,用 10mL 浓硫酸分两次洗涤,再用 10%硫酸与高锰酸钾配制的饱和溶液洗涤,直至水层中紫色不再消失为止。用蒸馏水洗涤两次后,将石油醚倒入干燥的锥形瓶中,加入无水氯化钙干燥。蒸馏,收集需要规格的馏分。

6. 氯仿

普通氯仿中含有 1%乙醇(这是为防止氯仿分解为有毒的光气,作为稳定剂加进去的)。

除去乙醇的方法是用水洗涤氯仿 5~6 次后,将分出的氯仿用无水氯化钙干燥 24h,再进行蒸馏,收集 60.5~61.5℃馏分。纯品应装在棕色瓶内,置于暗处避光保存。

7. 苯

普通苯中可能含有少量噻吩,除去的方法是用少量(约为苯体积的 15%)浓硫酸洗涤数次,再分别用水、10%碳酸钠溶液和水洗涤。分离出苯,置于锥形瓶中,用无水氯化钙干燥 24h 后,水浴加热蒸馏,收集 79.5~80.5℃馏分。

附录十七　有毒化学品及其极限安全值

许多化学品具有不同程度的毒性,轻者可引起人体慢性中毒,重者则能使人快速中毒甚至致死。使用这些化学品时,应注意其极限安全值(TLV)。有毒物质的极限安全值是指在空气中含有该物质蒸气或粉尘的浓度。在此限度以内,一般人即便重复接触也不致引起毒害。

1. 毒性气体

毒性物质	极限安全值($\mu g/g$)	毒性物质	极限安全值($\mu g/g$)
氟	0.1	氯化氢	3
光气	0.1	二氧化氮	5
臭氧	0.1	亚硝酰氯	5
重氮甲烷	0.2	氰化氢	10
磷化氢	0.3	硫化氢	10
三氟化硼	1	一氧化碳	50
氯	1		

2. 毒性或刺激性液体

毒性物质	极限安全值($\mu g/g$)	毒性物质	极限安全值($\mu g/g$)
羰基镍	0.001	硫酸二甲酯	1
异氰酸甲酯	0.02	硫酸二乙酯	1
丙烯醛	0.1	四溴乙烷	1
溴	0.1	烯丙醇	2
3—氯丙烯	1	2—丁烯醛	2
苯氯甲烷	1	氢氟酸	3
苯溴甲烷	1	四氯乙烷	5
三氯化硼	1	苯	10
三溴化硼	1	溴甲烷	15
2—氯乙烷	1	二硫化碳	20

3. 毒性固体

毒性物质	极限安全值($\mu g/m^3$)	毒性物质	极限安全值($\mu g/m^3$)
三氧化铍	0.002	砷化合物	0.5
烷基汞	0.01	五氧化二矾	0.5
铊盐	0.1	草酸和草酸盐	1
硒化合物	0.2	无机氰化物	5

4. 其他有害物质

毒性物质	极限安全值($\mu g/g$)	毒性物质	极限安全值($\mu g/g$)
溴仿	0.5	1,2—二溴乙烷	20
碘化钾	5	1,2—二氯乙烷	50
四氯化碳	10	溴乙烷	200
氯仿	10	二氯甲烷	200

参 考 文 献

[1] 北京师大. 化学实验规范. 北京:北京师范大学出版社,2000

[2] 大连工学院无机化学教研室. 无机化学. 北京:人民教育出版社,1979

[3] 北京师范大学等校无机化学教研室. 无机化学. 上、下册. 北京:人民教育出版社,1982

[4] 李吉海. 基础化学实验(Ⅱ)——有机化学实验. 北京:化学工业出版社,2004

[5] 朱裕贞,顾达,黑恩成. 现代基础化学. 北京:化学工业出版社,1998

[6] 孙尔康等. 化学实验基础. 南京:南京大学出版社,1991

[7] 王炳祥,有机化学实验. 南京:南京师范大学出版社,2004

[8] 傅献彩,陈瑞华. 物理化学. 上、下册. 北京:人民教育出版社,1982

[9] 高职高专化学教材编写组. 有机化学实验. 第二版. 北京:高等教育出版社,2000

[10] 高职高专化学教材编写组. 物理化学. 第二版. 北京:高等教育出版社,2000

[11] 高职高专化学教材编写组. 物理化学实验. 第二版. 北京:高等教育出版社,2000

[12] 王箴. 化工辞典(第四版). 北京:化学工业出版社,2000

[13] 刘宗明. 化学实验操作集锦. 北京:高等教育出版社,1989